KB131824

생물학적 마음

The Biological Mind
by Alan Jasanoff

생물학적 마음

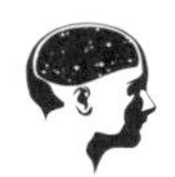

뇌, 몸, 환경은 어떻게 나와 세계를 만드는가

THE BIOLOGICAL MIND

앨런 재서노프

권경준 옮김 | 허지원 감수 | 권준수 해제

김영사

감수 허지원
고려대학교 심리학부 교수. 동 대학에서 임상 및 상담심리 석사학위를, 서울대학교에서 뇌인지과학과 박사학위를 받았다. 세계 최초로 조현형 성격장애군의 뇌보상회로의 이상성을 규명했고 임상심리학자이자 뇌과학자로서 활발히 연구 성과를 내고 있다.《나도 아직 나를 모른다》《아이가 사라지는 세상》(공저) 등을 썼다.

해제 권준수
서울대학교 정신과·뇌인지과학과 교수. 서울대학교 의과대학을 졸업하고 동 대학에서 박사학위를 받았다. 조현병과 강박증 분야의 국내 최고 권위자이며, 정신 질환에 대한 부정적인 인식과 편견을 바로잡는 데 앞장서왔다.《나는 왜 나를 피곤하게 하는가》《강박증의 통합적 이해》 등을 썼다.

뇌, 몸, 환경은 어떻게 나와 세계를 만드는가
생물학적 마음

1판 1쇄 인쇄 2021. 6. 21.
1판 1쇄 발행 2021. 6. 28.

지은이 앨런 재서노프
옮긴이 권경준
감수 허지원
해제 권준수

발행인 고세규
편집 이혜민 디자인 지은혜 마케팅 고은미 홍보 이한솔
발행처 김영사

등록 1979년 5월 17일 (제406-2003-036호)
주소 경기도 파주시 문발로 197(문발동) 우편번호 10881
전화 마케팅부 031)955-3100, 편집부 031)955-3200 | 팩스 031)955-3111

값은 뒤표지에 있습니다.
ISBN 978-89-349-8870-0 03400

홈페이지 www.gimmyoung.com 블로그 blog.naver.com/gybook
인스타그램 instagram.com/gimmyoung 이메일 bestbook@gimmyoung.com

좋은 독자가 좋은 책을 만듭니다.
김영사는 독자 여러분의 의견에 항상 귀 기울이고 있습니다.

/

지금의 나를 만들어준
루바와 니나에게

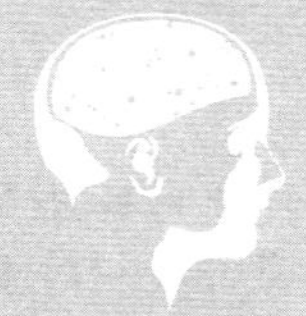

THE BIOLOGICAL MIND

차례

추천사

우리 모두 각자 뇌를 갖고 있지만 뇌에 대해 말하기란 어렵다. 반면에 자아에 대해서는 저마다 할 이야기들이 많을 것이다. 뇌는 자아인가라는 질문은 그 틈에서 던져진다. 뇌가 자아를 만드는 방식을 알지 못하더라도 우리의 자기 이해는 가능한가? 반대로, 뇌가 우리를 만드는 방식을 이해한다면 우리의 자기 이해는 얼마나 확장될 수 있을까? 《생물학적 마음》은 '뇌가 모든 것'이라는 뇌의 신비화를 경계하면서 뇌에 대한 필수적인 지식을 제공하고 뇌과학의 현 단계를 가늠하게 해준다. 뇌의 용도 가운데 하나는 이런 책을 읽는 것이리라.

_로쟈 이현우

연구 논문과 미디어에 나오는 형형색색으로 번쩍이는 뇌의 도식들에 매료된 채 뇌 영상 연구를 막 시작하려는 학생들에게 가장 먼저 해야 하는 작업은 그들의 '바람을 빼는' 일일 것이다. 뇌의 신비를 풀기만 한다면 인간의 감정, 지능, 관계와 고통을 포함해 모든 섭리를 이해할 수 있을 것만 같겠지만, 실상 뇌도, 사람의 일도 그렇지가 않다. 막연한 신비주의도, 영감으로 가득 찬 추앙도 없이 바람 뺀 탄탄한 평지 위에서 건조한 작업을 시작할 때에야 1000억 개의 뉴런을 담은 1.4킬로그램 남짓한 이 기관은 비로소 자신의 이야기를 들려주기 시작한다.

1990년대 "뇌의 10년the Decade of Brain", 2010년대 "브레인 이니셔티브Brain Initiative" 같은 대규모 뇌 연구 프로젝트는 뇌에 대한 이해와 오해를 동시에 가속화했다. 저자는 뇌의 입장에서 아쉽기도 하고 억울하기도 했을 이야기를 연구자이자 임상가만이 할 수 있는 목소리로 차곡차곡 쌓아 올린다. 고단한 이야기들임에도 불구하고 새로운 대지를 다지는 과정은 뇌를 둘러싼 세계를 명료히 보여줄 것이기에 지금의 세대에게 꼭 필요한 작업이다. 이야기의 중심에는 분명 뇌가 있지만, 책을 덮고 난 후에는 더 큰 그림이 보일 것이다. 단지 개인의 뇌에만 부과하지 말았어야 할, '사람의 이야기'가 이제 시작될 차례다.

_허지원 | 고려대 심리학부 교수, 《나도 아직 나를 모른다》 저자

신경과학자 앨런 재서노프는 뇌에 대해 과학적으로 그른 민간 이론의 컬렉션이라고 할 수 있는, 널리 퍼진 '뇌의 신비'를 밝혀냈다. 재서노프는 뇌에서 몸 그리고 사회적이고 물리적인 세계로 옮겨가며 진정한 신경과학으로의 흥미진진한 여행을 안내하며 이러한 이론을 떨쳐버린다.

_조지 레이코프 | 《코끼리는 생각하지 마》 저자

앨런 재서노프의 《생물학적 마음》은 '확장된 마음' 이론, 즉 우리는 우리의 뇌 이상이며, 뇌가 자리 잡은 몸이라는 도발적이면서도 이해하기 수월한 신경과학적 반론을 제공한다. 결론을 읽을 때에는 재서노프의 발견이 보다 급진적인 내용, 즉 뇌가 실제 우리 버전을 존재하게 하는 플랫폼이라는 점을 시사하지 않을까 궁금해할 것이다.

_스티브 풀러 | 워윅대 '사회적 인식론 오귀스트 콩트' 석좌교수, 《휴머니티 2.0》 저자

동물의 뇌를 먹는 영양학적 이점에 대한 역사 이야기로 시작해 뇌가 자신의 몸에서 분리되어 통에 자리 잡는 상상으로 마치는 재서노프의 책은 분명히 읽을 만하다. 이 책은 진지하고 흥미로워 읽는 이로 하여금 자신이 누구인지 새롭게 이해하도록 한다.

_로버트 휘터커 | 과학 전문 저널리스트, 《감염병의 해부》 저자

연구자들의 손끝에서 만들어진 놀랍고 새로운 신경기술의 어두운 점은 많은 전문가가 정신 질환을 너무 단순화해 단지 뇌생리학의 묘사 정도로 축소시켜놓는다는 것이다. 앨런 재서노프는 우리가 정신 질환과 뇌를 생각하는 방식에 무척 필요한 뉘앙스, 인간성, 공감을 더하는 탁월한 작업을 한다.

_샐리 사텔 | 정신과 전문의, 예일대 의과대학 정신의학과 강사

해제

《생물학적 마음》은 매사추세츠공과대학교MIT의 신경과학자 앨런 재서노프가 우리 마음, 정신의 중심에 있는 뇌를 통찰력 있게 설명하는 흥미롭고 재미있는 책이다. 〈네이처〉 편집자인 바바라 키서Barbara Kiser는 이 책을 2018년 가장 훌륭한 5권의 과학 저서 중 하나로 선정했다. 〈월스트리트저널〉은 "현재 뇌과학의 명쾌한 입문서로서, 뇌과학 한계에 대해 엄중하게 경고하는 훌륭한 책"이라고 했고, 〈뉴욕 타임스〉는 "우리 자신에 대해 다시 한번 생각하게 하는 재미난 사실로 가득 찬 가치 있는 책"이라고 격찬했다.

뇌는 인간의 자아 정체성과 자율성의 바탕이다. 그러나 우리는 뇌에 대해 이야기할 때 과학적 사실보다 영혼의 신비한 개념에 더 뿌리를 둔다. 뇌는 뉴런과 글리아로 이루어져 있고 시냅스로 연결되며, 각종 신경전달물질neurotransmitter의 변화로 정신 기능이 바뀐다는 사실을 종종 잊어버린다. 최근 연구 결과로 입증된 내장에 있는 박테리아에 의해 마음의 변화가 나타난다는 사실이나 무의식 또는 날씨에 따라서도 기분이 영향받는다는 점을 간과한다. 한편 뇌는 컴퓨터 같은 기계와 동일시되기도 한다. 오늘날 컴퓨터는 인간의 상상을 초월할 정도로 지능적인 일을 해낸다. 구글의 알파고는 가장 고차원적인 인지 기능이 필요하다고 알려진 바둑에서조차 인간을 이겼다. 하지만 인간의 뇌가 실제로 컴퓨터의 중앙처리장치가 영혼 없이 수행하는 대용량 처리로 환원될 수 있다고는 생각하지 않을 것이다. 마음에 대한 컴퓨터 비유는 의식을 무시하거나 하찮게 만들 뿐 아니라 우리가 우리 자신에게서 가장 특별하다고 간주하는 뇌의 가치를 평가 절하한다. 이 책의 저자 재서노프는 뇌는 영혼이나 단순한 전기 신호 및 네트워크가 아니고 신체 기관의 하나라 주장한다. 뇌는 신체 기관이며, 그 주변과 분리될 수 없다. 우리 자신은 우리 머릿속에만 있는 것이 아니라 우리 몸과 그 너머에 연결되어 있다. 이 사실을 이해하면 인류의 본질을 파악할 수 있다고 강조한다.

이 책은 뇌를 요리해 먹는 뇌 오믈렛 이야기로 시작한다. 동물의 뇌를 먹는 영양학적 장점을 역사적으로 설명하기 위함이다. 이어 뉴런의 밀도와 연결 네트워크를 설명하면서 무엇이 뇌를 다르게 만드는지 질문을 던진다. 이전에는 뇌의 복잡성이 뉴런으로부터 나온다고 생각했지만, 최근 연구 결과 글리아와 관련 있다는 사실을 설명한다. 저자가 일관되게 주장하는 것은 뇌와 몸 사이의 인위적 구분이 뇌의 본질 파악을 어렵게 하는 '뇌의 신비'를 조장한다는 점이다. 이로써 뇌가 우리 몸과 연결된 장기가 아니라 몸과 분리되었다는 이원론적 관점을 가지게 만든다. 결국 저자의 주장은 뇌는 단독으로 존재하지 않고 감각 기관을 통해 외부에서 들어오는 자극을 받아들이며, 그것을 처리해 적절하게 반응하는 일련의 과정에 핵심적인 역할을 하는 신체 기관이라는 것이다. 이것이 뇌를 이해하는 통합된 관점이다. 뇌와 다른 장기를 구분하려는 경향은 뇌와 신체가 다르다는 이원론이다. 저자는 '뇌의 신비' 현상이 매우 보편적으로 나타나며, 이런 현상을 경계해야 한다고 주장한다.

최근 급격하게 발전하고 있는 뇌 영상 기술에 대한 설명도 빠뜨리지 않는다. 사람들은 기능적 뇌 영상은 뇌 활동에 대한 정보를 주어 '뇌의 신비'에 대한 해독제를 제공한다고 생각한다. 기능적 자기공명 영상fMRI: Functional magnetic resonance imaging 같은 기술의 도움으로 머릿속에서 작동하고 있는 우리 자신의 뇌를 보게 된다. 더욱 놀라운 사실은 이 방법을 통해 우리 마음 이면에 숨겨진 생물학적 현실을 이해한다는 점이다. 뇌 영상 기술은 인간의 살아 있는 뇌 기능을 통해 추상적 인지 처리의 물리적 기반을 볼 수 있기에 사람들을 매료시킨다. 하지만, 재서노프는 아이러니하게도 기능적 뇌 영상 기술로 본 이미지가 오히려 인지 과제에 특화된 뇌 영역이 있다는 이원론적 관점을 강화시키는 역할을 한다고 주장한다. 티베트 불교의 영적 지도자 달라이 라마와 미국 인지과학자 리처드 데이비드슨이 함께 진행한 명상하는 티베트 승려의 두뇌를 촬영하는 실험과 더 나아가 종교적 활동을 할 때 뇌가 어떻게 변화하는지 관찰한 신경신학자들의 연구를 소개한다. 하지만 이 역시 두뇌를 육체와 분리된 마음의 종으로 여기는 이원론을 강화시킨다고 본다.

뇌와 신체가 별개가 아니라는 점을 극명하게 보여준 연구 결과는 알토대학교의 라우리 누멘마 팀이 만든 정서적 반응에 대응하는 신체 지도다. 14개의 정서 상태에 따른 신체 전체의 반응을 보면 뇌와 신체를 나누는 이원론과는 거리가 멀다. 인지 처리가 단지 두뇌가 아니라 물리적 유기체 전체, 또 그것과 세계와의 상호작용에서 비롯된다는 체화된 인지embodied cognition라는 것이다. 결국 인지 처리는 우리가 몸으로 세계 속을 움직이면서 얻는 경험에 깊이 뿌리박고 있다. 다시 말해 우리의 고등 인지조차 몸을 기반으로 한다는 사실은 저자가 일관되게 주장하는 우리 몸에서 차지하는 뇌의 위치를 설명해준다. 결코 뇌가 몸과 떨어져 존재하기 어렵다는 점을 보여주며 '뇌의 신비'를 여지없이 없애고 있다.

뇌는 주변 세계와 독립적으로 작동할 수가 없고, 환경이 결정적으로 영향을 미친다. 피질의 40퍼센트 이상이 감각 처리에만 이용된다는 사실만 봐도 뇌가 환경과 얼마나 밀접하게 연관되어 있는지 알 수 있다.

저자는 정신 질환에 대한 설명도 빠뜨리지 않는다. 너무 많은 전문가들이 정신 질환을 지나치게 단순화해서 뇌생리학의 설명 정도로 전락시키고 있다는 점도 지적한다. 정신 질환을 가진 사람들이 비도덕적이고 비이성적인 행동을 한다고 사회적으로 비난하는 낙인 문제가 있었다. 하지만 뇌과학의 발전으로 정신 질환이 뇌의 이상에서 발병한다는 인식이 팽배해졌지만 이 역시 또 다른 낙인과 문제를 일으킨다고 강조한다. 망가진 뇌를 가지고 있다는 낙인이 생기고, 개별 뇌가 가진 문제이기에 정신 질환을 개인 문제로 협소화시켜 환경이나 문화적 요인을 무시하게 만들기도 한다. 이는 뇌를 환경과 다시 분리시키는 우를 범하게 된다고 주장한다.

마지막으로 뇌 기능을 변화시키는 여러 방법을 소개한다. 뇌 심부 자극술DBS: Deep Brain Stimulation, 경두개 자기 자극술TMS: Transcranial Magnetic Stimulation, 경두개 전기 자극술tDCS: Transcranial Direct Current Stimulation 등으로 정신 질환이나 신경 질환을 치료하는 방법, 뇌-기계 인터페이스BMI: Brain-Machine Interfaces를 활용해 인공 삽입물을 통한 외부 장치와 뇌의 상호작용을 설명한다. 더 나아가 몸속 이곳저곳을 헤엄쳐 다니며 개별 뉴런과 의사소통할 수 있는 나노봇Nanobots과 전 세계 사람들에게 자신의 생각과 감정을 전송하도록 하는 브레인 네트Brain-net를 사용하는 꿈 같은 미래에 대해서도 설명하고 있다.

이 책에서 저자는 뇌가 신체와 연결되고, 신체가 환경과 연결된다는 점을 반복해서 상기시킨다. 하지만 이 책은 단순히 뇌, 신체, 주변 세상과의 연관성을 설명하지는 않는다. 뇌와 다른 신체 기관이 어떻게 다른지 여러 각도에서 설명하고, 뇌가 다른 신체 기관과 어떻게 연결되는지 강조하고 있다. 뇌는 사실 특별한 장기이며, 모든 신체의 가장 중심에서 우리 몸을 제어하는 역할을 한다. 1000억 개의 뉴런과 그와 비슷한 수의 글리아, 수많은 세포들이 연결된 1000조 이상의 시냅스가 만드는 뇌는 가히 '소우주'라고 할 수 있다. 분명 특별한 신체 기관이고, 매우 복잡한 체계를 가지고 있다. 우리가 누구인지, 어떤 존재인지 생각하게 하는 기능을 가진다. 저자는 특별히 이런 뇌가 신체와 유기적으로 연결되어 있음을 강조한다. 신체는 단순한 육체가 아니고, 우리의 경험을 구성하는 거대한 신경망의 일부다. 두뇌는 그 신경망의 가장 중요한 중간 기관이다. 뇌를 다루는 다른 많은 책들과 이 책의 차이점은 뇌가 단독으로 존재하지 않고 신체와 연결되어 있음으로써 그 기능을 발휘한다는 점을 일깨워준다는 데 있다. 뇌에 관심 있는 모든 이에게 큰 도움이 될 책임에 틀림없다.

권준수 (서울대 정신과·뇌인지과학과 교수)

무엇이 지금의 우리를 만드는가?

당신이 어디 출신이든 자신에 대해 어떤 믿음을 가지고 있든 자신의 뇌가 중요하다는 사실쯤은 어느 정도 알 것이다. 전쟁터에서 무신론자는 없다고들 하지만 총소리가 들리면 누구나 몸을 웅크리기 마련이다. 누가 자기 뇌에 총알이 박히길 원하겠는가? 만약 발을 헛디뎌 콘크리트 보도에서 넘어지면 본능적으로 두 팔을 올려 머리를 보호한다. 당신이 사이클을 탄다면 아마도 몸에 지닐 유일한 보호장구는 헬멧뿐이다. 헬멧 안의 중요한 기관을 보호해야 한다는 사실을 잘 알고 있기 때문이다.

뇌에 대한 당신의 걱정은 아마도 여기서 그치지 않는다. 만약 당신이 명석하거나 성공적인 삶을 살고 있다면 당신의 뇌가 가진 능력에 자부심을 가지고 있을 것이다. 당신이 운동선수라도 조정 능력과 체력뿐 아니라 뇌의 생산물까지 소중히 여길 것이다. 만약 당신이 부모라면 자녀의 뇌 건강과 발달, 훈련에 신경 쓸 것이다. 당신이 노년기라면 뇌의 노화와 뇌 위축의 결과를 염려할 수 있다. 만약 당신의 몸 일부를 다른 사람과 바꾸어야 한다면 뇌는 가장 교환하기 꺼려지는 부분일 것이다. 당신과 당신의 뇌는 동일하니까.

그러면 이러한 동일시는 얼마나 완전한가? 당신에게 정말 중요한 모든 것이 당신의 뇌에 있으며 당신의 뇌가 실제로 당신이라고 할 수 있는가? 한 유명한 철학적 사고실험(사고실험을 의미하는 독일어 Gedankenexperiment, 영어 thought experiment는 사물의 실체나 개념을 이해하기 위한 가상의 시나리오를 가리킴—옮긴이)에서 이러한 가능성을 살펴본다.[1] 이 실험에서는 사악한 천재가 당신 몸에서 뇌를 몰래 분리하여 화학약품이 든 병에 산 채로 보관했다고 상상한다. 분리된 뇌의 가장자리에는 당신의 경험을 아무 일도 없는 것처럼 조작하는 컴퓨터가 연결되어 있다. 이와 같은 시나리오는 공상과학에서나 나올 법하지만 몇몇 진지한 과학자들은 실제로 이러한 방법을 사용하여 당신이 지각하는 사물들이 뇌를 벗어나면 객관적 실재를 반영하지 않을 수도 있다는 가능성을 살펴본다. 결과와 상관없이 사고실험은 실험 용기에 있는 뇌가 어떠한 물리적 원칙도 위반하지 않고 적어도 이론적으로는 가능하다는 것을 전제로 한다. 만약 과학의 발전으로 인해 뇌 분리가 가능해진다면 이와 같은 시나리오는 더 이상 환원할 수 없는 **당신**the irreducible **you**이 그 속에 있다는 것을 의미하게 된다.

어떤 사람들은 인간이 뇌로 환원될 수 있다는 생각을 실제적인 행동으로 옮긴다. 킴 수오지Kim Suozzi라는 젊은 여성이 바로 그렇다. 수오지는 불과 23세에 암으로 죽어가고 있었지만 곧이곧대로 잠들기를 거부했다.[2] 그녀와 남자친구는 사망 후 그녀의 뇌를 보존하기 위해 8만 달러를 모금하기로 결정했다. 그녀는 언젠가 기술이 발달하면 물리적으로든 디지털적으로든 냉동된 신체 기관에 대한 구조적 분석을 거쳐 자신을 되살릴 수 있다고 믿었다. 현재의 과학은 그러한 일을 하기에 턱없이 부족하지만 그녀의 결정을 뒤집을 수는 없었다. 생의 마지막 날을 앞둔 수오지에게 뇌는 모든 것이 되었으며 주위 사람들은 수오지의 결정을 잘 받아들였다.[3] 이 책의 후반부에 서술하겠지만 나 역시 이와 관련한 경험이 있다.

한때 우리 자신, 우리의 정신, 우리의 영혼과 연관시켰던 모든 것의 중심에 뇌가 있다는 증거가 많아지는 상황에 직면하여 우리 중 일부가 극적으로 반응한다는 사실은 놀랍지 않다. 우리가 살고 있는 이 멋진 신경과학적 정보가 넘쳐나는 신세계에서(올더스 헉슬리의 《멋진 신세계Brave New World》를 인유-옮긴이) 뇌는 수천 년 동안 지속된 존재론적 불안의 유산을 지닌다. 우리의 궁극적인 희망과 불안은 이 신체 기관을 중심으로 연결되어 있어서 삶과 죽음, 선과 악, 정의와 벌 같은 영원한 문제에 대한 해답을 그 안에서 찾을 수 있다. 연구자들은 영상 기술이나 동물을 보다 공격적으로 측정하여 모든 정신 작용에 상응하는 뇌 작동 유형을 찾아내는 데 성공했다. 점점 더 많은 뇌 정보가 법정에 등장하고, 여가 시간을 보내는 방법에도 뇌 손상 위험 가능성이 영향을 주고 있으며, 학교 성적부터 사회적 에티켓social grace까지 온갖 행동에 변화를 주도록 처방되는 많은 약품이 뇌에 작동한다. 대중들은 전설적인 그리스 철학자 히포크라테스가 주는 교훈을 점점 받아들이고 있다. "오직 뇌로부터 기쁨과 즐거움, 웃음과 유희 그리고 슬픔과 괴로움, 낙담과 비탄이 온다는 것을 알아야 한다."[4]

우리에게 중요한 모든 것이 결국 뇌로 환원되는 듯하다. 이 책을 통해 나는 이 놀라운 주장이 우리의 마음이 가진 생물학적 본질을 가리는 바람에 우리를 잘못된 방향으로 이끈다는 것을 보여주고자 한다. 나는 뇌가 모든 것이라는 인식은 이 기관의 특별한 중요성에 대한 잘못된 이상화로부터 기인한다고 주장하며 이 현상을 **뇌의 신비 cerebral mystique**(mystique는 원래 '신비로움, 비밀스러움'이라는 의미를 가지지만 이 책에서는 어떤 대상이 신비롭고 비밀스럽다고 여기는 사람들의 인상 체계, 혹은 그 대상에 대한 신화화를 의미. 따라서 '뇌의 신화(화)' 등도 고려했으나 베티 프리단Betty Friedan의 기념비적인 저작《여성의 신비The Feminine Mystique》에 쓰인 번역의 용례를 참고하여, '뇌의 신비'라 번역—옮긴이)라고 부를 것이다. 뇌의 신비는 마음과 몸의 차이, 자유의지, 인간 개성의 속성에 대한 오래된 통념을 보호한다. 그것은 소설이나 미디어에서 나타나는 초자연적이고 극도로 섬세한 뇌 묘사에서부터 비유기적인 성질을 강조하거나 정신 작용을 신경 구조 속에 한정시키는, 그나마 좀 더 과학적 근거를 가진 인지 기능에 대한 개념에 이르기까지 다양한 형태로 나타난다. 뇌에 대한 이상화는 일반인은 물론 (나를 포함한) 과학자들까지도 감염될 수 있으며 유물론적, 유심론적 세계관 모두와 어울린다.

뇌의 신비의 긍정적인 결과로 뇌에 대한 찬양을 통해 원대하고 의미 있는 목표인, 신경생물학적 연구에 대한 대중의 관심을 이끌어내는 데 기여할 수 있다. 다른 한편 뇌를 신성화하면 역설적으로 신경과학의 매우 기본적인 발견, 즉 우리 마음이 지극히 평범한 생리적 과정에 뿌리내린 생물학적인 기초를 가져, 자연의 모든 법칙에 따른다는 사실을 제대로 못 볼 수도 있다. 뇌를 신화화함으로써 우리는 뇌를 몸 및 환경과 분리시키며, 그러면 우리는 우리 세계의 상호 의존성을 이해하지 못하게 된다. 이것이 바로 내가 다루려는 문제다.

이 책의 1부에서 나는 오늘날 뇌의 신비가 어떻게 존재하는지 묘사할 것이다. 이를 위해 오늘날 신경과학의 주제들과 뇌의 유기적이고 통합적인 특성을 과소평가하는 신경과학의 대중적인 해석을 살펴본다. 나는 이러한 주제들이 서구 철학과 종교를 수백 년 동안 지배한, 잘 알려진 심신이원론mind-body dualism을 되풀이하는 뇌-몸 구분brain-body distinction을 촉진한다고 주장한다. 우리의 뇌와 육체 (그리고 나아가 우리의 뇌와 나머지 세계) 사이의 가상 경계를 인식함으로써 우리는 사람들을 실제보다 더 독립적이고 스스로 동기부여되었다고 간주하고 서로와 주변 환경과의 연관성을 축소하게 된다. 이처럼 단절된 뇌는 신비한 영혼의 대용물로 기능하여, 킴 수오지와 같은 사람들이 불멸을 얻으려는 희망 속에 죽음을 앞두고 자신들의 뇌를 보존하도록 영감을 불어넣는다. 뇌-몸 구분을 유지하면서 **뇌의 신비**는 성공적인 지도자와 전문가 들의 자기중심주의 및 전쟁과 정치에 대한 '우리 대 그들us versus them'과 같은, 뇌·마음·자아에 대한 지극히 보수적인 태도에 기여한다.

1부의 각 장에서 나는 뇌-몸 구분을 야기하고 뇌를 자연의 여타 영역을 넘어서는 위치로 격상시키려는 경향을 가진 다섯 가지 특정 주제를 거론한다. 과학적 근거를 가진 대안적 관점을 살펴보면서 나는 뇌를 다시 현실적인 지위로 돌려놓으려고 시도할 것이다. 첫 번째로 다루는 주제는 **추상화**abstraction로, 사람들이 뇌를 다른 살아 있는 개체와는 근본적으로 다른 원리에 기반한 비생물적인 기계로 보려는 경향성이다. 이러한 견해가 매우 잘 드러난 익숙한 예가 바로 뇌를 컴퓨터, 몸과 분리된 영혼을 불러일으키는 방식으로 완성되거나 확산될 수 있는 고체 장치에 빗대는 것이다. 두 번째 주제는 **복잡화**complexification로, 뇌를 분석이나 이해가 불가능할 정도로 매우 복잡한 것으로 보는 관점이다. 해독할 수 없을 정도로 복잡한 뇌는 자유의지처럼 소유하고는 싶지만 설명할 수 없는 정신적 능력을 숨겨놓기에 편리한 장소다. 세 번째 주제는 **구획화**compartmentalization인데, 보다 자세한 설명 없이 인지 기능의 국재화局在化, localization(기능을 특정 영역에 한정시키는 행위—옮긴이)를 강조하는 관점이다. 미디어에서 종종 보는 뇌 영상 연구로 주로 뒷받침되는 구획화 견해는, 뇌가 우리의 생각과 행동에 어떤 도움을 주는지에 대한 얄팍한 해석을 유도한다. 네 번째 주제는 **육체의 분리**bodily isolation로, 뇌가 두개골 밖의 생물학적인 과정으로부터 최소한의 영향을 받으며 스스로 몸을 조정한다고 보는 경향성이다. 마지막 다섯 번째 주제는 **자율성**autonomy으로, 뇌를 스스로 통어하는self-governing 것으로 여겨 환경을 받아들이지만 항상 제어하는 위치에 있다고 보는 견해다. 마지막 두 주제는 우리의 행동에 극적으로 영향을 주는, 몸 안과 밖의 비개인적인 추진impersonal driving forces(몸과 환경을 지칭—옮긴이)으로부터 우리를 단절된 것으로 보게 한다.

2부에서는 생물학적으로 보다 실재적인 의견이 왜 뇌와 마음에 중요하며 어떻게 우리의 세계를 개선할 수 있는지 설명한다. 나는 오늘날 뇌의 신비로부터 매우 강한 영향을 받고 있는 세 가지 영역 즉 심리학, 의학, 기술 분야를 살펴볼 것이다. 심리학에서 뇌의 신비는 뇌가 우리의 생각과 행동의 원동력이라는 견해를 조장한다. 인간 행동을 이해하려고 애쓸 때 우리는 종종 뇌와 관련된 원인을 먼저 염두에 두고 머리 바깥의 요인에 대해서는 주의를 덜 기울인다. 이로 인해 우리는 개인의 역할을 지나치게 강조하고 사법제도부터 창의적 혁신에 이르기까지 여러 문화적인 현상에서 맥락의 역할을 과소평가한다. 이상화를 넘어선 새로운 의견은, 뇌를 포함하되 그것에 한정되지 않는 생리학적 환경으로서의 몸이 모든 사람에게 안과 밖으로부터의 영향이 만나는 지점을 틀림없이 제공한다는 사실을 인정해야 한다는 점이다. 이런 관점에서 볼 때 우리의 뇌는 진정한 자기결정 능력을 지닌 통제 센터가 아니라 수많은 입력을 연결하는 매우 복잡한 중계 지점이 된다. 나에게 어떤 아이디어가 생길 때 언제나 그것은 나 자신만의 것이 아니라 한때 내 머리에 수렴된 모든 입력의 결과다. 내가 훔치거나 살인을 저지를 때, 나의 범죄적인 뇌에 일어나는 것은 모두 나의 생리학, 나의 환경, 나의 역사 그리고 당신을 포함하여 내가 속한 사회의 산물이다.

의학에서 뇌의 신비는 정신 질환의 낙인을 영속화하는 중대한 결과를 낳았다. 우리의 마음이 물리적인 기초를 가지고 있다고 인정함으로써 정신 질환을 도덕적인 결함으로 보는 전통적인 경향에서 벗어날 수 있다. 하지만 정신과적 상태를 뇌의 장애로 재조명하면 해당 환자에게는 저주가 될 수 있다. 사회는 도덕적 결함보다 '고

장난 뇌'를 치료하기 어렵다고 보는 경향이 있기에, 뇌에 문제가 있다고 여겨지는 사람들은 결과적으로 더 강한 의혹의 대상이 되기 쉽다. 정신적인 질환을 뇌의 오작동과 등치시킴으로써 사람들이 추구하는 치료 방법을 왜곡시켜 약물 치료에 보다 많이 의존하고 대화 치료와 같은 행동적 개입에 관심을 덜 가지게 된다. 정신 질환을 순전히 뇌 질환으로 보면 보다 중요한 문제, 즉 정신 질환은 주관적으로 정의되는 일이 빈번하고 문화적으로 상대성을 가진다는 점을 간과하게 된다. 우리가 마음의 문제를 뇌만의 문제로 환원시켜버린다면 이와 같이 복잡한 문제들을 적절히 해결할 수 없다.

어떤 사람들에게 뇌의 신비는 미래에 대한 기술적인 비전을 불러일으킨다. 그중 다수는 공상과학소설 수준에서 맴돌며 '뇌를 해킹'하여 지능을 향상시키거나 심지어 우리의 마음을 업로드하여 영구적으로 보존할 수 있을 것이라는 상상도 한다. 하지만 뇌 해킹은 가진 이미지보다 별로 매력적이지 않다. 뇌에 대한 외과적 시술은 역사적으로 손상의 위험이 매우 높아 능력이 현저하게 저하된 환자에게만 도움이 되었다. 사회적 요구에 부응하는 신경 기술의 혁신은 우리의 머리 밖에 머무르는 게 최선일 수 있다. 실제로 우리는 이미 그러한 주변적 기술로 만든 포터블portable 혹은 웨어러블wearable 전자장치로 무장된 초인간으로 바뀌어가고 있다. 신경 기술에 대한 희망과 공포 모두 우리의 중추신경 계통에 직접적, 간접적으로 작용하는 개선들을 인위적으로 구분하여 왜곡하고 있다. 뇌에 대한 신화를 제거함으로써 우리는 삶을 개선하는 동시에 그 과정에서 발생하는 과학적이고 윤리적인 문제를 해결할 수 있을 것이다.

논의에 들어가기 전에 나는 이 책에서 하지 **않으려고** 하는 것에 대해 몇 마디 말하고자 한다. 첫째, 이 책은 뇌가 어떻게 작동하는지 설명하지 않는다. 다른 많은 저자들과 달리 나는 뇌가 무엇을 하는지보다 뇌가 무엇인지에 더 관심이 많다. 여러 장에서 뇌가 작동하는 특정한 메커니즘의 예를 들겠지만, 주로 뇌에 대해 널리 퍼진 정형화에서 벗어나는 작동 양식을 보여주기 위해 포함시킬 뿐이다. 많은 예술가들이 평면적인 인물에 감정적이고 심리적인 깊이를 더하기 위해 역사와 전설을 이용하듯이, 나는 대중적인 글쓰기에서 종종 뼈와 살을 가진 무언가가 아니라 감성이 없는 건조한 컴퓨터로 묘사되는 한 신체 기관에 조심스럽게 깊이와 뉘앙스를 더하고자 한다.

둘째, 이 책은 뇌가 인간 행동에 본질적으로 중요하다는 사실에 이의를 제기하지 않는다. 마음의 여러 기능은 뇌로 환원되지는 않더라도 모두 뇌를 필요로 한다. 이 중 많은 기능이 50년 또는 100년 전만큼이나 제대로 이해되지 못하고 있으며 기억, 지각, 언어, 의식과 같은 현상에 대한 기본적인 신경과학적 연구가 우리의 지식을 진보시킬 수 있는 최선의 방법이다. 나는 뇌를 바라보는 전통적인 방식이 대안적이고 보다 폭넓은 시야의 방식에 의해 어떻게 보완되는지 보여주면서도 신경과학과 뇌를 이 모든 그림의 중심부에 남길 것이다.

가장 중요한 셋째, 이 책은 객관적인 신경생물학적 발견을 기각하는 것을 결코 목표로 하지 않는다. 내가 제시하는 관점은 구시대의 문화Old Age culture(Old Age는 다음에 나오는 뉴에이지New Age와의 대조를 위해 저자가 만든 말. 따라서 특정한 시대나 사조, 문화를 나타내기 위한 용어는 아니며 일반적인 의미의 '노년'을 의미—옮긴이)가 전통적으로 견지한 시각보다 우리의 마음과 자신을 더욱더 상호 연관된 것으로 보는 시각을 촉진한다. 하지만 이는 근거 없는 뉴에이지 시대의 영성New Age spirituality(뉴에이지는 1970~1980년대 서구세계에서 발전한 영적 혹은 종교적 믿음과 행동의 형태로서 유일신을 부정하는 범신론적 입장을 취하며 영적 각성을 추구하는 경향성이 있음—옮긴이)으로 빠지라고 인도하는 것은 결코 아니다. 뇌를 생물학적 근거를 가지고 우리의 몸과 환경 속에 통합된 것으로 간주하는 관점은 정통 과학적 연구hard scientific research다. 반대로 사람들로 하여금 인간의 사고와 행동을 조명할 수 있는 과학의 힘을 의심하게 만드는 것이 바로 뇌의 신비가 강조하는 뇌의 비범한 특성이다. 이러한 견해는 나뿐 아니라 대부분의 신경과학자들이 힘주어 반대한다. 뇌의 신비는 뇌를 마음이나 영혼의 독립된 신체화로 제시하면서 오늘날 사회 안에서 신경과학이 미치는 영향을 제한한다. 이러한 견해가 신경 체계를 블랙박스(이 책에서 블랙박스는 '기능은 알지만 작동 원리를 이해할 수 없는 복잡한 장치'를 의미—옮긴이)로, 뇌에서 일어나는 일을 뇌에 국한된 일로 여기게 만들며, 현실 세계의 문제에 대해 신경과학이 해야만 하는 말을 무시하기 쉽게 만든다. 이것이 내 견해이며, 당신이 이 책에 설득되어 내게 동의하기를 바란다.

1
뇌의 신비

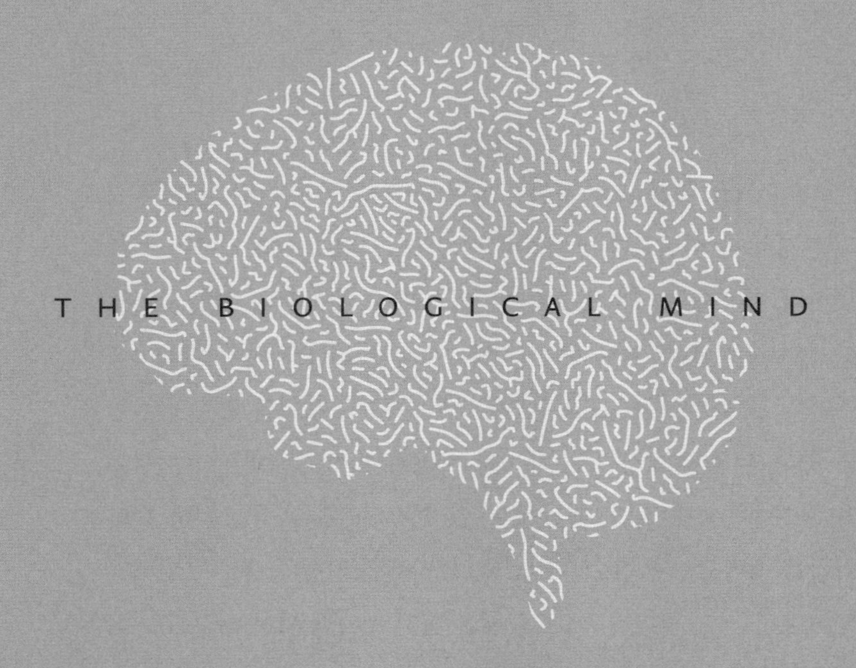

01

뇌를 먹으며

내가 처음 만진 뇌는 풀어진 계란 속에 덮여 있는 찐 뇌였다. 그 뇌는 송아지 머릿속에서 시작해 감자 조금, 음료수와 곁들여져 세비야의 싸구려 음식점에 있는 내 입속에서 생명을 다했다. 타파스(스페인의 전채 요리—옮긴이)로 유명한 스페인 도시 세비야에서는 송아지 뇌 오믈렛tortilla de sesos과 그 외 다른 뇌 요리를 종종 발견할 수 있다. 뇌를 먹으러 가는 세비야 여정에서 세련된 미식가적 경험을 쌓기에는 나는 너무 가난했다. 덜 만족스러운 음식만 찾아 슈퍼마켓을 헤매고 군침 도는 타파스는 멀리했던 일만 생생하게 기억날 뿐이다. 그러던 중 만난 뇌 오믈렛은 단연코 그때 먹은 최고의 음식 중 하나다.

뇌와의 두 번째 만남은 여러 해가 지난 뒤 실제 양의 뇌를 다루고 자르는 것에 초점을 둔 MIT 신경해부학 실험실에서였다.[1] 그 당시 제기된 여러 문제로 인해 나는 그 수업에 끌려 결국 양의 뇌까지 접했고 내 동료들에게는 신경과학에 몸담는 동기가 되기도 했다. 나는 뇌가 영혼이 거주하는 곳이며 마음의 작용이라고 생각했다. 하지만 공부를 계속하면 할수록 인지, 지각, 동기부여의 비밀을 알 수 있다. 무엇보다 우리는 자신에 대해 이해하게 된다.

뇌를 다루는 경험은 말 그대로 경이롭다. 실제로 이 반죽 덩어리가 고도로 발달한 유기체의 제어 센터인가? 이 속에서 온갖 마술이 다 일어나는가? 동물 역시 거의 500만 년 동안 뇌 혹은 뇌와 유사한 기관을 가지고 있었다.[2] 그리고 이 기간의 80퍼센트가 넘는 시간 동안 양의 조상은 곧 우리의 조상이었고 동일한 뇌를 가지고 있었던 셈이다.[3] 이처럼 방대한 유산을 공유하고 있다는 사실을 생각해 보면 양의 뇌가 가진 모양, 색깔, 조직이 우리의 뇌와 그다지 다르지 않으며 마찬가지로 엄청난 능력을 가지고 있다는 것을 어렵지 않게 상상할 수 있다. 양의 뇌 내부는 수십억 개의 세포와 수조 개의 시냅스를 가지고 있고, 여러 세대를 지나면서 대뇌피질보다 우리를 더 복잡하게 만들어준 유연한 행동flexible behaviors(변화하는 환경에 적응하는 행동—옮긴이)의 학습 및 조율 능력을 가졌다는 점에서, 인간의 뇌만큼이나 놀라울 정도로 복잡하다. 양의 뇌가 증거하는 수년간의 노동, 갈구, 열정과 변덕스러운 행동은 어렵지 않게 인간적인 형태로 바꿀 수 있다. 나머지 몸뚱어리는 물론이고 죽기 전에 양으로서 느끼고 알았던 모든 것과 분리된 뇌는 '너도 죽는다는 것을 기억하라memento mori'라는 메시지를 강력하게 전달한다.

하지만 양이나 인간의 뇌는 다른 생물학적인 조직이나 기관과 매우 유사한 물질이다. 살아 있는 뇌는 자신의 형태를 잃지 않으면서 구부러질 수 있는 정도, 즉 **탄성계수elastic modulus**라 불리는 양적 단위로 측정되는 젤리 같은 물질이다. 인간의 뇌는 1킬로파스칼의 젤로Jell-O(미국 크래프트사의 젤리—옮긴이)와 비슷하지만[4] 근육이나 뼈 같은 생물학적 물질보다는 현저히 낮게 0.5~1킬로파스칼의 탄성가를 가진다.[5] 또한 뇌는 밀도를 가진 물질이다. 다른 많은 생물학적 물질처럼 뇌의 밀도는 물에 가까워 성인 뇌의 크기는 커다란 가지 정도의 무게가 나간다. 전형적인 뇌의 경우 대략 80퍼센트의 물, 10퍼센트의 지방, 10퍼센트의 단백질을 가지고 있어 대부분의 고기보다 지방이 적다.[6] 소 뇌 90그램은 비타민 B_{12}는 미국 권장량의 180퍼센트, 나이아신과 비타민 C는 20퍼센트, 철과 구리는 16퍼센트, 인 41퍼센트, 콜레스테롤 1000퍼센트를 가지고 있어 계란 노른자와 유사한 구성이다.[7] 이 정도라면 동맥경화의 위험은 일단 접어두고 뇌를 연구하기보다는 먹어도 괜찮지 않을까?

200만 년 전 지금의 케냐 빅토리아호의 남동쪽 연안 가까운 곳에 거주하던 원인猿人이 바로 그렇게 살았다. 현재 아프리카에서 가장 큰 호수이자 백나일강의 수원인 빅토리아호는 생긴 지 50만 년이 채 되지 않았고 그 당시 자연 전체에서는 눈에 띄지도 않을 만큼 작았을 것이다. 이 광대한 대초원에서 우리 인류의 조상은 선사시대의 영토를 공유하던 초식 포유동물의 고기와 식물을 먹으며 유랑했다. 남부 칸제라Kanjera로 알려진 이 지역의 고고학 발굴 보고에 따르면 수천 년에 걸쳐 일부 특정 지역에서 소형과 중형의 동물 두개골이 집중적으로 발견된다.[8] 지금까지 발견된 일부 대형 동물의 두개골 숫자는 다른 뼈보다 훨씬 많다. 이는 누군가가 동물의 머리를 사체로부터 분리하여 일정 장소에 모아두었음을 알려준다. 일부 두개골의 흔적을 통해 인류가 도구를 사용하여 두개골을 깨서 그 속의 내용물을 섭취했음을 유추할 수 있다. 아마도 뇌는 원인의 식단에서 중요한 먹거리였을 것이다.

그러면 왜 뇌일까? 진화론적 관점에서 인류가 하나의 종species으로 발전하기 위해 육식은 주요한 역할을 했다.[9] 그것이 250만 년 전에야 시작되었다고 가정할 때 칸제라의 **인류Homo**가 육식을 시작한 지는 비교적 얼마 안 되었다고 할 수 있다. 200만 년 전 그곳에 살던 육식동물들은 이미 수백만 년 이상 육식하고 있었다.[10] 플라이스토세(홍적세洪積世 또는 갱신세更新世 —옮긴이) 고양이, 자이언트 하이에나, 원시 야생개의 턱과 발톱은 현생 인류의 신체 어느 부분보다 먹이를 잡아 가죽을 벗겨 먹는 데 적합하다. 하지만 원인은 이미 직립보행과 그 유명한 마주 보는 엄지(엄지손가락이 다른 손가락과 마주 보고 접히는 인류의 신체적 특징으로서 도구 사용에 이점이 있음—옮긴이), 인공적인 물건을 만들어 사용할 수 있는 선천적 능력이라는 특별한 강점을 가지고 있었다. 원시인이 이미 냄새나고 심지어 호랑이가 뼈까지 파먹은 사슴의 사체를 발견한다면, 돌을 집어 들어 두개골을 깨부수어 그 속에 아무도 건드리지 않은 물질을 얻을 수 있었다. 만약 그가 혼자서 끌고 오기에 너무 무거운 동물을 잡았다면 어떻게든 대가리만 잘라서 가지고 와 부족들과 함께 먹을 수 있었다. 이와 같은 방법으로 원인은 네 발 육식동물에게는 접근 불가능한 생태학적 틈새시장 ecological niche(여기서는 '뇌'를 가리킴—옮긴이)을 파낼 수 있는 능력을 가질 수 있었다. 많은 육식동물들이 고깃덩어리를 놓고 인류와 격렬하게 경쟁했지만, 뇌는 인류만이 유일하게 차지할 수 있었다.[11]

지질학적 시간표를 보면 원인의 뇌 섭취와 엄청나게 크고 강력한 뇌의 출현이 일치한다. 하지만 이 두 가지 사건은 다른 방식으로도 연결되어 있다. 매우 진화한 인류 문명의 식생활을 보면 간단한 일상 요리부터 훌륭한 고급 요리까지 뇌 요리를 즐긴다. 유명 셰프인 마리오 바탈리Mario Batali는 준비하고 요리하는 데 한 시간 정도 걸리는 송아지 뇌로 만든 라비올리를 할머니로부터 배워 소개한다.[12] 멕시코의 전통 옥수수 스튜인 포졸레는 보다 복잡하여 돼지머리를 통째로 여섯 시간 정도 고기가 뼈에서 다 떨어질 때까지 삶아서 만든다.[13] 물론 유대교 율법에 따라 도축된 고기가 아니지만, 맛있을 게 틀림없다. 대부분의 이슬람 세계에서는 아브라함이 자신의 아들 이스마엘을 하나님께 바친 것을 기념하는 이드 알아드하Eid al-Adha라는 희생 축제일에 뇌로 만든 축제 요리를 준비한다.[14] 뇌 마살라, 레몬소스에 절인 뇌, 양다리찜 등으로 이루어진 이 요리는 좋은 음식은 낭비하지 않는다는 문화적 관습뿐 아니라 축제일이면 으레 의식에 따라 도축된 고기를 과할 정도로 많이 먹는 포만감도 충족시킨다. 그리고 〈인디아나 존스〉의 하이라이트(운명의 신전 앞에서 펼쳐진 요란한 히말라야 잔치에 내놓은 찡그린 원숭이 머리에서 퍼낸 차가운 뇌 디저트)를 어떻게 잊을 수 있겠는가? 인도 내륙 지방에서 원숭이 뇌를 먹는다는 것은 신화에 불과하지만, 드물게 저 멀리 동쪽 중국 대륙 어

딘가에서는 사실이다.[15]

비교적 강경한 문화적 상대주의자들조차 뇌를 음식으로 먹는다는 사실은 어딘가 야만스럽다고 생각한다. 내 어린 딸 역시 저녁 식탁에서 얼굴을 찌푸린 채 "그건 마음을 먹는 거 같잖아"라고 말했다. 원숭이 뇌를 먹는 것은 원숭이와 우리가 닮았다는 사실 때문에 매우 야만적이라 여겨지며 사람의 뇌를 먹는 것은 이보다 훨씬 더 선을 넘는다고 여겨진다. 적어도 우리가 알고 있는 한 사례를 보면 이를 어긴 사람들은 신의 분노를 경험했다. 전능자의 진노에 희생된 불행한 사람들은 바로 뉴기니의 포레이족이다. 1930년대 식민주의자들에게 발견된 이 부족은 '웃음병'이라고도 불리던 쿠루라는 전염병에 의해 많이 죽었다. 오늘날 알려진 바에 따르면 쿠루는 이 병으로 죽은 사람들의 뇌와 직접적인 접촉을 통해 전파되며 광우병과 밀접한 연관성이 있다.[16] 칼턴 가이듀섹Carleton Gajdusek이 훗날 노벨상을 받은 전염병 연구에서 밝힌 바에 따르면 포레이 부족민들은 자기 친족을 먹는 족내식인endocannibalism 풍속 때문에 쿠루에 노출될 가능성이 높았다. 가이듀섹은 "영양 상태가 좋은 건장한 젊은이 한 무리가, 유기적이기보다 히스테릭하게 보일 정도로, 정해진 동작 없이 마구 몸을 떨며 춤을 추는 모습은 정말 대단한 광경이다"라고 썼다. "하지만 그들이 예외 없이 신경 쇠약을 겪게 되며(…) 결국은 죽음에까지 이르는 모습을 보는 일은 또 다른 문제이며 그냥 쉽게 잊힐 수 없다."[17]

놀랍게도 포레이 부족민은 자신들의 식인 풍속에 대해 별다른 신경을 쓰지 않았다. 그들은 자연사한 친족의 사체를 집 밖 마당에서 해체하여 매우 쓰다고 여겨지는 쓸개를 제외한 모든 신체 부위를 섭취했다. 인류학자 셜리 린덴바움Shirley Lindenbaum이 기록한 바에 따르면 그들은 쪼갠 머리에서 뇌를 꺼내어 "어떤 펄프 속에 밀어 넣은 후 대나무 통에 쪄서" 먹는다.[18] 포레이 부족에게 식인은 의식ritual이 아니라 식사meal였다. 육류가 희귀한 사회에서 사체는 단백질 제공원이자 돼지고기의 대용품으로 여겨졌을 뿐이다. 보다 귀하게 여기던 돼지고기 음식은 주로 성인 남성에게 상으로 주어졌기 때문에 (개구리와 벌레뿐 아니라) 죽은 사람을 먹는 기쁨은 보통 여자와 아이 들에게 돌아갔다. 죽은 남자의 뇌는 누이, 며느리 혹은 모계 숙모와 숙부가 먹고, 죽은 여자의 뇌는 시누이나 며느리가 먹었다. 이러한 패턴에 영적인 의미는 없었지만, 포레이족의 식인 풍속이 1970년에 완전히 없어지기 전까지 성gender과 친족 관계는 쿠루의 확산과 밀접하게 연관되어 있었다.

모든 고기를 먹지 않으려는 윤리적 반대부터 정육의 어려움이나 병의 위험에 이르기까지 뇌를 먹지 않는 데에는 여러 가지 이유가 있다. 하지만 고기를 먹는 모든 행위에 어려움과 위험이 따르는 것은 아니다. **우리의 문화**our culture에서 뇌를 먹지 않는 진정한 이유는 손으로 양의 뇌를 들고 있을 때 느끼는 경이로움과 더 밀접하게 연관되어 있다고 생각하지 않을 수 없다. 뇌는 우리에게 성스러운 것이며 그것을 단지 고기라고 생각하기 위해서는 의지가 필요하다. 심지어 동물의 것이라 할지라도 다른 누군가의 뇌를 먹는다는 행위는 우리의 뇌를 먹는 일과 매우 유사하다. 그리고 우리의 뇌를 먹는다는 행위는, 내 딸의 단언처럼 우리의 마음을, 어쩌면 우리의 영혼을 먹는 일처럼 보인다.

어떤 사람들은 내적 성찰을 통해 이와 같은 결론에 이르기도 한다. 기원전 6세기에 이미 피타고라스학파는 뇌와 심장을 먹는 것을 공공연히 피했는데, 이 기관들이 영혼 및 그것의 윤회transmigration와 연관이 있다고 믿었기 때문이다.[19] 그런데 뇌 먹기를 꺼리는 현대의 경향을 보여주는 객관적인 자료는 찾을 수 있을까? 적어도 유럽과 미국에서는 온갖 종류의 고기 내장 소비가 20세기 초반 이후로 급격하게 하락했다.[20] 하지만 뇌는 특별히 예외로 보인다. 최근에 유명한 온라인 레시피 사이트를 검색해보니 73개의 간 요리법, 28개의 위장 요리법, 9개의 혀 요리법, 4개의 콩팥 요리법(물론 콩은 빼고) 그리고 2개의 뇌 요리법이 있었다.[21] 레시피의 숫자가 실제 요리에서 이 장기들을 얼마나 널리 사용하는지를 시사한다고 조금 거칠게 가정하면 뇌에 비해 다른 장기에 치우치는 경향이 뚜렷이 존재하는 듯하다. 그 이유 중 일부는 생체이용률bioavailability과 어느 정도 연관이 있을 수 있다. 다시 말해 소의 경우 혀는 0.9~1.3킬로그램, 간은 4.5킬로그램 정도 나가지만 뇌는 약 0.5킬로그램밖에 나가지 않는다. 하지만 선호도의 차이로도 이러한 추세의 상당 부분을 설득력 있게 설명할 수 있을 것이다. 1990년에 영국 소비자를 대상으로 한 식품 선호도 조사도 이러한 관점을 뒷받침한다.[22] 조사 결과에 따르면 여러 종류의 육류 부산물 중 심장, 콩팥, 혹위(반추동물의 제1위를 가리키며 '양'이라고도 불림—옮긴이), 췌장, 마지막으로 뇌 순서로 비선호도가 높아진다. 이 조사는, 1990년대 중반 광우병이 발병하기 전에 수행되어 선호도 결과를 뇌 섭취와 연관된, 건강에 대한 염려로 쉽게 설명할 수 없기 때문에 주목할 만하다. 사회학자 스티븐 메넬Steven Mennell은 뇌를 먹는 것에 대한 혐오를 연구 참여자들이 자신과 뇌를 "동일시하려는" 경향성으로 가장 잘 설명할 수 있다고 해석한다.[23]

대부분의 사람들에게는 뇌를 먹고자 하는 욕구가 없다. 하지만 배고픔과 뇌는 다른 방식으로, 말 그대로든 은유적인 의미에서든 서로 긴밀하게 엮여 있다. 아주 구체적으로 이야기하자면 배고픔을 지각하기 위해서 뇌는 우리 각자에게 당연히 필수적이다. 배고픔을 인지하는 기반은 주로 뇌의 **시상하부**hypothalamus라 불리는 부분에 있는 한 무리의 세포 주위에 위치한다. 이 세포 중 일부는 복잡한 이유로 매력적인 중앙아메리카 설치류(기니피그와 유사하지만 좀 더 크고 긴 다리를 가지고 있으며 중앙아메리카에 주로 서식하는 아구티agouti를 지칭—옮긴이)의 이름을 지니게 된, 조그마한 단백질 분자인 아구티 관련 펩티드AgRP: Agouti-related peptide라는 호르몬을 분비한다.[24] AgRP 방출 자극을 생쥐의 뇌에 주면 생쥐는 왕성한 식욕을 갖고 음식을 얻기 위해서 어떻게든 일하려고 한다. 전시 빈곤 상황에 대한 두려움이 모티브가 되어 1945년에 수행된 미네소타 기아 실험Minnesota Starvation Experiment은 주목할 만한 연구다. 36명의 남자에게 체중의 25퍼센트를 빼는 반기아semi-starvation 상태의 다이어트를 하게 한 뒤 그들의 행동과 심리를 추적했다.[25] 역사학자 데이비드 베이커David Baker와 나타샤 케라미다스Natacha Keramidas는 이 실험을 회고하여 이렇게 썼다. "굶주림은 사람들로 하여금 음식에 집착하고

(…) 음식에 대한 꿈과 환상을 가지게 만들었으며, 그들은 주어진 하루의 두 끼 식사를 음식에 대해 읽고 말하며 즐기곤 했다."[26]

뇌에 굶주린 우리 사회는 뇌에 대한 배고픔을 비유적으로 만들어냈으며 이는 그에 대해 읽고 말하고 환상하는 모습으로 나타난다. 골상학phrenology('마음'과 '지식'을 의미하는 그리스어가 합쳐져 만들어진 단어로, 두개골의 형상으로 인간의 심리적 특성을 예측하는 학문—옮긴이)의 인기와 더불어 빅토리아시대 동안 뇌 기능이 인간 본성에 갖는 중요한 역할을 대중들이 폭넓게, 폭발적으로 인식하게 되었다. 골상학의 창시자 프란츠 갈Franz Gall(1758~1828)은 초등학교 시절 또래 학생들을 관찰하면서 두개골의 특징과 정신 능력의 관계에 대한 자신의 영향력 있는 이론을 마음속에 품기 시작했다고 주장했다.[27] 스트라스부르대학과 비엔나대학에서 의학을 공부한 뒤 갈은 비엔나의 정신병원에서 외과의로서의 위치와 사회적 관계를 통해 다양한 계층의 환자들 얼굴 형태를 관찰하는 기회를 가졌다. 그는 관찰한 사람들의 뇌를 얻고자 애썼고, 이전에 기록된 외형적 자질과 신경해부 결과의 연관성을 찾으려 노력했다. 갈은 인지적 능력이 뇌의 특정한 영역에 위치해 있고, 이 영역의 크기는 그에 해당하는 능력의 힘이나 정도에 상응하며, 두개골 모양은 근본적인 뇌 구조를 반영한다는 몇 가지 기본적인 주장을 가지고 등장했다. 갈은 1790년대에 공개적으로 자신의 주장을 펼쳤으나 인간 본성에 대한 세속적인 견해라고 검열받아 오스트리아에서는 발언이 금지되었고 결국 그 나라를 떠날 수밖에 없었다. 파리에 정착했지만 북유럽 여러 곳을 여행하며 강연해 자신이 직접 고안하여 유명해진 이론에 대한 끊임없는 옹호자가 되었다.

골상학은 이후 수십 년 동안 매우 영향력 있었다. 그 가르침은 갈을 열정적으로 추종한 요한 슈프르츠하임Johann Spurzheim의 설파로 영어권 세계에도 침투했다. 영어권에서 그의 가장 뛰어난 개종자인 조지 콤George Combe은 골상학에서 깊은 영감을 얻어 《인간의 구조The Constitution of Man》라는 제목의 세계적인 베스트셀러를 저술했다. 1828년 출판된 이후 30년 동안 25만 부가 팔린 이 책은 19세기에 가장 많이 읽힌 책 중 하나로, 찰스 다윈 같은 동시대인의 과학적 저술을 엄청난 차이로 압도했다.[28] 미국과 유럽의 여러 도시에서 골상학회가 생겼으며 미국의 오슨 파울러Orson Fowler와 로렌조 파울러Lorenzo Fowler 형제는 골상학 학술지를 창간했다. 이들은 뉴욕, 보스턴, 필라델피아에서 두개골 검사실을 운영하기도 했다. 또한 이들이 사기ceramic로 만든 조립식 뇌 모형은 오늘날까지도 장난 삼아 수집하는 상품으로 여전히 팔리고 있다. 에이브러햄 링컨부터 월트 휘트먼Walt Whitman에 이르기까지 유명인들이 골상 해독을 받은 바 있지만, 골상학 관련 개념이나 기술이 상업화되면서 점점 더 골상학자들의 과학적인 기반과는 멀어져 골상학은 유사 의학에 불과한 것으로 비난받을 수밖에 없었다.[29] 최근 몇 년 동안 영장류에게서 매우 특별한 뇌 영역이 발견되어 갈의 이론 중 일부가 부분적으로 옹호받기도 했다. 하지만 갈과 슈프르츠하임이 씨를 뿌렸던 운동은 인간 행동을 물질로서의 뇌를 통해 설명하고자 하는, 폭넓은 토대의 첫 번째 지적 움직임이라는 점에서 더 깊은 의의가 있다.

19세기에 뇌에 대한 관심이 싹트기 시작하자, 뇌 수집이라는 신기한 현상도 생겨났다. 신경해부학자 폴 브로카Paul Broca는 골상학 이론에 상응하는 결론을 내기 위해, 동물원이 동물을 모으듯 수집한 432개의 뇌 컬렉션을 사용했다. 특히 실어증 환자 몇 명의 손상된 뇌를 통해 그는 전두엽 부근에 존재하며 언어와 밀접한 관련이 있는 **브로카 영역**Broca's area을 발견하게 되었다. 유럽의 명석한 저명인사의 뇌는 사후 수거되어 위대함의 증거를 찾기 위해 검사되었다.[30] 갈과 슈프르츠하임, 이 둘의 뇌도 그렇게 수거된 것 중에 속했다. 바이런 경(영국의 낭만주의 시인 조지 고든 바이런George Gordon Byron —옮긴이)의 뇌는 가장 무거운 뇌 중 하나로 기록되었는데 자그마치 2.2킬로그램이었다. 그의 뇌처럼 큰 뇌는 이른바 호텐토트의 비너스라 불리던 사라 바트만Sarah Baartman이라는 남아프리카의 여자 노예이자 공연자의 것과 같이 상대적으로 작은 아프리카인의 뇌에 비교되어 인종적, 지적으로 우수하다는 유럽 중심적 사고를 공고하게 만들었다. 바트만의 뇌는 프랑스 동물학자 조르주 퀴비에Georges Cuvier가 해부했다. 퀴비에 자신의 뇌는 1.8킬로그램이었고 브로카의 것은 1.5킬로그램 나갔다.

아주 놀라운 에피소드로서, 위대한 수학자 카를 가우스Carl Gauss의 뇌는 절친한 친구이며 괴팅겐의 해부학자이자 외과 의사인 루돌프 바그너Rudolf Wagner에게 1855년 양도되었다.[31] 이를 물려받은 대가는 바그너 자신이 뇌를 적출하는 일을 도와야 한다는 것이었다. 절친한 친구를 부검하는 일, 그것도 두개골을 열어 뇌 자체를 적출하는 게 얼마나 곤혹스러웠을지 상상해보라. 바그너는 정신적 긴장을 완화하기 위해 다른 여러 사람들과 함께 부검에 참여했다. 한편, 이때 참여한 사람들 중 하나였던 저명한 외과 의사 콘라드 푹스Konrad Fuchs 역시 머지않아 루돌프 바그너에게 부검받았다. 하지만 기이한 운명의 장난으로 가우스의 뇌는 푹스의 뇌와 우연히 바뀌었고 150년 동안 이 실수는 발견되지 않았다.[32] 이러한 바꿔치기가 일어나기 전, 가우스의 뇌는 1.4킬로그램 정도로 너무 가벼운 것으로 밝혀졌다. 이는 성인 남성의 평균을 근소하게 앞서는 것으로 '수학의 왕자'가 가진 천재적인 인지 능력을 설명하기에는 명백히 불충분했다. 천재적인 능력을 설명하기 위해 바그너는 무게 대신 뇌 표면에 세로로 깊이 난 홈을 주목했고 이것은 그 당시 신경해부학자들의 관심 주제였다. 바그너는 가우스의 뇌 홈이 자신이 봤던 것 중 가장 깊고 복잡하다고 밝혔다.[33] 하지만 오늘날 우리는 이러한 측정 방법이 일반 지능general intelligence과 연관성이 매우 약하다는 것을 알고 있다.[34]

여전히 전 세계 많은 의학 시설이 활발하게 뇌를 수집하고 있다. 이렇게 수집된 뇌는 기증자들 중 일부가 앓았던 신경 질환에 대한 분석을 돕는 샘플 조직 저장소로서의 중요한 역할을 한다. 가장 큰 뇌 컬렉션은 매사추세츠주 벨몬트, 거의 말 그대로 우리 집 뒷마당에 있다.[35] 맥린병원의 하버드 뇌 은행은 러버메이드 상자와 냉장고 진열대로 가득 찬 방에 7000개가 넘는 인간 뇌를 보유하고 있다. 과학자와 임상의학자는 조직 또는 유전 연구를 위해 샘플을 요청하면 절개된 조직 블록 혹은 **관상 단면coronal sections**이라 불리는 평면의 수직 단면을 배달받는다. 기증자를 찾는 것은 쉬운 일이 아니다.

이러한 자원이 제대로 기능하기 위해서는 뇌와 뇌과학의 중요성에 대한 대중의 인식이 분명 필요하다.

갈 이후 200년 동안 뇌에 대한 대중과 전문가들의 집중된 관심은 급격하게 증가했다. 조지 부시George W. H. Bush는 "뇌에 대한 연구로부터 얻을 수 있는 이득에 대한 대중의 인식을 제고"한다는 명시적인 목표 아래 1990년대를 "뇌의 10년the Decade of the Brain"이라고 선언했다.[36] 이 10년이 다 지나자마자 2004년, 전 세계에서 의학 연구에 가장 많은 지원을 하는 미국 국립보건원NIH: National Institutes of Health이 여러 가지 핵심 목표와 과학 연구자들을 향한 '거대한 도전'을 제시하며 신경생물학 연구와 기술을 진흥하려는 노력으로 〈신경과학 연구의 청사진〉을 발표했다.[37] 2013년에는 미국 연방정부와 유럽연합이 미래의 뇌 연구를 진흥하고 통합하려는 야심 찬 후속 계획을 발표했다.[38] 뇌과학에 대한 참여가 보다 많이 이루어지고 있다는 사실은, 신경과학회Society for Neuroscience의 단독 연례 학술대회에 참여한 인원이 1970년대에는 6000명, 1980년대에는 1만 4000명, 1990년대에는 2만 6000명이었던 데 비해 가장 많은 해인 2000년도에는 3만 5000명에 이른다는 통계에서도 잘 알 수 있다.[39] 해당 신경과학 학술대회는 현재 대부분의 미국 도시 인구보다 많은 수의 회원을 보유하고 있다.

뇌 관련 도서 소비 역시 급속한 성장의 궤도를 따르고 있다. 아마존에 '뇌'라는 키워드로 등록된 출판도서의 숫자는 1970년대 이래 매 10년마다 거의 2배 증가했는데 이는 정기적인 간격을 두고 컴퓨터 처리 능력이 배가한다고 예측한 유명한 무어의 법칙Moore's

Law과 유사한 성장 패턴에 해당한다.[40] 2014년 아마존에 등록된 '뇌' 관련 도서 5070권 중에, 1970년대 164권, 1980년대 470권, 1990년대 983권, 2000년대 1676권에 이어 2010년대 전반기 5년 동안에 1500권 이상이 출판되었으므로 현재 2010년대에도 배가하는 경향성을 계속 유지하는 추세다.[41] 같은 기간 동안 생명공학 도서의 절대적인 지표라고 할 수 있는 미국 국립의학도서관The US National Library of Medicine에 '뇌' 혹은 '뉴런'이라는 키워드로 찾을 수 있는 도서의 수는 1970년도에 연간 1만 3000권에서 2010년 이후로는 연간 6만 권 이상에 이를 정도로 지속적인 성장을 보이고 있다.[42]

미국 전역에 걸쳐 학부 대학생들의 캠퍼스에서도 이와 유사한 경향이 뚜렷하다. 대부분의 대학에서 신경과학과 가장 근접한 전공은 심리학으로서 행동, 인지, 생물학적 요소를 포함하는 토대 학문framing subject이다. 심리학은 미국 대학교에서 경영학에 뒤이어 두 번째로 인기 있는 전공이라고 보도된 바 있다.[43] 심리학 학위로 졸업하는 학생 숫자는 1970년도에는 3만 8000명 정도였다가 최근에는 매년 10만 명을 상회한다.[44] 어린아이였을 때 내 어머니가 계시던 코넬대학교의 연구실 근처 커다란 콘서트홀이 심리학 입문 수업인 '심리학 개론Psych 101'을 듣는 1600명 학생을 위한 교실로도 쓰인다는 사실을 알고 놀랐다.[45] 비슷한 규모의 초대형 심리학 강의는 미국 내에 흔하며 수많은 학생들에게 마음과 뇌의 내부를 연구하는 계기를 제공한다.

교육과 미디어의 추세는 우리로 하여금 삶에서 뇌가 가지는 중요성에 대해 어느 때보다 더욱 잘 알게 만들어주었다. 뇌 관련 책과 강연에 대한 우리의 욕구는 이러한 경향성의 일부분일 뿐이다. 보다 익숙한 예를 들자면 우리 대부분은 알츠하이머병이나 파킨슨병과 같은 뇌 질환을 겪는 친구나 가족이 있기 마련이다. 뇌진탕이나 머리 부상의 위험, 또는 약의 남용이 뇌에 미치는 영향을 알게 된 개인적인 이유를 가지고 있을 수도 있다. 과학적으로 증명되었지만 과거에는 오직 전문가들만 인지하던 발견을 점점 대중도 인식하기 시작했다. 이러한 대중적 노출로 인해 우리의 뇌가 지각과 인식에 중요하게 된 몇몇 방식을 알고 이러한 현상이 어떻게 작동할 수 있는지에 대해 반증 가능한falsifiable 가설을 가지게 되었다. 골상학의 퇴락에도 불구하고 뇌의 특정 영역이 특정 역할을 한다는 사실을 알게 되었다. 우리의 뇌는 변화를 겪고 기억을 저장하고 의사 결정을 돕고 실수할 수도 있다. 기초적인 신경과학 연구는 우리의 뇌가 변화하고 기억하고 결정하며 실수할 때 관여된 특정한 분자 및 세포적인 요인에 대한 영감을 우리에게 제공하기도 했다.

하지만 뇌에 대한 지식으로 인해 우리 자신이 변화한 적이 있는가? 만약 신경과학이 우리의 마음은 생물학적 과정에 기초하고 있다고 가르친다면, 우리의 태도나 행동도 획기적으로 영향받아야 하지 않는가? 개인적 책임personal responsibility과 개인 정체성individual identity(personal과 individual 모두 '개인(적인)'으로 번역했지만, 전자가 '사회적인social'에 대응한다면 후자는 '집단 혹은 집합적collective'와 반의어 관계에 있음—옮긴이)에 대한 우리의 개념은 왜 근본적으로 바뀌지 않았는가?

왜 우리 사회는 100년 전과 거의 동일한 방식으로 사람들에게 벌과 상을 주는가? 왜 우리는 신장병이나 폐렴에 비해 정신 질환에 대해서는 부정적인 시각을 계속 가지는가? 왜 우리는 몸의 다른 부분에 작동하는 약과 기술에 비해 뇌에 작동하는 약과 기술에 대해 다르게 느끼는가? 주요한 정신 작용에 대한 신경과학적 이해가 여전히 기초적인 수준에 머물러 있어 실재 세계의 문제를 다루는 데 어떤 차이를 만들 수 없다고 주장할 수도 있다. 병에 대한 치료로 피를 뽑던 19세기의 관행을 그만두기 위해서 감염원에 대한 우리 사회의 미시적인 이해가 필요하지는 않았다. 유사하게, 대학 교육을 받은 대부분의 사람들은 기후변화, 거시경제 이론, 아프가니스탄의 부족주의에 대해 기본적인 지식을 얻고 정책적 함의를 생각하기 위해서 이와 관련한 요인에 대한 상세한 기술을 필요로 하지는 않는다. 따라서 신경과학이 우리의 세계관을 중요한 방식으로 아직 바꾸어놓지 않았다면 무엇이 이 변화를 방해하고 있는 것일까?

뇌과학에 대해 점점 더 많이 알게 되기는 해도 우리 대부분은 자신의 마음과 자신의 생물학적 속성에 대해 놀라울 정도로 부정하면서 우리의 삶을 계속해서 살고 있다고 대답할 수 있겠다. 우리는 대화와 분석 모두에 있어서 **정신적**mental 세계와 **물리적**physical 세계를 지속해서 구별하고 있다. 인지가 우리의 뇌 속과 그 주변에 일어나는 물리학적 현상으로부터 발생한다는 것을 머리로는 알고 인정하지만 실재적인 측면에서는 이러한 사실을 우리의 의식적인 행동 및 사고와 분리하여 담을 쌓는다. 매일의 공상을 방해하거나 뇌의 이상한 존재를 우리에게 알려줄 만한 배 속의 꼬르륵거림이나 뭉

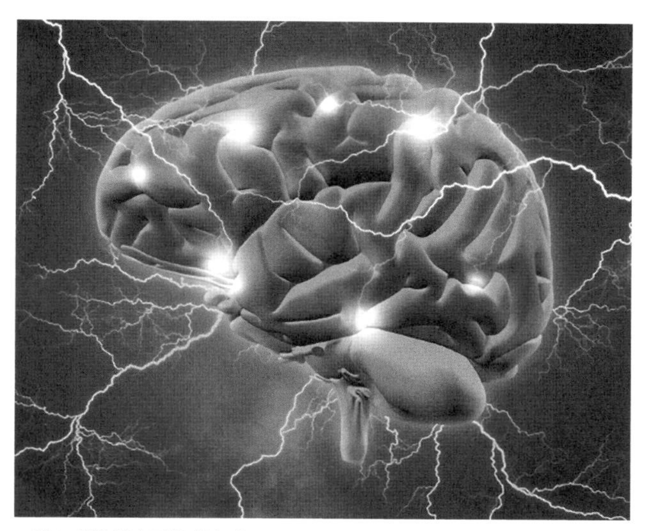

그림 1. 신화화된 전형적인 뇌(어도비 스톡 허가).

침, 혹은 쑤시는 듯한 고통도 없다. 따라서 대개의 경우, 인간 뇌의 작동은 추상적이고 가늠할 수 없으며 동떨어져 있다. 마치 멀리 떨어진 나라에서 일어나는 사건처럼, 신경생물학적인 발견은 마음을 사로잡을 만한 읽을거리와 연구를 제공하기는 하지만 우리는 거의 어떠한 영향도 받지 않는다. 신경과학에 의해 변화되기 위해서 뇌와 보다 개인적인 연결을 가질 필요가 있으며 그러기 위해서는 우리의 마음이라는 기관으로부터 우리를 거리 두게 만드는 과장된 경이로움을 버릴 필요가 있다.

어떻게 뇌에 대한 열광이 뇌의 역할에 대한 비현실적인 견해를 유도할 수 있는지 그림으로 보여주겠다. 잡지나 애니메이션에 그려지는 뇌는 비현실적이며 자유 부양하는 물체로 마치 루크 스카이

워커의 첫 번째 광선검처럼 불가사의한 에너지로 번쩍거리며 종종 푸르거나 무지갯빛을 띤다. 내가 어려서부터 기억하는 뇌는 초록색 점액물질이 가득 찬 탱크 속에서 빛을 내며 박동했다. 그 뇌는 TV 시리즈 〈닥터 후Doctor Who〉에 등장하는, 대량 살인을 극악무도하게 저지르고 극 중 언제쯤인가 불행한 사건을 겪는 악한 모비우스의 것이었다.[46] 대부분의 학문적인 스캔 이미지에서 뇌는 군데군데 빨갛고 노란 형광색이나 반짝이는 밝은 점으로 강조되어 활동 패턴을 보여준다. 신경학 교과서의 표지에서조차 뇌는 번쩍이고 불을 켜놓은 것 같거나 엑스레이처럼 묘사되어 귀신 같았다.[47] 이런 이미지는 고대의 금과 상아로 만든 우상처럼 힘과 수수께끼를 동시에 발산한다. 또한 빛을 발하는 새(비둘기—옮긴이)로 성령을 묘사한 르네상스 시대의 회화나 온 세계 종교적인 예술 속 신과 성인에게서 발산되는 후광을 연상시킨다.

이미지는 종종 말이나 의식적인 사고로 충실하게 전달하기 어려운 감정을 표현할 수 있다. 피카소는 자신이 더 이상 사랑하지 않는 정부情婦의 매력적이지 않은 모습을 점점 더 왜곡적으로 초상화에 담은 것으로 알려져 있다. 이 예술가는 "어떤 여인이 그림 속에서 자신이 점차 멀어지고 있다는 걸 보게 된다면 틀림없이 고통스러우리라"라고 말한 적 있다.[48] 심리학자 카를 융Carl Jung은 고대 종교적인 인공물부터 자신의 조현병 환자의 환상에 이르는 이미지까지 무의식적인 정신적 표상mental representation(지각이나 기억에 의해 떠오르는 관념이나 이미지를 나타내는 심리학 및 언어학 용어—옮긴이)의 증거를 구별해냈다. 사실 반짝이는 뇌의 이미지는 융이 제시한 원형적인 형태 중 하나로, 역사에 걸쳐 매우 자연스럽게 반복해서 나타난다. 이는 그가 선정적이며libidinous('리비도libido'를 모어로 만들어진 형용사 — 옮긴이) 반半종교적인 것으로 제시한 '태양의 남근solar phallus'과 매우 유사하다.[49] 대뇌피질의 밝은 반구 아래에 존재하는 호흡이나 심장박동과 같이 매우 원초적이면서도 중요한 기능을 제어하는 장치인 연수는 남근과 유사하다. 융이 이러한 유사성을 알았다면 틀림없이 재미있어했을 것이다.

뇌의 초자연적인 도상학iconography은 우리의 귀 사이에서 일어나는 일, 즉 뇌의 신비에 뇌가 무엇을 하고, 뇌가 우리로 하여금 무엇을 하게 만드는지에 대한 낭만적인 견해를 반영하고 강화시키기도 한다. 이와 같은 **뇌의 신비**는 우리 다수로 하여금 뇌를 우리 인간성의 본질로 간주하고, 우리의 문제를 뇌의 문제로 환원시키며, 뇌를 먹기보다는 연구하도록 만든다. 다른 유사한 신비로운 현상처럼 뇌의 신비는 미스터리와 마술의 느낌, 매력과 카리스마를 내포하기에 뇌는 순수한 학문적 대상과 구별된다. 요리, 우표 수집 혹은 〈던전 앤 드래곤Dungeons & Dragons〉 게임 같은 많은 것이 관심사나 집착거리가 될 수 있다. 하지만 이런 것들은 진정한 신비라고 불릴 정도의 **무언가**je ne sais quoi("I do not know what"이라는 의미의 프랑스어 차용 표현으로서 '특별하지만 규정하기 어려운 긍정적인 자질'을 뜻함 — 옮긴이)를 가지고 있지는 않다. 과학적인 문제는 보통 신비를 만들어내지 않는다. 이 시대의 가장 시급한 주제 중 몇 가지에 (암의 원인, 새로 발견한 물질의 속성, 기계 학습 알고리즘) 사람들이 엄청나게 집중하고 있지만 뇌처럼 많은 사람들을 끌어들일 수는 없다. 우주의 기원이나 의식의 본질과 같이 존재의 근본적인 문제를 다루는 과학 분야 주위로 신비가 매우 강력하게 나타난다.

신비란 활기를 불러일으키기도 하지만 계몽과 진보에 방해가 되기도 한다. 1963년에 출간된 베티 프리단의 혁명적 저서《여성의 신비feminine mystique》라는 제목은, 사회에서 여성의 적절한 위치를 제약하는 일련의 틀에 박힌 태도를 의미한다.[50] 프리단은 여성들이 가정에서 전통적인 성 역할을 감당하기 위해 자신의 야망을 마지못해 포기하도록 만든 이러한 신비를 비난했다. 먼 이국 땅에 대한 신비는 수없이 많고 영향력 또한 강했다. 수 세기 동안 유럽에서는 특히 동양에 대한 신비가 오리엔탈리즘이라고 알려진, 화려하고 문학적인 표현으로 나타났다. 동양인과 그들의 전통에 대한 대상화와 더불어 이러한 문화적인 움직임은 이제 식민주의의 큰 기둥 중 하나로 거론된다.[51] 과학 전체를 놓고 보았을 때 때로 신비가 남용되기도 했다고 말할 수도 있다. 과학의 신비는 자연세계를 다루지 않거나, 자연과학과 주로 연관된 결정론적 특성이 결여된 분야에 차용되었다. 과학적 객관성이라는 위엄은 유럽의 제국주의와 제2차 세계대전의 적대성에 기여한 인종차별적 이론의 정당화에 매우 교묘하게 이용되었다.

마찬가지로 뇌의 신비는 우리 뇌, 그리고 개개인으로서 우리 자신의 예외적인 성질에 대한 강력한 환상이다. 그 영향 아래 우리 자신은 생물학적 기반을 토대로 한 마음을 가지고 있다는 피할 수 없는 함의에서 벗어나 앞으로 이 책에서 살펴볼, 마음의 주된 기관을 이상화한다. 뇌를 우리의 성격, 지능, 의지와 관련한 모든 중요한 것을 아우르는 전능한 구조로 인식할 때, 우리는 과거 영성에 대해 한 일들을 또다시 반복하게 된다. 사실 뇌의 신비는 영혼과 관련된 오래된 신념을 뇌에 대한 새로운 자세로 바꾸는 심리학적 **전이** psychological **transference**로 귀결한다. 프로이트는 전이란 먼저 환자가 그 효과에 대해 알게 함으로써 완화될 수 있다고 쓴 바 있다.[52] 이 책의 1부 나머지에서는 우리 자신이 치료자의 자리에 앉아, 유기적인 자신에 대한 끊임없는 부정으로 우리를 이끄는 신경학적 환상의 몇몇 양상을 살펴보고 이를 해체하도록 할 것이다.

02

나를 웃겨주세요*

뇌와 몸 사이를 인위적으로 구분 짓는 것이 뇌의 신비를 규정하는 특징이다. 이 장에서는 뇌에 대한 비생물학적인 기술, 특히 매우 폭넓게 퍼진, 뇌를 컴퓨터에 비유하는 것이 이러한 구분을 어떻게 촉진시키는지 알아볼 것이다. 사실 뇌란 액체, 화학물질, **글리아**glia라고 불리는 접착제 같은 세포가 담긴 더러운 물질이다. 생물학적인 뇌의 중심부는 인공적인 장치보다는 우리의 다른 장기와 더 유

* 고대 그리스 의철학의 4체액설four humor theory에 따르면 인간의 몸은 네 가지 체액으로 차 있는데 이것의 불균형으로 질병이 야기됨. Humor me라는 제목은 이와 같은 역사적 맥락을 가리키기도 하면서 '나에게 유머를 보여주세요, 나를 웃겨주세요'라는 뜻의 구어적 표현이기도 하다는 점에서 중의적임—옮긴이

사하지만 그것에 대해 생각하고 말하는 방식은 뇌의 진정한 특성을 제대로 나타내지 못하는 경우가 잦다.

런던의 메이페어 지구에 있는 벌링턴 가든스 6Burlington Gardens 6(19세기 말 런던대학교 본부로 지어져 다른 용도로도 쓰이다가 현재는 왕립예술원Royal Academy of Arts 건물로 사용되며 전면부의 1층 높이에 라이프니츠, 뉴턴을 비롯한 10개, 2층 및 옥상 높이에는 갈릴레오, 아리스토텔레스를 위시한 12개의 석상이 있는 것으로 유명함—옮긴이) 건물의 전면부 기둥에 다리를 벌리고 서 있는 석상이 바로 이와 같은 오해의 오래된 역사를 상기시킨다. 그 석상은 흔히 갈렌Galen으로 불리며 의학사에서 아마 가장 영향력 있는 인물인 페르가몬 출신의 클라우디오스 갈레노스Claudius Galenus다. 냉혹한 명령에 대한 그의 냉소는, 검투사의 원형경기장에서 자신의 직업적 전문성을 습득했고 네 명의 로마 황제를 돌보았으며 1000년 넘게 의학적 진리에 관한 한 이론의 여지가 없는 현자로 군림한 사람의 오만을 잘 보여준다. 돌로 만들어진 갈렌의 손에 놓인 두개골은 로마의 귀족과 학자들 앞에서 공개적으로 해부해 보여준 생물학적 원리를 상징한다. 위대한 지성들의 판테온pantheon(벌링턴 가든스의 위인 석상을 의미하며 볼테르, 루소, 빅토르 위고 등의 위인들이 안장되어 '위인의 제단The Temple of Great Men'이라고도 불리는 파리의 팡테옹Panthéon de Paris을 염두에 둔 표현—옮긴이)에서 갈렌의 위치를 보면 수 세기에 걸쳐 아랍과 유럽 학자들에 의해 성경처럼 복사되고 증편 및 개편된 (어떤 사람의 계산에 따르면 300만 단어가 넘는) 그의 방대한 저술의 유효성뿐 아니라 발견의 위대함을 알 수 있다.[1] 소아시아의 고향에서 멀리 떨어진 벌링턴 가든스의 갈렌 옆에는 마찬가지로 빅토리아 시대의 과학적인 문화에서 중요하게 여겨진 상징적인 저명인사들이 함께 서 있다. 물론 그는 허구에 불과하다. 실재하는 갈렌과 유사한 어떤 것도 그가 살던 시대 이후로 지금까지 살아남을 수는 없다.

갈렌의 연구는 뇌가 인지의 중심을 이룬다는 생각이 득세하는 데에 지대하게 공헌했다. 갈렌보다 400년 전에 코스 출신의 히포크라테스가 뇌가 이성, 지각, 감정의 토대라고 이미 공언했음에도 불구하고 갈렌과 동시대를 살았던 로마인들은 아리스토텔레스를 따라 심장과 혈관계가 뇌를 포함하는 육체를 조절한다는 심장 중심 이론을 주장했다.[2] 갈렌이 보기에는 심장과 혈관계가 중요하기는 하지만 몸에 활력을 주는 '생명 정기vital spirits'를 제공하는 부수적인 역할만을 담당했다. 갈렌이 뇌를 중시하는 근거는 이후의 과학자들에게는 다행스럽게도 더 이상 얻을 수 없는 예민한 자료원이기도 한, 검투사들의 부상이 행동에 미치는 손실과의 관계에 대한 관찰에 대부분 기반했다.[3]

또한 갈렌은 조심스럽게 해부했고 이러한 접근법을 예술의 경지까지 끌어올렸다. 그는 전적으로 동물만 해부했는데, 인간의 육체는 (적어도 원형경기장 바깥에서는) 성스러운 것으로 여겨져 사망 후에도 실험으로 훼손할 수 없었기 때문이다. 갈렌은 실험 대상의 말초신경을 따라 올라가 그 근원이 뇌의 기반에 이르며, 뇌만이 유일하게 몸을 제어할 수 있다는 증거를 제시했다. 유명한 실험으로는 살아 있는 돼지의 머리에서 섬유 중 하나인 후두신경을 잘라서 돼지가 소리를 내지 못하게 만든 경우가 있었다.[4] 아마도 갈렌은 동물의 사체와 몸뚱이를 얻으러 노예들을 동네 시장에 보냈을 것이다. 당시에 동물의 절단된 머리는 매우 얻기 쉬웠고 틀림없이 부유한 사람들의 식탁에 올라갔을 것이다. 이 의사는 두개골 내 구조의 중요한 특징을 찾아내기 위해 그것을 헤집었다. 그는 혈관계와 뇌 사이의 접합면interface이라고 여겼던 구조에 특별히 관심을 가졌다. 갈렌은 이 구조가 생명 정기를 의식과 정신 활동을 책임지는 액체인 '동물 정기animal spirits'로의 전환에 필수적이라고 여겼다. 이러한 접합면이 될 만한 후보에는 척추동물의 뇌에 공통적으로 존재하며, 액체로 가득 찬 빈 공간인 뇌실ventricle의 내피뿐 아니라 갈렌의 해부학적 연구에서 매우 특별한 지위를 가져 '**괴망**怪網, *rete mirabile*'('소동정맥그물' 혹은 '세동정맥그물'을 가리키는 라틴어로 '놀랍다'라는 의미에서 괴망 혹은 미망으로 불리기도 함—옮긴이) 혹은 '놀라운 망'이라는 이름으로 불리는, 거미줄처럼 서로 연결된 흥미로운 혈관 구조도 포함되었다.

괴망은 뇌에 대한 갈렌의 저술에 두드러지게 나온다.[5] 그것은 사실상 영혼입주ensoulment가 이루어지는 생물학적 위치였으며 이 구조의 중요성에 대한 경외는 갈렌의 저서와 함께 수백 년 동안 진리로 받아들여졌다. 하지만 벌링턴 가든스에 있는 석상처럼 **괴망**은 신기루에 불과했다. 르네상스 시대 해부학자들은 그와 같은 구조의 형성은 인간이 아닌 동물에게만 일어난다는 사실을 발견했다. 안드레아스 베살리우스Andreas Vesalius는 자신의 기념비적인 저서《인체의 구조에 관하여De Humani Corporis Fabrica》(1543)에서 "인간 뇌의 기저에 있는 혈관은 갈렌의 주장과 달리 **그물 얼기plexus reticularis**(갈렌의 괴망diktyoeides plegma에 대한 라틴어 번역—옮긴이)를 생산할 수 없다"라고 역설했다.[6] 동물 해부에 기반한 갈렌의 추정은 사실 그릇된 것이었으며 그의 결론은 당시의 문화적 금기에 의해 왜곡되었다. 하지만 뇌의 신비로운 특징에 대한 상징으로서 **괴망**은 과학적 타당성을 잃고 나서도 오랫동안 사람들의 관심을 끌었다. 베살리우스 이후 100년이 지나서도 갈렌에 매료된 영국의 시인 존 드라이든John Dryden은 다음과 같은 시를 썼다. "아니면, 이것은 공상을 위해 펼쳐진 운명의 장난인가? / 너의 머릿속에 있는 흥미로운 그물이 / 온갖 저열한 생각은 그물로 거르고 / 오직 풍부한 생각만을 잡는 것이."[7]

갈렌의 **괴망**에 관한 이야기는 두드러지지만 자의적이거나 심지어 잘못된 뇌의 특질조차 당시의 문화와 적절히 결합하기만 하면 특별한 주의를 끌 수 있다는 점을 보여준다. 갈렌의 시대에 가장 중요한 것은 **괴망**과, 정기spirits에 지배되는 인간 마음에 관한 이론에 있어 괴망이 수행하는 역할이었다. 이 장에서 곧 짚어보겠지만 현재 우리 시대에는 신경전기neuroelectricity의 중요성과, 뇌 기능을 컴퓨터에 비유해서 보는 시각에서 신경전기의 역할이 뇌망과 유사한 위치를 차지하고 있다. 나는 뇌의 신비가 뇌를 기계로 보는 현대적 이미지에 의해 유지되고 있다고 주장한다. 또한 나는 고대의 정기 이론과 신기할 정도로 유사한, 뇌 기능에 대한 보다 유기적인 대안을 제시하고 뇌에 드리워진 신비를 벗길 것이다.

자연의 다른 경이로운 현상처럼 뇌와 마음은 언제나 시적 기상poetic conceit('기상'이란 존재론적으로 매우 다른 두 가지를 비교하는 '지나친 은유extended metaphor'라고 할 수 있으며 이 책 6장 제목과 연관 있는 존 던Johne Donne

이 시초가 된 형이상학 시의 주요한 문학적 장치—옮긴이)의 인기 있는 주제였다. 드라이든보다 훨씬 이전 시대에 플라톤은 마음이란 이성이 조정하지만 열정이 끄는 전차라고 했다.[8] 신경생리학 분야에서 신기원을 이룬 학자 찰스 셰링턴Charles Sherrington은 1940년에 훨씬 더 심오한 생물학적 영감에 기초해 뇌를 "수백만 개의 북이 항상 의미 있지만 결코 영속적이지는 않으면서 계속해서 사라지는 패턴, 즉 계속 변하는 하위 패턴들의 조화를 짜는 요술 베틀"이라고 묘사했다.[9] 베틀 비유는 이후 많은 책의 제목으로 나타났고 심지어 위키피디아 목록에 그 자체의 이름으로 올라가 있다. 셰링턴의 섬유 모티브는 갈렌의 망을 불러일으키고 음악에 대한 그의 언급은 다른 저술가들이 뇌를 피아노나 축음기(이 둘은 복잡하지만 발생 시간별로 정리된 결과물로서 방대한 시퀀스 목록을 방출할 수 있는 뇌의 능력을 모방한다)에 비유해 사용한 이미지와 잘 어울렸다.[10] 인류학자 아서 키스Arthur Keith는 저서 《인간 육체의 엔진The Engines of the Human Body》(1920)에서 보다 평범하게 자동 전화 교환대와의 비교를 통해 다양한 감각 입력과 행동 출력을 연결시키는 뇌의 능력을 관념화했다.[11]

오늘날 마음에 대한 가장 흔한 비유는 컴퓨터다. 당연히 그럴 만한 것이, 오늘날의 컴퓨터는 이해할 수 없을 만큼 지능이 필요한 일을 우리의 마음처럼 해낼 수 있기 때문이다. 비평가들은 인간의 의식과 이해가 중앙처리장치CPU가 영혼 없이 수행하는 대용량 자료 처리로 환원될 수 있다는 생각에 반대해왔다.[12] 마음에 대한 컴퓨터 비유는 의식을 무시하거나 하찮게 만들 뿐 아니라 우리가 우리 자신에 있어서 가장 특별하다고 간주하는 것의 가치를 낮추어버린다.

인간의 마음이 아주 분명히 컴퓨터를 앞서 있다고 믿어서 오늘날보다 조금 더 모욕적으로 받아들였을 수도 있었을 시기에 이러한 비유가 시작되었다. 상황은 현재 거의 반대다. 우리는 컴퓨터를 마음이 분명히 따라갈 수 없는 산술적 기민함, 저장 용량, 정확성의 조합과 연관시킨다.

대부분의 과학자와 철학자는 마음과 컴퓨터의 비유를 받아들이고 능동적이든 수동적이든 전문가적인 신념 체계 속에 포함시킨다. 마음과 뇌의 밀접한 연관성을 고려할 때 뇌 자체를 컴퓨터에 비유하여 보는 견해 또한 널리 퍼져 있다. 뇌를 컴퓨터로 보여주는 것은 우리 문화 속에 만연하다. 오리지널 〈스타트렉〉 TV 시리즈에서 가장 기억에 남을 만한 에피소드 중 하나는 외계인이 스팍의 뇌를 훔쳐서 행성 전체의 생명 유지 시스템을 제어하는 대형 컴퓨터의 중심에 설치하며 시작한다.[13] 공상과학 속의 로봇은 머릿속에 뇌 같은 컴퓨터나 컴퓨터 같은 뇌(아이작 아시모프Isaac Asimov의 《아이, 로봇I, Robot》에 나오는 양전자 뇌에서 시작하여 《은하수를 여행하는 히치하이커를 위한 안내서The Hitchhiker's Guide to the Galaxy》의 2005년 영화 버전에서 우울증을 앓고 있는 안드로이드 마빈의 거대한 두개골을 차지하는 기능장애가 있는 뇌에 이르기까지)를 주로 가지고 있다.[14] 이와는 대조적으로 미국의 방위고등연구계획국DARPA: Defense Advanced Research Projects Agency이 지원한 많은 실제 로봇의 경우 처리 장치는 만일의 사태에 더 잘 보호할 수 있도록 뇌와 떨어져 있는 가슴이나 몸 전체에 분산되어 있다.[15] 인기 있는 과학 잡지 역시 뇌-컴퓨터 비유로 가득 차 있고 뇌를 속도나 성능 면에서 실제 컴퓨터와 비교 혹은 대조한다.

하지만 뇌를 컴퓨터로 보는 시각의 핵심은 무엇인가? 그런 비유가 과연 우리의 이해에 도움을 주는가? 손가락은 젓가락 같다. 주먹은 망치 같다. 눈은 카메라 같다. 입과 귀는 전화기 같다. 이런 비유는 너무 명확하기 때문에 오래 생각할 필요도 없다. 이와 같은 쌍에서 보듯 도구는 우리 인간이 진화하면서 하게 된 일을 보다 잘 혹은 적어도 조금 다르게 하기 위해 고안된 물체다. 이것이 우리가 도구를 만든 목적이다. 어느 순간에 우리는 우리가 머릿속으로 쉽게 다룰 수 있는 것보다 훨씬 빠르게 큰 숫자를 곱셈하기 원하게 되었고 이를 수행하기 위해 도구를 만들었다. 이와 같은 도구는 우리가 뇌를 가지고 하던 여러 다른 일, 예를 들면 사물을 기억하고 방정식을 풀며 목소리를 인식하고 자동차를 운전하며 미사일을 유도하는 일에 유용한 것으로 드러났다. 컴퓨터는 우리의 뇌가 하는 일을 하기 위해, 그것도 더 잘하기 위해 고안되었기 때문에 뇌는 컴퓨터 같다.

뇌는 컴퓨터와 매우 유사해서 수학자이자 컴퓨터 혁신가인 존 폰 노이만John von Neumann이 1957년 《컴퓨터와 뇌The Computer and the Brain》를 쓴 초창기 디지털 시대 이후 이들 사이의 물리적 유사성이 지속적으로 언급되고 있다. 폰 노이만은 디지털 기계에 적용된 수학적 연산과 디자인 원리는 뇌에서 일어나는 현상과 유사할 수 있다고 주장했다.[16] 노이만의 비유를 가능하게 한 유사성 몇 가지는 잘 알려진 것이다. 우선 컴퓨터와 뇌, 둘 다 신경전기에 의존한다는 것이다. 전기 활동은 뇌 기능의 매우 두드러진 특질이므로 신경전기는 뇌세포 바깥, 심지어 머리 바깥에 위치한 전극을 사용해 원격 감지할 수 있다. 만약 뇌파 검사EEG: electroencephalography(혹은

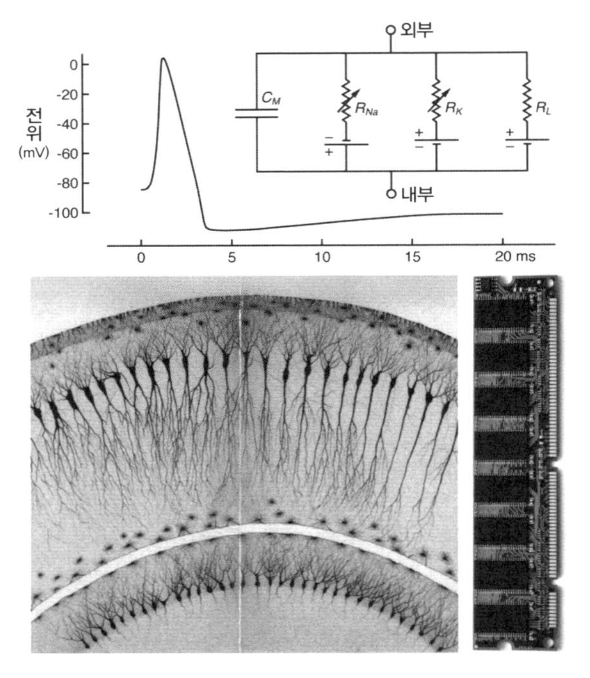

그림 2. 뇌 기능에 대한 전기 및 컴퓨터 비유에서 활동전위 동안 시간별 막전위膜電位, transmembrane voltage(지질막으로 둘러싸인 구조의 안과 밖의 전위차 – 옮긴이). **위 |** 신경 막전위를 예측하는 회로 모형. 전자공학의 관례로 앨런 호지킨A. L. Hodgkin과 앤드루 헉슬리A. F. Huxley의 연구를 따라 명칭을 붙였다. **왼쪽 아래 |** 저명한 신경해부학자인 카밀로 골지Camillo Golgi가 그린 신경 구조. **오른쪽 아래 |** 현대 컴퓨터의 기억 회로판(어도비 스톡 허가).

뇌파 전위 기록술 — 옮긴이)를 받을 때 당신의 두피에 아주 작은 전선을 붙이거나 뇌파 모자를 써서 뇌 활동에 대한 전기적인 기록을 하면 이러한 현상이 실제로 나타나는 것을 볼 수 있다. 이러한 절차는 의사들이 뇌전증, 편두통을 비롯하여 다른 이상징후를 찾는 데 도움을 준다.

뇌의 전기 신호는 건전지 전극 사이 차이처럼 뉴런을 둘러싸고 있는 세포막 사이의 아주 작은 전압 차이에서 생긴다(그림 2를 보라). 건전지와는 달리, 막전위는 **이온**ions이라 불리는 전기를 띤 분자가 세포막을 넘나드는 흐름의 결과로 나타나며 시간에 따라 역동적으로 오르내린다. 만약 신경세포막 사이의 전압이 세포의 안정 수준에서 약 20밀리볼트 이상 요동치게 되면 **활동전위**action potential(동작전위라고도 하며 근육, 신경 등 흥분성 세포가 자극을 받았을 때 나타나는 세포막의 일시적인 전위 변화—옮긴이)라 불리는 훨씬 더 큰 전압의 스파이크spike가 일어날 수도 있다. 활동전위 동안 뉴런의 전압은 약 100밀리볼트 정도 변화하고 이온이 세포막에 있는 작은 통로를 통해 이리저리 지나가면서 1000분의 몇 초 간격을 두고 기준선으로 다시 돌아간다. 뉴런이 이와 같은 전기에너지를 순식간에 보여줄 때 우리는 그것이 '발화 중firing'이라고 한다. 활동전위는 공간적으로는 신경섬유를 따라 전력질주하는 치타보다 빠른 속도로 퍼지며, 서로 떨어져 있는 뇌의 각 부분이 어떻게 지각과 인지를 중재할 정도로 빠르게 상호작용할 수 있는지에 있어서 매우 본질적인 대답을 제공한다.[17]

대부분의 뉴런은 초당 3~4회부터 100여 회에 이르는 빈도로 활동전위를 발화한다.[18] 이런 점에서 뉴런의 활동전위는, 우리의 모뎀과 라우터의 불이 깜빡거리게 만들고, 우리의 컴퓨터와 디지털 장치가 계산하고 서로 의사소통할 수 있게 허용하는 전기 자극과 닮았다. 이와 같은 전기생리학적 활동의 측정은 신경과학 실험의 주류이고 전기 신호는 뇌세포가 서로 이야기하기 위해 사용하는 언어, 즉 뇌의 공통어lingua franca라고 종종 여겨진다.

뇌는 컴퓨터 칩에 있는 통합회로와 어느 정도 유사한 회로를 가지고 있다. 신경회로는 **시냅스synapses**를 통해 서로 연결된 뉴런의 총체로 이루어져 있다. 많은 신경과학자들은 시냅스가 세포에서 세포로 전달되는 신경 신호를 조절할 수 있기 때문에 이를 신경회로의 가장 기본적인 단위로 간주한다. 이런 점에서 시냅스는 점멸하며 디지털 처리에서 전류의 흐름을 조절하는 컴퓨터 회로의 기본 단위인 트랜지스터와 유사하다. 인간의 뇌는 요즘 흔히 사용하는 개인 컴퓨터의 트랜지스터 개수를 훌쩍 뛰어넘어 수십억 개의 뉴런과 수조 개의 시냅스를 포함하고 있다.[19] 일반적으로 시냅스는 신호를 압도적으로 한 방향, 즉 각각의 시냅스의 정반대편에 있는 시냅스 **이전** 뉴런pre-synaptic neuron으로부터 시냅스 **이후** 뉴런post-synaptic neuron으로 신호를 통과시킨다. 신경전달물질이라 불리는 화학물질은 시냅스 이전 뉴런에 의해 분비되는데 이러한 의사소통에서 가장 흔한 운반체다. 다양한 시냅스는 종종 사용되는 신경전달물질에 따라 구분되며, 이 시냅스들은 시냅스 이전 뉴런이 시냅스 이후 뉴런의 활동전위 발화 확률을 증가 또는 감소시키거나 미묘한 영향을 미치는 데 관여한다. 이러한 현상은 우리가 자동차 페달을 발로 누를 때 어떤 페달을 밟고 자동차의 기어가 어디에 놓여 있는가에 따라 다른 결과를 낳을 수 있는 것과 다소 유사하다.

신경조직의 구조 자체는 때로는 전자회로와 유사하다. 뇌의 많은 영역에서 뉴런과 뉴런 간 시냅스 접촉은 국지적 연결성을 보이는 전형적인 패턴으로 조직화되어 있는데, 이것은 마이크로칩과 회로판을 구성하는 전자 부품의 규칙적 배열을 연상시킨다. 예를 들어 인간 뇌의 상당 부분을 차지하는 복잡한 껍질인 대뇌피질은 뇌 표면과 평행을 이루는 층 구조를 가지고 있어 컴퓨터의 메모리 카드에 있는 여러 줄의 칩과 유사하다(그림 2).

신경회로 역시 전자회로가 디지털 프로세서 안에서 수행하도록 고안된 일들을 한다. 가장 간단한 차원에서 개별 뉴런은 시냅스 이전 뉴런으로부터 온 입력을 결합하여 더하기와 빼기를 '계산compute'한다. 거칠게 말하자면 시냅스 이후 뉴런의 출력은 발화율을 증가시키는 모든 입력의 총합에서 그 활동을 감소시키는 모든 입력을 뺀 결과를 나타낸다. 이와 같은 기초적인 신경 산수neural arithmetic는 많은 뇌 기능의 기본적인 구성 단위로 기능한다. 포유류의 시각 체계를 예로 들면, 망막의 여러 다른 부분에서 빛에 반응하는 시냅스 이전 뉴런에서 온 신호는 이 세포들이 개별적인 시냅스 이후 뉴런에 수렴될 때 증가한다. 더 복잡한 빛 패턴에 대한 반응은 점차 여러 단계(각 단계는 이전 수준의 입력을 얻는 또 다른 수준의 세포를 포함한다)에 걸친 계산을 결합함으로써 만들어질 수 있다.

신경 계산의 복잡성은 결국 대학 수준의 수학 개념까지 확장된다. 신경회로는 세상의 무언가가 시간에 따라 어떻게 변화하고 축적되는지를 추적하는 데 기여할 때마다 대학 신입생 교육의 주된 축인 미적분을 수행한다. 몸이나 머리를 움직이면서 무언가에 시선을 고정할 때 당신은 자신의 누적된 움직임 추적을 위해 이런 종류의 신경 미적분법을 사용하고 있다. 당신은 눈을 충분히 반대 방향으로도 적응시켜서, 움직이면서도 시선의 방향이 변화하지 않도록 이런 자료들을 사용한다. 과학자들은 금붕어 뇌 속에서 이와 같은 계산을 수행하는 듯한 30~60개 정도의 뉴런을 발견했다.[20] 또 다른 종류의 신경 미적분법은 파리가 시각 체계에서 움직이는 사물을 포착하는 데 필요하다. 이를 가능하게 하기 위해 파리의 망막에 있는 작은 무리의 뉴런이 공간적으로 이웃하고 있는 지점으로부터 온 입력들을 비교한다.[21] 당신이 지하철이 이동하는 것을 직접적으로 볼 수는 없지만 인접한 전철역에 지하철이 도착한 시간을 고려해 그 이동을 유추하는 방법과 비슷한 방식으로, 이 작은 신경회로들은 어느 지점에서의 시각적 입력이 다른 지점에서의 입력보다 먼저 도착하는지 움직임의 유무를 신호한다.

신경과학자들은 미적분보다 훨씬 더 복잡한 기능, 즉 사물 인식, 의사 결정, 그리고 의식 자체를 포함하는 과정을 수행하는 회로에 대해 이야기한다. 이와 같은 작업을 수행하는 전체 신경망에 대한 지도가 아직 그려지지는 않았지만, 뉴런의 활동전위 발화율을 행동 임무의 수행과 비교했을 때 뉴런의 전형적 특성인, 복잡한 계산 과정이 발견된다. 한 예로 케임브리지대학교의 볼프람 슐츠Wolfram Schultz는 원숭이 뇌에서 나오는 전극 기록을 사용해 학습의 신경적 기초에 대한 고전적인 실험을 수행한 바 있다. 슐츠 연구 그룹은, 이반 파블로프Ivan Pavlov의 개 대상 실험과 유사하게 원숭이가 특정한 시각적 자극을 이어지는 주스 보상juice reward과 연관시키도록 학습한 과제를 연구했다.[22] **복측피개영역ventral tegmental area**이라 불리는 뇌 부분에 도파민이 포함된 뉴런의 발화가 처음에는 주스의 전달과 함께 일어났다. 하지만 주스에 앞서 어떤 시각적 자극을 반복해서 경험하자, 이 동물의 뇌는 결국 주스를 아직 받지 않은 상태에서 자극이 주어지는 것만으로도 도파민 뉴런을 발화하기 시작했다. 이러한 결과는 이 뉴런들이 각 자극 뒤에 주어질 주스 보상을 '예측predict'하게 되었다는 사실을 보여주었다. 놀랍게도 이 실험에서 도파민 뉴런의 행동 역시 기계 학습 영역에서 컴퓨터 알고리즘의 일부와 밀접하게 상응했다.[23] 추상적인 기계 학습 방법과 실제 생물학적 신호 사이의 유사성은, 원숭이 뇌가 컴퓨터와 유사한 알고리즘을 적용하는 신경회로를 사용할 수도 있음을 시사한다.

전기공학과 뇌 관련 활동 사이의 또 다른 유사성으로서, 클로드 섀넌Claude Shannon이 라디오나 전화 같은 전자 시스템에서 통신의 신뢰성을 묘사하기 위해 1940년대에 개발한 이론을 참고하여, 뉴런의 발화율은 **정보**를 암호화한다고 종종 말해진다.[24] 섀넌의 정보이론은 입력과 출력에 연관되는 신뢰성을 측정하기 위해 공학과 컴퓨터과학에서 지속적으로 사용된다. 우리는 몇 메가픽셀의 카메라 이미지를 디테일 누락 없이 몇 킬로바이트 jpeg 이미지로 압축하거나 가정이나 사무실에서 이더넷ethernet(근거리 유선통신망. 빛의 전달물질인 에테르ether에서 나온 말로 와이파이 같은 무선통신과는 대별됨 — 옮긴이)으로 파일을 전송할 때 의식하지도 못한 채 정보이론을 스치듯 접한다. 이와 같은 일이 잘 작동할 수 있도록 엔지니어들은 디지털 사진에서 압축된 자료들이 어떻게 효율적으로 복원될 수 있으며 케이블을 통해 전달된 신호가 업로드하거나 다운로드하는 상대방 편에서 얼마나 정확하고 빠르게 이해하고 '해독될decoded' 수 있는지 생각해야만 했다. 이 같은 문제는 생물학적 기억 속에서 자료들이 어떻게 유지되고, 활동전위의 타이밍이 신경섬유를 따라 감각 정보를 어떻게 뇌로 전달하는지의 문제와 밀접하게 연관되어 있다. 정보이론과 신호처리에 대한 수학적 공식은 신경 기능의 양적 해석에 엄청나게 유용할 수 있다.[25]

우리가 뇌를 전자 장비로 생각하게 되면 뇌 정보를 정보이론이나 기계 학습 모델과 같은 공학적 접근을 사용하여 분석하는 것이 완벽하게 자연스러워 보인다. 어떤 경우 뇌에 대한 컴퓨터 비유는 연구자들이 더 나아가 뇌의 여러 부분이 컴퓨터의 전반적인 특징과 상응한다고 상상하게 만들어버린다. 신경과학자 랜디 갈리스텔Randy Gallistel과 애덤 킹Adam King은 2010년 저서에서, 뇌는 전형적인 컴퓨터 튜링 기계Turing machine(수학자 앨런 튜링Alan Turing이 1936년에 계산하는 기계라는 개념을 설명하기 위해 설정한 수학적 모형이자 가상의 장치—옮긴이)와 유사한 읽기-쓰기 메모리RWM: read-write memory(컴퓨터의 기억장치를 접근 방식에 따라 분류할 때 임의 접근 메모리RAM: Random Access Memory에 속하며 읽기 전용 메모리 ROMread only memory과 구분됨—옮긴이) 저장장치를 가지고 있다고 주장했다.[26] 튜링 기계는 테이프에서 0과 1을 쓰고 읽으면서 자료를 처리한다. 읽고 쓰는 작업은 기계(혹은 '프로그램')의 일련의 규칙에 따라 진행되며 테이프는 오늘날 PC에 사용되는 디스크나 솔리드 스테이트 메모리칩과 유사하게 튜링 기계의 메모리를 구성한다.[27] 만약 효율적인 컴퓨터가 보편적으로 이러한 읽기-쓰기 메모리 메커니즘에 의지한다면 갈리스텔과 킹이 추론하듯이, 뇌 또한 그래야 한다. 그래서 두 사람은 튜링 스타일의 메모리와 연관시키기에 어려운, 뉴런 사이의 변화하는 시냅스 연결에 생물학적 메모리가 기반한다는 현대의 굳어진 가설dogma을 반박한다.[28] 그들은 이와 같은 시냅스 메커니즘은 실험적 증거가 엄청남에도 불구하고, 매우 느리고 비유동적이라고 주장한다. 갈리스텔과 킹의 가설이 널리 받아들여지지는 않지만, 그럼에도 불구하고 뇌-컴퓨터 비유가 실험적 관찰로부터 도출된 이론보다 어떻게 우선할 수 있는지를 보여주는 주목할 만한 사례다. 뇌로부터 컴퓨터를, 그리고 반대로 컴퓨터로부터 뇌를 보면서, 어느 것이 어느 것에 대한 영감이 되는지 구분하기가 어려울 수 있다.

뇌와 컴퓨터의 연관성은 종종 영적인 양상을 띠는 듯하다. 존 폰 노이만이 일찍이 컴퓨터공학과 신경생물학을 융합하려고 노력하던 때는 1957년에 췌장암으로 죽기 직전 가톨릭 신앙을 재발견하던 시기와 겹친다.[29] 1930년 첫 번째 결혼 전날에 세례를 받긴 했지만 일생 대부분의 기간 동안 종교가 그에게 그렇게 중요했던 것 같지는 않다. 흔히 사람들은 죽기 직전에 (최후의 순간에 영혼에 대한 보험 같은 것으로) 하느님을 찾는다. 그리고 이와 동시에 영혼의 물질적 근간을 기계의 언어로 바꾸는 것을 상상하기란 처음에는 매우 부자연스러워 보인다. 하지만 또 다른 각도에서 보자면 유기체적 마음을 비유기체적인 메커니즘과 동일시한다는 것은 (개체로서는 아니더라도 종으로서 우리에게) 세속적인 불멸의 희망을 줄 수도 있기에 이러한 견해를 조화시키기란 쉽다. 우리가 곧 우리의 뇌이고, 우리의 뇌는 우리가 만들 수 있는 장치와 모양이 같다면 그것을 고치고 새로 만들거나 복제하고 번식시키거나, 우주로 보내버리거나 적절한 때에 깨어날 수 있도록 고체 상태로 영면 상태에 보존하는 것을 상상해볼 수도 있다. 우리 뇌를 컴퓨터와 동일시하면 우리의 물리적인 자아에 대한 무질서하고 심각한 혼동을 은연중에 부정하고, 그것을 실체 없는 이상과 바꾼다.

상당수의 저명한 동료 물리학자들이 말년에 폰 노이만과 같은 대열에 합류하여 인지의 추상적 혹은 기계적 근원을 탐색했다. 에르빈 슈뢰딩거Erwin Schrödinger는 파동 방정식wave equation을 만든 지 거의 20년이 지나고, 놀라운 발견으로 고양이 실험('슈뢰딩거의 고양이Schrödingers Katze'는 슈뢰딩거가 양자역학의 불완전함을 보이기 위해 1935년 고안한 사고 실험을 지칭—옮긴이)을 알린 9년 뒤에는 원자와 분자의 통계학적 움직임에 보편적 의식universal consciousness이 내재한다고 상정했다.[30] 그의 이론은 폰 노이만의 컴퓨터 비유와는 상당히 동떨어져 있지만 정신 작용을 본질적으로 생물학적 근거가 없는 것으로 간주한다는 점에서는 유사하다. 저명한 우주 연구자 로저 펜로즈Roger Penrose의 블랙홀 연구는 의식consciousness에 대한 그의 몇몇 언급 때문에 저평가되기도 한다. 그는 컴퓨터가 인간의 마음을 모방할 수 있다는 의견을 공개적으로 거부하고 양자역학의 내밀한 원리 안에서 자유의지에 대한 근거를 찾고자 한다.[31] 컴퓨터 비유와 마찬가지로 마음을 양자의 관점에서 보는 펜로즈의 시각은 생리학보다는 물리학에, 실험보다는 방정식에 기초를 두고 있는 듯하다. 생물리학자 프랜시스 크릭Francis Crick은 공동 연구로 DNA 구조를 발견한 뒤 신경과학으로 선회했다.[32] 광대한 뉴런 앙상블의 전기 활동에서 의식에 대한 상응물을 찾아야 한다는 연구자들의 가르침에는 그의 강력한 영향력이 여전히 느껴진다. 하지만 뇌에 대한 크릭의 가차 없을 정도로 물질적이며 생물학적으로 경도된 견해는 뇌를 몸의 다른 부분과 확연히 구별되게 하는 기능 중 전산적이고 전기생리학적인 양상에 거의 전적으로 초점을 두고 있다.

이와 같은 의견들은 서로 많이 다르기는 하지만 뇌와 마음의 유기적 양상을 최소화시키고 여타의 생물학적 개체와 매우 간접적으로 연관된 비유기적 성질을 강조하는 공통적 경향을 가진다. 실제로 연구자들은 전통적으로 **심신이원론**이라 불리는, 역사적으로 오래되었으며 형이상학적인 **마음**과 육체의 구분에 상응하는 **뇌-몸 구분**을 설정했다. 이런 구분을 통해 뇌는 마음의 자리를 차지해 인류가 수천 년간 설명하려 애쓴 비물질적 개체와 유사해진다.

뇌와 나머지 육체를 구분하려는 경향성은 한편으로 심신이원론에 상응하면서 또 다른 한편으로 여러 갈래의 과학적 사고로부터 동력을 얻어 과학적 세계관과 공존하므로, 이 같은 현상을 **과학적 이원론scientific dualism**이라 부르고자 한다. 과학적 이원론은 뇌의 신비가 매우 보편적으로 나타나는 양상 중 하나이며 이 책에서 그 많은 형태를 살펴볼 것이다. 그것은 17세기 철학자이자 모험가인 르네 데카르트와 자주 연관되는 철학의 강력한 문화적 유산으로, 마음과 몸은 유기체가 생명을 유지하기 위해 상호작용하는 상이한 물질로 구성되어 있다는 주장이다.[33] 데카르트의 기술에 따르면 마음이나 영혼(그는 이 둘을 구별하지 않았다)은 뇌의 일부분을 통해 몸과 상호작용한다.[34] 물론 그는 이러한 상호작용이 일어나는 메커니즘을 설명할 수는 없었다. 죽을 때 영혼이 육체를 떠나 신의 심판에 직면하고 때때로 새로운 육체를 얻는다는 다양한 형태의 이원론은 세계 여러 종교에 보편적으로 나타난다.

이원론은 우리 대부분이 일상생활에서 알게 모르게 사용하는 작동 원칙이다. 예배 장소 밖에서나, 설혹 종교적이지 않은 사람도 육체와 구분된 마음과 영혼에 대해 이야기한다. 누구는 정신이 나갔다고 하거나 아무개는 영혼이 부족하다고 한다. 이제는 민간심리학folk psychology(통속심리학으로도 불림 — 옮긴이)에서 빠지지 않고 등장하는 프로이트 정신분석학의 에고ego와 이드id(에고는 '현실적인 나'를, 이드는 '본능적인 나'를 가리킴 — 옮긴이)는 이원론을 여실히 보여준다. ("나의 에고는 이렇게 하라고 하는데 나의 이드는 저렇게 하라고 해.")[35] 그리고 우리의 행동 역시 이원론을 보여준다. 예를 들어, 건강한 몸에 건강한 정신이라는 명제의 중요성을 잊은 화이트칼라 일 중독자는 이른 나이에 심장마비를 겪고 점점 쇠하여 허무하게 생을 마감하기 전까지 생산적인 활동을 하지 못할 수도 있다. 또 다른 경우를 예로 들자면 다른 사람이 절대 볼 수 없는 정신적인 일탈에 대한 심판을 두려워할 수 있다. 예수는 이를 "마음으로"(마태복음 5장 28절) 지은 죄라 했지만 무신론자 역시 이러한 감정을 잘 안다. 어쩌면 우리가 죽고 난 뒤에도 적어도 잠재의식 속에서 마음은 몸과는 따로 접근할 수 있다고 생각하기에, 우리가 여기서 근심하는 것은 이원론의 발현이다.

데카르트의 관점과 같은 전통적인 이원론 관점에서 보자면 마음 혹은 영혼은 원격 조종되는 육체의 보이지 않는 운영자 같다. 다른 한편 과학적 이원론에서 운영자는 형체가 없는 개체가 아니라, 몸 안에 존재한다는 사실을 제외하고는 예의 신비로운 역할을 수행하는, 물질로서의 뇌다. 종교와 철학의 이원론과는 달리 과학적 이원론은 의식적으로 주장되는 의견도 아니고 공개적으로 공언된 관점인 경우도 드물다. 과학적 지식을 가진 사람들 중 뇌와 육체가 물질적으로 분리 가능하다고 믿는 사람은 거의 없다. 그렇지만 그들은 생각이나 수사rhetoric, 그리고 행동으로도 뇌와 몸을 구분한다. 영혼이나 마음이 사실 비육체적이라는 어떠한 믿음이 없어도 과학적 이원론을 통해 여전히 육체를 떠난 영혼을 소중히 여길 수 있다. 이런 점에서 과학적 이원론은 많은 무신론자들의 무분별한 도덕성이나, 포스트모던 사회의 가장 계몽된 구석에도 침투해 있는데 드러나지 않은 성차별과 인종차별을 반영한다. 이러한 각각의 예를 보면 구식의 사고 습관은 그것을 원래 야기한 종교적 혹은 사회적 신조에 대한 노골적 집착보다 생명력이 강하다.

다른 편견처럼 과학적 이원론은 때때로 명시적으로 표현될 수 있다. "최적화된 게임 경험을 위해 대뇌 및 육체적 도전을 통합시키는" Xbox의 비디오게임 〈바디 앤드 브레인 커넥션Body and Brain Connection〉(수학 문제 등 정신적 문제에 신체적 동작으로 대답하는 퍼즐 게임—옮긴이)을 예로 들어보자.[36] 통합의 논의에도 불구하고 여기에서 사용되는 언어는 뇌와 몸을 서로 보완하지만 중첩되지는 않는 기능을 가진, 별개의 단위로 다룬다. 폰 노이만, 슈뢰딩거, 펜로즈, 크릭과 같은 과학자들이 다른 신체 기관과 조직의 축축하고 물컹물컹한 속성이 결여된 비생물학적인 이미지를 제시할 때 조금 덜 명시적으로 과학적 이원론이 나타난다. 이들은 뇌와 몸 사이에 선명한 경계를 그리지는 않지만 이들의 저작을 보면 여전히 뇌가 구성이나 작용 방식에 있어서 특별하다고 암시한다. 각각의 경우에 과학적 이원론은 우리의 마음을 성스럽게 지켜주는 (뇌의 기능과 작동 과정을 소화나 암과 같은 세속적인 신체 과정과 구별하고, 심지어 우리의 뇌가 먹히지 않게 지키는) 메커니즘을 제공한다. 하지만 한때는 보다 유기적인 뇌생리학 견해가 더 일반적이었고, 최근에 이런 견해가 점차 부활하고 있다는 사실을 우리는 곧 알게 될 것이다.

1685년 2월 어느 날 아침 영국의 왕 찰스 2세는 매일 그렇듯 화장실에 가려고 자신의 방에서 일어났다.[37] 그의 얼굴은 끔찍해 보였고 불분명한 발음으로 시종에게 뭐라고 했지만 그의 정신은 오락가락하고 있었다. 면도받는 동안 왕의 안색은 갑자기 보랏빛이 되었고 눈알은 머리 안쪽으로 넘어갔다. 일어서려고 했지만 거들어주는 시종 중 한 사람의 품에 축 늘어진 상태가 되었다. 침대에 눕혀진 뒤 의사가 혈관을 절개해 피를 뽑으려고 작은 주머니칼을 가지고 다가왔다. 군주의 머리에 뜨거운 다리미를 갖다 대고 "인간 두개골에서 추출된 끔찍한 탕약"을 억지로 먹였다. 왕은 의식을 회복하고 말을 하기 시작했으나 여전히 끔찍한 고통 속에 있는 것 같았다. 14명의 의사가 그를 시중들면서 총 680그램에 달하는 피를 계속해서 뽑았다. 하지만 그를 살릴 수 없다는 것은 명확해졌다. 국왕 폐하는 나흘 뒤 사망했다.

그 당시 독살에 관한 소문이 돌기는 했지만 보다 많은 사람들은 찰스 2세가 뇌혈관이 막히거나 망가져서 생기는, 오늘날 뇌졸중이라고 부르는 중풍으로 죽었다고 믿었다. 뇌졸중은 전 세계적으로 매년 수천만 명의 사람들에게 일어나고 있고 여전히 신경학적 상해와 사망의 주된 원인이다. 우리는 이제 뇌졸중의 위험을 감소시키고 발생 시 뇌 보호에 도움되는 치료법을 이미 개발했다. 하지만 17세기 사람들에게 뇌졸중과 같은 뇌 질병은 신체의 모든 부분에 영향을 미치는 질병처럼 **유머**humors라고 불리는 체액 사이의 불균형에 의한 것이었다. 흑담즙黑膽汁, black vile, 황담즙黃膽汁, yellow vile, 점액粘液, phlegm과 함께 4체액의 하나인 혈액의 과다가 뇌졸중을 유발한다고 믿고 있었다.[38] 피 뽑기는 그러한 과다를 해소하여 환자를 돕는다고 여겨졌다.

많은 사람이 4체액설이 웃음거리에 불과하다고 학교에서 배웠던 기억을 떠올리며 뇌 자체가 체액으로 이루어진 수프 같은 것이라고 상상하기는 어려울 것이다. 오늘날 인지에서 뇌 기능에 대한 **신경 중심적인** 견해는 뉴런과 신경전기의 역할처럼 본질적으로 건조하고 기계 같은 뇌-컴퓨터 비유에 가장 적합한 특성과 매우 연관성이 높다. 하지만 컴퓨터는 액체에 안 좋은 반응을 보이는 것으로 알려져 있지만 (당신의 노트북에 커피 한 잔을 쏟아보라) 뇌는 신경생물학적인 과정에 긴밀하게 참여하는 액체로 실제 가득하다. 뇌 부피 5분의 1에 해당하는 부분은 액체로 가득 찬 공동空洞, cavity과 간극interstice으로 이루어져 있다.[39] 그중 거의 절반은 혈액으로, 또 다른 절반은, 생명 정기로부터 동물이 발생한다는 갈렌의 제안과 놀랍게도 유사한 과정으로 뇌의 해면 뇌실cavernous ventricles 내막에서 생성되는 맑은 물질인 뇌척수액CSF: cerebrospinal fluid으로 채워져 있다. 이렇듯 뇌실을 채운 뇌척수액은 뇌 신호와 연관된 이온, 영양소,

분자의 혼합물로 구성되어 뇌의 모든 세포와 직접 접촉하는 세포외 입구extracellular inlet와 빠르게 교환한다. 뇌세포 자체 부피의 80퍼센트 정도도 DNA, 다른 생체분자, 세포가 기능할 수 있게 하는 대사물을 지닌 세포내액으로 차 있다.

어쩌면 더 놀랍게도, 기껏해야 뇌세포의 절반만이 대부분의 신경과학자들이 주목하는 카리스마 있고(활동성 있음을 의미—옮긴이) 전기적으로 활성화된 뉴런이다. 이보다 덜 주목받는 세포들은 전기 배선을 연상시키는 장거리 연결을 형성하지 않으며, 보다 작은 비非스파이크 세포인 **글리아**다(그림 3을 보라).[40] 이 세포는 전통적으로 뇌에서 말 그대로 지원하는 역할만 한다고 여겨졌지만(글리아glia라는 단어는 '풀glue' '또 다른 액체'를 가리키는 그리스어에서 파생—옮긴이) 대뇌피질 안에서 글리아의 숫자는 10 대 1 정도의 비율로 뉴런을 압도한다. 글리아의 역할을 포함하지 않고 뇌를 상상하는 것은 시멘트 반죽 없이 벽돌담을 세우는 것과 다르지 않다.

신기하게도, 우리가 잘 알고 있는 많은 뇌 질환에 자주, 직접적으로 관여하는 것은 바로 뇌 구조의 비뉴런적인 부분이다. 가장 흔한 악성 뇌종양 중 하나인 다형성 아교모세포종glioblastoma multiforme은 글리아 세포가 통제되지 않을 정도로 과잉될 때 발병해 뇌 수압 증가로 대부분의 경우 사망이라는 치명적 결과에 이른다. 이 끔찍한 질병으로 2009년 매사추세츠주의 테드 케네디Ted Kennedy(존 F. 케네디 대통령의 막냇동생 에드워드 케네디Edward Kennedy—옮긴이) 상원의원이 사망했다.[41] 혈관과 주위 뇌 조직 사이 수액 교환의 문제는 뇌졸중, 다발경화증, 뇌진탕, 알츠하이머병과 밀접하게 연관

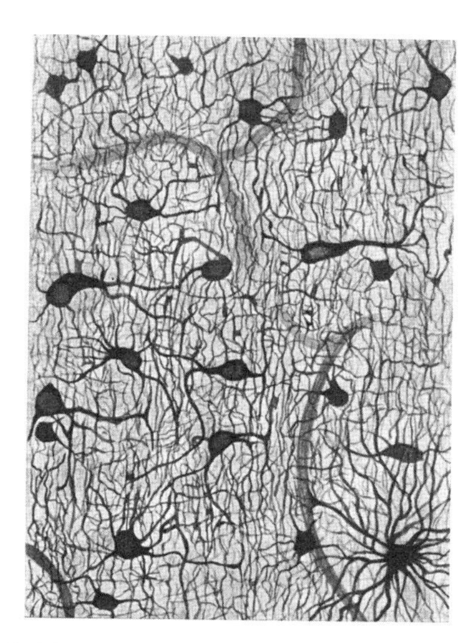

그림 3. 스페인의 신경과학자 피오 델 리오 오르테가Pío Del Río Hortega가 1928년 손으로 그린 글리아 세포 삽화. 고양이 소뇌 속 혈관을 연회색 굵은 곡선으로 보여준다.

되어 있다. 이러한 질환 중 많은 경우가 혈액의 흐름이나 혈관을 둘러싸고 혈액과 뇌 사이에 화학물질의 운반을 조절하는, 긴밀히 연결된 세포인 혈뇌장벽의 유지에 특별히 영향을 준다.[42]

생각하는 뇌thinking brain는 신경계 질환의 기저가 되는 뇌와는 정말 구별되는가? 이전에는 방관자에 불과하다고 여겨졌던 뇌의 풀(글리아를 지칭—옮긴이)과 액체(뇌척수액을 가리킴—옮긴이)가 실제로는 기능이 사용되는 많은 양상에 깊숙이 관여하고 있다고 최근 연구는 시사한다. 최근에 새롭게 알려진 놀라운 발견 중 하나는 글리아가 뉴런과 유사한 신호 작용을 경험한다는 사실이다. 뉴런과 글리아에 대한 현미경 차원의 비디오 분석으로 글리아가 뉴런이 반응하는 자극 중 일부에 반응한다는 사실이 알려졌다. 여러 신경전달물질이 글리아에서 칼슘 이온 변동을 불러일으키는데 이러한 역학은 전기적 활동과 밀접하게 연관된 뉴런에서 관찰되는 현상이다. **별아교세포astrocyte**라 불리는, 글리아 세포류에서 발견되는 칼슘 변동은 인접한 뉴런의 전기 신호와 상관관계에 있다.[43] 나의 MIT 동료인 므리강카 수르Mriganka Sur와 동료 연구자들은 흰 담비의 시각 피질에 있는 별아교세포가 일부 시각적 특성에 대해 뉴런보다 훨씬 더 잘 반응한다는 사실을 밝혔다.[44]

뇌의 혈류 패턴은 뉴런의 활동과도 밀접한 상관관계를 보인다. 뇌의 어떤 영역이 활성화될 때 **기능적 충혈functional hyperemia**이라 불리는 협응 현상으로 인해 국부적인 혈관이 확장되고 혈류는 증가한다. 기능적 충혈은 19세기 이탈리아의 생리학자 안젤로 모소Angelo Mosso에 의해 발견되었다.[45] 그는 혈량측정기plethysmograph(체적 변동 기록기—옮긴이)라고 불리는 초대형 청진기 같은 장비를 사용하여 유아의 숨구멍fontanelle을 통하거나 두개골에 틈이 생기는 상해를 입은 성인에게 비침습적인 방법으로 머릿속 혈액량의 박동을 추적, 관찰했다. 모소의 연구에서 가장 잘 알려진 피험자는 베르티노Bertino라는 이름의 농부였다. 그는 동네 교회 종이 울리거나 자신의 이름이 불릴 때, 혹은 마음이 여러 가지 작업에 사로잡혀 있을 때 대뇌 박동이 빨라졌다. 이처럼 혈량측정기를 사용하는 실험은 혈류 변화를 3차원으로 보여주는 PETPositron Emission Tomography(양전자 방출 단층 촬영)와 MRImagnetic resonance imaging(자기

공명 영상)를 사용하는 현대 뇌 스캔 기술에서 선구적인 역할을 했다.

글리아와 혈관이 뉴런을 활성화시키는 자극 중 많은 것에 반응한다는 사실은 뇌 조직의 다양한 성질을 강조한다. 하지만 이러한 사실이 비뉴런적 요소가 보조적인 역할 이상을 한다는 것을 증명하지는 않는다. 뇌 기능에 대한 신경 중심적이고 전산적인 관점에 따르면 글리아와 혈관은 전자기가 계속 흐르게 하는 전원 장치 및 냉각 팬과 유사하다. 그것들은 중앙처리장치의 작업량에 따라 오르내리는 수요를 처리하지만 그 자체가 전산을 하지는 않는다. 만약 이러한 묘사가 정확하다면 뉴런과 무관하게 자극을 제공하는 글리아나 혈관계가 다른 뉴런의 활동에 미치는 영향이란 무시해도 무방할 정도로 미미할 것이다. 하지만 최근의 연구 결과는 이러한 전제에 모순된다.

예를 들어 혈류의 변화가 신경 활동에 반응할 뿐 아니라 영향을 줄 수도 있다는 증거가 제시되기도 한다. 혈관 내 효소에 작용하는 어떤 약은 신경전기적 활동을 간접적으로 변화시키는 것으로 보이며 이는 혈관이 화학적 신호를 뉴런에 전달할 수 있다는 점을 시사한다.[46] 충전하는 동안 일어나는 혈관 확장이 일부 뉴런의 표면에 있는 압력 감지장치를 통해 뉴런에 자극을 줄 수 있다는 단서 또한 존재한다.[47] 사실이라면, 그것은 손가락 끝에 주어지는 압력을 통해 우리의 촉각이 작동하는 방식과 유사하다. 글리아가 기능적인 역할을 한다는 가설은 최근의 신경과학 연구에 의해 점점 더 지지받고 있다. **광유전적 자극**optogenetic stimulation이라 불리는 기술을 사용하는 글리아의 선택적 활성화는 인접한 뉴런의 자발적이거나 자극에 의한 발화율 모두를 변화시킬 수 있다.[48] 글리아의 활동은 행동에도 영향 줄 수 있다. 한 예로 일본 국립생리학연구소National Institute for Physiological Sciences의 코 마츠이Ko Matsui와 연구팀은 생쥐 연구를 통해 **소뇌**cerebellum라 불리는 뇌 영역 속 글리아를 자극하면 이전에는 해당 구조 속의 뉴런에 의해서만 협응한다고 여겨졌던 눈의 움직임에 영향을 줄 수 있음을 보여주었다.[49]

비뉴런적 뇌 구성 요소의 영향에 대한 매우 특별한 예는 로체스터대학교 마이켄 네더고드Maiken Nedergaard의 연구에서 찾을 수 있다. 그녀의 연구실에서는 인간의 글리아 기원세포(글리아로 성숙해가는 배아세포)를 발생 중인 생쥐의 앞뇌에 이식했다.[50] 성체가 되었을 때 생쥐들의 뇌에는 인간의 글리아 세포가 풍부했다. 그리고 이 동물들을 대상으로 짧은 음조의 소리와 이어지는 가벼운 전기 충격을 연관시키는 능력을 시험 및 분석했다. 이와 같은 실험이 진행되는 동안 음조-충격의 조합에 노출된 동물들은 충격만 있어도 대부분 몸이 얼어붙는 것 같은 반응을 보이듯 해당 음조만에도 반응하기 시작한다. 동물이 '더 영리할수록' 음조가 임박한 충격을 예고한다는 것을 더 빨리 학습한다. 이 경우 인간의 글리아 세포를 이식받은 생쥐들이 같은 생쥐에게서 글리아를 이식받은 대조군 생쥐들보다 과제를 세 배 더 잘 수행했다. 대조군 개체들보다 미로를 두 배 이상 빨리 빠져나오고 기억 회상 테스트에서 30퍼센트 더 적은 오류를 낳는 학습 결과를 보인 것이다. 새로운 글리아가 스스로 무엇인가를 했기 때문에 생쥐의 수행력이 좋아졌다고 가정한다면 지나치게 단순화하는 것일 수 있지만, 그럼에도 불구하고 이 실험은 연구자들에게 '카리스마 없는' 세포들이 적잖이 행동에 영향 줄 수 있음을 보여준다. 이뿐 아니라 우리가 한때 경시했던 글리아에 인간의 인지적 성공 비밀이 적어도 어느 정도는 숨겨져 있을 수 있다는 놀라운 시사점을 찾게 된다.

뱀처럼 구불거리며 액체로 찬, 뇌세포들 사이의 좁은 복도에는 전통적인 의미로는 계산할 수 없는 또 다른 형태의 뇌 활동이 활발하다. 뇌의 화학적 활동 중 많은 부분이 일어나는 곳이 바로 이 간극이다. 뇌 속의 화학 작용이라는 말을 들으면 어떤 사람들은 LSD와 대마초에 의한 환각 경험을 떠올릴 것이다. 하지만 신경과학자들에게 **뇌 화학**brain chemistry은 주로 신경전달물질neurotransmitter과 **신경조절물질**neuromodulator이라 불리는, 관련 분자에 대한 연구를 가리킨다. 포유류 뇌세포 사이에 대부분의 신호 전달은 시냅스에서 뉴런이 분비하는 신경전달물질에 많이 의존한다. 신경전달물질은 시냅스 이전 뉴런이 발화할 때 방출되며, 시냅스 이후 뉴런에 신경전달물질 수용체neurotransmitter receptors라 불리는 '포수의 글러브' 같은 특수한 분자를 통해 빠르게 반응한다. 그래서 시냅스 이후 뉴런이 스파이크할 가능성에서 변화를 유도한다. 이 같은 뇌에 대한 신경 중심적 견해로 볼 때 신경전달물질이란 주로 한 뉴런에서 다른 뉴런으로 전기 신호를 전파하는 수단이다. 신경전기가 정말로 뇌의 공통어라고 할 정도로, 이 견해는 정당해 보인다.

하지만 이제 대안적인 견해로서 신경전달물질이 주된 역할을 하는 화학 중심적chemocentric 견해를 상상해보자. 이 견해에 따르면 뉴런에서의 전기 신호가 그 반대 방향이 아니라 오히려 화학적 신호의 전파를 가능하게 한다. 화학 중심적 관점에서 보자면 전기 신호 자체도 이온에 의존하기 때문에 화학적인 과정으로 새롭게 제시될 수 있다. 이러한 그림은 현대 신경과학의 기준에서 보자면 앞뒤가 바뀌었지만 그래도 뭔가 곱씹어볼 만한 것이 있다. 아마 가장 확실한 것은, 신경전달물질과 그에 연관된 수용체가 신경전기 자체보다 훨씬 다양하며 기능적으로 구별되는 역할을 수행한다는 점이다.[51] 어떤 계산에 따르면 포유동물의 뇌에는 100개가 넘는 종류의 신경전달물질이 있으며 이들 각각은 하나 이상의 수용체에 작동한다. 활동전위는 어떤 신경전달물질이 분비되도록 하는지, 그리고 그 신경전달물질이 어디에서 작동하는지에 따라 서로 다른 것을 의미한다. 망막과 같은 일부 중추신경계에서는 스파이크가 전혀 없어도 신경전달물질이 분비될 수 있다.[52]

신경전달물질 효과는 뉴런과는 독립적인 요인에 의해 형성되기도 한다. 글리아는 일부 신경전달물질이 방출된 후 이를 청소하는 역할로 상당한 영향을 끼친다. 글리아에 의해 신경전달물질 흡수율이 변화하면, 욕조의 물 높이가 배수구를 열고 닫는 것에 영향받듯 신경전달물질의 양이 조절될 것이다. 글리아는 자기 스스로 분자에게 신호하는 **글리아 전달물질**gliotransmitter이라 불리는 화학물질을 때때로 분비한다. 신경전달물질처럼 글리아 전달물질은 뉴런과 다른 글리아 모두에게서 칼슘 신호를 유도할 수 있다. 행동과 인지 측면에서 글리아 전달물질의 기능적 효과는 최신 연구의 중요한 주제다.[53]

신경화학물질neurochemicals의 작용은 액체 속의 무작위적인 움직임으로부터 기인하는 분자의 수동적인 퍼짐, 즉 **확산diffusion**이라 불리는 세포 독립적인 작용에 의해서도 심대하게 영향을 받는다. 확산은 브라운운동(액체나 기체 속에서 미소입자들이 불규칙하게 운동하는 현상으로, 1827년 이를 발견한 스코틀랜드 식물학자 로버트 브라운Robert Brown의 이름을 붙임—옮긴이), 즉 웅덩이 표면에 떨어진 기름 방울이 즉각적으로 퍼지고 우유 속 미세입자들이 예측할 수 없는 방향으로 춤추는 것과 같다. 확산은 중요성에 비해 아직 가치를 제대로 인정받지 못했지만, 뉴런 사이의 회로가 접촉을 통해 질서정연하게 정보를 전달하는 것과는 명백히 대조적인 방식으로, 신경전달물질의 시냅스 이후 활동에까지 영향을 준다. 일부 신경전달물질과 대부분의 신경조절물질은 시냅스 밖으로 확산하여, 그것을 분비한 세포와 직접적으로 연결되지 않는 세포에게도 멀리서 작동할 수 있는 능력으로 특히 잘 알려져 있다. 그렇게 확산하는 분자 중 하나가 앞서 살펴본 원숭이에 대한 보상 학습 맥락에서의 신경전달물질인 도파민이다. 도파민 확산의 중요성은 코카인, 암페타민amphetamine(잠을 안 오게 하는 각성제로 많이 쓰이는 규제 약물—옮긴이), 리탈린Ritalin(암페타민과 같은 각성제 중 하나—옮긴이)과 같은 마약의 작용으로 주목받아왔다. 이와 같은 약물들은 시냅스에서 방출된 도파민 차단을 담당하는 뇌 분자를 억제시켜, 도파민이 뇌에 퍼져 여러 세포에 영향을 주는 경향성을 증가시킨다.[54]

신경전달물질 확산은 또 하나의 비전형적인 뇌 신호 방법으로서 한 시냅스에서 방출된 분자가 다른 시냅스에 침투하여 기능에 영향을 미치는 시냅스 혼선synaptic cross-talk(혹은 시냅스 간 누화漏話—옮긴이) 현상의 원인이 되기도 한다.[55] 침입받은 시냅스의 관점에서 보자면 이러한 현상은 마치 누군가가 친구와 일대일 대화를 하려는데 제3자의 웅얼거리는 목소리가 전화기에서 들리는 것과 같다. 뇌에 있는 뉴런의 90퍼센트에서 분비되며 개별 시냅스 안에서 빠른 행동으로 주로 알려진 신경전달물질 글루탐산염glutamate을 사용하는 시냅스 사이에 놀랄 만한 수준의 혼선이 있다는 사실은 많은 연구에서 보고된 바 있다.[56] 이와 같은 결과는 시냅스가 뇌 처리의 기본적인 단위라는 개념에 대한 도전이 되므로 주목할 만하다. 그 대신, 시냅스 혼선과 보다 일반적인 뇌 속 신경화학적 확산 효과가 모두 한 쌍의 뉴런 사이에 있는 특별한 연결보다는 조직의 부피를 통해 작동하기에, 때로 **부피 전달volume transmission**이라 부를 수 있는 양상을 보여준다.[57] 부피 전달이란 전깃줄을 따라 정연하게 흐르는 전기보다는 연못에 떨어지는 빗방울처럼, 요동치는 신경전달물질 농도의 동심원 물결이 겹칠 때 발생한다.

따라서 신경전달물질의 관점에서 볼 때 뉴런은, 글리아 및 수동적 확산 과정과 함께 시공간 속에서 신경화학적 동심원을 형성하는 것을 도와주는 특화된 세포다. 결과적으로 신경전달물질은 뇌세포에 영향을 주어 국부적으로나 원격적으로 더 많은 신경전달물질을 생산하게 한다. 어떤 감각 자극이 지각되거나 결정이 이루어질 때, 뇌의 세포외 공간을 가로질러 계속해서 아른거리는 패턴을 가진 화학적 성분의 배경과 혼재되어, 많은 양의 소용돌이치는 신경전달물질이 나타난다. 이 탁한 화학적 혼합물을 통해서 볼 때 뉴런의 전기적인 속성은 거의 관여하지 않는 것 같다(화학 신호를 상호 전환할 수 있을 정도로 빠른 메커니즘이면 충분하다). 사실 **예쁜꼬마선충Caenorhabditis elegans** 같이 작은 동물의 신경계에서는 전기 신호가 훨씬 약하고 활동전위는 아직 보고된 바 없다.[58]

뇌에 대한 이와 같은 관점은 4체액이 아니라 100개의 생체 물질vital substances이 (수천 개의 물질이 각 세포 안에서 기능한다는 점은 말할 필요도 없고) 뇌 세포외 공간에서의 영향력을 위해 경쟁한다고 보는 고대인들의 시각과 매우 유사하다. 이러한 화학적인 뇌는 컴퓨터 시대의 번쩍이는 기술적인 뇌나, 양자역학과 통계역학에 의해 가동된 영묘한 뇌에 대해, 평범하지만 생물학적 기반을 갖춘 대위법이라고 할 수 있다. 우리는 화학적 뇌를 젊은 행성 지구의 시생대Archean(40억 년 전부터 25억 년 전까지를 구분하는 지질시대—옮긴이) 환경에서 처음으로 생명체를 탄생시킨, 원시 생물학적 시약이라고 할 수 있는 원생액原生液, primordial soup(알렉산드르 오파린Aleksandr I. Oparin과 존 홀데인John B. S. Haldane이 제안한 '종속영양 가설heterotrophic theory'에 따르면 생명 발생에 최적화된 가상적 조건—옮긴이)의 후손으로 생각해볼 수도 있다. 또는 화학적 뇌를 화학적 간, 화학적 신장, 화학적 췌장(그리고 우리가 먹는 내장, 액체의 생성과 처리를 중심으로 기능이 돌아가는 모든 신체 기관)의 가까운 사촌으로 생각할 수도 있다. 이런 식으로 뇌는 그 신비성을 조금씩 잃어가게 된다.

나는 광적인 팬을 보유한 더글러스 호프스태터Douglas Hofstadter(미국의 인지과학자—옮긴이)의 고전 《괴델, 에셔, 바흐Gödel, Escher,

Bach》("영원한 황금 노끈an Eternal Golden Braid"이라는 부제의 1979년 퓰리처상 수상작—옮긴이)를 인생에서 비교적 늦게 발견한 불행한 영혼 중 하나다. 대학 시절 룸메이트가 이 책에 양념처럼 담긴 눈부신 수수께끼들로 나를 재미있게 만들려고 노력할 때, 나는 멋대가리 없게도 물리학과 화학 숙제에 코 박고 있었다. 풋내기 시절이 시들어 그 수수께끼에 합당한 주의력을 기울일 만한 인내심이나 젊음이 넘치는 민첩함도 잃고 나서야, 나는 마침내 《괴델, 에셔, 바흐》를 집어 들었다. 나는 바흐를 사랑하고 에셔를 즐기며 괴델에 여전히 흥미를 느끼지만, 당시의 내 마음은 의식에 관한 이 책의 다소 신비적인 사색을 즐기기에는 너무 많이 닫혀 있었다. 호프스태터는 한 장에서 1970년대에 그가 보았던 대로 신경계의 구조를 설명하는데, 사실에 기반한 그의 요약은 오늘날의 과학과 놀랍게도 일치하며 신경과학이라는 분야가 얼마나 천천히 발전하고 있는가를 어느 정도 보여준다. 이 기술은 과학적 이원론을 명백히 암시한다. 컴퓨터 비유를 전적으로 받아들이면서 호프스태터는 "사고의 모든 양상은 낮은 수준에서는 간단하고 심지어 형식적인 규칙에 의해 지배되는, 체계에 대한 높은 수준의 기술description로 볼 수 있다"라고 가정한다.[59]

하지만 《괴델, 에셔, 바흐》의 또 다른 부분은 내가 이 장에서 내놓는 논점과 정확히 맞아떨어지는데 회화나 다른 종류의 예술에서 나타나는 전경figure과 배경ground의 관계를 다룬다. 호프스태터는 배경이 혼자만의 능력으로 주제가 될 수 있는 사례를(가장 유명하게는 꽃병 하나와 두 명의 얼굴 프로필이 들어간 이미지로 그림 4를 보라) 논의한다. 현대 신경과학에서 뉴런과 신경전기는 뇌의 전경을 구성하는 반면 뇌 기능의 다른 많은 요소는 배경을 차지한다. 이러한 게슈탈트gestalt("전체는 단순히 부분의 합이 아니다"라는 쿠르트 코프카Kurt Koffka의 명제로 요약되는 게슈탈트 심리학의 이론적 개념. 완전한 구조와 전체성을 지닌, 통합된 전체로서의 형상과 상태를 가리킴—옮긴이)는 뇌를 컴퓨터로 이해하고 뇌-몸 이원론을 유지하는 데 특히 기여했다. 하지만 시각적 지각이 꽃병에서 얼굴로 또 그 반대로 매끄럽게 이동하듯이, 뇌 기능에 대한 우리의 관점 역시 뇌를 다른 기관과 보다 유사하게 보이도록 비뉴런적이고 비전기적인 특징을 강조하는 방향으로 쉽게 이동할 수 있다. 화학물질과 전기, 능동적 신호와 수동적 확산, 뉴런과 글리아는 모두 뇌 메커니즘의 부분이다. 이들 요소 중 일부를 다른 요소보다 위로 올리는 것은 시계의 톱니 중 어느 것이 가장 중요한지 선택하는 것과 비슷하다. 톱니 하나를 돌리면 다른 톱니들도 같이 돌고, 톱니 하나를 제거하면 시계는 망가진다. 이러한 이유로 인지적 처리 과정을 뇌의 전기적 신호 과정이나 배선wiring(신경섬유를 통해 전파되는 전기 신호)으로 환원시키려는 시도는 아무리 좋게 보아도 지나치게 단순할 뿐이고, 나쁘게 보자면 오류에 불과하다.

우리가 생물학의 다른 분야에서는 거의 찾아보기 힘든, 예외적이거나 이상화된 원리에 따라 뇌가 기능한다는 생각을 받아들인다는 것은 뇌의 신비의 결과다. 우리가 뇌를 그 자체로 혹은 몸 전체에 걸쳐 나타나는 물렁거리는 살과 액체의 축축한 혼합물이 아니라, 강력한 컴퓨터나 두개골에 자리 잡은 놀라운 삽입물로 볼 때 우리 뇌는 매우 낯설고 신비롭게 느껴진다. 영혼의 기관을 추상적이고 건조하며 유머가 없다고 생각하는 것보다 우리 영혼을 추상적으

그림 4. 얼굴과 꽃병의 혼동.

로 유지하는 더 좋은 방법은 무엇일까? 우리는 뇌의 이상화가, 뇌와 마음이 생물학적이고 환경적 맥락 속에 서로 뒤엉켜 있다고 간주하는 보다 자연스러운 견해와 상충되는 방식 중 하나일 뿐임을 알게 될 것이다. 다음 장에서는 극도로 복잡한 뇌에 대한 폭넓은 강조가 뇌의 신비, 그리고 뇌와 몸의 이원론적 구분에 어떻게 강력한 영향을 미치는지 살펴볼 것이다.

03

복잡한 관계

인터넷이 지배하는 오늘날의 세상에서 페이스북에 '복잡한 관계 it's complicated'라고 상태를 표시하는 것만큼 신비로운 일도 없다.[1] '복잡한 관계'라는 것은 당신이 구속받지 않는 성적 관계를 가지고 있다는 의미인가? 아니면 당신이 여러 명과 사귀고 있다는 의미인가? 당신이 사귀기 시작하거나 헤어지는 와중에 있으며 어떤 방향으로 갈지 확신하지 못한다는 의미인가? 누군가와 바람피우고 있다는 의미인가? 그것이 무엇을 의미하든 간에 수억 명이 사용하는 소셜 네트워크 서비스에 '복잡한 관계'라는 포스팅을 한다는 것은 질문을 유발하지만 가능한 모호하거나 답을 난해하게 하기 위한 변명이 될 수도 있다. 당신을 보다 신비롭게 보이고 싶다면 '복잡한 관계'는 당신에게 가장 적합한 상태가 될 수 있다.

인간의 뇌에 대해서도 '복잡한 관계' 혹은 이와 유사한 맥락의 언급을 아마 들어보았을 것이다. 선도적인 신경과학자이자 최첨단 앨런뇌연구소Allen Brain Institute의 선임연구자이기도 한 크리스토프 코흐Christof Koch는 뇌를 "우주에 알려진 가장 복잡한 물체"라고 부른 바 있다.[2] 수많은 사람들이 유사하게 언급했다. 신경생물학자이자 베스트셀러 저자이기도 한 데이비드 이글먼David Eagleman은 "만약 우리의 뇌가 이해하기 쉬울 정도로 간단하다면 우리는 그것을 이해할 만큼 영리하지 못한 것이다"라고 재치 있게 답했다.[3] 앨런 앤더슨Alun Anderson은 〈이코노미스트〉에 "어떤 컴퓨터나 온 세계 모든 통신망도 복잡성에 관해서는 뇌 근처에도 미치지 못한다"라고 썼다.[4] 영국에서 가장 저명한 정신과 전문의 중 하나인 로빈 머레이Robin Murray는 2012년 BBC 라디오 프로에서 "우리는 뇌를 이해할 수 없을 것이다. 그것은 우주에서 가장 복잡하다"라고 언급했다.[5] 300년 전만 해도 유명한 프랑스 철학자 볼테르는 뇌의 복잡성에 대해 냉소적으로 비꼬아 말했다. "인간의 뇌는 인간이 자신이 믿고자 하는 것이 무엇이든 그것을 계속 믿게 만들 이유를 찾을 수 있는 대단한 능력을 가진 복잡한 기관이다."[6]

뇌의 복잡성 자체가 우리의 신념 일부를 위한 피난처를 제공할 수 있을까? 우리가 의식, 개성, 자유의지 같은 개념에 의문을 제기하고 싶지 않다면 미로 같은 두뇌는 완벽한 은신처가 될 것이다. 뇌가 헤아릴 수 없을 정도로 복잡하다는 주장을 받아들이면 인지 작용에 대한 헤아릴 수 없는 영향이 존재할 수 있다는 여지를 주고, 비과학적인 접근 방식으로 마음을 이해할 수 있다는 생각을 정당화시킬 수도 있다. 성경에 기반한 의사과학pseudoscience을 장려하는 창조연구소Institute for Creation Research에 속한 한 저자는 "시스템이 복잡할수록 그것이 의도적으로 설계되었다는 주장이 더 강력해진다"라고 주장한다.[7] 뇌의 복잡성을 줄곧 노래하면 신경생물학에 대한 관심을 불러일으키거나 뇌과학에 대한 더 많은 연구 지원의 필요성을 정당화하는 데 도움이 될 수 있다. 아니면 사실을 진술하는 것뿐일 수도 있다. 어떤 목적이든 간에 뇌의 복잡성을 강조하다 보면 다른 신체 부분의 생물학적 특성과는 달리 뇌는 점점 더 신비스러운 양상을 갖는 자연계의 부분이 될 것이다. 나는 이 장에서 뇌가 엄청나게 복잡하지만 동시에 이 복잡함의 중요성이 과장되어 있다고 주장할 것이다. 마음에 대해 생물학적 근거를 가진 관점을 포기하지 않고 뇌의 복잡성을 다루어야 한다.

뇌 이전에 신비주의와 복잡성이 결합하여 유명세를 탄 것은 바로 별이었다. 전설적인 인도의 현인 브야사Vyasa(힌두교 성전인 베다Veda를 편찬한 인물—옮긴이)는 천체를 수성을 입으로, 토성을 꼬리로, 태양을 가슴으로, 달을 마음으로 가진 우주 돌고래로 묘사했다.[8] 돌고래의 복부는 힌두교의 거룩한 강이 지구에서 반짝이는 것을 반사하는, 외계의 한 줄기 빛인 "천상의 갠지스"였다. 고대 그리스인들에게 돌고래의 배는 Galaxias라 불리는 우윳빛 연속체였으며 라틴어 Via Lactea로 차용된 뒤 영어로 전달되어 지금의 Milky Way(우유의 길, 우리말로 '은하수'—옮긴이)라는 이름에 이른다. 그리스 신화에 따르면 헤라가 젖먹이 헤라클레스를 가슴에서 밀어낼 때 젖이 쏟아졌다. 하지만 수 세기 동안 전 세계 관측자들은 은하수가 밤하늘에 흐릿한 얼룩 이상의 무엇일 수 있다고 추측했다. 11세기 무어인Moor 학자인 아벰파세Avempace는 많은 "거의 서로 맞닿은 별들"로부터 온 빛에 의해 은하수가 형성된다는, 가히 앞을 내다보았다고 할 만한 가설을 세웠다.[9] 하지만 은하수가 작은 입자로 구성되어 있다는 사실이 직접적으로 관찰될 수 있었던 때는 유럽 르네상스 후기나 되어서였다. 갈릴레오 갈릴레이는 1610년에 "최근 발명된 망원경의 도움으로 천문학자들의 눈이 은하수의 물질을 똑바로 철저히 조사할 수 있게 되었다. 이 광경을 즐기는 사람이라면 누구나 은하수가 매우 작은 별들의 집합에 지나지 않는다고 고백할 수밖에 없다"라고 썼다.[10] 갈릴레오는 혁신적인 광학 장치로 밤하늘을 바라보며 이 도구가 향하는 곳마다 보이는 수많은 별을 찾아냈다. 그의 광대한 규모의 발견은 자연 우주 전체의 규모와 복잡성을 판단할 수 있는 척도가 되었다.

은하와 달리, 신경계는 망원경의 렌즈를 치우고 현미경을 통해 들여다볼 때 그 복잡성이 드러난다. 뇌의 미세한 구조를 최초로 관찰한 사람들 중 하나는 보헤미아(현재 체코공화국의 한 지방—옮긴이) 해부학자인 얀 푸르키니에Jan Purkyně(그 당시 지배적인 독일식 철자법으로는 요한 푸르키니에Johann Purkinje)였으며, 1838년 소뇌에서 현재 그의 이름을 가지고 있는 뉴런을 발견했다고 보고했다. 그의 원래 스케치를 보면 푸르키니에 세포는 약간 과숙한 양파처럼 보이며, 각각은 신비로워 보일 정도로 끝이 가늘어져 사라지는 듯한 한두 개의 새싹이 뭔가를 의미하듯 돋아 있다.[11] 푸르키니에가 유일하게 이 세포들을 관찰할 수 있었던 이유는 당시의 비교적 조잡한 광학 시스템을 감안할 때 이것들이 뇌에서 가장 큰 세포이기 때문이다. 그가 보고 있던 알뿌리 모양의 물질 각각은 세포에서 가장 뚱뚱한 부분인, 직경 약 30분의 1밀리미터 뉴런의 세포체인 **소마soma**였다.

이후 19세기에 더 나은 렌즈 시스템과 염색 기술이 사용되고 나서야 과학자들은 양파 싹이 어디로 갔는지 알 수 있었으며 그 해답은 놀라웠다. 모든 푸르키니에 세포에서 수천 개 가지를 치고 있는 가는 선이 덥수룩하게 웃자라는데 이를 수상돌기dendrite(혹은 가지돌기—옮긴이)라 부른다. 각각의 선은 직경이 매우 작지만 이들이 다 모여 전체적으로 봤을 때는 세포 소마 부피의 수백 배 이상 퍼진다. 각각의 푸르키니에 뉴런은 뇌 조직 속으로 2센티미터 이상 뻗어 있는 길쭉한 뿌리인 **축삭axon**(혹은 축색돌기—옮긴이)을 발생시킨다. 신경해부학자 산티아고 라몬 이 카할Santiago Ramon y Cajal과 카밀로 골지의 상세한 그림으로 잘 알려져 있듯이 이처럼 정교한 구조는 전체 신경계의 어디에나 존재한다.[12] 그러나 단일 신경세포가 아무리 인상적일 정도로 복잡하더라도 인간 뇌 속에 존재하는 이런 세포의 숫자를 생각해보면 이 복잡성은 거의 무의미해진다.

사실 복잡성은 숫자를 통해 입증될 수 있다. 모차르트의 오페라 영웅 돈 조반니Don Giovanni의 연애 생활은, 소위 카탈로그 아리아Catalog Aria(이름, 지명, 음식 등 필요한 정보를 노래하는 오페라 아리아의 한 장르로서, 시종 레포렐로가 주인 돈 조반니의 여성 편력을 읊는 〈아가씨, 이게 바로 그 목록이에요Madamina, il catealogo è questo〉가 가장 유명함—옮긴이)에서 그의 시종이 마음이 심란한 정부에게 설명하듯이 애인이 2065명이나 있기에 복잡하다(조반니의 페이스북 페이지에 이에 대해 뭐라고 쓰여 있을지 상상해보라).[13] 포착하기 힘든 '힉스 보손Higgs boson'(양자역학 표준 모형에서 대칭성을 도입하기 위해 1964년 영국의 이론물리학자 피터 힉스Peter Higgs가 도입한 개념 ―옮긴이)에 대한 최초의 직접적 증거를 제공한 ATLAS 아원자 입자 검출기subatomic particle detector는 약 1억 개의 수신 채널을 가질 정도로 복잡하며, 이는 5년 동안 약 3000명의 물리학자로 구성된 팀이 만들었다.[14] 이 검출기는 초당 약 10억 건의 이벤트를 처리하며 각 이벤트는 약 1.6메가바이트의 데이터를 생성한다.[15] 우리는 이제 갈릴레오가 발견한 은하수가 약 3000억 개의 별로 구성되어 있고 전체 우주에는 아마도 그 2000억 배 이상의 별이 있어 총 약 70억 조(7과 22개의 0)에 이르는 별이 있으리라는 것을 알고 있다.[16] 천문학자 칼 세이건Carl Sagan의 친숙한 어구 "수십억의 수십억billions and billions"조차 이러한 숫자를 제대로 표현하지도 못할 정도다.[17] 그러면 뇌는 이러한 기준과 어떻게 비교될까?

구체적인 숫자로 뇌의 복잡성을 정량화하려면 실제로 많은 노력이 필요하다. 세포를 세는 것이 가장 명백한 접근법이지만 표준적인 조직 분석 방법을 사용하여 뇌 전체 세포를 세는 것은 거의 불가능하다. 이 작업을 수행하기 위해 브라질의 신경과학자인 수자나 허큘라노 하우젤Suzana Herculano-Houzel은 꽤 노동력이 드는 방법을 개발했다.[18] 그녀의 실험실에서는 갓 사망한 피험자의 뇌를 얻어 부식성 화학물질과 기계적 저작咀嚼을 조합하여 점액질의 끈적거리는 액체로 만든다. 하지만 각 뇌세포의 중요한 부분, 즉 **핵nucleus**은 이러한 파괴 작업에서 남겨두는데, 이것은 각 세포의 DNA를 보유하고 있으며 그 근원이 뉴런인지 글리아 세포인지를 식별하는 데 사용될 수도 있기 때문이다. 그런 다음 연구자들은 뇌로부터 추출한 일정량의 침전물에서 핵의 밀도를 세어 용해되기 전 장기를 구성했던 세포의 수를 밝힐 수 있다. 허큘라노 하우젤과 동료들은 이 기술로 사람 뇌에서 평균 약 1710억 개의 세포를 세었으며, 그중 절반은 뉴런이었다.[19]

시냅스 수 추정을 위해 훨씬 더 힘든 절차를 사용할 수도 있다. 과학자들은 특히 시냅스에 잘 붙는 금속 화학물질로 죽은 사람의 뇌 슬라이스를 조심스럽게 염색한다. 그런 다음 뇌 조직을 1000분의 1밀리미터 미만의 슬라이스들로 섬세하게 잘라 그것들을 전자현미경으로 5만 배 확대해 검사한다. 이런 식으로 얇게 저민 대표적 슬라이스에서 시냅스를 계산함으로써 연구자들은 저민 슬라이스가 추출된 뇌 영역의 평균 시냅스 수에 대한 값을 추정할 수 있다.[20] 이런 종류의 과정을 통해 인간 피질에서 뉴런당 시냅스가 최대 10만 개에 이를 수 있다는 사실을 알 수 있다.[21]

이들 세포와 시냅스 숫자는 뇌의 능력에 대해 무엇을 의미하는가? 우리가 지나치게 단순한 전산적 유추에 잠깐 빠져 모든 시냅스가 컴퓨터 비트(시냅스가 비활성인지 활성인지에 따라 0과 1의 두 위치를 가진 스위치)에 상응한다고 상상한다면, 뇌는 오늘날의 고화질 표준에 따라 2만 편의 장편영화 저장에 필요한 규모인 약 10만 기가바이트의 저장 용량을 갖는다(넷플릭스에 있는 모든 영상을 머리에 넣는다고 생각하면 어느 정도 규모인지 감 잡을 수 있다). 그러나 뇌는 디스크 드라이브가 아니다. 방대한 시냅스 저장소는 각 시냅스의 강도를 변화시키는 과

정인 세포 간 데이터 전송에 주로 사용된다. 많은 시냅스가 1초에 여러 번 사용되고 업데이트된다. 실제로 넷플릭스의 모든 것을 뇌에 저장할 수는 없지만, 수조 개의 시냅스가 이러한 작업이 가능한 장치 종류보다 훨씬 더 역동적이고 다양한 기능을 지원할 수 있다.

세포와 시냅스 수준뿐만 아니라 각각의 세포 내 정교한 요소가 모여 이루는 미세한 우주를 보면 뇌는 더욱 복잡해진다. 모든 세포는 우리 인간이 가지고 있는 3만 5000개의 유전자를 지닌다. 유전자는 뇌 구조에 걸쳐 매우 다양한 양상으로 활성화(혹은 발현)되어 생쥐의 경우 유전자 발현 패턴만으로도 50개가 넘는 연속적 뇌 영역과 하위 영역을 식별해낼 수 있다.[22] 또한 각 뇌세포는 유전자 물질을 저장하고 폐기물을 소화하는 등의 일을 하는 세포 내 하위 구조인 수많은 세포 소기관organelle을 지니고 있다. "세포의 동력원"인 미토콘드리아는 특히 우리 몸이 사용하는 전체 에너지 공급의 약 20퍼센트를 소비하는 뇌에 풍부한 소기관이다.[23] 뇌는 훨씬 더 작은 규모인, 수많은 생체 활성분자bioactive molecule를 포함한다. 이러한 분자 중 중요한 부류에는 각 세포 내에서 매우 특수화된 기능을 수행하는 단백질과 DNA 같은 큰 생물학적 분자뿐 아니라 이전 장에서 논의한 100가지 정도의 신경전달물질과 신경조절물질이 포함된다. 전체적으로 볼 때 우주에 있는 별보다 뇌에 더 많은 분자, 문자 그대로 수십억의 세 곱절이나 되는 분자가 있다.

그러나 많은 신경과학자들은 뇌의 복잡성은 구성 요소의 수가 아니라 그 사이의 상호작용에 의해 가장 극적으로 표현된다고 말한다. 물 한 양동이에는 뇌보다 더 많은 분자가 포함되어 있지만, 양동이 속의 각 분자는 매한가지로 단조로운 H_2O 공식을 가지기 때문에 비교적 적은 수의 구별되는 상호작용 유형만 발생할 수 있다. 대조적으로 뇌의 생체분자biomolecule는 특정한 집합의 다른 분자와 선택적이며 형태 의존적인 상호작용을 하는, 많은 별개의 상세한 구조를 갖는다. 뇌의 모든 유형의 분자가 점으로 표시되고 모든 상호작용을 한 쌍의 점을 연결하는 선으로 표현한다면, 해석에 고급 계산 분석이 필요할 정도로 서로 겹치는 선들이 나타나 결과적으로 마치 털로 만들어진 거대한 공 같은 모습일 것이다.

모든 신체 기관의 세포 내 분자가 이렇게 복잡하지만, 뇌세포 **사이의** 상호작용에는 또 다른 고유한 복잡성이 존재한다. 축수와 유사한 별아교세포 세포돌기cellular process뿐 아니라 뉴런의 가느다란 축삭과 수상돌기로 인해 뇌세포는 수십 개의 다른 세포에 동시에 접촉할 수 있다. 개별 뉴런은 때때로 수백 가지의 작은 돌기를 가지고 있는데, 이는 전기 충격을 내려보내는 케이블 역할을 한다. 뇌의 한 부분에서 다른 부분으로 정보를 전달하는 축삭은 길이가 수 센티미터일 수 있으며 **백질white matter**이라 불리는 대뇌피질의 창백한 빛의 중심을 이룬다. 어떤 추정에 따르면, 백질의 총 섬유 길이는 일반 성인의 경우 10만 킬로미터를 넘어 지구 둘레의 두 배가 넘고 미국 주간州間 고속도로 시스템의 전체 도로 길이보다 길다.[24] 대조를 위해, 뇌만큼 많은 세포를 포함하지만 훨씬 더 제한된 연결성을 보이는 간을 생각해보라.[25] 간세포는 조밀하고 조직 내 약 12개 정도의 인접한 이웃과만 접촉한다. 뇌세포가 인터넷 시대에 거주하고 있다면 간세포는 도로와 전화도 없는 시대에 살고 있다.

뇌세포 사이의 모든 연결을 지도로 나타내는 작업은 헤라클레스 같은 능력의 과학자에게도 벅차겠지만, 이것이 바로 **커넥토믹스** **connectomics**(100조 개가 넘는 전체 신경세포의 연결을 규명한 '커넥톰', 즉 뇌 지도를 작성하고 연구하는 학문—옮긴이)라고 하는 신경과학의 비교적 새로운 영역의 연구 분야다.[26] 커넥토믹스 연구자들은 전자현미경을 통해 시냅스 계산에 사용하는 것과 동일한 유형의 절차를 대규모로 구현했다. 그러나 이 과학자들은 초박형 뇌 슬라이스를 일일이 검사하는 대신 어떤 조직 블록 하나의 모든 슬라이스를 (모든 세포와 시냅스를 포함한) 체계적으로 검사한다. 이와 같은 작업 수행에 드는 비용과 어려움으로 인해 지금까지 입방밀리미터보다 훨씬 작은 조직 블록만 분석되었지만 세포 간 접촉에 대한 새로운 정보가 이미 알려지고 있다.

출판된 초기 커넥토믹스 연구 중 하나에서 빈프리드 덴크 Winfried Denk, 세바스찬 승 Sebastian Seung 및 동료들은 생쥐의 작은 망막 조각을 분석했다.[27] 망막은 말 그대로 뇌의 일부가 아니지만 해부학적으로 뇌 조직과 매우 유사하며 중추신경계의 일부로 간주된다. 그들은 자동 데이터 처리와 (다행히 많은 사람에게 배분되긴 했지만) 2만 시간의 수작업을 통한 이미지 분석을 종합하여 망막 조직 블록 내에 840개 뉴런의 윤곽을 그려내었다. 각 뉴런은 평균적인 페이스북 이용자의 온라인 친구 수와 근접하게 평균 약 150개의 다른 세포와 접촉했다. 인간 두뇌의 1000억 개 뉴런 사이 접촉 가능한 수가 무엇을 의미하는지 한번 생각해보라. 만약 이 뉴런 하나하나가 무작위로 선택된 150개의 파트너와 접촉할 수 있다면, 세포 하나만도 약 10^{1389}(1 다음에 1,389개의 0)개의 배열이 가능하다. 이 숫자는 우리가 자연에서 만난 어떠한 수량도 왜소하게 만든다. 우리에게 알려진 우주에 있는 원자의 수도 고작해야 10^{80}(1 다음에 80개의 0)인 것으로 생각된다. 물론 이와 같이 배열을 계산하는 것은 뇌 구조에 대해 생각하는 매우 작위적인 방법이긴 하지만 결과적으로는 연결 패턴이 이론적으로 보여줄 수 있는 놀라운 다양성을 잘 보여준다.

뇌의 엄청난 복잡성을 수량적으로 생각하면 뇌의 신비를 받아들이기 쉽다. 복잡성에 압도되면 우리는 당연히 뇌를 겹겹의 수수께끼에 싸인 미스터리로 보게 된다. 그것이 창조든 아니면 진화의 산물이든 관계없이 뇌가 어떻게 작동하는지 언젠가는 알아낼 수 있을까?

우리가 뇌와 그 놀라운 특성을 결코 모두 이해할 수 없다고 좌절하는 것은 수십억 개의 세포, 수조 개의 연결부, 1000의 9제곱 되는 수의 분자를 붙들고 씨름하는 것이 너무 엄청난 작업이어서 인간의 독창성으로는 결코 정복할 수 없다고 생각하기 때문이다.

그러나 절망하기 전에 인간 뇌의 천문학적 수의 세포와 연결이 그 기능을 설명하는 데 실제로 어느 정도 필요할지 질문해보자. 물한 양동이에서 물방울 하나를 제거하면 거의 차이가 없다. 개별 물방울과 아무런 관련 없이도 물리학적 용어로 양동이의 내용물을 기술할 수 있다. 마찬가지로, 개별 뇌세포와 그 연결이 뇌 기능에 어느 정도 중요한지 물어야 하지 않겠는가?

여기에 놀라운 답변 몇 개가 있다. 첫째는 뇌의 크기에 관한 것이다. 정상적인 성인 뇌 크기는 약 1에서 1.5리터로 50퍼센트까지 다르다.[28] 하지만 뇌의 부피는 IQ 변동성의 약 10퍼센트만을 설명할 수 있다는 보고를 보면 뇌의 부피와 지능과의 상관관계는 미약하다.[29] 뇌 크기의 차이 일부는 세포 밀도의 차이에서 비롯될 수 있지만, 이용 가능한 데이터가 존재하는 생쥐의 경우에 한정해서 보자면, 크기는 또한 총 뇌세포 수의 변화와 관련 있다.[30] 이는 인간의 뇌 크기가 세포와 그 연결 수에 따라 상당히 다를 수 있지만, 이런 차이가 정신 기능에 큰 영향을 미치지는 않을 것임을 의미한다. 뇌세포 수는 종종 인지에 대한 명백한 영향 없이 노화와 질병 중에도 변화한다. 뇌의 부피는 정상 노화 시 매년 약 0.4퍼센트 줄어들지만 알츠하이머병 환자의 경우 진단 전에도 매년 2퍼센트 이상 감소한다.[31] 수십억 개 뇌세포가 죽어도 이는 가벼운 인지 기능 이상 정도만 겪을 수 있음을 시사한다. 분명히, 모든 뇌세포가 신성한 것은 아니다.

희귀하고 주목할 만한 선천성 결함 사례는 뇌세포의 소모성을 더욱더 강력하게 보여준다. 2014년, 스물네 살의 한 여성이 메스꺼움과 현기증을 호소하며 중국의 한 병원에 들어왔다.[32] 그 여성은 균형 문제 병력을 가지고 있었고, 비교적 늦게 일곱 살이 되어서야 말하고 걷는 법을 배웠다. 의사가 뇌 스캔을 시행하자 그녀의 소뇌 전체 영역이 없음이 발견되었다. 소뇌는 균형과 조정에 관여하며 뇌세포 밀도가 가장 높은 부분이기도 하다. 소뇌는 뇌 질량의 10퍼센트만 차지하지만 전체 뉴런의 80퍼센트를 포함하고 있다. 그런데 이것이 통째로 없다니! 그럼에도 불구하고, 20대 중반의 이 여성은 결혼하여 한 아이까지 가졌으며 “약한 정신 장해와 중간 정도의 운동 결함”만 있을 뿐 비교적 정상적으로 생활하는 듯 보였다.

유사하게, 뇌전증 완화를 위한 두개 내 수술로 인해 뇌 형태에 근본적 변화가 생길 수 있다. 극단적인 경우 의사는 때때로 대뇌피질 반구 전체 제거를 결정하기도 한다. 이 위험한 시술은 환자의 생명을 담보로 하며 거의 항상 신체 반대편 마비를 초래한다. 그러나 다른 측면에서 보면, 놀랍게도 뇌의 거대한 덩어리 제거에 잘 견딜 수 있다는 뜻이 된다. 존스홉킨스의과대학 외과 의사들은 30년 동안 58번의 반구 절제술을 어린이를 대상으로 시술했다.[33] 그들은 “우리는 어느 반쪽이든 뇌의 절반을 제거한 후 기억이 유지되는 듯한 모습에, 그리고 아이의 성격과 유머 감각이 유지된다는 사실에 경외를 느꼈다”라고 자신의 경험에 대해 썼다. 소뇌와는 달리 반구 절제술에 의해 제거된 뇌 영역은 인간의 인지와 가장 밀접한 관련이 있고 다른 동물에 비해 사람에게서 가장 잘 발달되어 있기 때문에 이와 같은 결과는 더욱 주목할 만하다. 이와 같은 예는 머릿속에 불필요한 중복성이 어느 정도 있음을 보여준다. 뇌의 거대한 부분이 사라지고 기능을 잃거나 제거되어도 성격과 사고의 본질적인 측면이 손상되지 않을 수 있다.

80퍼센트의 뉴런이 결여된 인간 뇌도 여전히 엄청난 숫자의 구성 요소를 가지고 있다. 여전히 1000억 개가 남아 있는데 수백억 개의 세포를 잃으면 어떤가? 상처가 나거나 기형인 뇌는 전쟁이나 기근이 덮친 나라와 유사하다. 개체군은 궁핍하지만 건강한 뇌와 동일한 자릿수를 가지고 있고 많은 생물학적 메커니즘이 문제없이 작동한다. 다친 뇌가 여전히 지각과 인지 기능을 갖고 있으려면 성한 부분이 엄청나게 복잡해야만 할 것이다. 하지만 뇌 기능의 기본적인 양상을 희생시키지 않은 채 더 많은 부분을 떼낼 수 있을까? 현재로서는 인간 뇌 작동을 위해 최소한 얼마가 필요한지 결정할 수 없지만 진화 가계도에서 우리와 가까운 동물의 예로부터 유추해볼 수 있다. 다른 동물을 고려해본다면 인지 능력이 수십억 개의 뉴런을 필요로 하는지 질문해볼 수 있다. 자연이 주는 대답은 무조건 '아니오'다.

새 대가리라는 오명과는 정반대되지만 우리의 사촌뻘 되는 조류는 조그만 대뇌도 꽤 정교한 행동을 지원할 수 있음을 잘 보여준다. 잘 알려진 바처럼 예수는 "심지도 않고 거두지도 않고 창고에 모아들이지도 아니한"다면서(마태복음 6장 26절) 새를 무시했지만 조류의 인지 능력을 보여주는 다음의 예는 그의 논점을 명확히 반박한다. 어떤 새들은 농부가 곡식을 거두고 모으는 것과 유사한 활동을 수행함으로써 실제로 전략과 계획을 세우고 기억할 수 있는 능력을 보인다. 저명한 자연사학자 찰스 애벗Charles Abbott은 1883년 까마귀가 해변에 먹이를 저장하는 놀라운 예를 기록했다. "까마귀가 홍합을 상당히 높은 곳에서 떨어뜨려 깨는 광경을 나는 여러 번 목격했다. (…) 그렇게 떨어뜨린 홍합은 다음 물때가 와서 낚시가 불가능해지기 직전까지 건드리지 않고 놔두었다가 영리한 노동의 산물로 서둘러 잔치를 한다. 까마귀들이 조수간만의 성격을 인식하고 이를 잘 활용했다는 사실은 매우 놀랍다."[34]

보다 일반적으로 말해 갈까마귀, 까치, 그리고 애벗이 놀라워한 까마귀를 포함한 까마귓과 조류들은 영장류를 제외한 그 어떤 동물도 갖지 못한 지능을 보여준다.[35] 그들은 미래를 예측하고 준비하며 도구를 만들어 사용하고 길거리의 사람들을 알아보고 거울 속 자신을 보기도 한다. 에드거 앨런 포Edgar Allan Poe의 예지적 갈까마귀, 로시니Rossini 오페라 〈도둑 까치La Gazza Ladra〉의 도둑 까치, 잘 알려진 이솝우화 중 하나인 긴 호리병에서 물을 마시는 방법을 터득해낸 영리한 까치, 이 모두는 이 새들의 놀라운 기술에 경의를 표하고 있다. 영리하다고 알려져 있는 앵무새는 말로 의사소통하고 간단한 명령을 따른다는 점에서 고대부터 사랑받았다. 매우 놀라운 예로 동물행동학자 이렌 페퍼버그Irene Pepperberg는 30년 동안 함께 일한 아프리카 회색 앵무새 알렉스의 놀라운 지적 능력을 상세하게 적은 바 있다. 알렉스는 100개가 넘는 영어 단어를 배웠고 셈과 분류, 비난하는 법도 알았다. 자기를 기분 나쁘게 하는 사람이나 사물에 대해 "멍청하긴!"이라고 하곤 했다.[36]

이런 일화에서 중요한 점은 까마귓과 조류와 앵무새는 인간 대뇌 부피의 1퍼센트보다도 작은 단지 7~10밀리리터의 뇌 크기로 이런 흥미로운 일을 할 수 있다는 것이다.[37] 포의 서술시narrative poem나 로시니의 아리아를 쓸 수는 없었지만, 이 동물들의 능력은 우리의 가장 가까운 진화론적 친척들로서 뉴런 수가 약 20배나 더 많은 침팬지, 고릴라와 견줄 만하다.[38] 비록 우리 인간이 지적 능력과 뇌세포 수에서 이 모든 종을 능가하지만, 다른 한편으로는 우리 뇌는 3~5배의 뇌 질량을 가져도 일반적으로 상당히 덜 지능적이라고 간주되는 고래와 코끼리보다 뇌의 크기 면에서는 못 미친다(그림 5를 보라).[39] 이것은 뇌의 절대 크기나 그 부분의 요소 수가 뇌가 어떻게 인지와 행동을 매개하는지 이해하는 비밀의 열쇠가 될 수 없음을 의미한다.

뇌 크기가 비교적 중요하지 않다는 것은 크기는 상당히 다르지만 다른 측면에서는 차이점이 상대적으로 적은 종 그룹의 구성원에 대한 비교를 통해서도 알 수 있다. 조그만 아프리카피그미생쥐(약 8그램)에서 돼지 같은 아마존 카피바라(40~60킬로그램)에 이르는 설치류를 생각해보라. 이 종들은 비슷한 서식지에 서식하고 매우 사회적인 생활 방식을 갖고 있으며 지능이 크게 다르지 않다. 그러나 카피바라의 뇌는 약 80그램 나가고 약 16억 뉴런을 포함하고 있는데

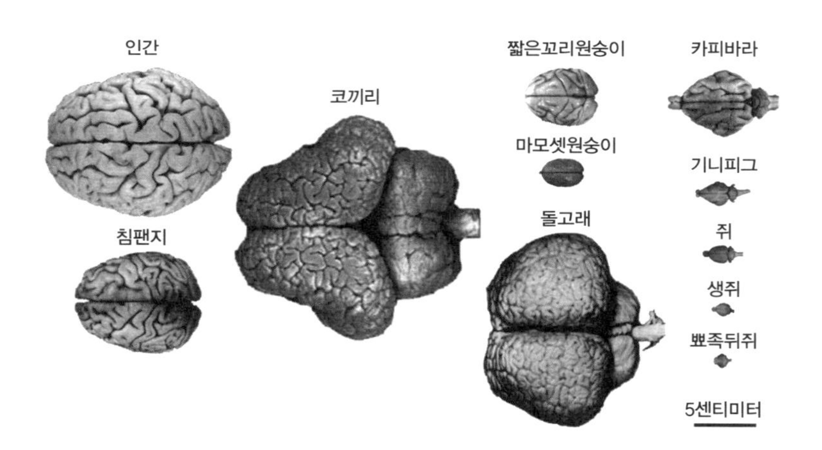

그림 5. 척도로 나타낸 여러 종의 뇌 비교. 뇌 이미지는 미국 국립과학재단NSF: National Science Foundation과 국립보건원의 지원을 받은, 미국 위스콘신 및 미시간 주립 포유류 뇌 비교 컬렉션(www.brainmuseum.org)에서 가져왔다.

비해 아프리카피그미생쥐는 0.3그램 미만이며 뉴런의 개수는 아마도 6000만 개보다 적다.[40] 이 관련 종 사이의 몸무게에 대한 뇌 무게 비율의 대략적인 일치는 놀라운 것이 아니며, 실제로 뇌 무게 대 몸무게의 **비율**ratio이 종의 지능을 예측하는 데 사용되기도 한다. 그러나 이러한 개념은 또한 가장 정교한 뇌가 가장 큰 크기와 많은 세포를 가지고 있다는 이론과 크게 상충된다. 쬐끄만 피그미생쥐와 커다란 카피바라의 뇌와 신체 비율은 각각 약 1대20과 1대500이다. 이 계산에 따르면, 4퍼센트의 뉴런을 가지고 있음에도 불구하고 작은 다윗은 골리앗보다 훨씬 낫다.

많은 종에 걸친 연구에 따르면 일반적으로 작은 동물은 뇌는 작지만 뇌와 신체 비율은 더 큰 경향이 있다. 아마도 이것이 더 큰 동물이 항상 만화에서 골탕 먹는 이유이지 않을까. 개미의 뇌는 몸의 7분의 1 무게이며, 인간의 뇌는 몸의 40분의 1 무게인데 만약 뇌와 신체 비율이 가장 중요하다면 개미가 우리보다 약 6배 더 지능적이라고 예측할 수 있다.[41] 연구자들은 이와 같은 종류의 결론이 가진 명백한 문제를 진화 계보의 가지에 따라 각각 다양한 방식으로, 두뇌가 신체와는 다른 속도로 팽창(또는 수축)한다는 관찰을 통해 해결했다. 예를 들어, 뇌의 소위 **상대성장척도**allometric scaling는 특정 유형의 종이 시간이 지남에 따라 체중의 3배로 진화하면 뇌의 크기 또는 뉴런의 수는 겨우 2배로 증가할 수 있음을 의미한다. 더 큰 크기로의 진화가 더 발생하면, 또다시 체중의 3배가 뇌 부피 또는 뉴런 수의 2배에 해당할 것이다. 상대성장척도 원리로 보면, 개미의 뇌와 신체 비율이 크다고 하여 가상의 인간 크기 곤충에게서 그만큼의 인지적 능력을 기대할 수는 없다. 그러나 개미의 그 작은 기관이 인상적인 행동 레퍼토리를 여전히 지원하는 것을 보고, 다른 사람도 아닌 찰스 다윈은 "개미의 뇌는 세계에서 가장 놀라운, 어쩌면 인간의 뇌보다 더욱 놀라운 물질 원자 중 하나다"라고 쓴 바 있다.[42]

뇌와 신체 사이의 척도 관계는 수십억 또는 그 이상 엄청난 수의 뇌세포를 갖는 것이 그 자체로 반드시 유익하지는 않다는 점을 나타낸다. 오히려 큰 두뇌를 가지면 당연히 큰 몸을 갖게 되는데, 자연선택natural selection은 영리함과는 거의 관련 없는 이유로 이러한 조합을 선호할 수 있다. 일부 생물학자들은 일단 척도 규칙이 고려되고 나면 **예상보다 큰** 뇌를 갖는 것이 지능의 비교 우위를 가질 수 있다고 주장한다.[43] 이러한 유형의 측정에 따르면 인간 및 다른 영장류는 비슷한 크기의 다른 포유동물보다 큰 뇌 및 뉴런 밀도를 가지고 잘 산다. 그러나 이와 같은 체제에서도 척도 원리의 일반성은 크기가 매우 다른 뇌들이 동일한 IQ 구간에 속할 수 있다는 결론을 뒷받침한다.

뇌의 부피와 세포 수가 뇌의 힘을 이해하는 열쇠가 아니라면, 그러면 무엇일까? 이전 장에서 우리는 생쥐의 뇌에 사람의 글리아 세포를 성장시키면 생쥐가 더 똑똑해질 수 있다는 흥미로운 힌트를 보았다. 인간의 글리아 세포에 특별한 것이 있다면, 종마다 상이하면서 각 유기체의 뇌가 무엇을 할 수 있는지 결정하는 데 도움을 주는 또 다른 세포 유형이 존재할 수 있을까? 사실 많은 신경과학자들은 해당 세포가 사용하는 신경화학물질과 그들이 만드는 연결 유형으로 정의되는, 비교적 제어 가능한 세포 유형의 집합으로 뇌가 구성된다고 믿고 있다.[44] 굴삭기 기사, 벽돌공, 미장공, 지붕 수리공, 배관공, 전기공 등 건설 팀의 일원으로 세포 유형을 상상해보라. 각 유형의 역할이 뇌의 각기 다른 부분에서 어느 정도 동일하게 유지된다면, 개별적인 건물이 어떻게 지어지는지 파악함으로써 한 도시의 건설이 대부분 이해될 수 있는 것처럼 뇌 기능을 이해하는 작업이 놀랍게 단순화될 수 있다. 정확히 얼마나 많은 뉴런과 글리아 세포 유형이 있으며 그들이 하는 일이 무엇인지 알아내려는 연구가 지금 진행되고 있다. 신경생물학자들은 또한 상이한 세포 유형에 의해 형성된 특징적인 구조에는 어떤 것이 있는지를 알기 위해 연구하고 있다. 이러한 구조 중 하나를 **대뇌기둥**cortical column이라 부른다.[45] 이 기둥은 모자이크 타일처럼 뇌의 표면을 덮는, 지름 약 0.5밀리미터의 다세포 단위다.

대뇌기둥 그리고 세포 유형과 같은 구성 요소의 중요성은 많은 수를 참조하지 않고도 뇌 기능의 주요한 측면을 파악할 수 있다는 점을 시사한다. 이 접근법은 다른 신체 기관에도 지금까지 잘 적용되었다. 예를 들어, 인간의 신장에는 뇌의 대뇌피질보다 많은 세포가 포함되어 있지만 대부분 거의 동일한 구조를 가진 수백만 개의 **콩팥단위**nephron로 구성되어 있으며, 이것은 혈액을 걸러내고 노폐물을 제거하기 위해 동시에 서로에게 작용한다. 수십억 개의 세포를 포함한 췌장의 기능도 췌장과 연관되어 잘 알려진 호르몬을 생성하는, 명확한 작은 세포 유형 집합으로 분석할 수 있다. 뇌의 구조적, 기능적 세분화에 대한 지속적인 실험적 분석 때문에 뇌가 어떻게 기능을 수행하는지 이해하려는 우리의 탐구에 매우 낙관적인 기대를 할 수 있다. 작거나 변형된 뇌에서 비롯한 증거(새나 설치류 그리고 선천성 질환이나 뇌전증 등의 사례—옮긴이)와 더불어 이와 같은 단순화 가능성은, 간단히 수치에서도 바로 보이듯 인간 뇌는 너무 복잡해서 자연의 영역 밖에 있거나 과학이 미치지 않는 범위에 존재한다는 흐리멍덩한 믿음에 강하게 도전을 제기한다.

"내가 만들 수 없는 것을 나는 이해하지 못한다."[46] 이 말은 노벨상을 수상한 물리학자이자 공부만 하는 괴짜의 아이콘이라 할 수 있는 리처드 파인만Richard Feynman(아인슈타인과 함께 20세기 최고의 물리학자로 꼽히며 원자폭탄 개발 계획인 맨해튼 프로젝트의 일원—옮긴이)이 1988년 사망했을 때 그의 칠판에 쓰여 있던 말이다. 어떤 사람들은 뇌 이해에 대한 정복을 주장하기 위해, 파인만의 문구를 우리가 달성해야 하는 목표라고 언급해왔다.[47] 뇌를 만든다는 것은 실험실에서 세포로부터 물리적으로 조립해내거나 컴퓨터로 성공적으로 시뮬레이션하는 것을 의미할 수 있다. 10억 달러 규모 계획인 유럽의 '인간 뇌 프로젝트Human Brain Project'는 현재 컴퓨터로 1000억 개 '가상 뉴런virtual neurons'의 모든 행동을 근사치로 계산하여 뇌를 시뮬레이션하려고 애쓰는 중이다.[48] 관련된 노력으로 미국은 포유류 뇌에서 "모든 뉴런에서 나오는 모든 스파이크" 감지를 목표로 삼고 있다.[49] 많은 신경과학자들은 이 같은 규모의 야망을 정당화할 수 있을 정도로 연구 분야가 아직 발전하지 않았다고 생각하기에 이러한 계획에 회의적이다. 사실 전산생물학자들은 장기는 말할 것도 없고 단 하나의 생물학적인 분자나 세포의 행동도 아직 완벽하게 시뮬레이션하는 데 성공하지 못했고, 실험생물학자들은 모든 세포는 물론이거니와 뇌의 깊은 영역에 있는 수백 개의 세포 활동도 겨우 기록할 정도다. 오늘날 과학의 상태를 고려하면 뇌 전체를 세포 해상도로 시뮬레이션하거나 모니터링하는 계획을 시작하는 것은 화성에 갈 수 있기도 전에 다른 은하계로 우주 비행사를 보내려는 것과 같다.

모든 세포를 모델링하고 측정하여 뇌를 이해하는 것을 목표로 하는, 다른 연구 분야에서는 거의 전례를 찾을 수 없는 신경과학의 방대한 작업은, 이 분야가 그만큼 뇌의 복잡성에 사로잡혀 있음을 반영한다. 우리에게 인간 뇌의 구조와 활동을 종합적으로 측정할 방법이 있다면 뇌 작동 이해에 도움이 될 수도 있겠으나, 나무를 찾다가 숲 전체(또는 적어도 숲의 많은 부분)를 놓치게 될 수도 있다. 프랑스혁명과 같이 거대한 역사적 사건을 분석할 때 그 나라의 모든 집과 거리에 있는 모든 시민 한 명 한 명의 익명적인 이동을 좇는다고 상상해보라. 만약 우리가 1789년에서 1799년까지 모든 데이터를 체계적으로 파헤쳐낸다면 변화하는 사회적 온도를 읽고 소동이 불붙는 지점을 발견할 수도 있다. 하지만 그 외 2800만 프랑스 사람들 중 일부가 보인 이상한 행동에 정신이 팔릴 게 뻔한데, 그 와중에 (당통, 로베스피에르, 자코뱅, 지롱댕, 변장하고 파리에서 도망칠 때의 루이 왕과 같은) 사건의 주요 인물들을 알아보고 그들이 왜 중요한지를 설명할 수 있을까? 대다수의 국민을 집단으로 행동하여 사회적 변화를 이끌어내는 계층class과 계급estate(프랑스혁명 이전 시기에 왕을 제외한 모든 국민은 제1계급인 성직자, 제2계급인 귀족, 제3계급인 평민으로 나뉨—옮긴이)에 따라 (세포 유형을 생각해보라) 묶는 것이 더 좋을 수 있다.

우리가 거의 포괄적인 신경 데이터를 가지고 있는 소수의 유기체 중 하나는 하찮기 이를 데 없는 선충nematode에 불과하지만, 어떤 의미에서건 이 동물이 가진 뇌를 '창조하는create' 능력은 여전히 우리에게 없다.[50] 오늘날 과학자들은 이 벌레 신경계의 모든 세포 활동과 연결을 측정할 수 있지만, 그 활동을 시뮬레이션하려는 노력은 여전히 초보적인 수준이다.[51] 많은 연구자들은 선충 신경생물학에 대한 가장 중요한 통찰은 포괄적 데이터 분석이 아니라, 기거나 알을 낳거나 하는 특정 행동이 몇몇 정해진 세포, 유전자 또는 신호 전달 경로와 연관된 표적 실험에서 나왔다는 데 동의할 것이다. 최근에 생물학의 다른 영역에서, 유전자 발현이 시작되고 정지되는 유전자 구성과 개별 세포의 유전자 산물(단백질) 사이의 상호작용에 대한 데이터가 포괄적인 규모로 활용되고 있다. 이런 소위 **체학**(유전체학genomics, 단백체학proteomics, 대사체학metabolomics 등에 공통적으로 있는 '체학omics'에서 이름을 딴, 생물학의 한 분야에 대한 비공식적인 명칭으로 기존의 단편적 연구에서 벗어나 종합적이고 총체적인 패러다임 연구를 지향함—옮긴이) 단위의 데이터**omic**-scale data를 가지고 과학자들은 엄청난 수의 분자들이 어떻게 세포 성장과 전달 등의 과정에서 협업하는지를 연구할 수 있게 되었다. 이와 같은 정보도 연구자들이 특히 흥미로워 보이는 소수의 요인으로 연구 범위를 좁힐 때 최대 효과를 내는 경향이 있다. 그렇게 될 때 이러한 요인에 대한 상세한 연구를 통해 중요성을 더욱 예리하게 점검할 수 있다.

이와 같은 사례는 데이터와 **이해understanding**를 혼동하는 오류를 보여준다. 철저한 정보 수집이 반드시 이해로 귀결되는 것은 아니며, 이해란 우리가 얻고 분석할 수 있는 모든 또는 대부분의 데이터에 반드시 의존하지 않는다. 예를 들어 자동차를 이해한다고 생각해보자. 만약 당신이 자동차를 운전한다면 자동차의 작동 방식에 대해 무엇인가는 배웠을 가능성이 있다. 표준적인 내연 엔진을 가진 자동차의 경우 팽창하는 실린더에 가솔린을 점화하여 크랭크축을 회전시키고 그 뒤에는 바퀴에 동력을 전달하여 움직이게 된다. 이렇게 기본적인 수준에서 자동차가 어떻게 작동하는지 이해했다고 하여, 자동차를 고치거나 부품을 재조립하여 자동차를 만들 수 있다는 것을 의미하지는 않는다. 그렇게 하려면 우리에겐 보통 정비공이 필요하다. 역으로 현대적인 자동차 도면이나 자동차의 모든 메커니즘 작동에 대한 영화를 보았다 하더라도, 몇 개의 핵심 부품은 알아보겠지만 대부분의 부품 기능을 알아맞힐 수는 없을 것이다. 도면을 사용하여 자동차를 시뮬레이션하는 일은 더욱더 복잡하다. 그렇게 하려면 자동차 작동의 필수적인 기본 상식을 훨씬 넘어서는 마찰, 연소 효율성, 열 전달과 같은 보이지 않는 요인에 대한 많은 정보가 필요하다.

자동차의 작동을 파악하는 것과는 달리, 뇌를 전체적으로 이해하는 것은 실제로는 문제 제기 자체가 잘못되었다. 어쨌든 자동차는 승객을 수송하기 위한 수단이라는 단 하나의 기본적이고 독립적인 기능을 가지고 있다.[52] 반면 뇌는 다양한 양상과 목적을 가지고 있는 개체entity이지만 그것이 속한 유기체와 분리되어 작동할 수 없다. 뇌가 의식을 지원하는 방법은 뇌가 결정을 유도하거나 잠에 들거나 혹은 발작을 일으키는 방법과는 많이 다를 수 있다. 자신의 경험을 생각해보라. 친구와 가벼운 대화를 나누는 동안 창밖을 보면서 바람에 흔들리는 나무를 보고 시 한 구절을 떠올리며 직장에서 스트레스가 많은 하루를 보낸 후 긴장을 풀 수 있다. 그러나 당신이 친구와 상호작용하는 방법은 어떻게 나무를 인식하고 시 구절을 외우는지, 또는 쉬고 있을 때 기분이 어떻게 변하는지와 거의 관련이 없다. 사실 우리는 다른 것에 대한 설명 없이 하나씩만 설명하려고 시도할 수 있다. 의사소통, 시각적 인식 및 정서 조절과 같은 영역에서 뇌가 가지는 다양한 역할 뒤에는 다소 다른 메커니즘이 있다. 그것은 상당한 정도까지 개별적으로 이해될 수 있으며, 실제로 우리는 이처럼 서로 다른 과정에 대해 이미 상당히 많은 기초 지식을 가지고 있다.

신경과학 연구가 개별 세포, 시냅스 또는 분자 수준에서 뇌의 모든 기능을 설명하도록 요청한다는 것은 이 기관을 그것만의 특별한 기준으로 유지한다는 의미다. 그렇게 설정된 목표는 연구자들이 거의 도달할 수도 없을 뿐더러 두뇌가 가지는 많은 상이한 과제를 의미 있게 이해하기 위해 필요하지도 충분할 것 같지도 않다. 보았듯이, 뇌의 많은 부분이 핵심적인 기능 생성에 필요하지 않을 수도 있다. 뇌가 복잡하고 수수께끼 같은 특징을 가지고 있다고 하더라도, 수치적으로 매우 복잡하다는 사실로 인해 뇌가 다른 자연 산물이나 신체의 다른 부분과 진정으로 구별되지는 않는다. 그러므로 복잡함 뒤에 뇌를 은폐한다면 그 이외의 것과 뇌를 임의적으로 분리하는 셈이다. 이것이 바로 또 다른 형태의 뇌-몸 구분이다.

인간의 복잡성을 직접 경험하려면 도쿄에 한번 가보라. 3000만 명이 넘는 주민, 몇 안 되는 나라를 제외하고는 모든 나라를 능가하는 경제, 끝도 없이 뒤죽박죽 섞인 어린이의 장난감 블록과 비슷한 거리 풍경을 가진 도쿄는 세계 최대의 도시 지역으로 남아 있다. 두 번 파괴되고 두 번 재건되어 작은 어촌 마을에서 오늘날 우리가 보고 있는 대도시로 성장하는 과정 자체가 우리 종이 이룩한 근대 사회공학적 성공에 대한 놀라운 증거다.

또 다른 방식으로 나타난 우리의 복잡성을 보려면 로마의 시스티나성당을 방문해보라. 500년 넘게 이 공간은 세계에서 가장 영향력 있는 종교 지도자들을 위한 개인 안식처로 사용되었다. 또한 세계에서 가장 위대한 예술적 업적 중 하나로서, 르네상스 시대의 전문가들이 예배당 바닥에서부터 천장까지 이르는 프레스코화를 완성하기 위해 수십 년 동안 노력했으며, 그중 정점에 놓인 미켈란젤로의 〈천지창조〉와 〈최후의 심판〉은 서구 문명 중 필적할 만한 작품이 없는 놀라운 표현을 보여준다. 다른 어떤 곳과도 구별되게, 시스티나성당은 동물의 본성을 뛰어넘는 인류의 능력을 표현한다.

세 번째 방법으로 인간의 복잡성을 시험 삼아 경험해보려면 웹서핑만 하면 된다. 인터넷 시대 정보기술IT: information technology 혁명으로 인해 우리는 10억 명이 넘는 전 세계 여러 민족 및 문화권 사람들의 삶의 비밀을 공유하게 되었다. 세상에 어떠한 표식을 남긴 거의 모든 사건, 모든 책, 모든 예술 작품, 창조적 사고 또는 미친 듯이 쏟아져 나온 것들, 아직 어떠한 표식도 남기지 못한 많은 것이 우리의 다운로드를 기다린다.

문화의 세련된 정도가 각 종의 척도라면 인류는 어떤 비교도 의미가 없을 정도로 압도적으로 야생생물들을 능가한다. 인류가 성취한, 예외적으로 복잡한 성과는 마찬가지로 예외적으로 복잡한 우리의 마음과 두뇌로부터 틀림없이 비롯되었다고 가정하기 쉽다. 우리 문화가 동물과 비교할 때 복잡한 만큼 우리의 사고 기관이 동물의 뇌와 비교하여 복잡하다고 예상한다면, 우리는 뇌가 어떻게 작동하는지 이해할 가능성이 거의 없다고 충분히 절망할 만도 하다.

이러한 감정이 인간 두뇌의 복잡성에 관한 신비를 조장할 수 있을까? 우리의 문화적 우위가 인간 **신경 예외주의neuroexceptionalism**를 불러일으킬 수 있을까? 이와 유사한 태도가 영감이 되어 조르주 바셰 드 라푸주Georges Vacher de Lapouge와 새뮤얼 조지 모턴Samuel George Morton 같은 19세기 과학자들은 뇌의 크기를 통해 여러 인종 집단의 문화적 진보와 표면적 지능과 상관관계를 보여주려 시도했다.[53] 1장에서 살펴본 바와 같이, 그 당시 연구 결과는 뇌 크기의 차이에 주로 기초하여 백인이 다른 인종보다 우월하다는 사실을 보여준다고 주장했다. 이 연구는 오류성이 낱낱이 파헤쳐져 이제는 과학적 인종주의의 한 형태로 여겨지고 있다. 인간과 동물의 차이점과 관련하여 동일한 아이디어를 다시 논의하는 것은 논란의 여지가 더 적겠지만 이전과 같은 몇몇 동일한 이유로 의문의 여지는 있을 수 있다.

문화와 뇌는 진화적인 시간의 척도로 분리할 수 있다. 대략적으로 말해도 인간의 두뇌는 우리의 정교한 사회보다 훨씬 오래 존재해왔다. **호모 사피엔스Homo sapiens**와 호모Homo 속의 가까운 친척들은 100만 년 넘게 존재해왔다. 뇌의 형태는 이 조상 인간 사이에서 상당히 일정했지만, 크기는 어느 정도 다양했다.[54] 2억 년 전 기원을 가진 네안데르탈인은 실제로 우리보다 뇌가 더 크지만, 인도네시아 플로레스섬에서 발견된 역사적으로 보다 가까운 시기의 피그미족 인간은 뇌의 크기가 우리의 3분의 1이었다.[55] 우리가 인류 진화의 역사에서 얻은 유일한 문화적 유물은 단순한 돌 또는 뼈로 만든 도구다. 기록상 최초의 예술은 겨우 10만 년 정도밖에 안 되며, 도시화와 농업은 단지 1만 년 전인 신석기 혁명 시대로 거슬러 올라간다.[56] 이와 같은 시대 이전에 우리의 조상은 까마귀보다 조금 더 잘 도구를 사용하고 의사소통하는 방법을 알고 있었던 전도유망한 동물에 지나지 않았을 수도 있다.

문화와 뇌는 현재에도 분리할 수 있다. 세련된 현대 생활 양식은 인간의 두뇌 유무에 관계없이 가능하며, 인간의 두뇌를 갖는 것이 첨단 기술과의 상호작용을 필요로 하지 않는 것은 확실하다. 오늘날에도 일부 인류 사회는 세계 문명의 복잡한 성과에 거의 의존하지 않고 번성하지만, 그 구성원들은 우리와 동일한 생명 작용biology을 가지고 있다. 예를 들어 뉴기니와 남아메리카의 '비접촉' 부족들은 석기 시대 관행을 유지하고 있으며 보다 현대화된 사회로부터 거의 완전히 고립되어 있다.[57] 반면에 우리 실험실, 동물원 및 가정의 많은 동물 들은 21세기 기술에 철저히 얽혀 살고 있다. 아마도 덜 복잡한 두뇌를 가진 우리의 길들여진 친구들은 우리와 똑같이 현대 의학에서 혜택을 얻고 가공식품을 먹으며 사진을 감상하고 사진 찍을 때 포즈를 취하며 다양한 전자장치와 상호작용한다. 물론 우리 애완동물과 실험실 동물 역시 사람들을 통해 기술에 접근할 수 있게 되었다. 또한 그들은 스스로 혁신하지도 않지만 그건 대부분의 사람도 마찬가지다.

문화 복잡성으로부터 두뇌 복잡성을 유추하는 잘못된 경향은 다음 몇 장에서 다룰 주제를 유추할 수 있다. 이제 우리는 **뇌가 무엇으로 구성되는가**에 대한 신화를 살펴보는 것에서부터 두뇌가 신체 그리고 환경과 **어떻게 상호작용하는가**에 대한 오해를 다루게 될 것이다. 지금까지 본 것처럼 명확한 뇌-몸의 구분을 만나게 될 것이며, 이러한 생각이 어떻게 인간의 마음과 영혼에 대한 우리의 태도를 왜곡하는지 더 많이 보게 될 것이다.

04

고도를 스캔하며•

최근 의료 기술의 가장 큰 발전 중 하나는 의사와 과학자가 수술 없이 두개골의 살아 있는 내용물을 스캔할 수 있도록 하는 일련의 시술인 신경 영상neuroimaging 개발이다. 이 시술은 과학적으로 엄청난 영향을 미쳐 두 개의 노벨상이 나왔으며, 아마도 뇌의 대중적 개념 형성에 현대 신경과학의 다른 어떤 부분보다 더 많이 기여했을 것이다.[1] 광범위한 보급과 영향으로 판단할 때, 신경 영상은 그

• 사뮈엘 베케트Samuel Beckett의 부조리극 〈고도를 기다리며Waiting for Godot〉를 인유하면서 보이지도 알려지지도 않은 고도와 보이고 알려진 생물학적 뇌를 대조시키고, "스캔하며scanning"라는 단어를 사용해 뇌 영상이라는 본 장의 주제에 대해 암시하고 있음—옮긴이

자체가 **신비**를 가지고 있는 듯하다. 신경 영상과 관련된 1만 개가 넘는 의학 연구 논문이 매년 출판되고 있다.[2] 뇌 스캐닝은 경제나 법만큼 멀리 떨어진 분야에서도 등장하곤 한다. 당신은 아마도 3D로 회전하며 종양의 위치를 나타내거나 뇌가 작업이나 치료에 의해 어떻게 영향받는지 잘 보여주기 위해 컬러로 반짝이는 뇌의 이미지를 틀림없이 보았을 것이다. 어떤 종류든 신경학적 통증 때문에 병원에 간 적이 있다면 아마도 X선 CTcomputerized tomography(컴퓨터 단층 촬영) 스캔이나 MRI 검사를 받았을 것이다. 회전하는 뇌 또는 반짝이는 색이 당신의 것이었을 수도 있다. 신경 영상을 통해 많은 사람들이 자신의 두뇌를 알게 된다.

가장 흥미로운 형태의 신경 영상은 소위 **기능적** 뇌 스캐닝**functional** brain scanning으로, 단순히 뇌 구조가 아니라 작동 중인 뇌를 측정하기 위해 영상을 사용한다. 가장 일반적으로 기능적인 MRI 또는 fMRI로 수행되며 나도 커리어의 많은 기간 동안 이 기술을 사용했다. 1990년대에 fMRI는 인간의 뇌 활동을 매핑mapping하는 가장 강력한 방법으로 등장했으며, 이후 모든 곳에서 신경과학 프로그램의 주류가 되었다.[3] fMRI 실험을 위해 연구자들은 일정 시간 동안 영상 장치에 누워 있는 사람들로부터 영화 같은 일련의 뇌 스캔을 얻는다.[4] 그런 다음 피험자가 수행 또는 경험하는 것과 상관관계에 있는, 시간별 변화를 찾기 위해 이미지를 분석한다. 이러한 변화는 뇌의 여러 다른 부분이 피험자의 행동에 어떻게 관여하는지를 나타낸다. fMRI를 사용하여 연구자들은 모양, 색, 냄새, 맛, 실수, 행동, 감정, 계산과 이 외 많은 것을 처리하는 뇌 영역을 찾을 수 있었다. 보다 더 기발한 연구에서는 변호사처럼 생각하거나 펩시와 코카콜라 중 어느 것을 더 선호하는지 여부가 어떤 뇌 영역의 활동에 의존하는지를 찾으려 한다.[5] 병원의 의사와 과학자는 자폐증 또는 조현병 같은 질병과 관련된 뇌 활동 이상을 구별해내기 위해 fMRI 및 관련 방법을 사용한다. 이 기술의 혁신가 중 한 명인 브루스 로즌Bruce Rosen은 "fMRI 기반 연구의 영향으로 세상이 바뀌었다"라고 말한다.[6]

과학 및 의학에서의 중요성에 상응하여, 기능적 영상은 미디어와 대중문화에서도 가장 눈에 띄는 두뇌 연구 분야다. fMRI와 관련된 수백 편의 신문 기사가 매년 인쇄되어 영상을 현대 신경생물학의 대표로 만든다.[7] 독자들은 "이것은 정치에 관한 당신의 두뇌" 또는 "뇌를 태우는 새로운 사랑을 보며"와 같이 시선을 끄는 헤드라인에 사로잡힌다.[8] 뇌 영상으로 마음을 읽는다거나 거짓말을 찾아낼 수 있고 마케팅 담당자가 상품을 광고하는 데 도움을 줄 수 있다는 대담한 제안에 특별히 관심이 간다. 이 같은 이야기에 대한 대중의 열정을 언급하면서 정신과 의사 샐리 사텔Sally Satel과 심리학자 스콧 릴리언펠드Scott Lilienfeld는 기능적 뇌 매핑이 정신 및 행동 현상을 분석하는 여타의 유효한 방법을 대체했다는 사실을 안타까워한다. 동시에 그들은 "왜 뇌 영상이 다른 사람의 정신생활을 들여다보는 것에 관심이 있는 사람들 거의 대부분을 홀리는지 알기란 쉽다"라고 인정한다.[9]

기능적 신경 영상이 인간의 살아 있는 두뇌와의 대면을 우리에게 제공함으로써 뇌의 신비에 대한 해독제를 제공한다고 상상할 수도 있다. fMRI와 같은 기술의 도움으로 머릿속에서 작동하고 있는 우리 자신의 뇌를 보는 것보다 우리의 마음 뒤에 숨겨진 생물학적 현실을 이해하기에 더 좋은 방법이 과연 있을까? 심리학자인 데이비드 맥케이브David McCabe와 앨런 카스텔Alan Castel은 많은 논쟁을 불러일으킨 자신들의 2008년 논문에서 뇌 이미지가 "추상적인 인지 처리에 대한 물리적 기반을 제공"하기 때문에 보통 사람들을 매료시킨다고 주장했다.[10] 그러나 나는 이 장에서 이러한 견해를 뒷받침할 수 있는 증거가 드물다는 사실을 보여줄 것이다. 그 대신 뇌 영상 결과는 모순적인 해석을 가능케 하여 사람들로 하여금 마음과 뇌라는 완전히 다른 개념 중에서 자유롭게 선택하도록 만든다. 기능적 신경 영상의 가장 중요하고 과학적으로 의미 있는 기여(특정한 인지 과제에 특화된 뇌 영역의 식별)가 역설적으로 이전 장에서 본 것과 같은 종류의 이원론적 관점을 강화한다. 여기서 나는 인간의 본성에서 뇌의 위치를 더 정확하게 이해하기 위해 오늘날의 뇌 영상 기술의 능력보다 훨씬 더 멀리 보아야 한다고 주장할 것이다.

실제 기능적 뇌 영상에 대한 우리의 반응을 테스트하는 것으로 시작하자. 검정색 바탕에 얼룩덜룩한 회색 얼룩이 있는 한 쌍의 타원체가 당신에게 추파를 던지고 있다(그림 6 참조). 오른쪽에 있는 것은 칙칙하고 파랗지만 왼쪽에 있는 것은 주황색과 노란색의 밝은 불꽃으로 반짝인다. 만약 당신이 과거에 태어났다면, 이것은 예쁘게 치장된 로르샤흐 잉크 반점Rorschach blot(잉크 얼룩이 있는 일련의 카드로 피험자의 성격을 테스트하는 성격검사 방법. 이를 개발한 스위스의 정신과 의사 헤

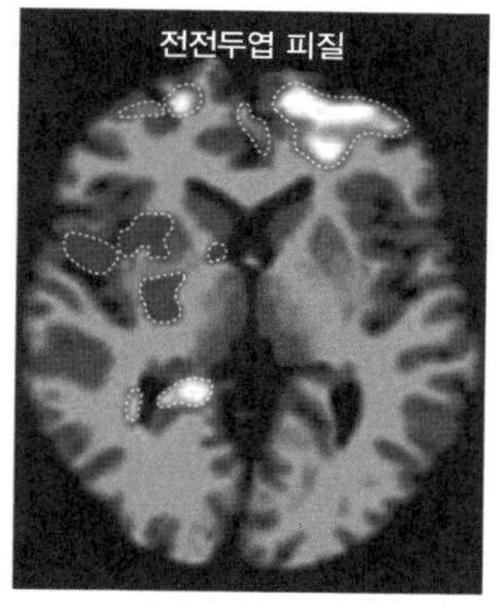

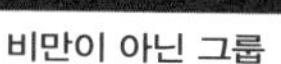

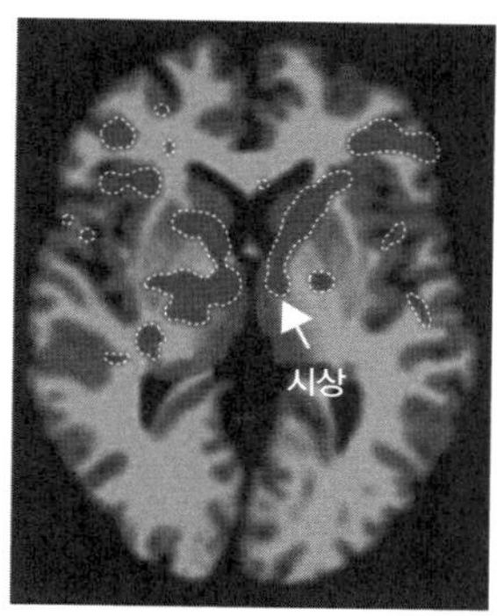

비만인 그룹

음식 이미지를 보았을 때 비만인 참여자에게는 자기 통제에 연관된 뇌 영역의 활성화가 감소했다.

그림 6. 신경 영상이 신념에 미치는 영향에 대한 케이스 훅Cayce J. Hook과 마사 페라Martha J. Farah의 연구에서 얻은 기능적 영상 데이터를 포함한 삽화. 활성화 영역은 가는 점선으로 표시된다(양성은 밝은 회색, 음성은 어두운 회색). 훅과 페라에게 허가받아 수정했다(출처는 참고문헌 11번 참고).

르만 로르샤흐Hermann Rorschach의 이름을 따왔음 — 옮긴이)에 지나지 않은 것으로 인지할 수도 있고 당신이 부여하고자 하는 어떤 의미를 지닐 수도 있다. 그러나 오늘날 미디어에서 수많은 유사한 이미지로 훈련받은 당신은 이것이 뇌 영상이라는 사실을 아마 알 것이다.

왼쪽과 오른쪽 타원은 두 개의 다른 피험자 그룹의 기능적 뇌 영상 데이터를 나타낸다. 오른쪽의 흐릿한 뇌에는 '비만인 그룹'이라는 표시가 붙어 있다. 왼쪽에 번쩍거리는 것은 '비만이 아닌 그룹'이다. 다른 쪽에는 없는 반짝임은 **전전두엽 피질prefrontal cortex**이라는 뇌 영역의 활성화를 나타낸다. 그 옆에는 "음식 이미지를 보았을 때 비만인 참여자들에게는 자기 통제에 연관된 뇌 영역의 활성화가 감소했다"라는 캡션이 있다. 이 그림은 뇌 연구가 비만인 사람이 음식에 어떻게 반응하는지를 설명할 수 있도록 도와준다는 점을 분명하게 시사한다.

당신은 이 결과를 믿을 수 있는가? 이 사실이 당신에게 흥미롭거나 놀라운가? 캡션이 뇌 이미지와 짝을 이루지 않은 경우에도 당신은 같은 느낌이 들까? 마음이나 영혼에 대한 당신의 신념이 당신의 반응에 영향을 주는가? 예를 들어, 당신이 종교적이라면 믿음으로 인해 뇌 이미지나 이에 따르는 캡션을 덜 회의적으로 보는가, 아니면 그 반대인가?

인지신경과학자인 케이스 훅과 마사 페라는 사람들이 뇌 영상에 어떻게 반응하는지에 대한 2013년 대규모 설문 조사에서 위와 같은 질문을 했다.[11] 그들은 특별히, 정신 과정이 물리적으로 실현되는 것을 보여주어 사람들이 뇌 영상에 급속도로 주목하게 만든, 맥케이브와 카스텔의 가설을 테스트하기 원했다. 맥케이브-카스텔 가설이 사실이라면 실체가 없는 영혼을 믿는 사람들은 다른 사람들보다 신경 영상 결과에 더 놀라고, 받아들이기는 더 어려울 수 있다고 훅과 페라는 추정했다. 이 이원론자들에게 fMRI 데이터를 보여주는 것은 외계 생명체의 가능성을 부정하는 누군가에게 외계인을 소개하는 것과 같다. 다른 한편으로 마음이 전적으로 물질적이라고 믿는 사람들은 기능적 뇌 영상에 동요하지 않아야 한다. 종종 **물리주의자**physicalist라고 불리는 이 사람들은 아마도 두뇌가 마술이 일어나는 곳이라고 이미 생각하고 뇌와 행동 사이의 관계에 대한 더 많은 뉴스에도 놀라지 않을 것이다.

놀랍게도 훅과 페라는 기능적 뇌 영상 데이터에 이원론자와 물리주의자 그룹이 서로 유사하게 반응한다는 점을 발견했다. 뇌 속에서의 마음의 물리적 발현에 대한 증거를 제공한 그 사진은 물리주의자보다 이원론자를 더 놀라게 하거나 흥미롭게 한 것 같지 않았으며 그 반대도 아니었다. 더욱이 실제 뇌 이미지를 그 사진에 포함시켜도 두 그룹의 관심은 조금 더 자극됐을 뿐 큰 차이는 보이지 않았다. 연구자들은 "988명의 참가자 사이에서 신경 영상의(…) 자칭 이원론적 신념과의 관계에 대한 증거는 거의 발견되지 않았다"라고 결론 내렸다. 뇌 영상이 마음의 생물학적 기초에 대한 증거를 제공한다 치자. 그러면 그 반대로 해석하지 말라는 법도 없지 않은가?

신경 영상 데이터로 인해 충격받거나 이를 믿지 않기는커녕, 일부 열성적인 이원론자들은 실제로 기능적 뇌 영상을 그들이 믿고 있는바 육체에서 분리된 마음을 연구하기 위한 도구로 받아들인다. 달라이 라마가 그중 하나다. 이 티베트 불교의 영적 지도자는 지난 10년 동안 위스콘신대학교의 인지과학자 리처드 데이비드슨Richard Davidson과 협업하여, 명상하고 있는 티베트 승려의 두뇌를 스캔하는 일련의 실험을 수행했다.[12] 불교 교리에 따르면 명상은 끝없는 출생, 죽음, 환생의 주기로부터의 영구적 탈출을 뜻하는 열반涅槃을 달성하기 위한 8단계 영적 도정 중 하나다. 그러나 데이비드슨과 그의 동료들은 승려와 초보자가 명상할 때 그들의 뇌 활성화 패턴에 명백한 물리적 차이가 있다는 점을 발견했다.[13] 이와 같은 결과는, 승려들의 불교 수행이 명상하는 동안 뇌가 활동하는 방식과 상관관계가 있다는 것을 시사해 달라이 라마 자신의 이원론적 입장과도 잘 들어맞는 듯하다. 물리주의자들은 데이비드슨의 뇌 영상 결과가 뇌 활동이 어떻게 명상 행위의 기저를 이루는지를, 그리고 더 일반적으로는 정신에 관한 무언가를 보여준다고 말하겠지만 달라이 라마는 이러한 시나리오를 완전히 뒤집어놓는다. 그는 "마음 그 자체 그리고 구체적인 미묘한 생각이 뇌에 얼마나 영향을 미칠 수 있는가"에 관심이 있다고 말한다.[14]

명상하는 티베트인에 대한 데이비드슨의 연구는 다양한 영적, 종교적 활동 중에 나타나는 뇌 기능을 분석하기 위해 신경 영상 및 관련 기술을 사용하는 **신경신학**neurotheology이라고도 불리는 연구 영역의 일부다.[15] 이 분야가 존재한다는 사실은 바로 기능적 뇌 영상과 종교의 양립 가능성compatibility을 설명해준다. 신경신학 실험실에서는 종교 신자와 비신자가 이성적으로 사유하거나 도덕적으로 설명하거나 기도할 때 보이는 뇌 활동을 비교한다. 이러한 연구는 영혼에 대한 자신의 전통적 개념이 이런 실험에 거의 위협받지 않는다고 생각하는 종교적 자원자들에 의해 유지된다. 신경신학의 주요한 옹호자인 펜실베이니아대학교University of Pennsylvania의 앤드루 뉴버그Andrew Newberg는 기능적 신경 영상 작업으로 인지도를 얻은 바 있다. 뉴버그 연구팀은 한 연구에서 독실한 카리스마적 기독교인Charismatic Christian(성령의 역사와 오늘날에도 기적이 일어난다고 믿는 기독교 분파로 중생인이라고도 부름—옮긴이)과 오순절 기독교인Pentecostal Christian(예수 부활 후 50일째 되는 날 겪은 성령 체험을 강조하는 기독교 분파—옮긴이)을 모집하여 그들이 영적 감화 상태에서 방언(성령에 감화된 상태에서 이루어지는 기도 중 알아듣기 힘든 분절의 언어를 가리키는 기독교 용어—옮긴이)을 하는 동안 뇌를 스캔했다.[16] 실험에 참여한 제리 스톨츠푸스Gerry Stoltzfoos 목사는 "나는 믿음이 과학을 두려워할 필요가 없다고 생각한다"라고 설명했다.[17] '과학은 믿음을 검증한다'라고 주장한다는 점에서 스톨츠푸스의 태도는 달라이 라마와 매우 비슷하다.

선도적인 신경신학자 마리오 보러가드Mario Beauregard는 뇌에서 단지 영적 현상을 연구하는 것을 넘어선다. 그는 비유물론적 견해를 옹호하는 몇 권의 책을 저술했으며, 동시에 두뇌 영상을 사용하여 신비한 경험의 신경학적 상관관계를 기록했다. 2007년 〈사이언티픽 아메리칸Scientific American〉의 기사는 보러가드의 연구를 "뇌에서 하느님을 찾는 것"으로 특징지워 설명했다.[18] 달라이 라마처럼 보러가드는 뇌의 중요성을 완전히 받아들이지만 두뇌를 육체와 분리된 마음의 종으로 여긴다. 그는 "많은 과학적 연구가 우리의 생각, 신념과 정서가 우리 뇌에서 일어나는 일에 영향을 미친다는 점을 알려주고 있다"라고 주장한다.[19] 보러가드가 보기에 fMRI 기계는 영혼 자체를 물질적 관점에서 설명하기 위한 도구가 아니라, 뇌라는 물질에 대한 영혼의 영향을 탐지하는 도구다.

훅과 페라의 조사로부터 보러가드의 연구에 이르는 예는 기능적 뇌 영상 연구가 마음이나 영혼에 대한 초자연적 신념과 얼마나 쉽게 조화될 수 있는지 보여준다. fMRI를 사용하여 우리의 정신생활을 가리워놓은 커튼을 걷어버리면 어느 정도 우리가 원하는 것을 볼 수 있을 것 같다. 어떤 사람들은 뇌가 마음을 발생시킨다고 하고 혹자는 마음이 뇌를 지배한다고 생각하지만, 뇌가 관여한다는 사실에는 아무도 놀라지 않는다. 이름 자체가 이원론과 동의어가 된 르네 데카르트조차 영혼이 **송과선pineal gland**(척추동물의 뇌 속에 있는 작은 내분비기관—옮긴이)이라는 작은 뇌 구조를 통해 몸과 상호작용한다고 주장했다. 신경 영상은 그러한 마음과 뇌의 상호작용을 포함시키거나 배제할 만한 종류의 정보를 아직까지 제공하지 못했으므로, 이원론 또는 물리주의 세계관을 구별하기 위한 근거로 사용될 수 없다. 이것이 왜 그런지 알아내기 위해, 뇌 영상 그 자체를 가리고 있는 커튼을 젖히고 그것이 실제로 어떤 종류의 지식을 생산하는지 자세히 보기로 하자.

현대 뇌 영상은 유명한 테니스 대회가 열리는 윔블던에 있는 우중충한 병실에서 태동했다.[20] 1971년 10월 1일 중년의 여성이 위로 높인 침대 위에 무릎을 세우고 반듯이 누워 있었다. 그녀의 머리는 무거운 기중기에 양쪽이 매달려 있는 옆면 1미터 정도, 그리고 깊이 25센티미터의 커다란 정사각형 모양의 박스 속으로 사라졌다. 정사각형의 한 면에 연결된 원통 모양의 캡슐은 개 경주장의 가짜 먹이처럼 이쪽 구석에서 저쪽 구석으로 부드럽게 움직였다. 캡슐이 움직이고 난 뒤에 정사각형은 환자의 머리 주위를 빠르게 회전했다. 캡슐은 왔다 갔다 하고 사각형 모양은 회전하면서 무거운 시계태엽처럼 리듬을 타고 앞뒤로 움직였다. 5분 뒤 사각형은 환자의 머리 주위를 반 정도 회전했다. 최첨단 전자 장비가 가득 찬 옆방의 컴퓨터 스크린에는 검정 바탕에 하얀 타원형의 사진이 깜빡이며 나타났다. 어둡고 희미하게 짜임이 느껴지는 타원형의 중심은 흐릿한 빛 한 줄기로 반으로 나뉘어져 있었다. 하지만 한쪽에서는 조그맣고 검은 조각이 균형을 망가뜨렸다. 미로Miró(호안 미로 이 페라Joan Miró i Ferrà. 스페인 출신의 초현실주의 화가—옮긴이)의 그림 같던 그것이 바로 고드프리 하운스필드Godfrey Hounsfield와 동료 연구자들이 일반적인 X선 CT 스캐너를 통해 획득한 최초의 임상적인 뇌 스캔이었다. 그 초상화 속 여인(뇌 영상을 찍은 환자를 가리킴. 한편, 〈초상화 속 여인The lady in the portrait〉은 청나라 건륭제의 부인 계황후(판빙빙)와 그의 초상화를 그리는 서양 화가 아티레 수사의 사랑을 담은 샤를 드 모Charles de Meaux 감독의 2016년 중국, 프랑스 합작 영화 〈화광여인〉의 영어 제목이기도 함—옮긴이)은 타원형 안에 검은 조각으로 나타난 뇌종양을 가진 환자였으며 신경 영상 기술 덕분에 성공적으로 치료받았다.

이 실험은 거의 반세기 전에 수행되었지만, 스캐너 구조 및 컴퓨터 처리와 영상 하드웨어의 결합과 같은 신경 영상의 특징은 현재까지도 유효하다. CT 촬영의 기본적인 개념은 한 피험체를 통과하는 모든 가능한 각도와 위치의 X선 투과를 측정하는 것이다. 하운스필드의 실험에서는 가짜 개 먹이와 X선원과 검출기를 지닌 회전 정사각형이 이 역할을 수행했고 수학적 알고리즘을 적용하여 이미지를 재구성했다. 하지만 CT 이미지는 정적이다. 어떤 경우에 CT는 파열의 위치를 발견하여 인지적 문제 설명에 도움이 될 수 있지만, 스캔 동안 뇌가 무엇을 하고 있는지를 알려줄 수는 없다.

뇌의 생물학적인 운동을 동적으로 볼 수 있는 첫 번째 뇌 스캔은 **방사성 추적자radioactive tracer**에 민감한 방법이었다. 자연 속의 생물학적 혹은 약리학적 분자와 유사한 이 물질을 몸에 주사 혹은 투입하면 비방사성 추적자와 동일한 지점으로 가서 동일한 역할을 수행한다. 방사성 추적자는 생물학적 조직을 쉽게 통과하는 감마 광자gamma photon를 발산한다. 이때 방사능은 아주 극소량의 추적자만으로도 비침습적인 방법을 통해 감지될 수 있기 때문에 부작용의 가능성은 매우 작다. 양전자 방출체positron emitter로 불리는 추적자는 두 개의 감마 광자를 동시에 방출하기에 매우 섬세하고 공간적으로 정확한 검출이 가능하다. 1975년 세인트루이스에 있는 워싱턴대학의 미셸 테르포고시안Michel Ter-Pogossian, 마이클 펠프스Michael Phelps 그리고 동료 연구자들이 고안한 양전자 방출 단층 촬영PET: positron emission tomography 스캐너는 이 분자들의 3차원 영상을 현실화했다.[21]

PET 영상은 빠르게 뇌 기능 측면을 매핑하기 위한 몇 가지 전략의 기초가 되었다. 한 접근법에서는 뇌 대사를 영상화하는 데 신체의 주요 에너지원인 혈당, 포도당의 양전자 방출 버전을 사용한다.[22] 방사능 작용제 F-18-불화디옥시포도당FDG, ^{18}F-fluorodeoxyglucose은 뇌의 포도당 이용에 비례하여 축적된다. 적어도 '연료 소비' 수준에 따라 뇌의 어느 영역이 가장 활동적인지 확인하기 위해 FDG 방사능의 축적을 모니터할 수 있다. 또 다른 PET 기능적 영상 방법에서는 뇌 혈류의 변화를 측정하기 위해 O-15 물^{15}O-water이나 N-13 암모니아^{13}N-ammonia 같은 혈액 매개 방사성 추적자를 사용한다.[23] 신경 활동에 의해 혈류 증가가 유발되어 활성화된 뇌 영역에 결과적으로 추적자가 더 많이 전달된다. 혈류 변화는 신경 메커니즘으로 해석하기 더 어렵지만 측정 가능한 신진대사율 변화보다 빠르다.

또 다른 적용 사례를 보면 특정한 신경화학 과정을 연구하기 위해 해당 과정에 관여하는 효소 또는 수용체와 상호작용하도록 설계된 방사성 추적자를 사용한다.

원래의 PET 뇌 영상 기술 중 많은 부분이 여전히 보편적으로 사용되고 있으며 새로운 추적자를 사용하는 방법과 결합했다. 최근의 획기적인 예로 피츠버그대학의 윌리엄 클런크William Klunk와 그 외 연구자들이 알츠하이머병의 병리를 밝히는 PET 추적자를 개발했다.[24] 그러나 뇌 활동에 대한 많은 연구에서 PET는 제한적인 것으로 입증되었다. 한 가지 문제는 PET 스캔이 비교적 거친 입자의 공간적 세부 정보, 즉 **해상도resolution**를 제공한다는 점이다. 수 밀리미터의 픽셀 크기가 일반적이며, 이는 PET 스캔의 모든 점이 수만 개의 세포와 때로는 하나 이상의 뇌 영역에 해당한다는 것을 의미한다. 더 중요한 것은 PET 스캔이 지각과 사고와 같은 두뇌 처리와 비교할 때 둔하다 싶을 정도로 느리다는 점이다. 가장 빠른 기능적 PET 실험조차 약 1분의 스캔 시간이 필요한데, 이는 사람 얼굴 인식에 걸리는 시간보다 거의 1000배 더 길고 스피드 체스 경기에서 세계 챔피언 망누스 칼센Magnus Carlsen이 빌 게이츠를 물리치는 데 든 시간보다 5배 더 길다(망누스 칼센은 2014년 1월 노르웨이 TV 토크쇼에서 빌 게이츠와 체스 경기를 벌였음—옮긴이).[25]

PET의 취약점 중 일부는 1973년 뉴욕주립대학의 폴 라우터버Paul Lauterbur가 개발한 근본적으로 다른 영상 기술로 해결되었다. 라우터버는 **핵자기공명NMR: nuclear magnetic resonance** 분광법spectroscopy이라는 분석 기술이 전공 분야인 화학자였다. NMR은 특정 원자(가장 일반적으로는 물의 수소 원자)의 핵이 강한 자기장에 놓일 때 특정한 전송 주파수에서 전파를 흡수하는 효과를 지칭한다. 라우터버는 핵을 흡수하는 공간적 위치를 밝히는 데 NMR을 사용하는 방법을 발견했다. 생물학적 조직은 전파에 거의 투명하(고 손상되지 않)기 때문에 NMR 기반의 이 새로운 영상은 살아 있는 연조직을 3차원으로 완벽하게 시각화했다. 의료계에서 NMR 영상이 활발해지면서 핵nuclear을 지칭하여 위협적으로 들리는 N은 사라졌으며 이 방법은 MRI로 잘 알려지게 되었다. MRI는 뇌와 같은 연조직에서 해부학적 디테일을 탁월하게 표현해주는 기술로 빠르게 인식되었다.

1990년대 초 과학자들은 MRI를 사용하여 기능적 뇌 영상을 촬영하는 방법을 발견했다. 제일 먼저 출판된 fMRI 연구에서 보스턴 매사추세츠종합병원의 잭 벨리보Jack Belliveau, 브루스 로즌Bruce Rosen 및 공동 연구자들은 스캔을 진행하면서 MRI 조영제를 검사 대상 자원자의 혈류에 주사하여 초기 PET 실험을 모방했다.[26] 그런 다음 과학자들은 시각 자극이 주어지는 동안 조영제가 어디에서 축적되는지 확인해 뇌 활동을 매핑할 수 있었다. 거의 동시에 벨연구소Bell Labs의 세이지 오가와Seiji Ogawa가 이끄는 다른 연구자 그룹은 혈액 자체가 fMRI의 고유한 조영제 역할을 할 수 있다는 것을 보여주었다.[27] 혈액 내 산소와 철 모두 자기력이 약하기 때문에 주사 없이도 혈류와 산소 공급의 작은 변화도 감지될 수 있다. 활발한 뇌 활동 뒤 몇 초 안에 발생하는 이 효과는 가장 최신 기능 영상 실험의 기초를 이룬다.

fMRI의 한계가 혈액에 대한 의존성에서 비롯된다는 것은 놀라운 사실이 아니다.[28] fMRI의 공간 해상도는 뇌 혈관 사이 간격에 의해 근본적으로 제한된다. 이것은 뇌세포 크기보다 훨씬 커 약 10분의 1밀리미터다. 대부분의 fMRI 신호는 국소 뇌 활동과 관련 없는 혈액순환의 변화뿐 아니라 다른 많은 유형의 뉴런과 글리아와 관련한 기여에서 발생할 가능성도 있다. 하지만 3장의 시냅스와 연결성은 물론, 2장에서 고려한 수백 가지의 화학적 메신저는 변형 과정에서 모두 사라진다(언어 간 외연과 내포의 차이로 인해 번역 과정에서 필연적으로 의미의 손실이 있다는 뜻이며 동시에 도쿄로 여행 온 두 미국인 남녀를 그린 소피아 코폴라Sofia Coppola 감독의 2003년 로맨틱 코미디 영화 〈사랑도 통역이 되나요?〉를 인유하기도 함—옮긴이). 버클리대학의 신경 영상학자인 잭 갤런트Jack Gallant는 "fMRI는 특정 시간에 사무실의 총 전력 사용량을 측정하여 각 사람의 책상에서 무슨 일이 일어나고 있는지 파악하는 것과 같다"라고 말한다.[29] 연구자들은 또한 신경 활동에 비하여 느려터진 fMRI를 한탄한다. 프레임당 몇 초로 찍혀 마치 늘어진 필름의 영화를 보고 있다고 상상해보라. 록키와 이반, 로사와 제임스, 오비완과 베이더 등 우리가 가장 좋아하는 액션 영웅은 모두 해석할 수 없는 색의 줄무늬로만 남을 것이다(〈록키〉 시리즈의 주인공 록키와 그와 대결하는 소련의 복서 이반, 〈007〉 시리즈 주인공 제임스 본드와 이에 맞서는 소련의 요원 로사, 〈스타워즈〉 시리즈의 오비완과 악역 다스 베이더—옮긴이). fMRI에 의해 감지되는 혈류 효과는 이와 같다. 이러한 이유로 과학자들은 때때로 뇌파검사EEG 및 자기뇌파검사MEG같이 더 빠른 기록 기술로 측정하여 fMRI를 보완한다. 그러나 MEG와 EEG는 뇌의 전자기 활동에 빠르게 반응하지만 fMRI와 유사한 정도의 정확도와 신뢰도로 이러한 활동의 위치를 찾아낼 수는 없다.

fMRI와 기타 기능적 영상 접근 방식으로 감지된 신호는 매우 미세하기도 하다. 뇌 활동은 일반적으로 이미지 강도에서 기껏해야 몇 퍼센트의 잔물결 모양ripple을 유발한다. 이러한 미묘한 변화는 피험자의 움직임, 스캐닝 장비의 불안정성 및 연구와 관련 없는 생리적 과정으로 인한 변동을 배경으로 나타난다. 과학자들은 배우려고 하는 자극이나 현상과 실제로 관련된 영상의 변화를 추려내기 위해 많은 노력을 기울여야 한다. 여기에는 일반적으로 수십 번의 반복 시험, 다수의 피험자들, 다양한 실험 조건에 대한 광범위한 컴퓨터 분석이 포함된다.[30] 이러한 계산의 결과는 일반적으로 그림 6에서와 같이 흑백 해부학 이미지에 겹쳐진, 유추된 뇌 활동의 유색 얼룩으로 표시된다. 이러한 그림은 인간의 뇌 기능에 대해 현재 얻을 수 있는 최상의 정보를 제공하지만 실제로는 뇌가 어떤 시점에서 무엇을 하고 있는지를 보여주지는 않으며 특별히 어떤 사람의 뇌에서 나오는 경우는 거의 없다. 대신, 기능적 뇌 지도는 볼로냐 소시지가 돼지에서 온 것만큼이나 기본 생물학적 과정과는 종종 동떨어진 채로 영상 데이터를 고도로 처리하여 통계학적으로 모아놓은 집합에 불과하다.[31]

신경 영상 데이터 분석에 사용되는 정교한 계산기법에는 그만큼의 함정 또한 있다. UC 산타바바라의 박사후 연구원 크레이그 베넷Craig Bennett은 이러한 점을 놀라운 방식으로 보여줬는데 그는 틀림없이 아무 문제가 없는 fMRI 방법을 사용하여 죽은 연어의 뇌 활성화를 밝혔다.[32] 베넷과 그의 동료들은 작고한 물고기the late fish(물론 '죽은 물고기'를 의미하는 말일 테지만 저자가 의도한 위트를 놓치지 않기 위해 '작고한'으로 옮김—옮긴이)가 일련의 사진을 '보는' 동안 스캔했다. 통계적 검증에 따르면 뇌의 몇 픽셀은 사진에 대한 반응처럼 보였으며, 결과적으로 전형적인 fMRI 활성화 지도라기에는 매우 구린fishy('비린내 나는'이라는 축자적 의미보다는 '의심스러운, 수상한 냄새가 나는, 구린' 등의 2차적 의미로 많이 쓰이는 단어로 여기서는 '연어'라는 대상 때문에 저자가 일부러 선택한 단어—옮긴이) 버전이 나왔다. 실제로, 뇌 반응같이 보였던 것은 영상 속에서 임의적인 변동으로 발생한 것으로, 이는 일반적인 분석 방법으로는 불충분하게 걸러진 것이었다. 베넷은 이 풍자적인 연구를 출판하는 데 어려움을 겪기는 했지만 "먼저 사람들을 웃게 하고 그다음 생각하게 하는 공로를 인정해주는" 이그노벨상the Ig Nobel prize('불명예스러운'이라는 의미의 형용사 Ignoble과 노벨상을 연상케 하는 Nobel을 합성하여 만든 이름의 상으로, "반복할 수 없거나 반복되지 말아야 하는" 업적에 부여됨—옮긴이)을 수상했다.[33] 에드 불Ed Vul이라는 이름의 MIT 학생이 주도한 또 다른 망할 놈의damning 연구에 따르면 주목을 끄는 뇌 영상 관련 논문들은 종종 통계적으로 불가능한, 다시 말해 동전 던지기에 대해 50 대 50보다 더 나은 확률을 주장하는 것과 같은 결과를 보고하는 것으로 나타났다.[34] 이와 같은 실수들로 공격적인 연구의 책임자들은 뇌 영역과 복잡한 자극 사이의, 말 그대로 "너무 좋아서 믿기 어려운too good to be true"(너무 좋아서 사실이기 어렵다는 표현으로 수많은 문헌과 발언에서 인용되는 문구—옮긴이) 상관관계를 보고했다. 베넷, 불 그리고 그들의 동료들이 폭로했던 오류 유형이 뇌 영상 연구에 내재되거나 특정되어 있지는 않지만, 영상 연구는 작은 신호와 큰 데이터 집합이 관련되어 있기 때문에 이러한 문제에 특히 취약하다.

현재의 뇌 영상 기술의 간접성과 조악한 해상도는 명백히 다른 영향과 해석에 대한 폭넓은 재량권을 제공한다. 연어 연구와 같은 사례는 부주의하게 실험을 디자인하거나 분석하는 것만으로도 결과를 편향시키는 것이 얼마나 쉬운지를 보여준다. 똑같은 영상 데이터에서 어떤 사람은 마음이 뇌에 작용하는 모습을, 또 다른 사람은 두뇌가 마음의 기능을 수행하느라 바쁜 모습을 본다는 사실을 살펴보았다. 뇌 이미지는 물리주의자와 마찬가지로 이원론자에게도 의미가 있다. 기능적 신경 영상이 실제로 무엇을 알려주는지 알게 되면, 우리는 이 모순을 이해하기 시작한다. 오늘날의 뇌 활동 지도는 너무 명확하지 않아서 거의 모든 것이 무대 뒤에서 진행되고 있다고 상상할 수 있다.

인지과학 문제에 fMRI를 적용하는 선구자인 나의 MIT 동료 낸시 칸위셔Nancy Kanwisher는 뇌가 스위스칼 같다고 주장한다.[35] 기술의 한계에도 불구하고 그녀의 연구를 포함한 영상 연구들은, 얼굴 인식에서 사고에 대한 생각에 이르기까지 특수한 과제 중에 반응하는 독특한 뇌 영역 조합이 한때는 예상치도 못했던 것임을 보여주었다(그림 7 참조). 스위스칼에 있는 여러 도구처럼 뇌 각각의 영역은 해당 작업에 특화되어 있는 것 같다. 신경 영상 연구에 관한 출판물 중 거의 절반이 국재화localization 연구이며, 나머지 대부분도 이미 구분된 뇌 영역의 특성을 보다 깊게 다룬다. 두말할 나위 없이 국재화 결과는 기능적 신경 영상 연구에서 가장 주요한 정보다. 국재화 작업을 주의 기울여 수행하고 해석한다면 그것은 뇌와 마음이 어떻게 구성되는지 중요한 정보를 제공한다. 그러나 만약 피상적으로 본다면 인지 기능의 국재화로 인해 뇌와 마음이 실제로 어떻게 작동하는지 이해하려는 노력에 집중을 못 하게 될 수도 있다.

뇌 영역의 전문화에 대한 확실한 증거는 오랫동안 존재해왔다. PET와 fMRI 이전에는 국소 뇌 손상에 기인했을, 특정한 인지적 또는 행동적 결함을 가진 소수의 신경과적 환자에 관한 데이터가 주를 이뤘다. 아마도 가장 잘 알려진 사례는 1861년 프랑스의 외과 의사 폴 브로카Paul Broca가 연구한 루이 레보른Louis Leborgne이라는 환자의 경우다.[36] 레보른은 어려서부터 뇌전증을 앓았고 어른이 되어서는 말을 할 수 없게 되었다. 그는 병원에 입원해 있었으며 오직 한 음절 '탄tan'만 말할 수 있었다. 발화 능력 상실에도 불구하고 레보른의 이해력과 일반적인 인지 능력은 손상되지 않았으며 이러한 일련의 상태가 현재 브로카 실어증Broca's aphasia으로 알려져 있다. 사후 뇌 부검에서 브로카는 레보른의 대뇌피질의 왼쪽 전두엽에 병변이 있음을 알았고 비슷한 언어 결함이 있는 환자들에게서도 같은 위치에 손상이 있음을 발견했다. 언어 생성과 브로카 영역Broca's area이라고 불리는 뇌 영역 사이의 관련성 발견은, 놀랍게도 프란츠 갈의 기능적 국재화 이론을 입증했다(1장 참조). 특정 영역에 대한 갈의 지도와 해당 두개골 특성이 완전히 틀린 경우도 있었지만 골상학의 기본 개념은 적어도 부분적으로는 정확했다.

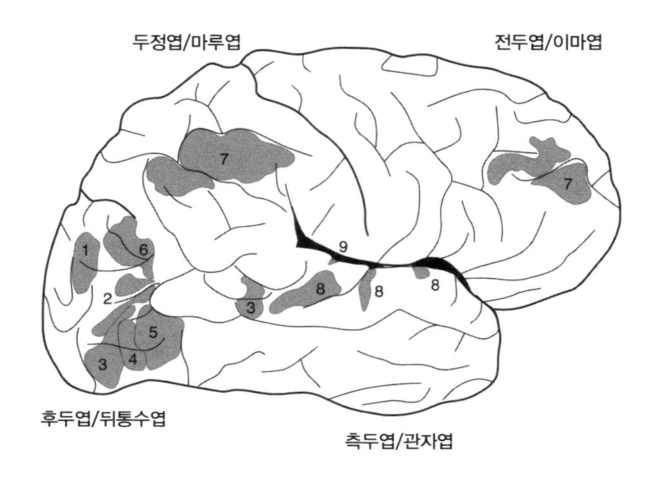

그림 7. 신경 영상 연구에 따르면 (1) 장소, (2) 신체 부위, (3) 얼굴, (4) 얼굴과 움직임, (5) 움직임, (6) 다른 사람의 생각에 대한 생각, (7) 어려운 인지 과제, (8) 말소리, (9) 높낮이가 있는 소리에 상응하는 엽과 영역을 보여주는 인간의 대뇌피질.

신경 영상은 이와 동일한 논점을 보다 설득력 있게 만들어준다. 오늘날의 기술은 브로카의 놀라운 성과를 가져온 우연과 개인적 불행(레보른과 같은 신경과적 환자의 사례—옮긴이)의 드문 결합이 없어도 그와 같은 관찰을 가능케 해준다. 넉넉한 수의 적극적인 자원자들의 뇌를 한 번 혹은 여러 번의 실험 차수에 걸쳐 스캔할 수 있는 것이다. 그들이 여러 다른 자극을 받거나 과제를 수행하는 동안에. 연구원들은 피험자가 죽어서 부검받을 때까지 기다리지 않고 각 실험 후 거의 바로 결과를 볼 수 있다. 건강한 신경 영상 피험자의 뇌는 병변이 있는 뇌와 같이 손상이나 질병으로 왜곡되어 있지 않다. 따라서 뇌 영상 결과는 보통 정상적인 생리를 반영한다. 가장 중요한 것은 손상과 달리 영상은 한 번에 뇌 전체를 살펴본다. PET 또는

fMRI는 여러 구조가 실험적 패러다임에 관여하는지 여부를 밝혀낼 수 있으며 각 영역의 반응 정도와 규모를 특징지을 수 있다. 예를 들어, 언어와 관련된 구조물의 모든 역할은 단 하나의 실험에서 확인할 수 있다. 즉 브로카 영역은 분절에, 베르니케 영역Wernicke's area(뇌의 좌반구에 위치한 부위로 청각 및 시각피질로부터 전달된 언어 정보의 해석을 담당하는 것으로 알려져 있으며 독일의 의사 카를 베르니케Carl Wernicke가 1874년 처음으로 기술—옮긴이)은 이해에, 청각 및 운동피질은 청각 및 운동의 일반적인 측면에 중요하며, 이 영역 각각의 기능적으로 중요한 다수의 세분 영역이 말하기 과제 동안에 모두 관여하고 동시에 작동하는 것을 볼 수 있다.

전문화된 뇌 영역의 발견은 의심할 바 없이 생물학적 함의를 가진다. 지구의 지질학적 진화에 걸쳐 작용하는 힘이 오늘날 우리가 보는 산맥, 바다, 강을 만들어냈듯이 인간의 진화를 형성한 요인이 우리가 지금 찾아낼 수 있는 방식으로 두뇌를 형성했다고 추측된다. 언어나 사회화와 같은 정신적 기능과 밀접한 상관관계가 있는 활동을 하는 개별적인 뇌 영역이나 일단의 뇌 영역이 존재한다는 사실은, 무엇보다도 이러한 기능이 특정한 신경 하드웨어를 구별적으로 사용하는 적응adaptation(생물이 서식 환경에 보다 유리하도록 변화하는 과정을 가리키는 진화생물학 용어—옮긴이)이라는 점을 시사한다. 그리고 이는 현재 많은 신경과학자가 공유하고 있는 해석이다. "중요한 것은(…) (상응하는) 뇌 영역의 특별한 위치가 아니라 무엇보다 우리에게는 마음과 뇌의 선택적이며 특정한 구성 요소가 있다는 단순한 사실"이라고 칸위셔는 설명한다.[37]

그러나 신경 영상 연구가 정신 능력을 뇌의 물리적 지점과 연관시키는 작업을 중요시하면서 많은 사람이 이러한 연구를 골상학적 유사 과학의 부활이라고 비난하게 된 것도 사실이다. 데이비드 돕스David Dobbs는 "사실인가 아니면 골상학인가?Fact or Phrenology?"라는 제목의 〈사이언티픽 아메리칸〉 기사에서 "정신 기능에 가장 중요한 것이 영역 사이의 커뮤니케이션일 때에도 국재화된 뇌 활성화를 강조하면서 fMRI는 뇌 기능의 네트워크적이거나 분산적인 성질을 간과한다고 비평가들은 느낀다"라고 썼다.[38] 심리학자 러셀 폴드랙Russell Poldrack은 골상학적 정신 범주의 존재를 암묵적으로 지지해줄 수 있는 fMRI 연구 출판 목록을 작성하면서까지 과학과 구닥다리 아이디어가 놀랍게도 양립할 수 있음을 보여주었다. 각각의 예에서 폴드랙은 낡은 골상학적 분류를 먼저 유사한 주제의 fMRI 실험과 연관 짓고, 다시 그 영상 연구가 식별해낸 특정 뇌 영역과 연관시켰다. 폴드랙은 "갈과 그의 동시대인들이 이러한 신경 영상 결과를 보았다면, 그들이 제안했던 능력의 생물학적 실재에 대한 증거로 삼았을 것이라고 거의 확신할 수 있다"라고 말한다.[39] 신경 영상 결과가 보고되는 방식은 빈번히 폴드랙의 주장을 뒷받침한다. "사랑하는 사람을 지원하는 것에 관여하는 신경학적 특성Neural Correlates of Giving Support to a Loved One" "인간 공감의 신경학적 구조물The Neural Substrate of Human Empathy" 또는 "우수한 지능의 신경학적 요인Neural Correlates of Superior Intelligence"과 같은 제목을 보면 복잡한 성격적 특성이 뇌라는 영토의 얼룩 문제로 요약된다는 인상을 받게 된다.[40] 하나 혹은 그 이상의 국재화된 fMRI 활성화에 상응하는 신경학적 요인이나 구조물이 로렌조 파울러의 사기로 만든 뇌 모형 중 하나에 있는, '적극성'이나 '획득성'과 같은 속성에 해당하는 골상학적 영역과 사이좋게 어우러지는 것을 쉽게 상상할 수 있다.

뇌의 국재화 결과를 부주의하게 해석하다 보면 머리 여기저기에 꼬리표를 붙여놓은 것처럼 뇌의 국부적인 활동이 특정한 인지 처리를 **나타낸다**고 믿기 쉬운데 이러한 생각은 비판의 여지가 많다. 광고 전문가 마틴 린드스트롬Martin Lindstrom은 2011년 〈뉴욕타임스〉의 독자 사설란에 사람들이 애플사의 아이폰을 좋아하는 이유는 아이폰으로 찍은 사진이 사랑하는 연인의 사진을 볼 때 반응하는 **뇌섬엽피질insular cortex**이라 불리는 뇌 영역을 활성화시키기 때문이라고 주장했다.[41] 린드스트롬은 뇌섬엽피질이 긍정적이거나 부정적인 감정 모두에 반응한다는 사실에도 불구하고 뇌섬엽의 fMRI 신호가 사랑을 의미한다고 간주했다. 조나 레러Jonah Lehrer는 자신의 책《이매진Imagine》에서 문제 해결과 **전측 상측두이랑aSTG: anterior superior temporal gyrus** 사이의 상관관계를 발견하는 실험을 요약했다. 그가 단어 퍼즐을 "aSTG가 풀 수 있다"라고 기술한 부분에 따르면 aSTG 자체가 문제 해결자가 되어버리고 만다.[42] 심지어 노벨생물학상 수상자인 프랜시스 크릭도 "자유의지가 뇌의 중간 부분에 조그맣게 접힌 전측 대상회anterior cingulated sulcus 속이나 그 근처에 있다"라고 주장하며 뇌 병변 연구를 참조하는 것을 보면 그 역시 '뇌 영역이 인지적 기능과 동등하다'고 간주하는 오류에 빠진 것 같다.[43]

이와 같은 종류의 사고는 기술적이고 이론적인 측면에서 오류를 범하고 있다. 기술적인 비판은 뇌 영상 자체의 한계에서 출발한다. 각각의 활성화는 수백만은 아니더라도 수천 개의 세포와 시냅스 그리고 신경화학물질을 표상하며 온통 시끄러운 토론 속에 참여하는 수많은 목소리처럼 이 모두가 기여하여 뇌 기능을 만든다. 비유적으로 말하자면 신경 영상은 목소리를 분석하거나 구분할 수는 없으며 가장 하기 쉬운 일, 즉 가장 소리가 큰 의견을 듣는 경향이 있다. 가장 소리가 큰 의견이란 어떤 뇌 영역에서 세포들의 동일한 자극 반응이 있을 때 나타날 수도 있지만 이를 결정하는 관점은 다수 혹은 복수, 또는 침묵의 다수를 무색하게 하는 요란스러운 소수를 대표할 가능성이 더 높다. fMRI나 PET에 관해서 말하자면 가장 큰 목소리란 가장 강한 혈류 변화를 생산하는 것일 뿐 실제 뇌 기능에 있어 반드시 가장 중요한 목소리일 필요는 없다. 문제를 더욱 복잡하게 만드는 것은, 뇌 활성화 지도는 해당하는 영상 반응을 하나 혹은 그 이상의 참조 조건reference condition 아래에서의 검증 조건test condition과 비교하여 확인되는데, 확인된 뇌 영역은 **오직** 해당 검증 조건에 의해서만 활성화되는 것이 아니라 단지 그 조건에서 보다 더 활성화된다는 점이다. 결론적으로 어떤 뇌 영역이 특정한 정신 과제 동안 '불이 밝혀져' 있다는 사실은 다른 기능을 배제한 채 오직 그 작업에 특화되었다는 것을 의미하지는 않는다.

뒤집어서 생각하면 영상 실험에서 활성화된 영역이 어떤 인지처리에 관여된 모든 뇌 영역을 포함하는 일도 매우 드물다. 이러한 현상의 주된 이유는 '빙산의 일각' 문제다.[44] 빙산은 우리가 눈으로 보는 부분보다 훨씬 더 크다고 알려져 있다. 바다에 떠다니는 전체 덩어리의 90퍼센트가 해수면 아래에 웅크리고 숨어 있다. 기능적 영상 분석 실험에서 사용된 과제나 자극과 상관관계에 있는 fMRI 신호 변화의 지도가 바로 빙산에 상응한다. 그 지도는 가공되지 않은 이미지로부터 직접적으로 계산된다. 원칙적으로는 그 지도가 뇌 전체를 다루지만 활성화된 것으로 보이는 바로 그 부분만이 영상 신호의 신뢰도나 크기가 실험자가 설정한 절단값cutoff value을 초과하는 영역일 뿐이다. 만약 절단값이 너무 낮게 설정되어 있다면 너무 많은 정점peak이 보이게 될 수 있다. 이때 어떤 정점은 죽은 연어의 뇌에서 나타나는 가짜 활성화처럼 무작위 비신경적인 파동에 의해 생길 수도 있다. 그러나 전형적으로 보수적인 절단값 설정으로 인해, 빙산의 잠긴 부분인 절단점 아래에 숨겨져 있는 일부가 특정한 과제에 사용되는 뇌 기능에 의한 것일 수도 있다. 이처럼 진정한 뇌 활성화도 데이터 분석에서 손실되기도 하고 대개의 경우 논의조차 되지 않는다. 이러한 문제로 인해 대부분의 기능적 영상 연구는 뇌 반응이 몇 개의 작은 영역에 국한되는 정도를 체계적으로 과장한다.

다트머스대학교의 제임스 핵스비James Haxby는 뇌 스캔 실험을 해석할 때 일반적으로 무시되는 영상 신호를 포함하여 전체 빙산을 고려해야 한다고 주장했다. 핵스비와 그의 동료들은 그들의 영향력 있는 2001년 논문에서 실험적 자극에 대한 반응이 가장 큰 뇌 영역에만 초점을 맞추는 표준적인 관행에서 벗어났다. 그렇게 함으로써 신경 반응이 시각적 자극에 대한 "정보를 전달하는 크고 작은 진폭이 있는 넓게 펼쳐진 피질"에도 미친다는 것을 관찰할 수 있었다.[45] 이러한 유형의 접근 방식에서는 정신 과정이 특정한 구조로 구획화되지 않고 뇌의 많은 부분에 걸쳐 분산되는 뇌 활동의 그림을 선호한다.

모든 신경과학자들은 근본적인 수준에서 이와 같은 그림이 틀림없이 정확하다는 것을 알고 있다. 뇌의 특정한 부분이 고도로 전문화된 활동 패턴을 보이더라도 그 활동은 어딘가로부터 와야 한다. 예를 들어, 뇌 영역이 얼굴에 의해 활성화되기 위해서는 얼굴 자극이 망막으로부터 들어와 여러 단계의 뇌 시각 시스템을 침투하여 얼굴에 가장 두드러지게 반응하는 뇌 영역에서 신호를 생성한다. 뇌의 다른 부분에서 일어나는 반응에 얼굴과 연관된 것이 없다면 뇌의 얼굴 영역(방추성 얼굴 영역FFA: fusiform facial area을 줄여 얼굴 영역face area으로 씀—옮긴이)은 얼굴 자극을 다른 자극과 구분할 방법이 없을 것이다. 주요한 얼굴 영역 밖의 **부정적인** fMRI 신호조차 (아마도 감소된 신경 활동을 가리키며) 뇌에서 얼굴 자극과 다른 자극을 구별하는 데 도움 되는 경우도 있다.[46] 이러한 부정적인 반응('부정적인 신호/반응'이란 [긍정적인] 신호/반응이 관찰되지 않는다는 의미 —옮긴이)은 아서 코넌 도일Arthur Conan Doyle의 유명한 경비견과 비슷하다. 왜냐하면 그 개가 밤에 침입자에게 짖지 않았다는 사실은 셜록 홈스에게 개가 침입자를 잘 알고 있다는 사실을 알려주었기 때문이다.[47] 그러나 이러한 특성을 보여주는 다양한 뇌 활동 패턴이 뇌 활성화의 정점과 최대치의 반응에만 초점을 둔 영상 분석에서는 필연적으로 간과될 수밖에 없다.

이로 인해 인지 처리의 위치를 강조하는 분석은 보다 이론적인 문제에 부딪힌다. 이러한 분석은 실제로 그 과정이 수행되는 방법에 대한 문제를 밝히지 않으려는 경향이 있다. 심리학자 윌리엄 어털William Uttal은 "우리가 뇌의 특정 영역을 정밀하게 정의한 인지 기능과 연관시킬 수 있을지라도(…) 그것은 뇌가 심리적 과정을 계산하고 표상화하여 어떤 기호로 바꾸어 표현하는 방법에 대해서는 거의 아무것도 알려주지 않을 것이다"라고 자신의 2003년 책《새로운 골상학The New Phrenology》에 썼다.[48] 비슷한 맥락에서 철학자 대니얼 데닛Daniel Dennett은 특정 뇌 영역이 하나의 특정한 인지 처리, 즉 인간의 의식 현상을 설명할 수 있다는 생각을 비웃는다.[49] 해당 과정의 위치를 찾는 것은 뇌가 어떻게 기능하는지 해독하는 문제를 해당하는 특정 뇌 영역이 어떻게 작용하는지 해독하는 문제로 재설정하는 것일 뿐이다. 데닛은 이러한 접근법을 의식이 뇌라는 몸의 형태를 하고 마음에서 일어나는 모든 일을 '관찰'하고 알게 되는 연극 공연(다음에 나오는 '데카르트 극장'을 의미—옮긴이)에 풍자적으로 비유한다. 이것은 모두 뇌 속에서 일어나지만 다시 한번 데카르트의 심신이원론을 연상시키는 시나리오다. 의식을 실행하는 뇌 영역이 의식만큼이나 (우선 의식 자체도 이해하기 어려웠다) 이해하기 어려우며, 의식이 있는 뇌 부분과 그렇지 않은 부분 사이의 경계가 임의적일 수밖에 없기 때문에 데닛은 이와 같은 **데카르트 극장Cartesian theater**(비물질적 실체인 정신이 뇌를 매개로 물질적인 육체와 상호작용한다는 심신이원론에 근거한 모형으로서 6장의 '호문쿨루스' 논거와 연결됨—옮긴이)을 부조리한 것으로 간주한다.

우리가 다른 인지 기능의 국재화를 강조하면 색깔, 문장, 공간 영역 등을 인식하는 뇌 영역이 부자연스럽게 힘을 얻고, 그렇지 않은 영역으로부터 분리되는 또 다른 부조리한 극장(다음 단락에 나오는 베케트의 부조리극을 염두에 둔 표현—옮긴이)의 무대를 준비하게 된다. 어떠한 신경과학자도 이처럼 익살스러운 견해를 지지하지는 않겠지만, 기능적 신경 영상 결과를 지나치게 단순하게 제시할 때 우리는 이와 같은 인상을 받는다. 많은 연구자들에게 국재화 연구의 주요한 가치는 분명히 다른 기능을 가진 뇌 영역을 식별하는 것보다는, 종종 동물의 세포 활동을 직접 조사하는 침습적 실험 방법을 사용하여 보다 예리한 실험적 연구를 시작하는 방법에 필요한 단서를 얻는 데에 있다.

데닛의 데카르트 극장 비유와 이를 다른 인지 처리로 확장시킨 논의는 사뮈엘 베케트와 같은 현대주의 극작가의 실제 극장을 연상시킨다. 베케트의 걸작 부조리극인 〈고도를 기다리며〉에서 두 명의 방랑자, 블라디미르와 에스트라곤은 작품명이자 결코 도착하지 않는 고도를 언젠가는 만나게 되리라 희망하며 매일 같은 길 옆에서 배회한다.[50] 에스트라곤은 "그가 여기 왔던 게 확실해요?"라고 물으며 자신들이 올바른 곳에서 그를 찾고 있는지 궁금해한다. 존재의 무의미함에 대한 논평으로 자주 받아들여지는 연극에 걸맞게 베케트와 비평가들은 극 전체나 인물에 대해 한 가지로 해석하는 데 한 번도 동의한 적이 없었다. fMRI 지도의 채색된 뇌 활성화의 얼룩처럼 특히 고도는 미스터리로 남아 있다. 우리는 그가 누구인지, 그가 무엇을 대표하는지, 심지어 그가 존재하는지조차 결코 알지 못한다. 뇌 영상 기술을 사용하여 인지 기능을 국재화하려고 할 때 어쩌면 우리도 고도를 스캔하고 있는 것은 아닌가? 기다림 끝에 얻는 깨달음에 대한 약속도 없이 이따금 실재보다는 우리의 기대에 따라 정의되는 수수께끼를 찾고 있는 것은 아닌가?

현대의 신경 영상은 과학의 번지르르함, 미디어의 과장된 광고, 단순하지만 때로는 정도가 지나친 발견 및 매우 다양한 신념 체계와의 결합 가능성 등이 합해져 뇌의 신비를 강화한다. fMRI와 같은 기술을 사용하여 우리가 확고하게 지닌 태도를 바꾸어야 하는 압박 없이도 뇌 활동에 대한 흥미로운 사실을 배울 수 있다. 그러나 오늘날 인간의 뇌 영상 기술을 사용하여 인지의 신비가 밝혀질 수 있기를 희망하는 사람들이 옳을 일은 없다. 아무리 정교한 분석 방법과 결합한다 할지라도 기능적 신경 영상은 단순하게 말해 뇌 활성화 패턴이 실제로 무엇을 의미하며 어떻게 만들어지는지, 또는 어떻게 나머지 뇌와 연결되어 있는지 파악할 수 있는 정도의 해상도나 특이성을 갖고 있지 않다. "계산 방법과 비침습적 신경 영상이(…) 뇌 기능과 장애를 이해하기에 충분하다는 주장은(…) 순진하고 완전히 잘못된 것이다"라고 신경과학자이자 fMRI 전문가인 니코스 로고테티스Nikos Logothetis는 말한다.[51]

오늘날의 기능적 신경 영상 결과는 권위 있는 지도책, 명확한 국경, 위성 이미지 이전 시대의 지도 제작과 다소 비슷하다. fMRI 기반의 뇌 지도와 마찬가지로, 고대의 물리적 지도는 그 당시 제작 기술의 한계로 인해 기묘하고 부정확한 묘사이기 일쑤였다. 초기의 지도 제작자들이 오늘날 우리가 알고 있는 육지뿐만 아니라 괴물이 사는 공간을 찾았다면, 현대의 뇌 통역사들은 얼굴 인식뿐 아니라 자유의지를 위한 영역 또한 찾고 있다. 언뜻 보기에 전문화된 일부 뇌 영역은 보다 심화된 탐구 시험을 견뎌낼 것이다.[52] 예를 들어, 얼굴 인식에만 관련된 영역의 존재는 인간과 원숭이의 전극 기록, 병변 및 자극 연구에 의해 뒷받침되었다. 그러나 일부 영역과 심지어 그것들을 정의하는 인지적 개념은 잃어버린 땅 툴레Thule(고대 그리스·로마 문학과 지도에 나오는 섬으로 북쪽의 맨 끝을 의미—옮긴이)와 아틀란티스처럼 순간적인 것으로 판명될 수도 있다. 검증 여부에 관계없이 정신 기능을 본질적으로 뇌의 한정된 장소와 연관시키면, 우리 정신 과정의 생물학적 기반에 경계 짓고 나머지 세계와 분리시키는 **신경분리neurosegregation**는 계속해서 촉진될 것이다. 정신 기능이 어떻게 작동하는지 심층적으로 설명하고 이해하려면 오늘날의 인간 신경 영상 기술을 넘어서는 시야를 가져야 한다.

어떠한 세포의 활동, 경로 또는 연결, 신경화학물질의 소용돌이, 그 어느 하나도 놓치지 않고 포착하는 뇌 영상 방법을 상상해보라. 무언가를 한 번 만지고 듣거나 희미한 빛을 한 번 봐도 수없이 많은 두뇌 사건이 발생하는데, 이 각각의 사건은 우리의 '총괄 신경 영상total neuroimaging' 기술로 모든 것을 볼 수 있는 눈에 노출된다. 이것은 먼 환상이 아니며, 작고 투명한 유기체를 연구하는 신경과학 실험실에서는 적어도 어느 정도 들어맞는 현실이다. 하워드휴스의학연구소Howard Hughes Medical Institute의 미샤 아렌스Misha Ahrens 같은 연구자들은 최첨단 광학현미경 기술과 신경 활동의 형광 생화학적 표지를 결합하여, 지브라피시(푸른색 몸에 흰색 줄무늬가 있는 열대어—옮긴이) 치어 뇌에서 일어나는 거의 모든 뉴런의 신호를 발생과 동시에 그것을 기록하는 일을 이미 해내고 있다.[53] 인간의 뇌 영상에 비해 이 같은 실험에서는 원인-결과 관계와 신경 활동의 구성에 대한 불확실성이 훨씬 적다. 일부 과학자들은 아렌스가 가진 것과 유사한 기술을 조정하여 언젠가는 인간에게 사용하는 것이 가능할 것이라 주장한다. 예를 들어, 우리 실험실의 연구 과제 중 일부는 fMRI로 감지할 수 있는 생화학 신경 활동 지표biochemical neural activity indicator를 만드는 것이다.[54] 이런 작업은 화학 및 세포 수준의 신호를 비침습적으로 감지하여 총괄 신경 영상으로 한 걸음 더 나아가는 길이 될 수 있다.

총괄 신경 영상은 뇌가 통합된 다기능 기관으로서 기능하는 방법을 배우는 우리의 능력을 미래에 극적으로 가속화시킬 수 있는 종류의 기술이다. 이와 같은 방법을 인간 연구에 사용하기에는 아직 갈 길이 멀지만 발전은 계속해서 이루어지고 있다. 하지만 이조차 정신 과정이 실제로 어떻게 작동하는지 이해하게 만들 수는 없다. 연구자들이 벌레와 지브라피시의 뇌 전체에 고해상도 광학 영상을 사용한 지 이제 어느 정도 시간이 흘렀지만, 이전 장에서 보았듯이, 단순한 신경계에 대한 포괄적인 정보도 행동을 설명하기에는 여전히 부족하다. 그 이유 중 하나는 뇌와 신경계가 스스로 인지를 수행하지는 않기 때문이다. 이 장에서 논의했듯이 뇌 영역이 고립되어 작동하는 것으로 간주될 수 없는 것처럼, 뇌 전체도 고립된 것으로 간주될 수 없다. 뇌는 몸과 환경의 맥락에서 봐야 한다. 다음 장에서는 뇌를 주변 환경과 연합하는 연속체로서 더 자세히 살펴볼 것이다.

05

다르게 생각하기

이전 장에서 우리는 뇌가 신체의 밖에 있는 것으로 묘사되는 방식을 살펴보았다. 대중적인 신경과학(심지어 그렇게 대중적이지 않은 신경과학까지)의 렌즈를 통해서 볼 때 두뇌는 살과 피로 구성된 실재적인 기관이라기보다는 추상적이고 무척 복잡한 실체인, 신비로운 기계가 되어버린다. 폰 노이만의 뇌-컴퓨터 비유, 뇌의 복잡성에 대한 과학과 언론의 과장, 인지 처리를 복잡하여 이해할 수 없는 것으로 덮어두려는 신경 영상 연구의 경향성, 이 모두는 뇌를 정상적인 생물학적 현상의 범위 밖에 있게 한다. 이러한 경향은 내가 과학적 이원론(인간의 본성, 의식 및 의지에 대한 전통적인 태도를 보존하는 데 도움은 되지만 생물학적으로 보다 현실적인 그림과는 상치하는 물리적 뇌에 대한 개념)이라고 칭한 인위적인 뇌-몸 구분의 예가 된다.

우리가 지금까지 해체한 이원론적 관점은 뇌의 구성이 어떻게 조직되었고 무엇이 그것을 움직이게 하는지와 관련되어 있다. 그러나 많은 사람에게 뇌는 구성뿐만 아니라 주변 세계와의 관계에서도 예외적인 것처럼 보인다. "뇌는 몸의 통제본부control center다"라는 진술을 우리 모두 마주친 적이 있다. 이것은 뇌가 회사의 CEO나 배의 선장과 같다는 의미다. 그것은 책임지는 위치에 있다. 1960년대 사이키델릭 신경과학psychedelic neuroscience(환각제의 신경생물학적인 메커니즘, 뇌 활동에서의 변화를 다루는 신경과학의 한 분야—옮긴이)의 선구자인 티모시 리어리Timothy Leary는 대뇌 지배적 관점을 열정적으로 극단으로 끌고 가 "**당신의 뇌는 신이다Your Brain Is God**"라고 선언했다.[1] 다른 저술가들 역시 더 냉정하긴 하지만, 결코 확신이 덜하지 않은 언어로 뇌의 중심성을 주장했다. 노벨상 수상자인 신경생물학자 에릭 캔들Eric Kandel은 인지 기능이 "어떤 다른 것이 아닌 오직 뇌로부터" 나온다는 고대 철학자 히포크라테스의 주장을 "가장 사소한 반사에서부터 가장 고상한 창조적 경험에 이르기까지 모든 정신 기능은 뇌로부터 온다"라고 재진술했다.[2]

한 걸음 더 나아가서 프랜시스 크릭은 "'당신'은(…) 거대한 집합의 신경세포와 이와 관련된 분자의 행동, 그 이상의 무엇도 아니다"라는 자칭 "놀라운 가설"(크릭의 책 제목이기도 함—옮긴이)을 세웠다.[3] 셰익스피어의 연극에서 때때로 공작과 왕이 자신의 영역과 동일시되는 것처럼 이 지점에서 크릭은 뇌를 뇌가 자칭 통제하는 사람과 실제로 **동일시한다**. 패권을 장악한 뇌와 비교할 때 신체의 나머지 부분은 거의 불필요한 것으로 보인다. 우리가 "나의 뇌는 잠들어 있다" 또는 "나의 뇌는 더 이상 참을 수 없다"와 같이 말할 때마다 뇌의 의인화 역시 일어난다. 뇌의 일부, 즉 영역이나 개별적인 세포조차 의인화될 수 있다. 인간 두뇌의 신경 반응 연구에 대한 〈월스트리트저널〉 기사는 "로널드 레이건Ronald Reagan만이 자극한 어떤 뉴런, 여배우 핼리 베리Halle Berry에게 반한 또 다른 세포, 테레사 수녀에게만 헌신한 세 번째 세포"에 대해 쓰고 있다.[4] 문학적 허용이 여기에 사용되었지만 뇌세포가 사람들이 하는 일을 하는 것으로 생각하는 경향이 있는 것이 틀림없다.

뇌와 그 구성 요소에 대한 의인화된 기술은 어디서나 쉽게 찾을 수 있지만 일부 철학자들은 이것이 매우 잘못되었다고 생각한다. 철학자 프리드리히 니체는 자신이 만들어낸 허구의 선지자 차라투스트라의 입을 통해 다음과 같이 가르친다. "내 형제들이여, 여러분의 생각과 감정 뒤에는 전능한 주인이자 알려지지 않은 현인이 있다. 그것은 여러분 자신이라 불리기도 하고 여러분의 몸에 살고 있다. 그것은 바로 당신의 육체다."[5] 니체는 그의 지적 선구자들이 주장했던 마음-몸의 구별에 저항하고 있었다. 그러나 그는 몸과 떨어져 있는 자아의 가능성을 배제하는 것처럼 자아가 몸의 특정 구성 요소에 포함될 수 있다는 생각에도 저항한다. 20세기 중반 학계의 상징적인 인물인 루트비히 비트겐슈타인Ludwig Wittgenstein은 이 같은 개념에 대해 덜 시적이지만 보다 정확하게 표현하고 있다. 비트겐슈타인은 자신의 《철학적 탐구Philosophical Investigations》에서 "우리는 오직 사람, 그리고 살아 있는 사람과 유사한 (그처럼 행동하는) 것에 대해서만, 그것은 감각을 가지고 있다고, 즉 그것은 눈이 보이지 않는다, 그것은 볼 수 있다, 그것은 들을 수 있다, 그것은 귀가 들리지 않는다, 그것은 의식적이거나 무의식적이라고 말할 수 있다."[6]

뇌 전체나 그 일부를 살아 있는 인간처럼 생각하고 지각하며 행동한다고 말하는 것은 비트겐슈타인의 언명을 위반하는 것이라고 철학자 피터 해커Peter Hacker와 신경과학자 맥스웰 베넷Maxwell Bennett은 2003년 저서 《신경과학의 철학적 기초Philosophical Foundations of Neuroscience》에서 주장한다. 그들이 생각하기에 뇌는 완전한 사람과 밀접하게 흡사하지 **않기** 때문에 심리학적 용어를 사용하여 뇌가 무엇을 하는지 묘사하는 것은 옳지 않다. 뇌를 의인화하는 언어는 마음에 대한 설명이 신경과학에 의존하게 되기 전부터 남아 있던 마음-몸 구별의 '돌연변이 형태'를 보여준다. 베넷과 해커는 다음과 같이 쓴다. "뇌가 사고하며 추론하는 것, 한 반구가 무언가를 알고 있으면서 다른 반구에 알리지 않는 것, 자신도 모르는 사이에 뇌가 결정을 내리는 것, 정신 공간에서 정신 이미지를 회전시키는 방법 등에 대해 이야기하면서 신경과학자들은 일종의 신비화를 키우고 신경신화neuro-mythology를 배양하고 있다."[7] 그들에 따르면 신경신화는 대중의 이해를 증진시키지 못할뿐더러 뇌와 마음이 어떻게 작용하는지에 대한 질문에 의미 있는 답변을 주지도 못한다.

이와 같이 '심리적 두뇌 대화psychological brain talk'를 격렬하게 거부하는 것은 해당 분야에서 뒤섞인 반응을 얻는다. 터프츠대학교의 대니얼 데닛은 뇌에 대한 어느 정도의 의인화는 적절하고 유용하다고 여겨 받아들일 준비가 되었지만 어떤 선을 넘어서는 사례는 받아들이지 못한다. 데닛은 "**나**는 고통을 느끼지만 뇌는 그렇지 않다"라고 주장한다.[8] 퍼트리샤 처치랜드Patricia Churchland와 데릭 파핏Derek Parfit과 같이 마음을 다루는 철학자들은 무엇이 '당신'이라는 존재에 매우 중요한지에 대한 개념에 기초하여 "당신은 당신의 두뇌다"라는 관점을 보다 적극적으로 포용한다.[9] 예를 들어 파핏은 개인 정체성을 중단 없는 삶uninterrupted life story(그의 표현에 의하면 '심리적 연속성psychological continuity'으로서 우리가 뇌에 저장되어 있다고 생각하는 기억에 가장 크게 의존하고 있다)의 경험과 연관시킨다.

그러나 우리의 뇌와 개인적 특성의 관계에 대한 이해가 상아탑의 시시콜콜한 철학적 구분을 넘어서는가? 저 위대한 비트겐슈타인은 철학은 언어에 대한 오해에서 비롯된다는 선언으로 유명하다. 사람을 자신의 두뇌로 환원할 수 있는지에 대한 질문은 우리가 사람을 **정의하는** 방법에 대한 현학적인 문제로 단순히 귀결되는가?

나의 대답은 '아니오'이지만 철학적인 관점보다는 생리학적 관점에서 내 논점을 제시할 것이다. 곧 알게 되겠지만, 뇌는 신체의 나머지 부분과 본질적인 방식으로 상호작용하며, 사고와 느낌이라는 가장 개인적이고 개별화된 측면 중 일부는 이러한 상호작용에 결정적으로 의존하고 있다. 만약 당신을 **당신으로** 만들어주는 일부가 당신의 감정적 측면, 신체적 능력 및 의사 결정을 포함하고 있다면 당신 자신을 당신의 뇌와 동일시하는 것은 과학적으로 부정확하다. 뇌와 다른 장기 사이의 상호작용이 상호적인 경향이 있다는 점을 감안할 때 뇌가 당신의 나머지 부분을 통제한다는 생각조차 의심스럽다. 마음의 생물학적 토대가 뚜렷한 경계를 가지고 있지 않음을 알게 되면 우리는 뇌의 신비를 극복하는 데 중요한 단계인 마음, 몸, 환경의 통합적인 본성을 더 완벽하게 이해할 수 있다.

우리의 논거는 오래전에 아주 멀리 떨어진 땅에서 시작된다. 어린 왕은 자신이 최근까지 통치한 땅의 건조한 공기 속에서 서서히 탈수하며, 방부 처리용 탁자 위에 생명 없이 누워 있다. 장의사는 소년의 왼쪽 콧구멍에 작은 끌을 넣고 톡톡 치기 시작한다. 끌은 두개골 내부에서 코 지붕을 분리하는 뼛조각인 체판cribriform plate에 세게 부딪히며 멈춘다. 마치 이 가엾은 젊은이가 사후의 꿈에서 계속해서 꼬집힘을 당하는 것처럼, 끌이 부딪힐 때마다 몸통 전체에 전율이 울린다. 그런 다음 마지막 결정적 타격으로 인한 희미한 균열의 소리와 함께, 뼈로 된 체판이 부서지며 끌은 사망한 소년의 머릿속 깊숙이 들어간다. 장의사가 도구를 빼내자 이전에 한 번도 손댄 적 없는 저수지의 마개를 뽑은 것처럼 점성 액체가 흘러나오기 시작한다. 그는 작은 갈고리를 차분하게 집어 아까 끌을 넣었던 콧구멍 속 깊이 밀어 넣는다. 몇 분 동안, 장의사는 마치 불가능해 보이는 각도로 갈고리를 비틀고 돌려 머리 안쪽에 남아 있는 모든 것을 잘게 짓이겨버린다. 그런 다음 그는 갈고리를 안팎으로 당기기 시작하여 붉은색으로 얼룩덜룩한 잿빛 도는 점액을 조금씩 제거한다. 더 이상 빼낼 것이 남지 않을 때까지 이 작업은 계속된다. 장의사는 왕의 코를 충전재로 채우고 일을 끝냈다고 선언한다.

고대 이집트 신왕국New Kingdom of Egypt(이집트 제국으로도 불림—옮긴이) 18번째 왕조의 13번째 통치자였던 파라오 투탕카멘의 뇌는 대략 이런 방식으로 끝났을 것이다.[10] 고대 이집트 문화에서 신체와 주요 장기의 보존은 내세의 행복에 필수적이라고 생각되었지만 뇌는 이 목적에 중요하지 않았다. 이집트인들에게 뇌는 점액 생성과 같은 매력적인 작업에 관여하는 "두개골의 내장"에 지나지 않았다.[11] 사망 후 원래 있던 자리에 방치하면 대뇌 물질은 썩어서 부패를 퍼뜨리기 쉬웠다. 따라서 그것은 방부 처리 과정에서 예의고 뭐고 없이 적출되어 폐기되었다. 당시 관습에 따르면, 투탕카멘의 실제 내장은 뇌보다 훨씬 더 많이 존경받았다. 왕의 위, 내장, 간 및 폐는 조심스럽게 제거되어 카노푸스의 단지(고대 이집트에서 미라의 내장을 담아 두는 단지로 뚜껑이 사람 머리 모양을 하고 있음—옮긴이)라는 장례식 용기에 영원히 보존되어 기원전 1323년 왕의 계곡에 있는 파라오의 석관과 함께 안치되었다.

아이러니하게도, 오늘날 사람들이 내세에서 사용하기 위한 신체 부위를 선택할 수 있다면 뇌는 아마도 최후의 선택이 아니라 첫 번째 선택일 것이다. 켄 헤이워스Ken Hayworth라는 전 하버드대학교 생물학 박사후 연구원에 의해 시작된 뇌보존재단BPF: Brain Preservation Foundation이라는 이름의 단체가 있다. 이 단체는 뇌에 한정된 현대판 미라화化라고 할 수 있는 "장기적 정적 저장long-term static storage을 위한 전체 뇌 보존 분야의 과학적 연구 및 서비스 개발" 촉진을 목표로 한다.[12] BPF는 인간의 뇌 구조를 시냅스 수준까지 효과적으로 보존하는 기술을 입증할 수 있는 연구자들에게 10만 달러 이상의 포상을 제공한다. 알코어생명연장재단Alcor Life Extension Foundation이라고 하는 또 다른 조직은 사망 후 자신의 머리를 액체 질소에 무기한 저장해주는 대가로 수만 달러를 지불한 약 150명 '환자'의 냉동된 두뇌를 관리하고 있다.[13] 서문에서 언급한 킴 수오지도 그중 하나다. 언젠가는 뇌를 해동하고 새로운 신체에 이식하여 보존된 뇌의 전 소유자에게 두 번째 생명을 선사할 기술이 가능하리라는 희망 때문이다. 알코어는 전신 보존도 제공하지만 이 서비스는 훨씬 비싸고 인기가 덜하다. 이 재단의 전 회장인 스티브 브리지Steve Bridge는 뇌가 보존을 위한 신체의 유일한 필수 부분이라고 주장했다. 우리가 앞서 들었던 "우리는 우리의 뇌다"라는 목소리를 그는 반복하고 있다.[14]

그러나 투탕카멘의 미라는 그렇지 않다고 암시한다. 1922년 하워드 카터Howard Carter의 고고학팀에 의해 재발견된 이후 일련의 테스트를 거친 이 뇌 없는 시체는 왕의 신체적 형태뿐만 아니라 그의 정신에 대해서도 알려준다.[15] 현대의 의학 지식에 따르면 그의 성격과 경험에 틀림없이 영향을 미쳤을 신체적 질병으로 왕이 고통받았기 때문이다. 예를 들어 X선 CT 분석은 어린 파라오가 굽은 등, 내반족, 골 취약성 등 아마도 집중하기 어려울 정도의 고통을 유발했을 여러 뼈 질환 증상으로 고통받았음을 보여주었다. 이집트의 전 고대유물 장관 자히 하와스Zahi Hawass와 그의 동료들은 이 유명한 유적에 대한 획기적인 과학적 분석에서 "그는 걷기 위해 지팡이가 필요했던, 젊지만 연약한 왕으로 상상할 수 있다"라고 쓰고 있다.[16] 미라로부터 얻은 DNA 증거를 통해, 왕이 어떤 심리적 결과가 있는지 잘 알려져 있는 말라리아 역시 심하게 앓았다는 것을 알게 되었다.[17] 투탕카멘은 아마도 죽음에 가까워질수록 점점 심해졌을 여러 차례의 정신적 혼동과 섬망을 경험했을 것이다.

뇌 외의extracerebral 신체적 단서로부터 사람의 정신 상태를 유추할 수 있는 가능성은 마음이 뇌뿐만 아니라 신체 전체와 어떻게 얽혀 있는지를 보여준다. 우리는 아인슈타인의 뇌든 호머 심슨(미국 TV 애니메이션 시리즈 〈심슨 가족The Simpsons〉의 주인공으로 게으르고 무능하며 매우 멍청한 사고뭉치로 그려짐—옮긴이)의 뇌든 관계없이 상당히 진행된 말라리아와 뼈 질환을 가진 사람이 어떻게 느낄지에 대해 비교적 자신 있게 추측할 수 있다. 뇌가 질병에 대한 개인의 자각을 위해 필요하지만, 장애가 정신적 영향을 미치는 경로는 매우 간접적일 수 있다. 예를 들어 말라리아를 유발하는 기생충은 혈관에서 곪아 뇌에 들어가지도 뉴런을 만나지도 않고 혈류와 산소 공급을 방해함으로써 의식을 방해한다. 뼈 장애는 뇌에서 멀리 떨어진 신경계의 일부에 의해 매개되는 염증과 통증을 유발함으로써 정신에 영향을 미친다.

신체의 주변부에 있는 이와 같은 질환은 어김없이 마음을 변화시킨다. 우리는 모두 열이 심할 때 약간 현기증을 느낀 경험이 있지만, 정신 상태에 미치는 질병의 영향은 훨씬 더 깊을 수 있다. 정신과적 합병증은 일반적인 감기에서 암에 이르는 질병까지 다양한 요인으로 발생할 수 있다. 20세기 초에는 오늘날 우리가 알고 있는 많은 정신 질환보다 성 매개 세균성 질환인 매독에 걸린 사람이 더 많이 정신병원으로 끌려갔다.[18] 매독은 생식기에 불쾌한 궤양이 생기는 것으로 시작하지만 치료하지 않은 채 방치하면 온몸의 장기로 퍼질 수 있다. 감염 후 몇 년이 지나면, 환자는 신경 매독으로 알려진 증상과 함께 감정 기복, 정신 질환적 망상과 치매를 경험한다. 낭만주의 작곡가 로베르트 슈만은 이 질환으로 사망한 것으로 알려진 많은 저명한 사람들(대부분 남자) 중 하나다. 슈만은 마지막 몇 년을 정신병원에서 지냈으며 많은 비평가들은 후기 작품을 산만하고 퇴락한 정신의 산물이라며 묵살했다. 그런 반면 어떤 비평가들은 주목할 만한 독창성을 발견했다. 음악학자 한스 요아임 크로이처Hans Joachim Kreutzer는 후기 작품에서 "슈만은 항상 자신의 시대를 앞섰으며(…) 새로운 음악 세계를 개척하고 발전시키는 데 혁명적이었다"라고 주장할 만한 증거를 제시한다.[19] 환각제가 현대 예술가의 상상력을 불러일으킬 수 있는 것처럼 질병이 슈만의 창의적인 혁신을 가능하게 했을 수도 있다.

정신과 의사 브래드포드 펠커Bradford Felker와 그의 동료들은 1990년대에 발표된 수십 개의 의학 연구를 검토하여 논문에 기술된 정신과 환자의 약 20퍼센트에게 과학적 용어로 **신체장애somatic disorder**로 알려진 문제, 즉 정신이 아닌 신체에 의학적 문제가 있어 그와 같은 정신 상태를 유발하거나 악화시켰다는 사실을 알아냈다.[20] 이 환자들의 장애 중 우울증에서 시작하여 혼란 및 기억상실에 이르는 정신 기능 장애는 심장, 폐 및 내분비 장애 또는 전염병으로 인해 발생할 수 있다. 놀랍게도, 환자의 약 절반은 자신의 비정신적 기저 질환에 대한 명확한 지식이 없었다. 이는 신체장애에 대한 걱정으로 환자의 심리적 상태가 유발되었을 가능성을 말하는 것이 결코 아니다. 신체장애가 혈당, 산소 공급, 호르몬 균형, 그리고 뇌를 신체의 나머지 부분에 결합시키는 다양한 신체적 요인을 변화시켜 정신적 문제를 유발했을 가능성이 매우 높다는 뜻이다. 정신과 환자 5명 중 1명은 잘못 분류되어 결과적으로 잘못 치료받을 수 있다는 가능성은 우려할 만한 일이다. 그러나 여기서 볼 수 있는 더 폭넓은 원리는 우리가 일반적으로 뇌의 속성이라고 간주하는 정신 기능이 실제로는 신체 전체의 기능이라는 것이다. 몸에 문제가 생기면 뇌 자체는 부수적 피해만 입더라도 마음은 고통받을 수 있다.

뇌에 대한 질병의 영향이 신체의 통제 센터로서 뇌의 위치를 위협하는가? 우리는 가장 높은 지휘관이 가장 낮은 병사에 의해 무너질 수 있다는 점을 알고 있다. 노르만인의 침략에 대항하는 영국의 수호자, 고드윈슨의 아들 해롤드Harold Godwinson 왕은 1066년 헤이스팅스 전투에서 익명의 궁수가 쏜 화살에 눈을 맞고 쓰러졌다. 러시아의 차르 니콜라이 2세는 시베리아 내륙 출신의 전직 시계 제작자에 의해 즉결 처형되었다. 로마 황제 카라칼라(로마제국의 모든 자유민에게 로마 시민권을 부여할 정도로 너그러운 성품을 가졌다고 알려진 로마 황제. 공식 이름은 안토니누스 ― 옮긴이)에서 인도의 인디라 간디(두 차례에 걸쳐 총리를 역임한 인도의 정치인 ― 옮긴이) 총리에 이르기까지 세계의 역사적인 지도자들은 자신의 미친한 경호원에 의해 살해당했다. 아마도 뇌에 대한 질병의 영향은 최고 권력에 대항한 부하 직원의 드물지만 눈에 도드라지는 권력 강탈의 사례와 유사하게 보일 수 있다. 그러나 이 책의 2부에서 보겠지만 사실은 그렇지 않다. 행동과 인지의 정상적인 과정이 뇌와 신체 사이의 친밀한 상호작용을 수반하는 것은 일상적이다. 신체의 나머지 부분은 우리가 무엇을 하고 어떻게 생각하며, 우리가 누구인지를 명확하게 인도해준다.

우리의 정서 영역보다 뇌와 신체의 통합이 더 분명한 곳은 없다. 어느 날 밤 집에 혼자 돌아왔는데 빗장이 풀려 문이 아주 살짝 열려 있는 것을 발견했다고 상상해보라. 아침에 나가는 길에 잠갔는데 절대 이런 일이 있어서는 안 되지 않은가! 당신은 살금살금 안으로 들어가면서 도둑이 든 건지, 더 나쁜 경우인 침입자가 있는 건지 궁금할 것이다. 전등 스위치를 더듬어 찾으면서 방의 어둠 속을 들여다볼 때 당신의 동공은 확장된다. 당신은 더 빨리 호흡하고 뺨은 피가 몰려 상기된다. 스위치를 찾아서 켤 때 눈부신 빛에 놀라게 된다. 같은 순간, 당신 앞의 동굴 같은 심연에서 귀청이 떠나갈 듯 고함소리가 동시에 터져 나온다. 몸 전체의 근육이 얼어붙고 배가 움켜쥐는 듯 당기고 당신의 심장이 속도를 높이기 위해 연료 조절판을 열 때 기절할 듯한 현기증이 당신에게 엄습한다. 공간과 시간에 얼어붙어 어안이 벙벙하게 앞을 쳐다보면 갑자기 뛰어오르려고 준비된 양 흥분에 가득 차 있는 많은 사람들이 당신 앞에 있다는 것을 알게 된다. 당신의 터널 시야tunnel vision(어떤 사물을 볼 때 주위는 깜깜하지만 마치 터널 안에 빛이 들어오는 것같이 중심부의 일부만 시야에 밝게 보이는 현상으로 망막세포변성증의 증후이자 의학뿐 아니라 심리학 등에서도 전용된 의미로 사용—옮긴이)로 인해 이 무리 중 한 명의 얼굴만 들어온다. 전혀 예상치 않게 그것은 대학 룸메이트의 얼굴이며 그의 눈은 동그래졌고 코는 벌렁거리며 입은 보조를 맞춰 "서프라이즈!"라는 단어를 내뱉기 직전이다. 당신의 생일이라는 것을 기억해내면서 긴장은 풀린다. 당신은 서프라이즈 파티를 하기에 너무 나이가 많을 수도 있지만,

분명히 친구들은 그렇게 생각하지 않는다.

이것은 당신이 당신의 뇌만이 아니라는 것을 강력히 보여주는 시나리오다. 당신의 행동과 감각은 마음과 몸의 결합된 기능, 문자 그대로 머리에서 발끝까지 도달하는 생리적 과정의 통합을 반영한다. 당신이 야생 그대로의 사바나를 배회하는 고대 인간 동물이라면, 미지의 어둠에 대한 공포를 경험하며 겪은 변화가 원시적인 투쟁-도피 반응fight-or-flight response(생존에 위협이 되는 사건을 인지했을 때의 생리학적 반응—옮긴이)으로서 당신 자신을 준비시킬 것이다. 당신의 전체 체격에 따라 당신이 따를 전략을 정할 것이다.

당신의 붉게 타오른 볼, 당신의 뛰는 심장, 당신의 긴장된 근육, 당신의 터널 시야의 바탕이 되는 생물학적 작용은 **시상하부 뇌하수체 부신 축hypothalamic-pituitary-adrenal axis** 또는 HPA 축(그림 8 참조)이라는 구조의 네트워크와 밀접하게 연관되어 있다.[21] 시상하부는 2장에서 논의한 복잡한 화학 수프의 구성 요소인 신경 펩티드 및 호르몬의 분비로 알려진 뇌 영역이다. 시상하부 호르몬 중 하나인 **코르티코트로핀 분비 호르몬corticotropin releasing hormone** 또는 CRH라고 불리는 분자는 스트레스를 받는 동안 혈류로 분비되어 뇌 바로 아래에 있는 완두콩 크기의 호르몬 생산공장인 뇌하수체에 빠르게 도달한다. CRH에 자극받은 뇌하수체 세포는 **부신피질 자극 호르몬ACTH: adreno-corticotropic hormone**이라는 또 다른 물질을 혈류로 분비한다. ACTH는 신장 위에 있는 노란 방울 한 쌍인 부신에 작용하고 **코르티솔cortisol**로 알려진 세 번째 호르몬을 분비하여 혈압과 신진대사를 신체 전체에 증가시킨다. 이 화학적 신호 전달

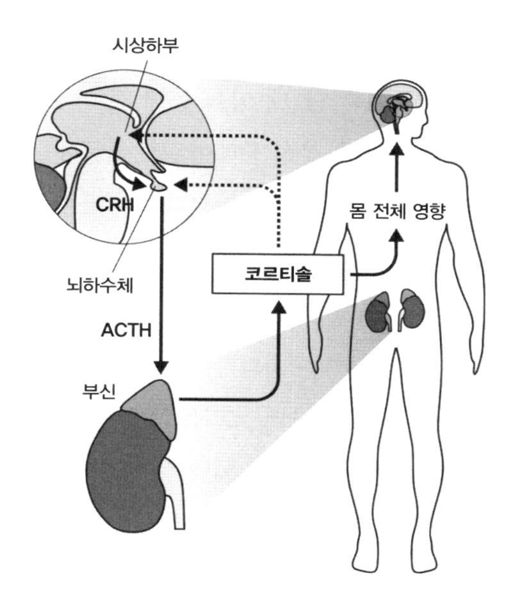

그림 8. 호르몬 CRH, ACTH 및 코르티솔에 의해 매개되는 상호작용을 나타내는 HPA 축 다이어그램(점선 화살표는 부정적 피드백 상호작용 표시).

경로와 병행하여 신경계는 시상하부에서 부신으로 직접 연결된다. 이 부위는 스트레스를 받으면 활성화되어 심박수와 혈류의 증가와 같은 변화를 유발하기 위해 코르티솔과 시너지를 일으키는 또 다른 작은 호르몬인 아드레날린의 방출을 초래한다.

HPA 축은 틀림없이 뇌를 넘어서 확장되기도 하지만 신체 입력과 피드백이 시스템 작동 방식에 어떤 영향을 미치는지를 고려하기 전까지 겉으로 보기에는 하향식 제어의 또 다른 예인 듯 보인다. 예를 들어 불안이 증가하면 당신의 시지각이 어떻게 변하는지 생각해 보라. 당신이 경험하는 동공 확장은 주로 아드레날린에 의해 이루어진다.[22] 커진 눈동자는 당신이 선명하게 볼 수 있도록 하지만 주변 시력의 상실 역시 초래하는데 이를 통해 전체 장면을 받아들이지 않고 단 하나의 물체, 즉 당신 룸메이트의 얼굴에 집중하는 경향을 설명할 수 있다. 아드레날린과 코르티솔은 스트레스와 관련된 신체 증상을 만들어 위험에 대한 지각에도 기여한다.[23] 당신은 의식적으로든 무의식적으로든 호흡의 속도, 내장을 쥐어짜는 듯한 느낌, 얼굴과 근육을 충혈시키는 피의 온기를 느낀다. 이것은 뇌와 신체의 나머지 부분 사이에 피드백 고리를 만들어 각자가 서로를 적색 경보로 유도한다. 다행히도 이 악순환은 반대되는 뇌-몸 피드백 고리에 의해 균형이 맞춰진다. 이 피드백 고리 안에서는 부신으로부터 나온 코르티솔이 시상하부 및 뇌하수체에서 CRH 및 ACTH의 생성을 억제하고 몸에서 뇌로 직접적인 화학 신호를 제공하여 시스템을 통제하에 둔다.

뇌가 정서적 반응의 원동력으로 보이는 정도는 매우 다양하다. 앞에서 보았던 긴장 가득한 서프라이즈 파티 장면의 경우, 집에 돌아왔을 때 발견한 의심스러운 상황으로 인해 당신의 불안이 촉발되었다. 신체 전체의 생리에 의해 그런 결과가 나타나더라도 무언가 잘못되었다는 점을 깨닫는 것은 대부분 신경학적 구조물에 저장된 당신의 기억에 달려 있다. 그러나 다른 경우 스트레스와 불안은 머리 밖에 있는 요인에 의해 유발될 수 있다. 전형적인 예는 임신에서 나타난다. 임신 중 태반은 추가적인 CRH의 비정상적인 공급원으로 작용하여 정상적인 피드백 고리에 의해 제어될 수 없는 산모의 혈류에서 코르티솔 수준이 계속 증가하게 만든다. 아기가 태어나고 태반이 제거되면 코르티솔은 급격히 떨어진다. 이러한 호르몬 변화와 그것이 HPA 축에 미치는 영향은 많은 여성들이 출산 전후에 겪는 극적인 감정 기복 유발에 기여한다.[24]

불안뿐만 아니라 모든 감정은 뇌 외의 신체 변화 및 신체 감각과 연관되어 있다. 우리는 슬픔에 창자가 끊어지고, 사랑에 가슴이 뛰며, 분노에 피가 끓는다고 말한다. 대체로 비유적이긴 하지만 이런 표현 역시 기본적인 생리적 현실을 반영한다. 감정적 상태와 신체적 변화 사이의 관계를 광범위하게 연구한 최초의 사람 중 하나는, 다름 아닌 찰스 다윈이다. 인간과 동물에 대한 폭넓은 관찰을 토대로 다윈은 진화의 역사에서 감정을 완화하거나 만족시키는 역할을 하던 신체적 행동을 통해 감정 상태가 반사적으로 표현된다고 결론지었다. 예를 들어, 화난 사람은 "무의식적으로 자신의 몸을 던져 적을 공격하거나 타격할 수 있는 자세에 들어간다."[25] 반면에 끔찍한 광경을 묘사하는 사람들은 "불쾌한 것을 안 보려고 하거나 쫓아버리려는 것처럼 눈을 감거나(…) 고개를 돌릴" 수 있다. 근대 심리학의 아버지인 윌리엄 제임스William James(기능주의 심리학을 주창한 학자이며 "우리 세대의 가장 위대한 발견은 인간이 마음가짐을 바꾸어 자신의 삶을 바꿀 수 있다는 것이다"라는 유명한 발언에서 알 수 있듯 의지나 행동이 정서에 영향을 끼칠 수 있다고 주장함—옮긴이)는 정서-신체 결합이라는 개념을 더욱 발전시켰다. 그는 1890년에 정서적 경험을 하는 동안 생기는 복합적인 신체 변화는 단지 정서를 표현하는 것이 아니라 정서 그 자체라고 이론화했다. 제임스는 "미안하고 화가 나거나 두렵기 때문에 울고 때리거나 떠는 게 아니고, 울고 때리고 떨기 때문에 미안하고 화

가 나고 두렵게 느낀다"라고 말했다.[26]

보다 최근의 연구는 19세기 아이디어를 다듬어 생체 의학적 측정 방법을 사용하여 정서를 근육 활동, 심장 및 호흡 속도, 거짓말 탐지 테스트에 사용되는 것과 같은 피부 전도 변화 등의 신체 현상과 보다 정확하게 연결하였다. 스탠퍼드대학교의 실비아 크라이비크Sylvia Kreibig는 100건이 넘는 이러한 연구를 통해 여러 유형의 정서와 서로 관련 있는 신체적 반응 사이의 특정한 관계에 대한 증거를 발견했다.[27] 생리학적 차이에 따라 비교적 비슷한 감정도 구별될 수 있다. 예를 들어 불안과 (울음이 없는) 슬픔은 모두 호흡을 가쁘게 하지만 두 감정은 심박수, 피부 전도도 및 호흡량에 있어서는 서로 반대 방향으로 변화하는 경향이 있다.

알토대학교의 라우리 누멘마Lauri Nummenmaa와 동료들에 의한 대단히 흥미로운 2014년 분석은 700명 피험자를 대상으로 정서적 경험의 "신체 지도"를 만들어 정서적 반응에 대응하는, 보다 구체적인 형태를 제시했다.[28] 참가자들은 인체 도표를 사용하여 14개의 정서적 또는 중립적 상태와 연관된 감각을 보고했다. 모든 참가자의 의견을 평균함으로써 과학자들은 각 정서에 해당하는 활성화 또는 비활성화가 인지되는 뚜렷한 신체 패턴을 발견했다(그림 9 참조). 이 연구에서 슬픔은 팔다리 감각의 감소 또는 비활성화에 상응했고, 사랑의 느낌은 얼굴, 상복부 및 사타구니에 매우 강한 감각으로 나타났다. 언어적 또는 문화적 편견을 없애기 위해 연구원들은 핀란드, 스웨덴 및 대만인 피험자에 대한 병렬 연구를 수행했고 그 결과 집단 사이에 유사한 결과가 나온다는 것을 발견했다. 이에 더해 연

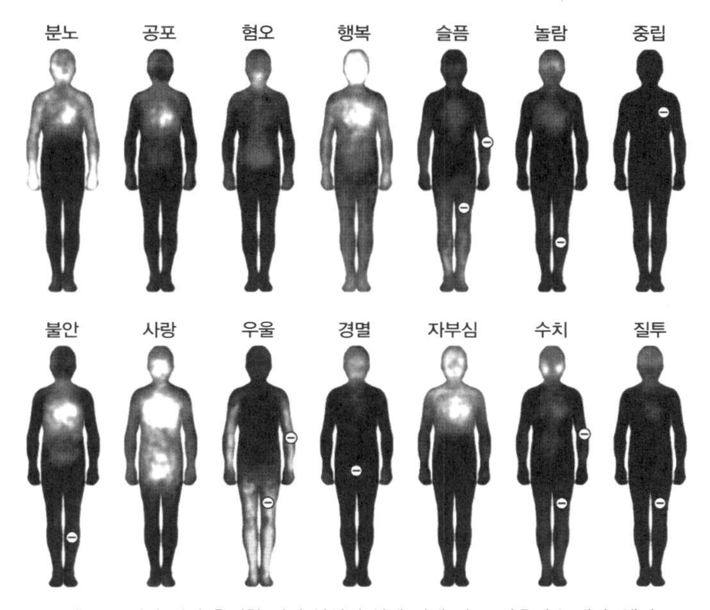

그림 9. 누멘마 팀이 측정한 정서 인식의 신체 전체 지도. 라우리 누멘마, 엔리코 글레리안E. Glerean, 리타 하리R. Hari, 야리 히에타넨J. K. Hietanen에게 허가받아 수정했다(출처는 참고문헌 28번 참조). 빼기 부호가 있는 원은 부정적인 반응 영역을 나타낸다.

구원들은 피험자가 각 정서에 의식적으로 연관시켰던 신체 효과와 정서적인 영상이나 이야기에 의해 **실제로** 유발된 감각 사이의 밀접한 관련성 또한 알아냈다.

누멘마가 매핑한 것처럼 신체 전체에 걸친 정서적 반응은 인지에 중요한 역할을 할 수 있다. 1990년대 중반 심리학자 안토니오 다마지오Antonio Damasio는 정서적 감각이 의사 결정 과정에 어떤 영향을 미치는지에 대한 영향력 있는 이론을 주창했다. 다마지오는 우리가 행동으로 인한 정서적 신체 변화와 우리의 결정을 연관시키는 것을 무의식적으로 배운다고 주장한다. 그는 이렇게 학습된 신체 연관성을 **신체 표지** somatic marker라고 부른다. 우리가 과거에 경험했던 것과 유사한 선택에 직면할 때, 신체 표지가 소환되어 각각의 가능한 행동 방침을 선호하거나 싫어한다는 즉각적인 피드백을 제공한다. 다마지오에 따르면 "부정적 신체 표지가 미래의 특정한 결과와 결합하며 그 조합은 비상벨처럼 기능한다."[29] "한편 긍정적인 신체 표지가 결합하면 그것은 포상을 알려주는 등대가 된다." 예를 들어 내가 시내 식당에서 점심을 먹는 것과 집 근처에서 점심을 먹는 것 중에서 결정해야 한다고 해보자. 시내에 있는 식당에는 더 맛있는 음식이 있지만 거기에 가기 위해서는 지하철을 타야 하기에 군중, 어둠, 소음, 소변 냄새까지도 참아야 한다. 지하철과 관련된 부정적인 신체 표지가 (아마도 호흡이 느려지고 목구멍이 조일 것이다) 활성화되고 집 근처의 선택지를 순식간에 결정한다. 다마지오의 관점에서 신체 반응은 모든 세부적인 사항을 생각하지 않고도 가능한 행동 방침과 그것에 따를 수 있는 정서적 결과를 연결하는 지름길을 제공하여 이러한 결정을 내리는 데 도움을 준다.

다마지오의 신체 표지 가설은 복내측 전전두 피질vmPFC: ventromedial prefrontal cortex이라는 뇌 영역에 손상이 있는 환자를 관찰한 결과에서 동기를 찾을 수 있다.[30] 이 뇌 영역은 신체의 감각 입력에 의해 활성화되는 것으로 보이며 감각 신호와 뇌의 고등 인지 기능 사이의 인터페이스가 될 수 있다. 다마지오는 vmPFC 병변이 있는 환자도 "일반적으로 정서의 발현이 예상되는 상황에서 정서를 표현하고 느낌을 경험할 수 있는 절충적인 능력"을 가지고 있다고 지적

한다. 특히, 이 환자들은 나쁘지 않은 IQ 검사 결과를 보여주지만 사회적 관계 또는 비즈니스 거래같이 위험을 감수해야 하거나 장기적인 결과가 결부된 상황에서는 잘못된 결정을 내린다. 많은 전략적 상황에서 vmPFC 환자가 보여준 좋지 못한 성과는, 정서는 이성에 반대하고 인간의 문제 해결에 역효과를 낳는다는 정형화된 견해(이는 〈스타트렉〉의 감정이 없지만 총명한 스팍이 예시하고 있다)와는 상반된다.

일부 비평가들이 신체 표지 자체가 의사 결정에서 갖는 역할에 의문을 제기하지만, 정서와 인지에서 뇌와 신체의 상호작용에 대한 다마지오의 보다 일반적인 의견은 널리 받아들여지고 있다.[31] 신경생물학자 조지프 르두Joseph LeDoux는 자신의 저서 《느끼는 뇌The Emotional Brain》에서 "정서적 반응 중에 신체적 피드백이 뇌에 의한 정보 처리와 우리가 의식적으로 느끼는 방식에 영향을 미칠 수 있는 기회는 엄청나게 많다"라고 쓰고 있다.[32] 르두에 따르면 정서는 진화적으로 조정된 메커니즘을 제공하여 동물은 이에 따라 자신을 행복하게 하고 어려움에서 벗어나도록 도와줄 가능성이 높은 결정을 신속하게, 거의 반사적으로 내릴 수 있다. 프린스턴대학교의 심리학자이자 경제학자인 대니얼 카너먼Daniel Kahneman(바로 다음에 언급할 아모스 트버스키와 전망 이론prospect theory을 만들어 행동경제학 발전에 기여한 공로로 2002년 노벨 경제학상을 수상—옮긴이)에 따르면 이러한 메커니즘은 인간의 경제 행동에도 작동하고 있다.[33] 1970~1980년대에 아모스 트버스키Amos Tversky와 함께 수행한 광범위한 심리 실험 결과를 요약하며 카너먼은 "거의 또는 아예 노력하지 않고 자발적인 통제에 대한 지각도 없이 자동적이며 신속하게 작동하는" 정신적 과정에 의해 선택이 종종 유도된다고 설명한다. 이와 같이 빠른 의사 결정 과정은, 보다 느린 정신적 작용에 의해 실행되는 "명백한 신념과 의도적인 선택의 주요 원천인 인상과 느낌에서 쉽사리 일어난다." 다시 말해 정서적으로 유도된 의사 결정은 우리가 하는 일에 직간접적으로 영향을 미친다.

훨씬 더 근본적인 수준에서, 신체가 우리에게 주는 물리적 가능성을 통해 뇌를 포함하는 신체는 우리의 마음에 영향을 미친다. 사실상 우리의 모든 행동이 신체의 능력에 달려 있는 것은 비밀도 아니다. 하지만 가장 똑똑한brainy 활동이 신체의 비교적 평범한 특성에 의해 형성되는 정도를 보면 놀라울 수 있다. 전설적인 바이올리니스트이자 작곡가인 니콜로 파가니니Niccolò Paganini의 손은 오늘날 생각하기로는 결합 조직 장애로 인해 비정상적으로 유연했던 것으로 보인다.[34] 그의 주치의였던 프란체스코 벤나티Francesco Bennati는 "그의 손은 보통 크기보다 크지는 않았지만 손 안의 모든 구조가 가진 탄력성으로 인해 그 너비는 두 배나 되었다"라고 1831년에 회고했다.[35] 그가 가진 대단한 집중력, 결단력 혹은 추상적인 사고력보다도 그에게 유리하게 작용한 것은 그의 특별한 관절이었다. 이 음악가의 가장 지적인 행동이라 할 수 있는 독창적인 작곡은 틀림없이 자신의 독특한 신체적 특징에 따른 결과였다. 하나의 바이올린 현에서 엄청난 폭을 얻기 위한 배음, 활을 그으며 동시에 현을 뜯는 피치카토 주법, 동시에 네 현을 연주하는 화음을 사용하여 그는 자신을 제외하고는 거의 아무도 연주할 수 없을 만큼 엄청난 기교를 요구하는 작품을 만들었다.[36] 파가니니가 성취한 것 그리고 깊은 의미에서 그를 **그 자신으로** 만든 것은 그의 신체적 특징과 분리될 수 없었다. “파가니니가 되기 위해서는 음악적 천재만으로는 충분하지 않았다. 그가 가지고 있는 신체적 구조를 필요로 한다”라고 벤나티는 썼다.

아마 순수수학이라는 학문보다 더 지적인 활동이 있을 수는 없겠지만, 수학자들이 생각하는 방식조차 그들의 신체와 연관될 수 있다. 내 고등학교와 대학교 시절 친구 중 프리스비 던지기, 학교 급식판 돌리기, 콩주머니 저글링을 잘하는 괴짜 중 다수가 성인이 되어 수학자와 물리학자가 된 것은 우연의 일치일까? 몸을 이용하여 3차원적인 물체를 공간에서 복잡하게 다루는 것과 같은 특정 유형의 신체 활동은 고도의 분석적 사고가 나타날 수 있는 환경의 일부인 것 같다. 우리가 1장에서 만났던 뇌의 주인공인 전설적인 수학자 카를 가우스조차 삼각형 기하학에 대한 아이디어를 검증하기 위해 엄청난 물리적 노력을 들여 독일 중부에 있는 산 세 개를 측정했다고 전해진다.[37] 언어학자 조지 레이코프George Lakoff와 심리학자 라파엘 누녜스Rafael Núñez에 따르면 수학과 물질성의 관계는 피상적인 것 이상이다. 그들은 수학적 사고를 객관적인 진실에 대한 순수한 이해와는 상반되게 인간의 감각 운동 경험에 뿌리를 둔 현상으로 본다. 레이코프와 누녜스에 따르면 “수학은 우리 뇌의 신경 능력, 신체의 본질, 진화, 환경 그리고 우리의 긴 사회문화적 역사의 산물이다.”[38]

과학자와 철학자는 인지 처리가 단지 두뇌가 아니라 물리적 유기체 전체, 또 그것과 세계와의 상호작용에서 비롯된다는 견해를 표현하기 위해 **체화된 인지embodied cognition**라는 용어를 사용한다. 체화된 인지 운동은 신체 설계body plan 및 공간 경험과 같은 총체적인 특징이 사고와 행동으로 이어지는 방식을 특별히 강조한다. 심리학자 앤드루 윌슨Andrew Wilson과 사브리나 골론카Sabrina Golonka는 "우리 몸과, 그것이 세계를 통해 지각적으로 유도된 움직임은 우리의 목표를 달성하는 데 필요한 많은 일을 한다"라고 지적했다.[39] 그들은 "이 단순한 사실은 '인지'가 무엇과 연관되어 있는가에 대한 우리의 생각을 완전히 바꾸어놓는다"라고 말한다.

비버 집단이 댐을 만들 때 체화된 인지가 나타난다. 이 동물은 나뭇가지를 강바닥으로 끌고 가 돌로 눌러놓는 것으로 작업을 시작한다. 그리고 이를 기반으로 하여 나무와 파편으로 건축물을 확장한다. 이 구조물은 강바닥에서 흘러 들어온 더 많은 돌, 나무껍질, 이끼, 막대기 및 진흙으로 채워진다. 비버 댐은 일반적으로 폭이 약 1미터, 높이는 약 2미터의 규모로 수심과 유속에 맞는 형태로 만들어진다. 언뜻 보기에 비버 댐은, 비버가 사용한 동일한 재료로 MIT의 숙련된 엔지니어가 만들 수 있는 것과 차이가 거의 없다(비버가 MIT의 마스코트인 이유가 여기에 있다!). 그러나 이제 비버라는 동물 자체로 초점을 옮겨보자. 모든 비버는 날카롭고 철로 강화된 도끼 같은 이빨, 석공의 흙손 같은 꼬리, 아쿠아맨의 물갈퀴 발, 자그마한 부두 일꾼의 작은 골격과 강력한 사지가 있다.[40] 당신이 물길을 막아 댐을 만드는 동물을 디자인하려면 비버를 떠올릴 가능성이 높다. 우선 비버는 댐 건설 작업을 시작하기 위해 가장 중요하면서도 틀림없이 인지적인 것으로 보이는 의사 결정 능력을 타고났다. 그들은 흐르는 물소리에 매우 불안감을 느끼기 때문에 구조물을 만들거나 고쳐 물길을 막기 위해 집요하게 일하게 된다. 비버 가죽을 찾는 사냥꾼들은 바로 이런 본능을 교묘하게 이용했다.[41] 그들은 댐을 파괴하여 이에 반응하여 나타나는 가엾은 동물들을 잡기 위해 덫을 놓는다.

체화된 인지의 다른 많은 사례가 자연에 있지만 가장 좋은 예는 로봇공학 분야에서 찾을 수 있다. 심리학자 루이즈 배럿Louise Barrett은 자신의 저서 《뇌를 넘어서Beyond the Brain》에서 마치 깔끔하게 정리라도 하는 것처럼 여기저기 다니며 물건을 모으고 함께 묶는 '스위스 로봇Swiss robots'의 예를 보여준다.[42] 꽤나 복잡해 보이는 이 행동은 로봇에 프로그래밍된 것이 아니라 설계의 기본 원리에 따른 것이다. 이 로봇에는 정면이 아닌 측면에 떨어져 있는 물체를 감지하도록 설계된 근접 센서가 장착되어 있다. 움직일 때 로봇은 '만약 한쪽의 센서가 활성화되면 반대 방향으로 돌리시오'와 같은 단일한 지시에 따르도록 되어 있다. 로봇은 앞에 있는 물체를 신경 쓰지 않기 때문에 물건에 부딪치고 밀어버리게 된다. 하지만, 이러는 도중에 옆에 있는 물체를 감지하면 로봇은 방향을 바꾸어 첫 번째 물체를 두 번째 물체와 함께 작은 뭉치로 모으게 되고 이러한 과정은 끝없이 계속된다. 스위스 로봇의 처리 행동은 어떠한 계획이나 하향식 인지 제어 없이도 밀고, 감지하고 방향을 바꾸는 능력과 같이 간단한 물리적 능력이 어떻게 정교한 행동을 유발할 수 있는지를 잘 보여주는 좋은 예다.

사람 몸의 디자인 역시 우리의 행동을 결정한다. 만약 당신이 개를 기른다면, 혼자 산책하고 혼자 알아서 먹고 다른 일도 스스로 챙겨서 하라고 개에게 말할 수 있었으면 하는 바람을 가진 적이 가끔 있을 것이다. 만약 당신의 개가 더 똑똑하다면, 그런 일들을 설명해 줌으로써 당신이 일하러 가거나 휴가를 가거나 다른 일을 하는 동안 그 녀석이 그 모든 일을 혼자 알아서 하게 만들 수도 있다. 그러나 당신의 개가 인간의 지능과 영어를 구사할 수 있는 능력을 갑자기 습득했다고 해도, 아기처럼 여전히 의지할 데 없는 상태로 남아 있을 가능성이 압도적으로 높다. 그 녀석은 대부분의 문을 혼자 열 수 없고 수도꼭지를 틀고 잠글 수도 없을 것이며 아마도 스스로 음식을 준비하거나 식료품 쇼핑을 할 수도 없을 것이다. 우리의 환경은 오직 인간만이 이용할 수 있는 행동 가능성, 즉 심리학자 제임스 깁슨James Gibson이 말한 **어포던스affordances**(깁슨의 저서 《시각적 지각에 대한 생태학적 접근The Ecological Approach to Visual Perception》에서 처음 만들어진 용어로 세상과 행위자 사이에서 실행할 수 있는 속성. '-할 여유가 있다'라는 뜻의 단어 afford를 모어로 만들어졌으며 어떤 행동을 유도한다는 의미에서 '행동 유도성'이라고도 번역—옮긴이)를 제공하도록 구성되었기 때문이다.[43] 문고리, 컴퓨터 키보드, 의자와 침대는 모두 우리의 해부학적 구조에 맞는 어포던스를 제공한다. 두 발로 서는 자세, 두 눈으로 보는 능력, 훌륭한 운동 능력, 손으로 움켜쥐는 능력이 없다면, 우리가 하는 거의 모든 기본적인 활동은 말 그대로 손에 닿지 않을 것이다.

조지 레이코프와 동료 마크 존슨Mark Johnson은 우리의 몸이 행동뿐 아니라 어떻게 생각하는지도 결정할 수 있다고 가정했다. 이제는 고전이 된 《삶으로서의 은유Metaphors we live by》(동사구 live by의 의미를 고려하면 '삶의 원칙으로서의 은유'가 더 적합하겠지만 국내에는 간략히 '삶으로서의 은유'로 소개됨. 촘스키로 대표되는 형식주의 언어학의 대척점에 있는 기능주의 언어학 관점에서 객관주의objectivism를 비판한 논저—옮긴이)라는 저서에서 그들은 언어와 사고에서 사용하는 대부분의 개념이 더 쉬운 생각으로부터 은유를 통해 만들어진다고 주장한다. "우리에게 중요한 많은 개념은 추상적이거나 정서, 사고, 시간처럼 우리의 경험으로 명확히 설명하기 어렵기 때문에, 공간적 방향 설정이나 물체 등과 같이 보다 명확하고 이해하기 쉬운 개념을 통해 이해할 필요가 있다"라고 쓰고 있다.[44] 레이코프와 존슨의 견해에 따르면 인간의 개념 체계는 우리가 몸으로 세계 속을 움직이면서 얻는 경험에 깊이 뿌리 박고 있다. 다시 말해 우리의 고등 인지조차 몸을 기반으로 한다. '위up' '가지다have' '밀다push'와 같은 개념은 우리가 서 있는 방법, 손으로 하는 행동처럼 물리적 기반에 밀접하게 연관되어 있기에 별다른 이해가 필요 없다. 이러한 기반이 보다 복잡한 사고의 기초를 이룬다는 것을 보여주기 위해 레이코프와 존슨은 본질적으로 비공간적이거나 비물리적인 개념 역시 여전히 공간적이고 물리적인 언어로 논의된다고 지적한다. 예를 들어 우리는 행복을 이야기할 때 '행복은 위happy is up'를 암시하는 언어를 사용하여 하늘을 날 것 같다거나 기분이 들떠 있다고 한다. 시간을 이야기할 때 우리가 낚아채 잡거나 모을 수 있는 물질로 간주하여 시간이 있다거나 다른 사람에게 시간을 내어준다고 한다. 논쟁할 때는 물리적인 싸움을 가리키는 언어를 사용하여 서로 맞선다고 하고 논증이 약하거나 강하다고 한다.

사람의 물리적인 자세를 그들의 생각과 태도에 연관시키는 실험 연구는 레이코프와 존슨의 견해에 대한 흥미로운 증거가 될 수 있다. 한 예로 에라스무스대학의 아니타 이어랜드Anita Eerland와 동료들은 양量, quantity에 대한 사고는, 숫자가 매겨진 선에 숫자를 어떻게 정신적으로 시각화하는지에 대한 문제와 연관되어 있다는 생각을 시험했다. 그리고 이러한 결과가 몸의 자세와 어떻게 연관성을 가질 수 있는지도 연구했다.[45] 연구자들은 지각하기 힘들 정도로 완만하게 경사진 곳에 피실험자들을 서 있으라고 한 뒤 코끼리의 평균 무게 혹은 에펠탑의 높이 등 여러 단위의 양을 어림짐작해보라고 요청했다. 경사로가 왼쪽으로 기울어져 있으면 피실험자 역시 저울이나 자에서 작은 숫자를 향해 기울어지는 것처럼 왼쪽으로 기울었다. 놀랍게도 이처럼 서 있는 자세의 미묘한 차이는 주어진 질문에 대한 더 작은 숫자의 답과 체계적인 연관성을 보여주었다. 마치 똑바로 서 있거나 오른쪽으로 기운 사람보다 왼쪽으로 기울어진 사람에게는 후피동물(가죽이 두꺼운 동물로 여기서는 코끼리를 가리킴 — 옮긴이)이 더 가벼워지고 알렉상드르 에펠Alexandre Eiffel의 건축물이 더 작아지는 것 같았다. 마음과 자세의 관계를 보여주는 또 다른 예로 애버딘대학교의 린덴 마일스Lynden Miles가 이끄는 팀은 20명의 지원자들에게 동작 감지 센서를 부착한 후 과거나 미래의 사건에 대해 생각해보라고 요청했다.[46] 이 경우, 미래에 대해 생각할 때 피험자는 앞으로 기울지만 과거에 대해 생각할 때는 뒤로 기울었다.

신체와 인지의 관련성에 대한 가장 강력한 증거 중 일부는 운동이 정신 기능에 미치는 영향에 대한 연구에서 찾을 수 있다. 이런 연구들은 활동적인 신체가 활동적인 마음을 고취시킨다는 일반적인 결론을 뒷받침한다. 아마도 이러한 아이디어에 대한 가장 큰 관심은 운동 프로그램이 노화가 진행되는 동안 인지 능력 감소를 늦출 수 있다는 유혹적인 제안에서 시작한다. 50세가 넘는 성인의 경우, 약 45분에서 60분 동안 주기적으로 적당한 정도에서 격렬한 정도의 운동을 하면 기억력, 주의력, 문제 해결 테스트에서 실제로 성과가 좋아진다.[47] 이와 같은 개선은 건강한 사람뿐 아니라 초기 알츠하이머병에 나타나는 경미한 인지 장애가 있는 사람들에게도 나타난다. 젊은 사람들에게도 운동의 인지적 이점에 대한 증거가 있다.[48] 이를 가장 인상적으로 보여주는 연구 중 한 예를 들자면, 스탠퍼드대학의 심리학자인 매릴리 오페조Marily Opezzo와 대니얼 슈워츠Daniel Schwartz는 대학생들에게 의자에 앉아 있거나 빈방 러닝 머신에서 걷게 한 다음 표준화된 창의적 사고 테스트를 치르게 했다.[49] 앉아 있던 참가자들과 비교할 때, 걷는 사람들은 새로운 유추를 생각해내거나 흔한 물건에 대한 흔치 않은 용도를 생각해보라고 했을 때 평균적으로 더 나은 대답을 했다. 관련 실험에서, 피험자들에게 캠퍼스의 같은 경로를 따라 걷거나 휠체어에 탄 채로 이동하게 했다. 이 경우에도 창의력 테스트를 평가하자 걸었던 학생들이 더 뚜렷한 인지 향상을 보였다.

우리는 누가 "두뇌 회전이 빠르다"거나 "발 빠르게 행동한다"라고 말할 때 은연중에 신체 활동과 인식 사이의 관계를 떠올릴 수 있다. 하지만 바로 이 관계는 은유를 한참 넘어선다. 오늘날 운동은 뇌를 신체의 다른 부분과 직접적으로 결합시키는 생리학적 변화를 일으키는 것으로 알려져 있다.[50] 전력을 다하는 운동을 하는 도중과 끝난 직후 단기적으로 심장은 더 빨리 뛰고 뇌는 혈액 흐름이 많아져 산소와 에너지의 공급을 증가시킨다. 또한 뇌는 세포 성장과 유지를 촉진하는 **신경 영양 인자**neurotrophic factor라고 하는 국소 작용 화학물질을 생성한다. 장기적으로 이 화학물질은 해마hippocampus라고 불리는 뇌 영역에 새로운 뉴런의 형성을 유도한다. 기억 형성에 특히 중요한 해마의 세포가 보충된다는 것은 이 뇌 영역에서 세포 사멸을 유발하는 알츠하이머병에 대응하는 데 특별히 중요할 수 있다. 따라서 운동이 인지에 미치는 영향은 우리가 몸으로 하는 상대적으로 피상적인 일들이 이전 장에서 고려했던 것같이 명확한 생리적 경로를 통해 우리의 마음을 바꿀 수 있다는 것을 보여준다.

이제 우리는 뇌 이외의 생명 작용이 사고와 느낌에 기여하는 여러 가지 방법을 살펴보았다. 우리의 신체적 특성, 건강, HPA 축과 같은 생리학적 메커니즘이 없다면 분명히 우리는 지금의 우리가 되지 않을 것이다. 작곡가 파가니니나 댐 만드는 비버와 같은 경우, 신체적 특성이 각 개인이 수행할 수 있는 정신 활동을 결정하는 데 도움이 되고, 긴장감 넘쳤던 서프라이즈 파티나 운동을 통한 인지 향상의 현상 같은 예에서 뇌와 신체는 생리학적 상호 의존성이라는 닫힌 고리 안에서 어떻게 상호작용하는지 볼 수 있었다. 그러나 마음에 대한 신체의 중요성은 아주 단순한 실험으로도 매우 설득력 있게 보여줄 수 있다. 새로운 뇌를 사람의 몸에 이식하고 뇌와 몸에서 각각 물려받는 특징이 무엇인지 보라. 안타깝게도 뇌 이식은 현재 우리의 능력을 넘어서지만 신체의 일부를 이식 또는 변형하는 덜 급진적인 시술은 실현 가능할 뿐만 아니라 널리 퍼져 있다. 장기 및 조직 이식이 사람의 마음이나 성격을 바꿀 수 있는가?

계속 축적되고 있는 증거는 이 질문의 답이 '예'라는 것을 시사한다. 심장과 폐 이식 수혜자인 클레어 실비아Claire Sylvia와 같은 사람에게서 가장 놀라운 이야기를 들을 수 있다. 실비아는 자신의 저서 《마음의 변화A Change of Heart》에서 어떻게 자신이 장기뿐만 아니라 기증자의 성격과 기억을 물려받았는지를 말한다. 그녀가 이와 같은 것을 알게 된 시점은 수술 후 첫날 밤 기증자인 팀 엘Tim L.을 만나고 키스한 꿈을 꾸었을 때로 거슬러 올라간다. "잠에서 깨면서 나는 알았다. 팀 엘이 내 기증자이고 그의 영혼과 인성 중 일부분이 이제 내 안에 있다는 것을 정말로 알게 되었다"라고 실비아는 말한다.[51] 런던 〈텔레그래프〉의 최근 기사는 충돌 사고로 사망한 사이클 선수의 심장을 받은 후 자전거 애호가가 된 케빈 매시포드Kevin Mashford 그리고 신장 기증자로부터 문학에 대한 교양 있는 취향을 얻었다고 생각하는 셰릴 존슨Cheryl Johnson에 대해 이야기한다.[52] 그런 기사가 흥미 있기는 하지만, 뇌 이외의 장기가 특정 기억이나 행동을 저장하거나 전달한다는 생각에는 과학적 근거가 전혀 없다. 동시에, 과학은 이 환자들이 수술의 결과로 엄청난 심리적 격변을 경험했다는 명백한 사실에 대해 이의를 제기하지도 않는다.

클레어 실비아의 경우와 같이 이식이 마음에 광범위하게 영향을 줄 수 있다고 믿을 만한 충분한 이유가 있다. 〈슬레이트Slate〉(미국의 웹진—옮긴이) 기술 담당 편집자인 윌 오레무스Will Oremus는 "심장 이식은 여러 가지 중요한 생리적, 심리적 변화를 유발하며 전체적인 결과는 개인에 따라 다르다. 가장 흔한 결과 중 하나는 간단하다. 수명의 연장a new lease on life('수명 연장' '인생의 새로운 출발' 등을 가리키는 이 표현은 '임대lease'라는 단어를 포함하기에 '자신의 삶이 아닌 타인의 삶을 대신해서 산다'라는 어감을 잘 전달함—옮긴이)은 사람들을 더 행복하고 더 낙관적으로 만드는 경향이 있다"라고 쓴다. 오스트리아의 한 연구팀은 1992년 비엔나의 한 병원에서 47명의 심장 이식 환자를 인터뷰하여 이식 환자에 대한 최초의 실질적인 심리학적 연구 중 하나를 수행했다.[53] 환자의 약 20퍼센트가 수술 후 2년 이내에 성격 변화를 보고했다. 대부분의 피험자는 그들을 수술까지 이르게 한 죽음에 가까운 경험으로 인해 변화가 일어났다고 하지만 일부는 그렇지 않았다. 가장 많이 영향받은 사람들은 선호도 또는 세계관의 변화에 대해서 말했다. "내가 이식받은 심장을 지니고 있던 사람은 급하지 않고 차분한 사람이었다. 그리고 그의 감정은 지금 나에게 전달되었다"라고 환자 중 한 명은 추측했다.

심장은 사랑과 열정을 상징하며 바로 이러한 연상 작용이 심장 이식 환자의 보고에 영향을 주었을 수도 있다. 덜 화려한 장기의 교체는 어떠한가? 이식 환자가 자주 겪는 모든 것을 고려할 때, 인지 및 정서적 변화는 거의 전반적으로 관찰된다는 사실은 그다지 놀랍지 않다. 때로는 말초 기관이 마음에 영향을 미치는 특정한 생화학적 또는 호르몬 경로에서 그 원인을 찾을 수 있다. 가장 명확한 변화는 이식에 대한 필요를 우선적으로 야기시켰던 장기 기능 상실을 바로잡는 데에서 온다. 예를 들어, 신장 및 간 부전은 혈액에서 요소 또는 암모니아와 같은 독성 물질을 증가시켜 성격 변화와 지적 어려움을 유발할 수 있다. 병에 걸린 장기를 건강한 것으로 바꾸면 이러한 문제가 해결되고 인지에 직접적인 도움이 될 수 있다.[54] 희귀한 추적 조사로서 12명의 이탈리아 환자에 대한 전후 비교는 간 이식이 주의력, 기억력 및 공간 문제 해결과 관련된 과제 등 다양한 영역에 걸쳐 장기적인 정신적 개선을 일으킨다는 사실을 보여주었다.[55]

소화기 계통의 의학적 치료는 사람들이 생각하고 느끼는 방식에 특히 강한 영향을 미치는 것으로 보인다. 이 특별한 관계는 뇌와 위장관을 연결하는 광범위한 네트워크의 생화학 및 신경 신호 전달 경로에서 아마도 많이 기인한다. 네트워크의 주요 구성 요소는 대부분의 복부 장기를 뇌간brainstem과 연결시키는 여러 갈래의 초고속 신경 통로인 **미주신경vagus nerve** 그리고 우리 머릿속 뇌와 양방향으로 상호작용하는 장내 1억 개 이상의 뉴런으로 이루어지고 상당히 독립적인 '두 번째 뇌second brain'라 불리는 **장내 신경계enteric nervous system**를 포함한다.[56] 소화기 계통에 대한 침습적 변화는 그러한 구조에 직간접적으로 영향을 미칠 것으로 예상할 수 있다.

소화 기관을 변경하는 가장 흔한 외과적 시술은 이식이 아니라 위의 부분적 절제다. 이것은 비만에 대한 비교적 일반적인 치료법이다. 커뮤니티 웹사이트인 ObesityCoverage.com에 따르면 체중 감량 수술 환자의 절반가량이 성격 변화를 겪는 것으로 나타났다.[57] 이러한 시술과 관련된 전자 게시판에는 지킬 박사에서 하이드 씨로의 전환 또는 그 반대에 대한 이야기로 가득하다. 한 비만 환자는 "나는 새롭고 멋진 감정의 공세를 온통 받고 있어요. 나는 지금의 나를 사랑하지만 정말 혼란스러워요. 지금의 나는 예전에 마르고 어렸을 때조차 경험한 적이 없어요"라고 털어놓는다.[58] 이와 같은 혼란이 많이 일어난다는 사실은 위 수술 이후 왜 이혼 발생률이 높은지를 설명하는 데 도움이 될 수도 있다.[59] 극적인 삶의 변화가 위 변화 자체의 생리학적 결과인가 아니면 환자의 뒤이은 체중 감소의 영향 때문인가? 이 두 요소를 따로 분리하는 것은 거의 불가능하지만 둘 다 기여했을 가능성이 높다.

정신 구조에 변화를 주는 이식의 가장 이상한 예 중 하나는 소화기 계통에 관한 것이다. 이 경우, 이식되는 것은 장기가 아니라 내장에 사는 박테리아 및 기타 미생물 군집(후자는 소위 **장내 마이크로바이옴gut microbiome**으로도 불린다)이다(마이크로바이옴은 '인간 몸에 서식하며 공생 관계를 가진 미생물'을 뜻하는 '마이크로바이오타microbiota'와 '유전자genome'의 합성어. '우리 몸에 사는 미생물의 유전 정보 전체'를 가리키기도 하고 '우리 몸에 사는 미생물 자체'를 일컫기도 함. '미생물 생태계' 등으로 옮기기도 하나 여기서는 '마이크로바이옴'으로 번역—옮긴이). 장내 마이크로바이옴의 변화는 분변 이식fecal transplant이라고 불리는 다소 불쾌한 절차를 통하거나(한번 생각해보라) 피험자가 요구르트와 같은 박테리아가 풍부한 물질을 섭취하도록 하여 생길 수 있다. 이와 같은 세균 요법은 매년 수천 명의 미국 환자에게 대장염을 일으키는 **클로스트리듐 디피실레**

Clostridium difficile와 같은 해로운 박테리아에 의한 장 감염을 치료하는 데 사용된다.[60] 이 시술은 일반적으로 건강한 내장에 서식하는 '좋은 박테리아'의 비율을 증가시킨다. 혜택을 보는 유기체는 말 그대로 독성 미생물이 서 있을 자리도 없게 만들어 염증을 줄일 수 있다. 그리고 최근의 연구는 이러한 장내 마이크로바이옴의 변화가 장의 소화 기능뿐 아니라 불안, 스트레스 및 우울증과 같은 심리적 상태에도 영향을 미친다는 놀라운 결론을 뒷받침한다.[61]

박테리아 요법은 사람들에게 점점 더 많이 적용되고 있지만 가장 놀라운 행동 실험 결과는 생쥐를 이용한 연구에서 찾을 수 있다. 맥매스터대학 스티븐 콜린스Stephen Collins가 이끄는 팀은 BALB/c와 NIH 스위스라고 하는 두 계통의 생쥐 사이에서 양방향 분변 이식 실험을 진행했다.[62] 일반적으로 BALB/c 생쥐는 NIH 스위스 생쥐보다 더 소심해서 빛을 피하고 주변을 탐험하지 않으며 한곳에 머물러 있는 경향이 있다. 놀랍게도, BALB/c 생쥐가 NIH 스위스 생쥐로부터 분변을 이식받은 후, 그들은 더 외향적이고 탐색적으로 변했다. 반대로, NIH 스위스 생쥐가 BALB/c 동물로부터 배설물을 이식받자, 그들은 덜 탐구적이고 더 불안해졌다. 다른 실험에서, 코크대학교의 존 크라이언John Cryan이 이끄는 팀은 일부 유제품에 함유된 '좋은 박테리아'인 **락토바실러스 람노서스Lactobacillus rhamnosus**를 함유한 국물을 한 무리의 생쥐에게 먹였다.[63] 이 생쥐들은 특별한 음료를 섭취하지 않은 집단보다 회복력이 더 좋아지고 스트레스에는 덜 민감해졌다. 그들은 더 많이 탐구하고, 덜 깜짝 놀랐으며, 물통에 던져지면 포기하지 않고 더 오래 수영했다. 콜린스와 크라이언의 장내 마이크로바이옴 조작은 둘 다 뇌 안의 신경화학적 변화를 일으켰으며, 인간에 대한 fMRI 연구 역시 박테리아 치료와 뇌 반응 사이의 관계를 보여주었다.[64] 이제는 장내 미생물이 뇌 처리에 영향을 줄 수 있는 생리학적 네트워크를 마이크로바이옴-위장관-뇌 축microbiome-gut-brain axis이라고 한다.

생쥐와 사람에 대한 이와 같은 이야기는 신체의 변형이 마음에 영향을 미칠 수 있어 개인이 느끼고 행동하는 방식을 놀랍고 중요한 방식으로 변화시킨다는 점을 반복해서 보여준다. 뇌에는 어떤 변화도 없는 사람이 신체의 다른 부위에 영향을 미치는 이식이나 치료 후에 성격이나 인생관이 바뀔 수 있다. 여기에서 우리는 신경과학의 역사에서 가장 유명한 사례 연구 중 하나에 대한, 주목할 만한 반론을 찾을 수 있다. 그것은 1848년에 전두엽 피질의 일부를 통과하는 구멍을 내버린 끔찍한 폭발 사고에서 기적적으로 살아남은 철도 노동자 피니어스 게이지Phineas Gage에 관한 이야기다. 부상을 입은 후 피해자는 매우 충동적이고 난폭하며 상스러워져서 관계는 물론 고용에 대한 전망도 악화되었다. 안토니오 다마지오가 자신의 신체 표지 가설에서 포함시키고자 노력한 종류의 감정 및 의사 결정 문제에 주목하여 게이지를 관찰하던 주위 사람들은 게이지는 "더 이상 게이지가 아니"라고 보고했다.[65] 이 장에서 우리는 생명을 구하는 이식, 위 봉합 또는 장내 마이크로바이옴의 큰 변화가, 뇌를 건드리지 않으면서도 게이지가 경험한 것과 유사할 정도로 심각한 성격 변화를 가져올 수 있음을 보았다.

최근에 나는 교내에서 진행하고 있는 신경과학 연구에 대해 알기 위해 학교를 방문한 미국 의회 실무자들과 회의했다. 학교 측이 간단히 발표한 뒤 방문자들로부터 몇 가지 질문을 받기로 했다. 여러 개의 손이 올라왔다. 처음 몇 가지 질문 중 하나는 논점을 바로 파고들었다. "인지 기능 향상은 가능합니까?"

이 질문은 〈스타트렉〉의 끔찍한 보그처럼 묵시록적인 뇌 보철 장치를 머리에 박고 있는 종말론적 존재의 이미지를 즉각적으로 연상시킨다. 좀 더 친근한 예로는 캐나다 공상과학 TV 시리즈인 〈컨티뉴엄Continuum〉에 나오는 등장인물들의 기억과 감각 능력을 향상시켜주는, 눈에 덜 띄는 기술적 이식을 들 수 있다. 뇌-기계 인터페이스 기술의 발전으로 이처럼 침습적인 메커니즘을 통한 인지 기능 향상이 점점 더 현실화되어가고 있다. 전 세계적으로 3만 명이 넘는 사람들이 뇌의 특정 영역에 미세한 전기 자극을 주어 파킨슨병이나 근긴장이상dystonia 같은 이동 장애의 완화에 도움을 주는 뇌 삽입물을 지니고 있다.[66] 광유전학optogenetics의 발달 그리고 앞서 2장에서 간략히 살펴본 시신경 자극 방법은 언젠가는 과학자들이 컴퓨터 키보드로 글자를 입력하듯 뇌에 새로운 정보를 입력하고, 주의를 통제하며, 자연적인 뇌보다 더 빨리 계산하게 하는 등 뇌를 쉽게 조작하게 되리라는 희망을 준다.[67] 이런 공상이 얼마나 가까운 시기에 현실이 될까 하는 질문은 당연하고도 시의적절했다.

하지만 내 동료 로라 슐츠Laura Schultz는 상상력을 발휘하여 thinking out of the box(상자라는 관습적인 공간 밖에서 다르게 생각한다는 의미이며, 이 장의 제목 '다르게 생각하기Thinking, outside the box'와 동의적 표현—옮긴이) 그 질문에 "오늘 아침에 커피 한 잔 마셨나요?"라는 질문으로 답했다. 물론 로라는 커피가 우리 대부분이 최소한의 기술로 인지기능을 향상시키기 위해 일상적으로 섭취하는 것임을 알고 있었다. 그리고 그것은 질문자가 염두에 둔 미래의 뇌 삽입 장치나 외과적 수술 같은 기술은 포함하지 않는다. 커피가 사이보그cyborg(사이버네틱 오가니즘cybernetic organism의 축약어로 사람이 기계와 결합된 결합체를 일컬음—옮긴이)가 쓰는, 몸에 걸치는 장치만큼 멋지지는 않겠지만 훨씬 더 쉽게 구할 수 있을 뿐 아니라 어려운 프로젝트를 할 때 마시는 커피는 마지막 한 모금까지 맛있다.

로라의 대답은 인지 향상에 대한 틀에 박힌 사고를 떠나 다르게 생각하는 영리한 출발점이었다. 그녀의 대답은 우리의 인지 처리에 영향을 주는 요인이 반드시 뇌가 시키는 대로만 작동하는 것은 아니라는 본 장의 주제를 환기시킨다. 커피는 의식적인 과정 없이 소화계를 통해 흡수된다. 커피 속의 활성 성분인 카페인은 우리 몸 전체에 퍼져 뇌와 그 외의 기관에 변화를 초래한다. 예를 들어 **아데노신adenosine**이라고 불리는 신호 전달 화합물의 활동을 직접적으로 방해한다. 복외측시각교차전구역ventrolateral preoptic area이라 불리는 뇌 일부에 아데노신이 차단되면 각성 효과에 매우 직접적인 도움을 주고, 이어서 가벼운 불안이나 스트레스 유발, 혈압과 코르티솔 상승 같은 몸 전체에 걸친 변화가 나타난다.[68] 따라서 우리가 커피 한 잔으로 경험하는 각성이라는 주관적 느낌은, 카페인이 뇌와 몸 사이의 통합적인 상호 연결을 이용하는 데에서 기인한다.

이 책의 2부에서는 뇌의 신비가 뇌의 내부 또는 외부에서 활동하여 우리 마음에 영향을 미치는 약물과 기술을 보는 방식에 어떻게 영향을 미치는지 자세히 살펴볼 것이다. 그러나 먼저 우리는 신비 그 자체의 중요한 마지막 측면을 탐구할 것이다. 우리의 뇌와 마음이 주변 환경과 분리될 수 있다는 생각이다.

06

어떤 뇌도 외딴 섬이 아니다•

창세기의 하나님은 "우리의 형상을 따라 우리의 모양대로 우리가 사람을 만들고 그들로 바다의 물고기와 하늘의 새와 가축과 온 땅과 땅에 기는 모든 것을 다스리게 하자"(창세기 1장 26절)라고 말씀하신다. 하나님 자신을 제외하고, 인간은 만들어지기보다는 만들고, 명령받기보다는 명령하며, 소비되기보다는 소비할 운명을 가지고 이 행성 최고 자리를 장악하고 있다. 이와 유사하게 종교나 생활양식에 관계없이 오늘날 전 세계 대부분의 사람들은 **호모 사피엔**

• 마지막 부분에 잠깐 언급되지만 이 장의 제목은 성공회 사제이자 형이상학파 시인의 선구자로 여겨지는 영국의 시인 존 던의 〈명상 17, 위급한 경우의 기도문〉(1624)의 첫 구절 "어떤 사람도 그 스스로 완전한 섬이 아니다"에서 따왔음—옮긴이

스가 헤게모니를 쥐고 있었다고 믿고 있다. 동물에 대한 정복을 표면적으로 거부하는 충실한 비건 채식인(육류, 달걀, 우유 등 동물에게서 나오거나 동물 실험을 거친 식품 모두를 먹지 않는 가장 높은 단계의 채식인—옮긴이)이나 불교도조차 도시화, 운송, 농업 및 산업을 통해 지구를 꾸준히 정복하는 세계 문명에 참여한다. 우리는 지금 많은 사람들이 말하는 바와 같이 인류세人類世, the Anthropocene(인류가 지구의 지질과 환경계에 큰 영향을 미친 시점부터를 인류세라 부르며 핵실험이 실시된 1945년을 시작점으로 봄—옮긴이)의 시대에 살고 있다.

우리의 두뇌가 없었다면 자연에 대한 인류의 승리가 불가능했으리라고 주장하는 것은 절제된 표현이다. 우리 각자는 자발적인 행동을 수행할 수 있는 능력, 한때 형이상학적 영혼이나 자아와 관련이 있다고 여겼지만 최근에는 의심의 여지없이 중추신경계에 의한 것이라 믿고 있는 능력을 통해 주변 환경을 통제하는 듯 보인다. 유명한 신경과학자인 피터 밀너Peter Milner는 1999년 저서 《자율적인 뇌The Autonomous Brain》에서 "자기 자신이 신체 외부에 있을 필요는 없다는 것을 점점 더 인식하고 있(으며)(…) 그것은 종종 뇌의 집행 시스템이라고 불리는 복잡한 신경학적 기제로 보다 간편하게 생각할 수도 있다"라고 말한다.[1] 유니버시티칼리지 런던의 인지과학자 패트릭 해거드Patrick Haggard 역시 "현대 신경과학은 자발적 행동이 특정 뇌 작용에 기반한 것으로 보는 방향으로 변화하고 있다"라고 비슷하게 관찰한 바 있다.[2]

이러한 변화는 1980년대에 사람이 무엇인가를 하겠다는 의식적인 결정을 내리기도 전에, 뇌로부터 나오는 전기 신호를 사용하여 그 사람의 명백히 자발적인 것으로 보이는 움직임을 예측할 수 있음을 보여준 벤자민 리벳Benjamin Libet과 같은 사람들의 유명한 실험에 어느 정도 기인한다.[3] 사실 뇌는 우리 자신이 알아차리기도 전에 우리가 무엇을 할지 "알고 있다." 이것은 뇌가 잠재적으로 우리의 행동을 결정하고 어느 정도 독자적인 생각을 하므로 뇌가 우두머리라는 것을 암시한다. 신경과학자인 데이비드 이글먼이 말한 것처럼 뇌는 "발송된 신호를 두개골의 기갑 벙커 안에서 작은 문을 통해 모으며 모든 작업을 주도하는 과제 제어 센터다."[4]

하지만 벙커 속 뇌 비유는 우리의 뇌와 그것이 처한 환경 사이의 상호작용에 대한 역설적인 모습을 보여준다. 이러한 그림은 뇌와 몸 사이의 연결을 과소평가할 뿐 아니라 실제로는 그보다 폭이 넓은 환경을 뇌 기능에 대한 수동적인 기여자에 지나지 않는 것으로 제시한다. 보루를 갖춘 뇌는 환경으로부터 정보를 제공받아 검토하며 어떻게 반응할지를 결정한다. 뇌는 사령관이자 모든 자율 행동의 시발자다. 벙커 기갑이 두껍고 문의 크기가 작다는 것은 지휘관이 전장에서의 전투로부터 잘 보호되고 있고 실제 전투에서 멀리 떨어져 정보를 숙고하고 전략을 계획하기 위해 남겨졌음을 암시한다. 그러나 우리는 뇌 안팎에서 일어나는 일들의 선명한 차이와 그것 사이의 불균형한 힘의 관계에서, 이 책의 이전 장에서 고려한 과학적 이원론의 또 다른 예를 볼 수 있다.

여기서 역설은 외부로부터의 신호가 결정으로 바뀌는 장소를 식별하기 어렵다는 데 있다. 환경 입력에 대한 결정론적 반응이 끝나고 뇌의 인지 조절이 시작되는 인계 지점(뚜렷한 위치 또는 어쩌면 더 분산된 '복잡한 신경 메커니즘')을 생각할 수 있는가? 일부 철학자들은 그러한 장소를 갖는 것이 작은 사람, 즉 **호문쿨루스homunculus**(중세 연금술사가 만들어낸 작은 인조인간—옮긴이)가 뇌 안에 들어앉아 모든 입력을 받고 어떻게 반응할지 생각하는 것과 같다고 주장했다. 이 만화 같은 시나리오를 실제 애니메이션로 바꾼 디즈니의 2015년 흥행작 〈인사이드 아웃Inside Out〉은 사람의 형상을 한 기쁨, 슬픔, 두려움, 분노, 혐오(한국어판에서는 기쁨, 슬픔, 소심, 버럭, 까칠로 나옴—옮긴이)라는 다섯 가지 감정이 어린 소녀의 머릿속 제어판에 있는 손잡이와 레버를 돌리면서 행동에 영향을 주려고 경쟁한다.[5] 그러나 기쁨과 그녀의 동료들은 어떻게 이것을 달성하는가? **그들이 받은** 입력을 출력으로 변환하기 위해서는 그 안에 또 다른 집합의 호문쿨루스가 필요한 건 아닌가? 이러한 개념은 당신이 탈의실 안에서 두 개의 마주 보는 거울 사이에 서 있을 때 비치는 끝없이 많은 상처럼 반복적으로 적용된다(그림 10 참조). 이러한 결과로 나타나는 모순은 1949년 걸작 《마음의 개념The Concept of Mind》에서 이 문제를 논의한 철학자 길버트 라일Gilbert Ryle의 이름을 딴 '라일의 퇴행Ryle's regress'(만약 모든 행동이 어떤 생각에 따른다면 이 생각마저 다른 생각에 뒤따르는 것이야 하는 무한 소급으로 인해 결국 사고란 결코 시작될 수 없다는 역설적인 상황을 가리키는 철학적 용어—옮긴이)으로 알려져 있다.[6]

라일의 퇴행을 피하는 확실한 방법은 한 번이라도 뇌가 우리 주변 세계와 독립적으로 작동할 수 있다는 생각을 포기하는 것이다. 이러한 관점에서 보면 환경의 결정적 영향은 우리의 결정과 행동 자체에 이를 정도로 훨씬 더 깊이 뇌에 도달하는 것이다. 사과가 나

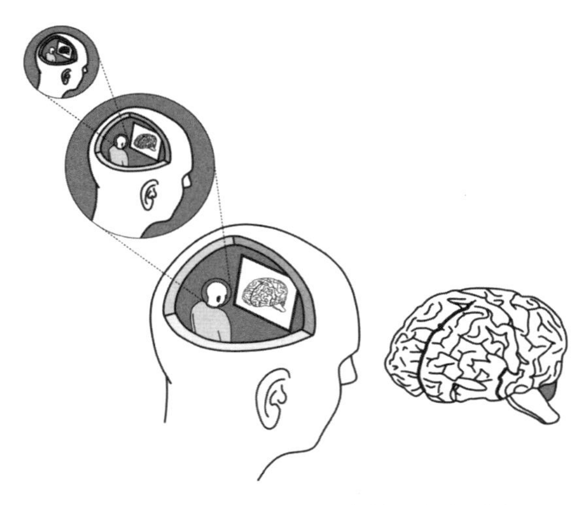

그림 10. 라일의 퇴행과 호문쿨루스 역설을 보여주는 개략도.

무에서 떨어지고, 겨울 눈이 녹아 봄의 개울이 되고, 오토바이가 고속도로에서 미끄러져 도랑에 처박힐 때, 그 방향을 결정하는 것은 물리법칙과 주변 환경의 굴곡진 모양이다. 아마도 뇌는 자연의 힘에 의해 지배되어 떨어지는 (심지어 아이작 뉴턴 머리에 떨어질 때조차) 사과와 같다. 19세기 초 철학자인 아르투어 쇼펜하우어는《의지의 자유에 관하여On the Freedom of the Will》라는 유명한 에세이에서 "자연에 있는 모든 생명체의 행동과 마찬가지로 (인간의 행위는) 틀림없이 매우 엄격하게 인과관계의 법칙에 따른다"라고 주장했다.[7] 만약 이것이 사실이라면 인간의 뇌는 단순히 인과 사슬의 한 요소에 불과하다. 마치 생명의 현 자체를 흔드는 손이 아니라 그 현에서 수동적으로 진동하는 구슬처럼 말이다. 자연이 뇌를 지배해야 될 것 같다. 그 반대가 아니라.

우리 시대와 쇼펜하우어 시대의 차이점은, 오늘날 우리는 환경이 우리의 뇌와 행동 안에서 작동하는 영향력에 대한 풍부한 실험 데이터에 접근할 수 있다는 것이다. 이 장에서 우리는 이 증거 중 일부를 조사하며 환경의 인과적 역할이 단순한 이론적 추상화 이상이라는 사실을 알게 될 것이다. 뇌와 환경의 관계는, 사람들이 시간과 공간의 산물이고, 본성nature과 양육nurture 둘 다 중요하며, 학습과 기억은 경험에서 비롯된다는 자명한 진리보다 훨씬 더 멀리 나아간다. 뇌와 환경의 경계가 흐려질 때, 모든 생각과 행동은 심지어 그것이 일어나는 순간에도 더 넓은 세상에 있는 영향력의 결과가 된다. 이러한 관계를 살펴봄으로써 우리는 뇌를 제어자로 보는 신비에 다시 맞서고, 우리의 뇌가 어느 정도로 원인과 결과에 대한 보편적 법칙의 적용을 받는 자연적 실체인지 알게 된다.

환경과 마음의 상호작용에 대한 유명한 우화로는 현명한 세 원숭이의 조각상이 있다. 가장 오래된 표본은 일본 닛코의 위대한 쇼군 도쿠가와 이에야스의 매장지 근처 도쇼구 신사 출입구 위에 있는 17세기 것으로 알려져 있다.[8] 한 원숭이는 손으로 눈을 가리고, 다른 원숭이는 귀를 움켜쥐고, 세 번째는 입을 틀어막고 있는데 "악을 보지도 말고 악을 듣지도 말고 악을 말하지도 말라"라는, 세월이 흘러도 변치 않을 명령을 보여준다. 원숭이는 돌아다니는 것으로 유명한데 이 작은 세 마리도 예외는 아니다. 이 원숭이 조각상을 본떠 만든 인형은 현재 여섯 개 대륙에 걸쳐 판매되는 세계에서 가장 글로벌한 모양의 키치kitsch(미학적으로 괴상하고 저속한 사물을 뜻하는 표현으로 우리나라에서는 한때 이발소 그림이 그런 종류에 속하는 것으로 인식되었으며, 고급문화를 흉내 내는 저급문화라고도 정의할 수 있음—옮긴이) 중 하나이며, 이와 관련된 웹사이트를 운영하고 적은 수지만 매년 모이는 헌신적인 수집가 협회도 있다.[9] 이 원숭이 조각상은 마하트마 간디의 몇 안 되는 소유물 중 하나로 그의 엄격한 도덕률을 상징했다.[10] 일부 이탈리아 마피아 계파는 자신들의 코드, 즉 침묵의 서약인 **오메르타omerta**(내부 고발자와 배신자를 입막음하는 이탈리아 시칠리아 마피아의 계율—옮긴이)를 나타내기 위해 원숭이를 이용했다.[11] 일부 재미있는 그림에서는 자신의 은밀한 부분을 지키는 네 번째 "악을 행하지 말라" 원숭이를 추가하여 유머러스하게 순결을 장려한다. 이 동물의 입력과 출력은 둘 다 이렇게 가려진다(보고 듣는 입력 기관인 눈과 귀를 가리고, 말하[고 행동하]는 출력 기관인 입[과 은밀한 부분]을 가린다는 뜻—옮긴이). 보고 듣는 것을 말하고 행동하는 것과 병치함으로써 행동은 감각으로 시작하는 외부 영향과 분리할 수 없다는 교훈을 원숭이들이 가르치고 있다.

시각, 청각, 촉각, 미각 및 후각과 같은 주요 감각 시스템은 우리 주변 환경이 우리의 생각과 행동에 영향을 미치는 가장 명확한 경로를 제공한다. 또 다른 동양의 비유는 플라톤의 유명한 마음-전차 비유에 대한 고대 힌두 버전으로서 몸을 상징하는 마차를 당기는 다섯 마리의 말로 감각을 효과적으로 나타낸다.[12] 우리가 배우는 거의 모든 것이 감각 기관을 통해 들어오지만 감각은 우리의 교육을 위한 자료 이상의 것을 제공한다. 감각 시스템은 환경 자극이 훨씬 더 즉각적인 방식으로 우리의 생각과 행동을 형성하도록 한다. 감각 기관에서 뇌로 향하는 꾸준한 입력으로 우리는 차고 넘친다. 물줄기가 세기로 소문난 소방 호스에서 물을 먹는 것처럼 이 정보 흐름의 힘은 압도적이고 막을 수 없다. 우리의 감각은 수면과 마취 상태에서도 계속해서 활동하며, 우리의 의식적인 인지 여부와 관계없이 신호를 뇌에 전달한다. 감각생물학sensory biology을 탐구함으로써, 뇌가 외부 자극의 영향에 저항하는 것이 얼마나 어려운지를 이해하기 시작할 수 있다.

우리의 감각 중 아마도 가장 영향력 있으며 가장 잘 연구된 것은 시각이다. 시각 연구자들은 눈의 감광성 부분인 망막에 부딪히는 빛이 소위 막대 및 원추형 **광수용기 세포photoreceptor cell**에 의해 감지되고 그 후 시신경을 통해 뇌를 향한 신경 자극(활동전위)으로 처리되는 방법을 수십 년 동안 연구하고 있다. 신경생리학자 호러스 발로Horace Barlow는 1970년대에 **신경절 세포ganglion cells**라고 불리는 망막 출력 뉴런으로부터 전기 신호를 측정함으로써 각 빛의 양자, 즉 광자photon가 평균 1~3개의 활동전위를 발생시킬 수 있다는 사실을 발견했다.[13] 발로는 완전한 어둠 속에서도 일부 신경절 세포가 초당 최대 20개의 스파이크를 발사할 수 있음을 발견했다. 이 활동은 시스템 안에서는 본질적으로 잡음이지만 여전히 뇌의 수신함을 넘치게 한다.

칼테크Caltech(캘리포니아공과대학 — 옮긴이)의 마커스 마이스터Markus Meister 교수는 살아 있는 동물의 망막을 분리하여 작은 담요처럼 기록전극recording electrode 층에 펼쳐 수십 개의 신경절 세포에서 동시에 측정할 수 있게 함으로써 시각의 첫 단계를 분석하는 방법을 고안했다.[14] 이 기술을 사용해 마이스터와 다른 신경과학자들은 어떻게 망막이 이미지 강도와 대조의 매우 큰 변화에 빠르게 적응해 뇌로 향하는 엄청난 시각적 정보의 급증을 결코 멈추지 않게 하는지 관찰했다. 한 연구에 따르면 사람의 눈에서 뇌로 전송되는 데이터의 총량은 컴퓨터의 인터넷 연결과 거의 같으며, 망막당 100만 개의 신경절 세포로 이루어진 축삭으로 형성된 신경섬유를 통해 초당 약 1메가바이트의 시각적 입력(400만 스파이크)이 이동한다고 추산했다.[15]

비시각적 감각 역시 우리 뇌에 많은 정보를 제공하는 원천이다. 내이inner ear의 **코르티 기관organ of Corti**(달팽이관 내부의 청각 수용기—옮긴이)은 소리 파동을 신경 자극으로 변환한다. 이것이 망막에 대응하는 역할을 귀에서 한다. 코르티 기관에서 나오는 대부분의 청각 뉴런은 낮은 소음 수준에서도 초당 50스파이크 이상의 속도로 활동전위를 발사한다.[16] 인간의 귀 하나에 약 3만 개의 청각 뉴런이 있으므로 매초마다 귀로부터 뇌에 도달하는 총 활동전위의 수는 수백만으로 늘어난다. 신체의 가장 큰 감각 기관인 피부에서도 엄청난 양의 입력이 이루어진다. 정상적인 피부는 네 가지 유형의 촉각 또는 압력 수용체 세포, 두 가지 유형의 온도 수용체, 두 가지 유형의 통증 수용체를 가지고 있다. 이러한 수용체의 대부분은 척수에 직접 연결되고, 그곳에서 뇌로 투사되는 뉴런과 시냅스를 통해 신호를 전달한다. 일부 접촉 수용체는 평방센티미터당 2000개 이상의 밀도에 달하고 손 하나에 이런 세포 17만 개가 있다.[17] 두 가지 특수한 유형의 피부는 혀의 표면과 코의 내막으로, 각각 맛과 냄새에 대한 수용체를 가지고 있다. 후각 수용체 뉴런은 훨씬 더 많아 1000만 개 이상이 코를 뇌에 직접 연결한다.[18] 이는 초당 약 3스파이크의 낮은 평균 발사 속도에도 불구하고, 전체적으로 볼 때 이 세포가 여전히 눈이나 귀보다 뇌에 더 많은 전기 충격을 전달함을 의미한다.[19]

뇌에 수렴하는 감각 정보의 양이 매초 수천만 개의 활동전위에 이른다는 사실은 뇌가 우리의 주변 환경과 영구적이며 강력하게 연결되어 있다는 점을 보여준다. 이 양의 크기를 이해하려면 한쪽 눈에서부터 뇌로의 입력이 활성화된 인터넷 연결을 통해 전송되는 데이터와 비슷하다는 것을 다시 생각해보라. 그렇다면, 우리 모든 감각으로부터의 기여를 합치면 수백만 개의 신경섬유를 통해 초당 약 10메가바이트의 데이터를 가져오는, 아마도 표준적인 인터넷 연결 10개 이상에 해당하는 용량이 될 것이다. 이 정도 양의 데이터는 오늘날 일반적인 가정용 컴퓨터 시스템을 쉽게 포화시킬 수 있다.[20] 해커들은 때때로 이런 식으로 접근해 서비스 거부 공격(시스템을 공격해 해당 시스템의 자원을 부족하게 하여 원래 의도된 용도로 사용하지 못하게 하는 공격—옮긴이)으로 알려진 방법으로 목표한 인터넷사이트를 제압한다. 비유적으로 말해, 우리의 감각 환경은 뇌에 대해 지속적인 서비스 거부 공격을 하고 있는 것이다.

흥미롭게도 단순히 활동전위의 수로 측정한, 뇌로 들어오는 감각 입력의 양은 뇌의 전체 출력(운동을 시작하고 근육 긴장도를 조절하기 위해 뇌에서 신체 다른 부분으로 지속적으로 전달되는 신호)과 비슷하다. 뇌의 운동 출력 대부분은 평균적으로 초당 약 10~20개 스파이크의 빈도로 발사되는 100만 개 이상의 축삭으로 구성되는 소위 **피라미드로** **pyramidal tract**(인간의 수의적 운동을 지배하는 신경섬유의 경로—옮긴이)에 의해 전달되며 이를 모두 합치면 초당 수천만 개의 스파이크에 달한다.[21] 외부 관찰자 관점에서, 뇌는 케이블 또는 안테나의 입력을 눈으로 볼 수 있는 동영상으로 변환하는 TV 세트와 같이 초당 수천만 개의 입력 신호를 대략 같은 수의 출력 신호로 변환하는 다소 복잡한 메커니즘으로 보인다.

밀려 들어오는 모든 스파이크는 뇌 자체에 어떤 영향을 미치는가? 뇌가 이 입력을 받아들이도록 진화했기 때문에 감각의 공세가 공격에까지 미치지는 않는다. 뇌는 무력화되는 것이 아니라 변화한다. 후각 이외 감각 시스템의 경우 뇌의 통관항은 **시상thalamus**이라고 불리는 구조이며 후각 신호는 **후구olfactory bulb**라고 불리는 영역을 통해 처리된다. 이 영역은 뇌의 후두엽에서 1차 시각피질(약어로 V1) 또는 측두엽의 1차 청각피질과 같은 대뇌피질의 영역에 연결된다(그림 7 참조). 그러나 감각 입력의 영향은 이 부분을 훨씬 넘어서도 느껴진다. 피질의 40퍼센트 이상이 감각 처리에만 이용되는 것으로 생각된다.[22] 인간에게 가장 광범위한 감각 양상인 시각 시스템에서 정보는 V1에서 각 자극의 다른 특징을 선택하는 두 개의 뇌 영역으로 나뉜다. 소위 등 쪽 경로에서, 후두엽과 두정엽의 상단을 따라 있는 영역은 공간에서의 위치 또는 움직임과 같은 대략적인 특성에 기초하여 시각적 자극을 구별한다. 뇌의 후두엽과 측두엽의 기저를 따라 있는 배 쪽 경로는 특정 물체 또는 얼굴 인식과 같은 보다 세밀한 분석에 특화되어 있다. 위계적 처리 영역의 비슷한 경로가 소리, 냄새, 맛, 접촉을 처리한다.

멀리 떨어진 친구나 가족에게 험담이 퍼지는 것처럼 뇌에 들어오는 감각 신호는 결국 거의 모든 곳에 도달한다. 정교한 고차원 감각 영역조차 매우 간단한 자극에 대한 반응을 유지한다. 예를 들어, 깜박이는 선의 이미지는 등 쪽과 배 쪽 처리 경로 전체에 걸쳐 신경 반응을 생성한다. 더 놀랍게도 치아를 빼는 일도 했던 중세 이발사처럼 한 가지 유형의 자극 처리에 특화된 뇌 영역이 실제로 다른 자극에도 반응할 수 있다. 예를 들어, 연구자들은 시각피질의 신경 신호가 청각 자극을 나타낼 수도 있음을 보여주었다.[23] 또 다른 연구에 따르면 청각피질에서 시각 및 촉각 자극 모두에 대해 반응한다.[24] 감각 역할과 무관하다고 알려진 뇌 영역 역시 단순한 감각 자극에 반응한다.[25] 뇌의 '집행 기능'이 위치한 전두피질의 일부는 기본적인 시각 또는 청각 입력에 의해 활성화되는 영역 중 하나다. 마취 상태에서도 전두 부위에서 시각적 반응이 관찰된다는 것은 감각 자극이 우리가 인지하지 못하는 경우에도 멀리 뇌까지 도달할 수 있다는 점을 보여준다.[26] 신경과학자 마크 라이클Mark Raichle이 2000년대 초 처음으로 주목한 놀라운 현상은 이질적인 여러 뇌 영역이 많은 자극이 들어올 때 일관되게 **비활성화되기도deactivated**한다는 점이다.[27] 즉, 감각 입력은 마치 이들 영역의 신경 활동의 수준을 감소시키는 것 같다. 비활성화된 영역은 대뇌피질의 상당 부분을 차지하며 일반적으로 감각 또는 운동 처리 시스템으로 인식되었던 곳 바깥의 영역으로 대부분 구성된다. 이 영역은 주목할 만한 일이 없을 때 가장 활동적인 것처럼 보이기 때문에 뇌의 **디폴트 모드**

네트워크(특정 과제를 수행할 때 해당 영역의 활동이 감소했다가 쉬는 중에는 다시 활동이 증가하고 구성 영역 간 기능적 연결성이 증가되는 일련의 네트워크로 추후 설명됨—옮긴이)라고 한다.

환경의 미묘한 영향조차 뇌에서 일어나는 일에 의미심장한 영향을 줄 수 있다. 감각 반응에 대한 대부분의 신경생물학적 연구는 결코 이해하기 어렵지 않다. 이러한 연구는 짧은 뇌 활성화 반응을 불러일으키기 위해 고안된, 강력하고 단기적인 자극을 사용하여 수행된다. 예를 들어 컴퓨터 화면에서 지루한 회색 바탕과 밝은 빨강 및 초록색 체크무늬가 몇 초마다 번갈아 나타나는 동안 신경 스파이크 또는 fMRI 변화를 측정하여 시각적 반응을 검사할 수 있다. 이러한 눈에 거슬리는 자극 없이 뇌 역학을 연구하기 위해서 연구자들은 매우 다른 종류의 실험도 수행한다.[28] 이 실험에서 피험자가 수 분 동안 스캐너 안에서 (잠들지 말라는 격려 속에서) 가만히 수동적으로 누워 있는 일정한 조건하에서 피험자의 뇌를 모니터링한다. 이 결과 얻게 되는 **휴지 상태** 데이터를 살펴보면 뇌의 각 지점에서 신경 영상 신호는 일반적으로 매우 미묘한 변동만을 보인다. 당신이 스포츠 경기에서 군중 중에 누가 환호하고 야유하는지 관찰하면, 게임 자체에서 무슨 일이 일어나고 있는지 전혀 모를지라도 같은 팀을 응원하는 사람 그룹을 아마 알아낼 수 있을 것이다. 비슷한 논리를 사용하여 연구자들은 동시에 강도가 증가하거나 감소하는 픽셀을 찾아 어떤 뇌 영역이 '함께하는지' 찾아내려 한다. 이러한 상관관계는 별개의 뇌 네트워크에서 일어나는 신경 활동을 반영하는 것으로 생각되며 휴지 상태 **기능적 연결성functional connectivity**으로

지칭된다.[29]

휴지 상태 영상 연구에 따르면 뇌 활동의 변화는 항상 우리에게 영향을 미치는 지속적인 시각적 자극 중에 발생한다. 신경과 의사 마우리치오 코르베타Maurizio Corbetta와 그의 동료들은 자연스러운 감각적 경험을 시뮬레이션하기 위해 텅 빈 비디오 화면 또는 스파게티 웨스턴(1960~1970년대에 유행한 서부 영화의 한 장르로, 무대는 미국 서부이지만 주로 이탈리아, 스페인 등에서 촬영되었고 이탈리아어로 녹음되어 '이탈리안 웨스턴'이라고도 불리며 클린트 이스트우드Clint Eastwood가 주연한 〈황야의 무법자A Fistful of Dollars〉가 이에 속함—옮긴이)의 장면을 수동적으로 시청한 피험자에 대한 fMRI 및 MEG 데이터를 수집했다.[30] 분석 결과 두 가지 조건에서 기능적 연결성 패턴이 크게 다른 것으로 나타났다. 영화 상영 동안 다수의 뇌 전체 네트워크에 걸쳐 신경 영상 신호 간의 상관관계가 감소했는데 이는 지속적인 감각 경험이 뇌 영역 사이의 역동성을 어떻게 교란하는지를 보여준다. 중요한 점은 클린트 이스트우드의 영화보다 훨씬 덜 자극적인 자극도 뇌 활동을 변화시킨다는 것이다. 예일대학교 의과대학의 타마라 밴더월Tamara Vanderwal은 컴퓨터 화면 보호기의 이미지처럼 추상적이고 지속적으로 변화하는 모양을 보여주는 비디오를 피험자에게 보여주고 휴지 상태 fMRI 변동에 미치는 영향을 테스트했다.[31] 내용이 거의 없음에도 불구하고 밴더월의 비디오는 시력, 주의 및 운동 제어와 관련된 뇌 네트워크의 기능적 연결성을 어지럽혔다. MIT 연구자들에 의한 또 다른 연구는 무의미한 소음 역시 기능 연결 패턴에 영향을 줄 수 있음을 보여주었다.[32] 배경 소음은 라이클의 디폴트 모드 네트워크 영역에 영향을 미쳤으며, 이는 언뜻 보기에 사소한 감각 요소도 뇌 기능의 전반적인 특징을 교란시킬 수 있음을 다시 한번 보여준다.

따라서 감각 처리의 과학은 왜 현명한 원숭이 세 마리가 눈과 귀를 통해 들어오는 것에 대해 걱정할 수 있는지 이해하는 데 도움을 준다. 감각 기관은 매초마다 수백만 개의 신경 자극을 끊임없이 우리 뇌에 전달한다. 뇌는 이러한 환경적 입력의 홍수에 장벽을 세우지 않는다. 가장 평범한 감각 신호조차 대뇌피질의 가장 배타적인 층, 즉 인류 역사에서 비교적 최근에 진화하여 원숭이와 인간을 대부분의 다른 포유동물과 구별하는 전두엽과 같은 영역으로 꿈틀대며 나아가는 것 같다.[33] 그러나 이것은 환경으로부터의 신호가 우리를 통제한다는 것을 아직 증명하지는 못한다. 감각적 경험이 뇌의 가장 깊숙한 곳에 퍼지는 것을 볼 때, 우리는 정보가 어떻게 그 유명한 호문쿨루스에 도달하는지 목격하고 있는 것일 수도 있다. 어쩌면 각 두뇌에 있는 호문쿨루스와 같은 신경 메커니즘이 감각의 홍수 속에서도 우리의 자율성을 유지한다. 이러한 가능성을 알아보기 위해 우리는 행동 자체가 주변의 자극에 의해 결정되는 정도를 살펴봐야 한다.

작가 알베르 카뮈는 사람이 환경의 주인이라기보다 노예라는 것을 간파했다. 그의 소설 《이방인》에서 대자연은 카뮈의 반영웅 뫼르소를 살인으로 내몬다. 이 책의 절정 장면에서, 뫼르소는 알제 해변에서 마주친 적을 총으로 쏴 죽인다. "다만 이마 위에 울리는 태양의 심벌즈 소리와, 단도로부터 여전히 내 앞으로 뻗어 나오는 눈부신 빛의 칼날만을 어렴풋이 느낄 수 있을 뿐이었다."[34] 주인공은 계속해서 이야기한다. "그 타는 듯한 칼날은 속눈썹을 쑤시고 아픈 두 눈을 파헤치는 것이었다. 모든 것이 기우뚱한 순간은 바로 그때였다. 바다는 무겁고 뜨거운 바람을 실어 왔다. 온 하늘이 활짝 열리며 비 오듯 불을 쏟아붓는 것만 같았다. 나는 온몸이 긴장해 손으로 권총을 힘 있게 그러쥐었다." 뫼르소는 책에서 앞서 소개된 사건 때문에 총을 들고 폭력을 준비한 채 싸우러 나온다. 그러나 진실의 순간에 그가 방아쇠를 당기도록 자극한 것은 뜨거운 피나 뇌에서 출발한 악의적인 숙고라기보다는 타오르는 태양과 으르렁거리는 파도다. 카뮈의 이 글을 통해 우리는 마음이 자신의 것이 아닌 사람을 목격한다. 카뮈 연구가인 매슈 보커Matthew Bowker는 "뫼르소의 범죄는 전혀 의지가 없고 뜻도 분명치 않으며 자유롭지 않은 것 같다"라고 말한다.[35]

열기로 인해 뫼르소가 그렇게 했다고 말할 수 있다. 이와 관련하여, 알제의 이 허구 프랑스인은 암스테르담의 실제 경찰들과 어느 정도 공통점이 있다. 한 심리학자 그룹은 1994년 연구에서 온도가 변하는 방에서 훈련 연습을 하는 네덜란드 경찰들을 관찰했다.[36] 방이 더워지면 경찰들의 적대감과 호전성의 징후가 증가했다. 가장 놀라운 결과로 그들은 온도가 21도일 때보다 27도일 때 모의 범죄자에게 총 쏘는 경향이 50퍼센트 더 컸다. 이것은 우연한 발견이 아니다. 프린스턴대학교의 솔로몬 시앙Solomon Hsiang이 이끄는 연구팀은 기후를 다양한 형태의 갈등과 관련시키는 60가지 연구에 대한 야심찬 조사에서, 온도가 높을수록 광범위한 지리적 환경과 시간 척도에 걸쳐 적대감과 폭력이 증가한다는 증거를 제시했다.[37] 10개의 사례는 특히 온도와 폭력 범죄 또는 가정 분쟁 사이의 상관관계를 보여주었다. 일례로, 미니애폴리스시의 폭행 사건 횟수는 하루 중 언제인지와 편향성을 가질 수 있는 다른 잠재적 조건을 고려해도, 주변 온도에 따라 **시간 단위로** 변하는 것으로 밝혀졌다.[38] 이것은 거리에 있는 사람들의 밀도나 지역 경제의 변동과 같은 사회적 요인보다는 온도 의존성에 대한 일정 정도의 생물학적 근거를 가리킨다. 이를 뒷받침하는 뇌 영상 연구는 행동에 대한 영향과 연관 지을 수 있는 기능적 연결성의 온도 의존적 변화를 보여주었다.[39] 시앙과 그의 공동 저자는 "온도를 공격성과 연결하는 생리학적 메커니즘은 아직 알려지지 않았지만, 다양한 맥락에서 이들의 인과적 연관성은 견고해 보인다"라고 말했다.

온도와 공격성의 관계에는 감각 환경이 행동을 직접적으로 지배할 수 있음을 나타내는 두 가지 특징이 있다. 첫째, 우리 중 의식적으로 이것을 알고 있는 사람이 거의 없고, 이것에 대해 우리가 분명히 의식적인 발언권을 가지지 않은 관계라는 점이다. 이러한 이유로 우리는 폭력성에 대한 온도의 영향을 완전히 제어할 수 없게 되며 인지 처리가 개입할 수 있는 정도도 제한된다. 둘째, 교통신호등이나 TV 프로그램과 같은 많은 인공적 환경 자극에 대한 반응과 달리 온도의 행동 효과는 학습으로 쉽게 설명될 수 없다는 점이다. 훈련받지 않은 실험용 생쥐들조차 온도 조절 장치가 있는 방에 감금되면 서로 무는 경향성을 보이는 것은, 18~32도 사이에서는 온도와 공격성의 증가가 함수관계에 있음을 보여준다.[40] 이러한 사실로부터 우리는 온도 의존적 공격성이 어느 정도 타고난 것이라는 시사점을 얻고, 이 환경 민감도를 얻거나 잃을 자유가 우리에겐 없다는 사실을 다시 한번 알게 된다. 온도 변화가 피부의 수용체로 하여금 뇌 활동과 신경화학 작용의 변화를 활발하게 하여, 우리 혹은 우리의 뇌에 의한 제어 비슷한 것은 전혀 없이, 적대적 또는 폭력적인 행동의 가능성을 증가시키는 일련의 사건을 상상할 수 있다.

인간 행동에 내장되어 있는 또 다른 환경 요인은 빛이다. 이 현상의 가치를 제대로 평가하게 된 데에는 노먼 로젠탈Norman Rosenthal이라는 정신과 의사의 연구가 큰 역할을 했다.[41] 로젠탈은 1976년 남아프리카공화국에서 미국으로 이주하여 의학 연구를 계속했다. 요하네스버그의 쾌적한 기후에서 살다가 이주한 그는 뉴욕의 혹독한 날씨에 적응하기 어렵다는 점을 알게 되었다. 겨울의 긴 밤은 특히나 지겹고 짜증났다. 매번 겨울이 닥칠 때마다 로젠탈은 에너지가 줄고 생산성이 저하되는 것을 느꼈다. "제 아내는 저보다 훨씬 나빴습니다"라고 회상했다. "그녀는 당시 한동안 거의 침대 신세를 지기도 했습니다." 그러나 '겨울 우울증winter blues'의 다른 희생자와는 달리 로젠탈은 자신의 의학적 지식으로 무엇인가를 할 수 있는 위치에 있었다. 그는 활동일 주기circadian rhythm(수면 각성 주기sleep-wake cycle로도 불리며 지구상 생명체들이 스스로 생화학적, 생리학적 작용을 조절하여 대략 24시간의 주기를 갖고 있음을 가리키는 말—옮긴이), 피로의 주기, 배고픔, 매일 오르락내리락하는 다른 생물학적 과정에 관심을 가지게 되었고, 미국 국립보건원에서 이런 과정을 연구하는 그룹에 합류했다. 어느 날 로젠탈과 그의 동료들은 정성 들여 기록한 자신의 기분 변화를 토대로 그것이 계절에 따라 변동되는 매일의 빛의 양과 연관되어 있다고 확신하는 조울증manic-depressive patient 환자 한 명을 만나게 되었다. 로젠탈의 동료인 앨프리드 루이Alfred Lewy는 "그에게 더 많은 빛을 줍시다"라고 제안했다. 말할 나위 없이, 밝은 형광등에 노출시켜 환자의 일광 시간을 보충했더니 겨울 몇 달 동안 경험하던 우울증이 사라졌다. 이 발견은 몇 가지 더 큰 연구에서 반복되었으며, 전 세계 수백만 사람들에게 영향을 미치고 가벼운 치료법으로 호전되는 병리인 **계절성 정동 장애SAD: seasonal affective distorder**라는 의학적 상태가 발견되었다.[42]

주위의 밝기 정도는 또다시 의식적인 제어의 가능성이 배제된 특정 시각적 감각 경로를 사용해 기분과 활동일 주기 모두를 제어한다.[43] 눈에 있는 망막 신경절 세포 중 일부는 막대 및 원추형 광수용기를 통해 광감각에 대한 정상적인 경로를 부분적으로 우회하고 특별히 청색광에 직접 반응한다. 이 특별한 신경절 세포는 **시교차상핵SCN: suprachiasmatic nuecleus**(왼쪽 눈과 오른쪽 눈의 시신경이 뇌의 기저부에서 그리스 문자 카이χ 모양으로 교차하는 지점 위에 있기 때문에 이렇게 명명되었다)이라 불리는 뇌 영역에 연결되어 있다. 망막 입력은 SCN의 유전자가 하루 종일 주기적으로 켜고 꺼지도록 영향을 준다. 이와 같은 유전자의 활동일 주기는 SCN으로부터 송과선이라고 하는 다른 뇌 구조로 이동하는 신경 신호에 영향을 미친다. 어둠이 드리우면 SCN은 송과선을 자극하여 멜라토닌을 혈류로 방출하도록 한다.

멜라토닌은 신체의 여러 가지 생리학적 시스템에 광범위하게 작용하며, 무엇보다 수면을 촉진하는 호르몬이다. 이 과정이 조도가 낮은 기간 동안 생기는 우울증과 어떤 관련이 있는지에 대해서는 여러 이론이 존재한다.[44] 어떤 의견에 따르면 너무 많은 멜라토닌 자체가 우울한 일이라고 하고, 또 다른 관점에서는 낮 시간이 너무 짧을 때 문제가 되는 것은 멜라토닌이 방출되는 타이밍이라고 한다. 과량의 멜라토닌 방출로 특징지워지는 겨울 몇 개월은 밀접하게 관련된 신경화학물질인 **세로토닌**serotonin의 수준이 감소하는 시기와 일치한다. 낮은 세로토닌 수치는 우울증과 관련 있으며 프로작 및 셀렉사와 같은 항우울제는 뇌의 세로토닌 수치를 높이는 방식으로 작용한다.

열과 빛에 더하여 환경의 색상 역시 감각 시스템을 통해 행동에 영향을 줄 수 있다. 화가 칸딘스키는 "색은 영혼에 직접적으로 영향을 미치는 수단"이라고 선언한 적이 있고 그의 주장에 대해 수 세기에 걸친 논쟁이 있었다.[45] 색상의 영향에 대한 생물학적 연구는 때때로 **크로모테라피**chromotherapy라고 하는 유사 의학 기술을 도입한, 미국 남북전쟁에 참전한 장군 오거스터스 플레즌턴Augustus Pleasonton의 시절까지 거슬러 올라간다.[46] 플레즌턴의 방법은 하늘색 빛이 치유를 촉진한다는 생각에 중점을 두었다.[47] 크로모테라피는 이제 뉴에이지 운동의 한 구성 요소이지만 대부분의 의사들은 가치 없는 것으로 여겨 무시한다. 그러나 색상의 영향은 의학보다 심리학에서 더 잘 입증된다. 주목할 만한 예는 사람에게 내재한 야수적인 본성을 달래는 것처럼 보이는 밝은 자홍색 색조의 베이커밀러 핑크Baker-Miller pink에 관한 현상이다.[48] 진정 효과는 1960년대 알렉산더 샤우스Alexander Schauss에 의해 발견되었다. 샤우스는 핑크 색조에 노출되면 운동 후 심박수와 호흡이 감소함을 보여주었다. 그는 지역 교도소를 설득해 감방을 핑크색으로 칠하게 했고, 놀랍게도 그 뒤 수감자 사이의 적대감이 급격히 떨어졌음이 보고되었다.[49] 교도소장 진 베이커Gene Baker와 론 밀러Ron Miller는 그 색의 이름이 되었다. 베이커밀러 핑크의 영향에 대해 문화적 편향성이 일조했다는 점을 배제하기는 어렵다. 예를 들어 미국 사회에서 핑크색을 여성성과 연관시키려는 강한 경향성은 해당 국가에서 그 색상의 수용에 영향을 미칠 수 있다. 색상에 대한 추가 실험이 상충되는 결과를 낳았다는 사실은 다른 집단은 동일 자극에 대해 다르게 반응할 수 있다는 생각을 뒷받침한다.[50]

UCLA의 심리학자인 앨버트 머레이비언Albert Mehrabian과 그의 학생 퍼트리샤 밸디즈Patricia Valdez는 색상이 정신 기능에 미치는 영향에 대한 엄밀한 연구에서 250명의 대학생 피험자에게 다양한 색조, 밝기, 채도의 72가지 색상 샘플을 보여주고 감정적 반응을 보고하도록 했다.[51] 그들은 채도가 각성에 강력한 영향력을 미친다는 점을 발견했다. 특히 파랑-초록-노랑 범위에서 채도가 높은 색이 각성 효과가 가장 높은 것으로 파악되었다. 또한 특정 색상은 호감도에서 크게 달랐다. 참가자들은 파란색에서 보라색으로 이어지는 색조를 노란색이나 초록색보다 상당히 높게 등급을 매겼다. 이처럼 비교적 포괄적인 수준의 발견은 다양한 인지 과제에 대한 색상의 영향력을 보여줄 수 있는 과제로 확장되었다. 한 예로 뮌헨대학과 로체스터대학의 연구원들은 피험자들이 초록색 또는 회색 음영으로 표시된 테스트보다 빨간색 펜으로 표시된 IQ 테스트를 훨씬 더 나쁘게 수행했음을 보여주었다.[52] 비록 색상 자극은 피험자들이 기억하기에는 너무 미묘하지만, 두피 전극 기록은 뇌 활동의 미세한 변화가 색상 의존적 행동 효과와 상관관계에 있음을 나타냈다. 이와 같은 결과에 대해 설명 가능한 실험으로서 2009년 〈사이언스Science〉에 게재된 브리티시컬럼비아대학교 연구자들의 논문은 빨간색이 잠재의식적인 회피 행동을 유도하는 경향이 있음을 보여주었다.[53] 또한 이 실험은 역으로 파란색은 단어 게임과 제품 선택 테스트 모두에서 참가자를 끌어들이는 경향이 있으며, 파란색 자극은 창의성 작업의 성과를 향상시키기도 한다는 점을 보여주었다. 이러한 연구 결과가 분명히 푸른 하늘이 제공하는 이점에 치유하는 무엇인가가 있다는 점을 내포하지는 않지만 플레즌턴 및 크로모테라피 치료사들의 신념과 묘하게 맞아떨어진다.

그래서 사람은 식물과 같다. 날씨에 따라 꽃이 피거나 시들고 어떤 경우에는 인테리어 장식가의 변덕에도 좌우되니 말이다. 밝은 날은 더 밝은 분위기로, 더운 날은 더 뜨거운 성질로 이어지고, 더 맑은 날은 더 명확한 사고를 촉진하기도 한다. 우리가 살펴본 환경적 영향은 확실히 우리의 두뇌를 통해 작동하지만, 우리의 두뇌에 지배받지는 않는다. 변화하는 조건의 환경 속에서 우리 뇌는 주변 환경을 흡수하고 반영하여 외부의 영향을 감정 상태와 행동의 변화에 매끄럽게 전달한다. 환경의 영향으로 인한 활기나 무기력은 우리 삶에 크게 영향을 줄 수 있다. 흥분하거나 차분할 때, 의욕이 넘치거나 우울할 때 우리는 다른 목표를 추구한다. 그러면 사람들은 우리를 다르게 보며, 우리의 경력과 관계에 영향을 미치고 어쩌면 심지어 유전자의 운명에 영향을 줄 수도 있다. 우리의 감정 상태는 (청혼을 받아들이고, 일자리 제의를 수락하고, 다리에서 뛰어내리는 것과 같은) 중대한 결정을 눈 깜짝할 사이에 내릴 수 있는 환경을 조성해 특정 상황이나 자극에 반응하는 방식을 즉각적으로 결정하는 데 도움을 준다. 동시에, 우리의 감정적 구성 틀을 형성하는 환경적 요인은 인간의 많은 생각과 행동에 비해 느리게 작동한다. 또한 그것은 우리 뇌가 받아들이는 감각 입력의 매우 작은 일부만 사용한다. 그러면 나머지 입력은 우리에게 어떻게 영향을 주는가?

엄청난 양의 감각적 자극은 주위의 빛이나 열보다 우리의 행동을 훨씬 더 짧은 시간에 변화시킨다. 우리의 감정에 영향을 주는 환경적 요소가 그런 것처럼, 빠르게 작동하는 자극은 중앙 인지 처리 장치가 단순히 받아들이는 신호가 아니며 그 나름의 힘이 있다. 이를 확인하기 위해서는 여러 자극이 어떠한 중앙 제어 장치도 야기할 수 없는 방법으로 서로 방해하는지 살펴보면 된다. 만약 당신이 나와 같다면 배경 소음이 있는 곳에서 작업에 집중하려고 할 때마다 이를 경험하게 된다. 이 결과 나타난 모순적 상황은 교육적인 환경의 중요성 때문에 잘 연구된 현상이기도 하다. 심리학 연구자들은 청각적 자극이 배경으로 존재할 때 독서에 중요한 단기 시각적 기억을 방해하는 **비관여적 음향효과irrelevant sound effect**를 정의했다.[54] 이러한 효과를 보여주는 예로서 심리학자 에밀리 엘리엇Emily

Elliott은 여러 연령대의 피실험자에게 비관여적인 단어 여러 개를 계속해서 듣게 하면서 기억 실험을 수행했다.[55] 성인은 조용할 때보다 비관여적 언어 배경이 존재할 때 10퍼센트 정도 수행 능력이 감소하지만 초등학교 2학년생은 40퍼센트 가깝게 감소했다. 음조나 음악 같은 비언어적 배경 소음이 존재할 때도 인지 작업 수행 능력은 떨어진다.

우리의 지각 능력은 각각 다른 자극이 우리 뇌에서 우위를 점하려고 다투는 것과 같은, 자극 사이의 상호작용에 달려 있다. 음악 콘서트를 다니다 보면 어떤 사람들은 눈 감은 채 음악을 더 잘 감상하는 것 같다는 점을 눈치챌 것이다. 키스할 때도 거의 모든 사람이 눈을 감는다는 것을 모두 알고 있다. 이러한 현상은 시각적 입력을 배제할 때 다른 지각 능력이 향상된다는 사실 때문이다. 런던대학교 연구자들은 피실험자의 촉각 자극 감지 능력을 시험하면서 동시에 시각적으로 주어진 단어를 외우도록 했다.[56] 시각적 과제가 더 쉬울 때 피실험자들은 촉각을 더 잘 감지했는데 이는 시각적 과제가 촉각적 자극의 감지를 방해한다는 점을 보여준다. 또 다른 연구에서 독일 예나대학 과학자들은 빛이 있든 어둠 속에서든 눈 감을 때 촉각에 대한 감수성이 향상된다는 점을 보여주었다.[57] 발화자의 입술 모양이 실제 발화된 소리의 지각에 앞서는 놀라운 현상인 맥거크 효과McGurk effect는 시각 정보가 다른 종류의 자극에 영향을 준다는 사실을 가장 잘 나타내는 여러 예 중 하나다.[58] 먼저 어떤 사람이 '바, 바, 바bah, bah, bah'라고 양의 울음소리를 흉내내는 것을 듣는다. 그리고 이 음원이 'ㅍ'으로 시작하는 '파, 파, 파fa, fa, fa' 소리를 내는 입 모양의 그림과 함께 주어질 때 우리는 'ㅂ'이 아닌 'ㅍ'으로 듣게 된다. 우리가 눈을 감자마자 소리는 다시 양 울음소리 '바, 바, 바'로 들린다. 여러 개 감각 자극이 주어질 때 설사 무엇인가 다른 것을 듣고 있어야 하더라도 당신이 보는 것이 곧 당신이 얻게 되는 것이다.

환경의 통제적인 영향은 **주의**attention라는 현상을 통해 두드러지게 나타난다. 비유적으로 말하자면 주의는 어느 주어진 순간에 우리의 관심을 끄는 사물에게 비춰지는 스포트라이트이며 우리가 가지고 있는 가장 중요한 인지적 능력 중 하나다. 주의라는 스포트라이트는 자극을 용이하게 처리, 기억하고 반응하도록 결정한다. 하지만 어디**로부터** 빛이 비치는가는 논쟁적인 문제다. 주의를 기울이거나 끈다고 말하는 것은 주의에 대한 우리의 능동적이거나 수동적인 참여 방식의 이분적 양태를 가리킨다. 신경과학자들은 이 차이를 하향식과 상향식 메커니즘으로 구분하는데 전자는 개개인이 제어하는 듯한 반면 후자는 자극 자체에 의해 주도된다.[59] 위대한 학자 윌리엄 제임스는 1890년에 "주의를 집중하는 것은 우리 내적 자아의 핵심을 이루고" "산만한 주의를 의식적으로 다시 환기하는 것은(…) 판단, 성격, 의지의 기초 그 자체"라고 썼다.[60] 제임스는 어떤 일을 자율적으로 혹은 자유롭게 실행한다는 것의 핵심은 그것에 주의를 기울이는 것이라고 주장하며 "의지는 주의에 불과하다"라고 선언하기까지 한다.

상향식 주의는 본질적으로 뇌보다 환경이 주도적이라고 여긴다. 대도시를 걸어 다닐 때 우리는 끊임없이 외부 자극에 이끌린다. 우리의 머리는 경적이나 가까운 아스팔트 도로의 차 바퀴 긁히는 소리 쪽으로 본능적으로 돌아간다. 멀리서 들려오는 사이렌 소리조차 우리를 어쩔 수 없이 긴장 상태에 놓이게 만든다. 동네 피자 가게나 중국 음식점에서 새어 나오는 냄새가 배 속을 할퀴고 식욕을 불러일으켜 우리를 부른다. 밤에 지나는 길의 깜빡이는 네온사인과 자동차 전조등의 불빛은 마치 자석처럼 시선을 끄는 것 같다. 이런 것은 생존 반사survival reflex이며 우리의 뇌에 결정론적으로 새겨져 있을 만한 충분한 이유가 있다. 상상컨대 선사시대의 인류가 덤벼드는 사자나 굴러오는 큰 돌을 피할 때 동일한 뇌 메커니즘이 작동했을 것이다.

상향식 주의에서 감각 입력을 행동 반응과 연결시키는 생명 작용은 감각 체계 그 자체뿐 아니라 주어진 자극을 중요하거나 **현저한** 것으로 표시하는 데 관여하는 뇌의 경로에도 의존한다.[61] 이 경로는 자동적으로 현저한 자극에 보다 많이 영향을 주고 그렇지 않은 다른 것은 알아차리지 못하고 지나친다. 가장 현저한 자극은 많은 경우 특정한 이득과 위협을 암시하는 자극인 경우가 흔하다. 이를 보면 왜 우리가 자동차 배기가스보다 피자 냄새에, 기차가 천천히 가며 내는 덜컹거리는 소리보다 공사 현장의 갑작스러운 충돌 소리에 훨씬 더 쉽게 사로잡히는지 알 수 있다. 언뜻 사소한 감각 자극도 현저한 자극과 연관될 때 보다 현저해질 수 있다. 파블로프의 개는 벨 소리가 나면 음식이 곧 도착할 것이라고 연관시키게 되었다. 이렇게 현저해진 벨 소리를 들을 때마다 개는 침을 흘렸다. 많은 신경과학자들은 특정 신경전달물질의 진동에 의해 뇌 속에서 현저성이 전달된다고 믿는다.[62] 운동 기능에 관여하는 뇌 영역에서 도파민을 분비하는 음식과 섹스 같은 보상 자극rewarding stimuli이 가장 많이 연구되었다. 한편 경고 자극alarming stimuli은 노르에피네프린norepinephrine이라는 신경전달물질의 분비를 일으키는 것 같다. 상향식 주의 메커니즘에서 각각 다른 신경화학 작용이 작동한다는 사실은 많은 종류의 환경 자극에 대한 행동 반응이 거의 유전적으로 결정되어 있는지를 보여준다.

현저한 자극에 의해 야기되는 불수의적 반응과 달리, 하향식 주의는 당신이 자신을 위해 목표를 세우고 적어도 명목적으로나마 내적 제어를 할 때 사용된다. 하지만 이런 맥락에서도 당신이 활동하는 환경은 짧은 기간 동안이라도 당신이 하는 일에 영향을 주며 행동에 있어 중요한 역할을 한다. 어떻게 이런 일이 일어나는가를 마틴 핸드포드Martin Handford의 《윌리를 찾아라Where's Waldo?》가 화려한 색감으로 생동감 있게 보여준다.[63] 이 책의 페이지마다 빨간 줄이 있는 셔츠에 털모자를 쓴 윌리라는 이름의 짓궂은 꼬마 같은 주인공이 같은 크기와 모양을 한 화려한 색감의 수많은 인물 속에 파묻혀 조그맣게 그려져 있다. 주의력 전문가 로버트 데시몬Robert Desimone과 그의 동료들은 우리의 시각 체계가 각각의 그림을 두 가지 방식으로 처리한다는 점을 밝혔다.[64] 우리는 빨간 점이나 모자의 뾰족한 부분 등 보다 눈길을 끄는 두드러진 특징을 찾으며 전체 그림을 받아들인다. 동시에 시야의 중심에 조그만 부분을 줌인해 짓궂은 꼬마 친구에 딱 들어맞는지 확인한다. 핸드포드의 복잡한 그림에서 1000명의 인물이 동시에 우리의 시선을 끌고 우리 눈은 그 페이지 위를 반사적으로 훑는다. 하지만 우리 눈의 이동은 놀라울 정도로 체계적이어서 눈이 한 지점에서 머무르는 시간과 두 지점 사이를 이동하는 시간은 내부 의사 결정이 아니라 시각적 장면의 성격에 따라 결정되므로 예측 가능하다.[65] 사람의 얼굴을 볼 때도 동일한 현상이 일어난다. 우리의 시선은 대상의 눈, 코, 입을 체계적으로 받아들이는 일정한 패턴으로 이리저리 움직인다.[66] 다시 말하지만 우리가 직면하고 있는 자극의 세부 성질이 우리의 뇌 활동과 행동을 전반적으로 결정한다.

보다 거친 수준에서도 하향식 주의가 모두 그렇게 하향적이지는 않다. 우선 분명한 사실은 무엇에 주의를 기울여야 하는가에 대한 지시가 종종 환경으로부터 온다는 점이다. 실험실에서 이루어지는 실험에서, 하향식 주의는 깜박거리는 표지판이나 화살표같이 뚜렷한 시각적 신호 또는 연구원의 지시에 의해 유도된다. 대본이 없는 보통의 삶에서 하향식 주의의 변화와, 뒤따르는 복잡한 순서의 행동 역시 우리 주변 세계의 사소한 것에 의해 시작될 수 있다. 쿠키 부스러기의 맛 때문에 마르셀 프루스트Marcel Proust의 화자는 삶, 우주 그리고 모든 것에 대해 일곱 권짜리 랩소디를 풀어내고(프루스트의 장편소설 《잃어버린 시간을 찾아서À la recherche du temps perdu》를 가리킴—옮긴이), 한때 익숙했던 옛집 방문은 에벌린 워Evelyn Waugh의 《다시 찾은 브라이즈헤드Brideshead Revisited》에서 찰스 라이더가 종교를 찾도록 영감을 준다.[67] 고대 역사가 수에토니우스Suetonius의 기록에 따르면 신비스러운 백파이프 연주가의 음악이 기원전 49년 루비콘강 가로 카이사르 부대를 끌어들였다. 음악가의 커다란 나팔

소리가 장군의 운명적인 결의를 촉발시켜 로마로 들어가게 했고, 카이사르 독재의 시작과 궁극적으로 로마 공화국의 종말을 이끈 내전이 시작되었다.[68] 심각한 결정은 피상적인 감각 경험에 의해 시작된다.

하향식 주의는 그러한 영향의 침투에 매우 취약하다. 전 세계 교실에서 강의하는 사람들에게는 실망스러운 일이지만, 주의 지속하는 시간에 관한 연구에 따르면 대부분의 사람들은 몇 분 동안만 어떤 주어진 활동에 주의를 기울이고 곧 산만해진다. 신경과학자 존 메디나John Medina는 청중이 약 10분 후에는 강의에 주의를 기울이지 않는다는 원리에 기초하여 "10분 규칙"을 정의한다.[69] 사람들의 참여를 유지하기 위해 메디나는 일정한 간격을 두고 매우 감정적으로 현저한 일화나 자극을 제공하는 방식으로, 수행 능력 향상을 목표로 하는 청자들 교육에 사실상 상향식 주의 메커니즘을 활용하라고 제안한다. 디지털 기기가 널리 보급되면서, 보고된 주의 지속 시간은 더욱 한심한 수준에 이르렀다. 마이크로소프트가 2015년 발표해 널리 알려진 온라인 습관에 대한 연구에 따르면, 21세기 환경에서 온갖 전자 기기 관련 방해 요소가 널리 퍼진 결과 평균적인 주의 집중 시간은 8초밖에 되지 않을 정도다.[70] 주어진 순간 우리가 주의를 기울이던 것에 관심을 잃는 데 시간이 얼마나 걸리더라도, 우리에게는 항상 또 다른 디지털 자극이 있다("잠깐만, 이 메시지 읽어 보기만 할게!" 비디오게임, TV 시청, 웹 서핑 등 사람들이 매우 흥미진진하게 여기는 활동이 끊임없이 변화하고 항상 새로운 자극을 주는 것은 우연이 아니다). 그러한 집중포화에 직면할 때 우리의 두뇌가 원하기 때문이 아니라 외부 세계가 워낙 효과적으로 두뇌를 흔들기에 우리의 주의가 끌리게 되는 것이다.

우리 인간이 세계에서 받는 자극 중 서로에게서 얻는 자극은 특별한 영향력을 지닌다. 다른 사람들의 강력한 영향에 대해 우리 모두 알고 있지만, 이러한 영향이 우리 자신의 자기결정 능력을 저하시킨다. 1951년 솔로몬 애시Solomon Asch라는 이름의 젊은 심리학자는 동료로부터의 자극이 갖는 강력한 효과를 보여주는 고전적 실험을 수행했다.[71] 애시는 피험자를 그룹 지우고 지각적 판단 작업을 수행하도록 요청했다. 그들에게 선 하나가 그려진 카드 한 장을 보여주었다. 그런 다음 세 개의 선이 그려진 두 번째 카드를 받고 첫 번째 카드의 선과 일치하는 선이 무엇인지 공개적으로 투표하게 했다. 각 피험자는 모르고 있었지만 그들이 속한 그룹의 일부는 실험 도우미로서 과제에 어떻게 투표하라고 교육받은 바람잡이들이었다. 그들은 정답이 분명한 경우라도 잘못 투표하도록 요청받았다. 이런 경우, 당황한 피험자들은 구체적인 시각적 데이터와 일치되어 있지만 잘못된 듯한 방 안 다른 사람들의 의견 중에서 선택할 수밖에 없었다. 놀랍게도 대부분의 참여자들은 적어도 한동안은 자기 눈의 증거를 거부하고 동료 집단에 동조했다. 일부 피험자들은 주제와 관계없이 무조건 대다수를 따랐으며, 4분의 1 정도만 한결같이 자기 의견을 고수했다.

애시는 자신의 실험을 요약하면서 "우리 사회에는 동조同調 경향이 너무 강해서, 매우 똑똑하면서 선의를 가진 젊은이들이 흰색을 검다고 말하는 것은 걱정할 만한 일이다"라고 말했다.[72] 그러나 그의 실험에서 동조자들이 독자적인 행동을 하기란 한 마리 물고기가 무리와는 반대 방향으로 헤엄치거나, 한 마리의 누(뿔이 휘어져 있는 큰 영양—옮긴이)가 포식자의 접근에 무리에서 이탈해 잽싸게 도망치는 것보다 더 자유롭게 할 수 있는 일이 아닐 수 있다. 색조나 이미지와 같은 비생물 자극이 독특한 방식으로 뇌에 영향을 주는 것처럼, 인간의 모습이나 목소리 같은 사회적 자극도 마찬가지다. 현대 신경과학은 인간 신체 인식과 인간 언어 처리와 같이 사회적으로 중요한 기능에 특화된 여러 뇌 영역을 밝혀냈으며 이 중 몇 가지는 이미 4장에서 본 바 있다. 이 영역은 시각이나 청각과 같이 보다 기본적인 기능을 위한 감각 시스템과 다소 유사하다. 그것들은 우리가 다른 사람들로부터 받는 신호가 환경의 중요한 요소임을 확실히 해주며, 대인 관계를 형성하고 굳건히 하기 위한 강력한 메커니즘에 의해 보완된다.

시끄러운 소음과 같은 낮은 수준의 입력과 다른 사람의 행동이 각각 우리의 행동에 영향을 미치는 방식 사이에는 언뜻 보기에 엄청난 차이가 있는 듯하다. 후자의 경우, 우리는 일반적으로 어느 정도 반응을 고려한다. 예를 들어, 애쉬의 동조 실험의 피험자는 판단 내리기 전에 자신감 수준, 방 안에 있는 다른 사람에 대한 신뢰도, 자극의 특성을 고려했다. 그러나 사회적 자극이 시끄러운 소음보다 반드시 더 정교하지는 않다. 사람의 비명, 아기의 울음, 다른 사람 얼굴에 퍼진 미소, 또는 두려움의 표현에 우리가 본능적으로 어떻게 반응하는지 생각해보라. 기능적 뇌 영상 연구에 의해 밝혀진 바로는 감정이 가득 찬 얼굴 표정을 보고 있는 사람은 자신이 그런 감정을 실제 경험할 때 예상할 수 있는 것과 부분적으로 유사한 뇌 활동을 즉각적인 결과로 보여준다.[73]

비정서적인 사회적 자극 역시 거의 자동적인 행동 반응을 만들 수 있다. 유명한 예를 들자면, 기능에 대해서 알려진 바는 없지만 인간과 침팬지에서 모두 나타나는 전염성 하품이 있다.[74] 또 다른 예는 식역하識閾下, subliminal(인지의 경계 혹은 문턱 아래라는 의미로 역치하閾値下로도 불리며 '우리가 인지하지는 못하지만 거기에 있다'라고 풀어서 설명할 수 있음. 한때 서블리미널 광고에 대한 논란이 많았으며 현재 우리나라에서는 '방송광고는 시청자가 의식할 수 없는 음향이나 화면으로 잠재의식에 호소하는 방식을 사용하여서는 아니된다'라는 방송통신심의위원회 규칙 제79호 제15조 '잠재의식 광고의 제한'으로 금지하고 있음—옮긴이) **언어점화speech priming**로서 화자가 어떤 단어를 매우 빨리 말하면 청자가 의식적으로 인식하지 못하더라도 뒤따르는 질문에 대한 그의 답변이 바뀌는 현상을 가리킨다.[75] 예를 들어, 알아들을 수 없이 계속 중얼거리는 소리 속에 지각할 수 없게 삽입된 '카우cow'라는 단어는 나중에 더 명확하게 말할 때 인식할 가능성이 더 높다.[76] 언어점화 효과는 인간 언어에 대한 우리의 반응이 비생물적인 자극에 대한 우리의 의지와는 무관한 반응만큼이나 반사적일 수 있다는 것을 보여준다.

우리 환경에서 사회적 자극을 제거할 때 어떤 일이 발생하는지를 고려한다면 그러한 자극의 중요성을 알 수 있다. 오늘날 수만 명의 미국인이 그러한 사회적 박탈의 영향을 측정하기 위한 심술 궂은 실험의 피험자다.[77] 이들은 독방에 수감되어 있는 죄수들이다.

독방에 갇힌 죄수는 2평 정도도 안 되는 스파르타식 감방에 갇혀서 문에 있는 구멍으로 전달되는 식사와 하루에 기껏해야 한 시간도 안 되는 운동을 한다.[78] 그들에게는 식사 배급과 운동장으로 호송되는 동안에 만나는 교도관과의 접촉이 인간과의 유일한 접촉이다. 이들의 변호단체인 독방감시Solitary Watch에 따르면, 독방에 있는 수감자는 "외부 자극에 대한 과민 반응, 환각, 공황 발작, 인지 결손, 강박적 사고, 편집증, 충동 조절 문제"를 포함하여 다양한 종류의 심리적 문제를 가지고 있다.[79] 언론인 쉬루티 라빈드란Shruti Ravindran이 인터뷰한 죄수는 독방에서 발생하는 특정한 형태의 신경 쇠약을 묘사했다. "하루 종일, 매일, 박스에 있는 놈들이 미쳐나간다니까. 소리를 지르고 비명을 꽥꽥 지르질 않나 저 혼자 떠들기도 하는걸. (…) 새벽 두세 시에 누가 '아아아아아아!' 하고 비명을 지르기도 하지. (…) 넌 그냥 고개를 가로저으며 '또 한 놈 저러는군'이라고 말하겠지."[80] 1972년의 한 연구에서는 수감자의 신경전기 신호를 조사한 결과 며칠 동안 홀로 수감된 재소자는 뇌파가 전반적으로 느려지는 것으로 나타났다.[81] 이들이 독방에 감금되지 않은 수감자보다 번쩍이는 빛에 더 빠른 뇌 반응을 보여준다는 기록은 자극 과민증의 행동적 발견을 뒷받침한다. 분명히 고립된 사람의 두뇌는 사회적 자극이 많고 자연스러운 환경에 있는 두뇌와는 다른 종種, species이다.

개인에게 영향을 미치는 순간적인 자극로부터 전체 인구에게 영향을 줄 수 있는 세계적인 문화인자까지 여러 형태의 자극은 미끄러운 비탈(어떤 사소한 행위나 사건이 중대한 부정적인 결과에 이르는 일련의 연관된 사건을 야기한다고 주장할 때 범하는 논리적 오류를 이르는 말. 브라질에 있는 나비의 날갯짓이 대기의 흐름에 영향을 주어 결국 미국 텍사스에 토네이도를 발생시킬 수 있다는 이른바 나비 효과butterfly effect와 상통함. 어떤 조치를 취할 때 생길 수 있는 결과를 과장하여 대중을 위협하는 극단주의적 정치 집단에게서 어렵지 않게 찾을 수 있는 행태—옮긴이)로 이어진다. 대규모 사회적 자극에는 전쟁, 기근 및 대량 이주에서부터 이혼율, 교육, 인터넷에 이르는 모든 것의 영향이 포함된다. 이러한 인자들이 무대를 설정하고 우리는 단순히 그 위에서 연기하는 사람에 불과하다. 경찰은 영국인, 연인은 프랑스인, 기계공은 독일인, 요리사는 이탈리아인이며, 이 모두를 스위스인이 조직하는 곳이 천국인 반면, 지옥은 경찰은 독일인, 연인은 스위스인, 기계공은 프랑스인, 요리사는 영국인, 그리고 이 모두를 이탈리아 사람이 관장하는 곳이라는 '농담xeroxlore'(제록스로어, 즉 복사된 문서를 통해 전파되는 농담이나 일화, 도시 신화—옮긴이)'을 읽어보았을 수도 있다.[82] 유럽인 친구가 많은 사람들은 조잡한 고정관념에 반발할 수도 있겠지만 문화적으로 조건화된 행동 패턴의 가능성은 매우 현실적이다. 예를 들어, 31개국에 대한 2013년 퓨Pew 조사에 따르면 프랑스인은 다른 민족보다 혼외 관계에 대해 훨씬 더 관대하다고 밝혀졌다.[83] 이를 프랑스인들의 뇌가 본질적으로 어떤 다른 특성을 가지고 있다는 것을 의미한다고 하기란 거의 불가능하다.[84] 유전적으로 프랑스인은 다른 어떤 유럽 민족보다 매우 일부일처제적으로 생활하는 스위스인에 가깝다. 대신 결혼에 대한 태도와 같은 문화적 특성은 우리가 살고 있는 환경을 통해 뇌에 영향을 미치는 복잡한 사회적 자극이다.

신경과학자인 마이클 가자니가Michael Gazzaniga는 "서로 상호작용하는 뇌 사이의 공간"은 "마음-뇌 관계를 이해하기 위한 우리의 탐구에 대한 해답"의 일부일 수 있다고 주장한다.[85] 일부 연구자들이 개별 두뇌의 활동과 연관시키고자 애썼던 우리의 지각된 자율성(심리학의 자기결정성 이론self-determination theory 개념으로서 외부 환경으로부터의 압박이나 강요 없이 본인의 선택으로 자신의 행동을 결정할 수 있다는 점을 자신이 알고 있음을 지칭 —옮긴이)과 자유의지와 같은 속성은 도리어 가자니가가 많은 사람이 관여된 다층의 분산된 상호작용이라고 기술한 것에서 비롯된다. 형이상학적 시인 존 던이 그의 유명한 명제 "어떤 사람도 그 스스로 완전한 섬이 아니다"를 쓴 것은 아마 이와 비슷한 정신에서였다.[86] 세월이 지나도 변치 않을 던의 표현에 의하면, "어느 사람의 죽음도 나를 감소시킨다. 왜냐하면 나는 인류에 포함되어 있기 때문이다". 뇌 사이의 사회적 상호작용에서 마음이 생긴다면, 어떤 사람의 뇌 변화나 죽음은 집단적 경험에 말할 나위 없이 고통을 준다.

이 장에서 나는 뇌가 서로뿐만 아니라 전체 환경과의 관계 속에서 고려되어야 한다고 주장했다. 우리의 뇌는 사방에서 부딪히는 자극에 의해 끊임없이 뒤흔들린다. 외부 영향은 우리 감각 환경의 미묘한 변화에서부터 생명이 있든 없든 모든 근원으로부터의 보다 예리한 충동에 이르기까지 다양하다. 이러한 영향은 단순히 우리의 머리에 있는 지휘 센터로의 정보 전달이 아니다. 그것은 우리 뇌와 마음의 가장 깊은 수준에까지 파고드는, 원인이 되는 힘이다. 나무의 물리적 구조로 태양, 바람, 비가 어떻게 나무의 성장과 움직임을 유도할지 결정하는 것과 유사하게 신경계는 환경 입력을 행동 출력으로 변환한다. 나무는 빛을 좇아 잎을 열고 강한 돌풍으로 인한 피해를 피하기 위해 흔들린다. 그러나 약간 비틀어 생각할 때만 나무가 자신의 행동을 통제한다고 말할 수 있다. 오히려 나무든 뇌든 근본적으로 그들 주위의 세계에 반응한다. 어느 쪽도 환경의 역할이 능동적인 것에서 수동적으로 변화하는 지점에 방화벽을 세워 환경을 막지 않는다. 환경을 포괄하는 수많은 영향을 고려하지 않으면 둘 중 어느 것도 이해할 수 없다.

여기에서 논의된 뇌 기능의 내부 및 환경적 동인 사이의 이분법은 이 책의 1부에서 다룬 또 다른 이분법(5장의 뇌의 한정적 측면 대對 신체의 전반적 측면의 정신 기능, 4장의 국소적 대 분산적 뇌 처리, 3장의 신경계의 복잡성 대 다루기 쉬움, 2장의 뇌 생리 과정에 대한 무기적 대 유기적 견해)과 유사하다. 각각의 경우에, 전자의 견해는 뇌가 나머지 자연계와 다르거나 분리되어 있는 방식을 강조하여 뇌가 무엇이며 어떻게 작동하는지에 대한 잘 알려진 신화를 만든다. 뇌를 무기적이고 엄청나게 복잡하며 기능적으로 자급자족하고 자율적으로 강력하다고 묘사하는 것은 뇌를 몸과 분리된 영혼의 대리자로 제시하고 내가 과학적 이원론이라고 명명한 태도를 지지하게 만든다. 뇌의 신비는 이러한 태도에 기반을 두는데, 그것은 인간의 마음이 물질적인 기반을 가지고 있다고 믿는 나 같은 사람들에게 널리 퍼져 있다. 그것을 기각하기 위해서는 마음의 생물학적 기초를 있는 그대로 받아들이고 뇌, 몸, 환경이 어떻게 힘을 합쳐 우리를 만드는지 목격해야 한다. 이것을 달성하는 것이 1부의 목표였다면 2부에서는 과학에서 사회로 시선을 돌려 왜 뇌의 신비를 버리고 생물학적인 마음을 받아들이는 것이 개인과 세계 문명으로서의 우리에게 중요한지 살펴볼 것이다.

2
생물학적 접근의 중요성

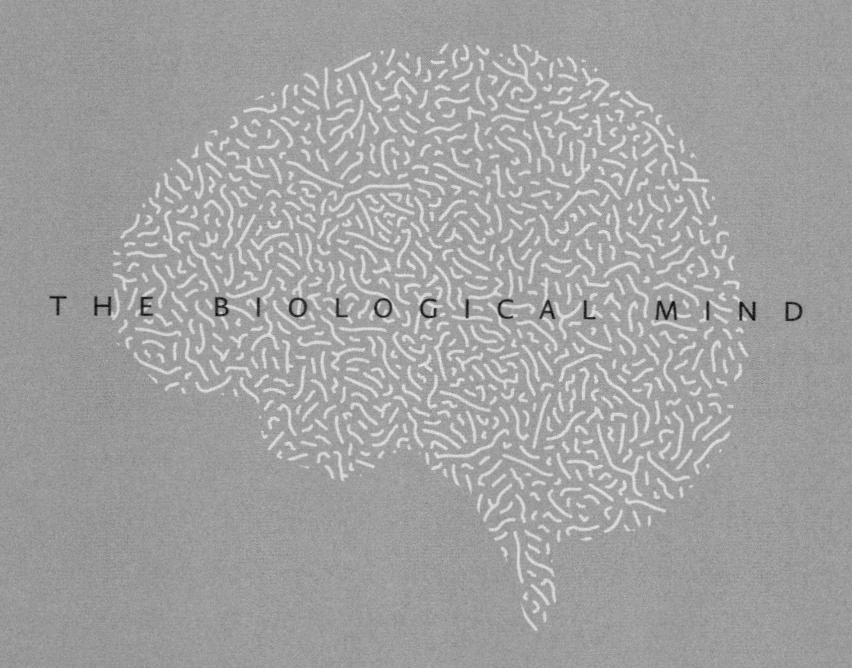

07

내부자와 외부자

이 책의 두 번째 부분에서는 뇌의 신비가 인간의 행동 문제를 뇌의 문제로 축소시켜 우리의 문화를 어떻게 제약하는지 살펴볼 것이다. 전통적으로 추상적인 마음의 내장된 자질로 간주했던 특성은 이제 신경생물학의 본질적인 양상에 기인한 것으로 본다. 이러한 상황은 이전보다 인간 활동에 대한 보다 과학적인 정보에 근거한 이해를 증진시키지만, 밖으로부터 즉 환경에 의해 결정되는 것보다 안으로부터 즉 우리 자신의 뇌나 마음에 의해 지배되는 자율적인 개인으로 우리 자신을 생각하려는 (우리의 역사와 관습에 깊이 뿌리를 둔) 과장된 성향을 보존하기도 한다. 이 장에서는 인간 본성에 대한 현대의 뇌 중심 관점과 그런 관점으로 인해 행동의 외부적 원인을 무시하는 경향성이 가지는 사회적 함의를 살펴볼 것이다.

우리를 형성하는 내부 및 외부적 힘 사이의 상호작용을 어떻게 인식할 것인가는 우리의 문화 전반에 영향을 미치는 논쟁적인 주제다. 정치와 경제 분야에서 보수주의와 자유주의는 내부적으로 주도된 개별 기업이냐, 외부적으로 결정된 사회 및 환경적 변수냐, 이 두 가지에 부여하는 상충되는 가치로 정의된다. 이에 따르는 줄다리기는 세법과 복지 프로그램에 영향을 미쳐 어떤 사람들의 식탁에 음식을 올려주는 반면 다른 사람들의 은행 잔고는 줄어들게 한다. 형사 사법 분야에서, 범죄의 성립과 형의 시효는 개인적인 책임의 중요성에 대한 태도 대 범죄를 초래한 상황, 즉 내적 동기 대 외적 강제라는 관련된 대조에 근거한다. 버락 오바마 대통령은 "정의는 '나는 내 형제의 수호자요, 내 자매의 수호자다'라는 공통의 신념에 부응하고 있다"라는 공언과 함께 상호 의존적인 사회적 세력의 역할을 강조했다.[1] 이에 반해 그보다 앞선 대통령 로널드 레이건은 미국 시민에게 "법이 위반될 때마다 법을 위반한 사람이 아니라 사회가 유죄라는 생각을 버리라"고 두드러지게 말했다.[2] 레이건은 "각 개인이 자신의 행동에 대해 책임을 진다는 미국적인 수칙을 회복할 때다"라고 직설적으로 선언했다. 이런 철학은 많은 공공 생활 분야에서 성취나 자기주도성을 장려하는 방법에 대한 태도와 연계되어 있다. 예를 들어 지적 재산과 정부 자금에 관한 정책은 개인에 대한 인센티브 제공과 생산적인 환경 조성 사이의 긴장을 반영한다.

인간 행동의 원인에 대한 상충되는 의견은 또한 본성과 양육 중 어느 것이 인간 발달에 지배적인지에 대한 영원한 논쟁과 유사하다. 우리가 지금 여기에서 어떻게 기능하는지에 대한 논쟁은 우리가 어떻게 이런 방식으로 존재하게 되었는가에 대한 문제와 어느 정도 분리될 수 있긴 하지만, 우리 행동의 내부 동인으로서 개인의 마음이나 뇌를 강조하면 과거에 우리를 형성할 수 있었던 교육이나 양육과 같은 외적 요인에 자연스럽게 상대적으로 적은 비중을 두기 마련이다. 반대로, 외부 상황과 환경에 대해 성인으로서 우리의 민감성을 강조하는 견해를 가지면 어린 시절의 양육 역할에 더 큰 비중을 두는 경향이 있다. 이러한 입장은 결국 양육 전략, 교육철학 및 사회적 우선순위에 영향을 미친다.

따라서 우리의 행동에 대한 내부 및 외부 지향적 설명 사이에서 객관적으로 정당화될 수 있는 타협점을 찾는 것은 매우 중요한 도전이며, 이를 해결하는 열쇠는 뇌에 있다. 이것은 뇌가 우리의 생물학적인 내부를 주변 환경과 묶는 인과 사슬의 필수적인 연결 고리이기 때문이다. 뇌는 외부 세계의 신호를 각 사람에게 전달한 다음 다시 밖으로 내보내는 훌륭한 전달자다. 뇌에 대해 생물학적으로 근거를 둔 견해가 없다면, 우리는 개인과 주변 환경 사이의 상호 교섭을 간과하게 되며 그 대신 인간 행동에 대한 내부 및 외부 지향적 견해 중 어느 한쪽의 손을 들어야 한다. 뇌를 이상화할 때, 우리는 사람들의 행동 방식에 대한 강력한 내부적 결정 인자로서 뇌의 역할을 부풀리게 된다. 반대로, 뇌를 무시함으로써 우리는 외부 영향의 중요성을 과장하고 개인의 차이를 인식하지 못할 수 있다. 그러나 뇌의 신비를 벗기고 우리 주변의 영향 전체와의 연속성을 인식함으로써 뇌, 몸, 환경이 어떻게 힘을 합쳐 우리의 행동을 이끌어내는지 더 잘 이해할 수 있다.

이어지는 장에서는 역사적으로 인간 행동의 원인에 대한 다양한 태도가 근본적으로 사회에서 개인의 위치에 대한 근본적으로 서로 다른 개념으로 어떻게 실제로 이어지는지 살펴볼 것이다. 특별히 오늘날의 뇌 중심적인 견해가 등장한 이유를 이와는 대조적인 환경 중심적 철학인 **행동주의**behaviorism(20세기 중반 전성기를 맞았으며 인간 행동을 거의 외부 환경이라는 매개변수를 통해서만 설명하려고 시도했다)에 대한 반향으로 어느 정도 설명할 수 있다는 점을 살펴볼 것이다. 내부 지향적인 뇌 기반 설명으로 방향을 바꾸어 우리의 주의를 환경이 아니라 개인 자신으로 다시 돌리게 되면서 범죄성에서 창의성에 이르는 다양한 현상에 대해 우리가 어떻게 생각하는지를 왜곡한다. 보다 균형 잡힌 관점은 뇌 기능에 대한 입력과 맥락을 제공하는 외부 상황을 다시 한번 강조하는 것이다. 바로 이 관점에서는 뇌를 원인과 결과의 확장된 구조에 유기적으로 내장되어 있는 기관으로, 그리고 우리를 존재 그대로 즉 생물학적 존재로 취급한다.

심리학의 역사는 개인의 내부 또는 외부에서 인간의 행동을 분석해야 하는지 여부와 내부 또는 외부적 요인 중 어떤 것이 사람들의 삶에 더 중요한 영향을 미치는지에 대한 논쟁의 역사였다. 지난 150년 동안 경쟁 관계에 있는 학파는 상대에 반대하는 의견을 제시하고 큰 진자의 추와 같이 주기적으로 서로에 대한 지배력을 얻어가며 지적 사회적 결과를 가져왔다. 이러한 변화의 주기적인 특성을 보면 역사를 일련의 변증법 즉 노예와 주인 또는 노동자와 자본가 같은 반테제적인 행위자 간의 갈등으로 보는 위대한 독일 철학자 G. W. F. 헤겔과 그의 지적 후손인 카를 마르크스의 아이디어를 떠올리게 된다.[3] 정치적 영역에서 계급 간의 밀고 당기는 투쟁은 이제껏 한 번도 달성되지 않은 사회적 조화의 비전인 완전한 평등과 인류의 보편적인 '형제애'의 확립으로 끝날 것이라고 마르크스는 예측했다.[4] 그러나 심리학에서는 행동에 대해 내적 대 외적 초점을 조화시키는 종합적인 관점이 아직 가능하지 않은 듯 보인다. 이를 달성하기 위해서는 뇌에 대한 생물학적 근거가 매개체로서 필요하지만, 이것은 주류 심리학 연구에서는 대체적으로 미흡하다.

19세기 후반 역사학자 존 오도넬John O'Donnell은 마음에 대한 연구는 "영혼의 철학과 거의 구별할 수 없다"라고 썼다.[5] 철학자들이 실험하고 심리학이 과학이 되었음에도 불구하고, 이 학문 분야는 '정신spirit'을 의미하는 고대 그리스어 psyche를 어원으로 하는 그 이름에 충실하게 남아 있다. 독일의 빌헬름 분트Wilhelm Wundt와 미국의 윌리엄 제임스를 포함하여(그림 11 참조) 이른바 과학 심리학의 아버지들에게, 연구 대상은 개인의 주관적 의식이며 주요 연구 방법은 내성內省, introspection이다. 따라서 현대 심리학의 탄생은 르네 데카르트가 내성을 통해 자신의 존재를 유추하여 "나는 생각한다. 고로 나는 존재한다"라는 영원불멸의 공리로 시작한 전통을 확장시켜 마음을 내부로부터 조사할 독립적인 개체로 보는 개념에 확고한 뿌리를 두고 있다.

빌헬름 분트는 실험심리학에 관한 첫 번째 교과서를 집필하고 1879년 라이프치히대학교에 세계 최초로 간주될 수 있는 근대적 심리학 연구소를 설립했다. 유년 시절 분트는 자신의 학업에 방해

그림 11. 19~20세기의 유명한 심리학자. (왼쪽 위부터 시계 방향으로) 빌헬름 분트, 윌리엄 제임스, B. F. 스키너, 존 B. 왓슨.

가 될 정도로 몽상에 빠지는 습관이 있었는데 이러한 경험이 그가 나중에 수행할 연구에 도움이 되었을 것으로 추정된다.[6] 그는 해부학 및 생리학 교수인 삼촌의 지도하에 의대생으로서 과학 연구에 관심을 가지게 되었고, 존경받는 물리학자이자 생리학자인 헤르만 폰 헬름홀츠Hermann von Helmholtz의 조수로서 부러워할 만한 위치를 확보하기에 이른다. 점점 더 독립적인 연구를 수행하면서 분트는 이와 같은 영향들을 조합하여 인간 마음의 내부적인 본질에 관한 세심한 연구 프로그램으로 발전시켰다.

분트의 연구는 내성에 의존하는 의식의 구조를 감정과 지각 같은 기본적인 요소로 나누는 **구성주의structuralism**로 알려진 접근법이었다. 분트는 "심리학에서는 자신을 안으로부터 바라보고 이와 같은 내부적 관찰이 드러내는 과정 간의 상호 관계를 설명하려고 한다"라고 썼다.[7] 실험실에서 분트와 그의 연구팀은 신중하게 조정된 외부 자극에 의해 유발된 정신적 반응을 찾도록 실험을 설계하고 수행했다. 심리학을 보다 물리학처럼 만들기 위해 분트의 연구진은 지금 시각으로 보기에는 기이하고 구닥다리인 정밀 기구를 많이 사용했다. 그들의 실험 도구에는 엄청나게 짧은 시간 동안 피험자를 시각적 자극에 노출시키도록 설계된 장치인 타키스토스코프tachistoscope, 자동 기계식 데이터 레코더인 카이모그래프kymograph, 밀리초(1000분의 1초—옮긴이) 간격의 시간을 재도록 설계된 초고속 스톱워치인 크로노스코프chronoscope가 있었다.[8]

전형적인 실험에서 분트의 학생들은 연구 참여자를 조심스럽게 타키스토스코프 앞에 앉히고 잠깐 동안 시각적 자극을 깜빡인 다음 피험자가 자신의 주관적 지각을 보고하기까지 지연되는 시간을 측정하여 정신 과정의 지속 시간을 기록할 수 있었다. 색상 인식을 위해서는 30밀리초, 문자 인식을 위해서는 50밀리초, 선택을 위해서는 80밀리초 등 반응 시간 목록이 만들어졌다. 더 넓은 결론은 다양한 실험 조건에서 여러 대상에게 얻은 간단한 측정을 기반으로 했다. 예를 들어 분트는 당시 독일 고딕 서체로 쓰여진 글자가 로마 글꼴의 글자보다 인식하는 데는 더 오래 걸렸지만 두 가지 서체로 각각 쓴 단어는 같은 속도로 이해된다는 것을 알아냈으며, 이러한 결과로부터 단어를 읽는 인지 작용은 개별 글자의 인식에 의존하지 않는다고 추론했다.[9]

이런 점에서 분트의 실험은 외부 세계와 개인 내부 세계의 인터페이스를 대상으로 한다고 볼 수 있지만, 그의 가장 중대한 관심사는 마음의 내부 프로세스였고, 외부 감각 세계를 조작하는 것은 단지 목적을 위한 수단에 불과했다. 외부적 자극은 정신적 과정을 작동하게 하는 수단일 뿐이며 정신적 과정이야말로 그의 진정한 연구 대상이었다. 분트에 따르면, 실험심리학은 "외부로부터 안으로 이르는 방향으로 출발하지만 주로(…) 심리적 측면으로 관심을 돌린다."[10]

또한 분트는 뇌를 연구할 필요성이 없다고 생각하여 자극이 개인의 마음을 만나 변화시키는 과정에 대한 연구를 기피했다. 그는 자극의 세계와 연결되어 있지만 내면의 심리적 현상의 영역과는 구분되는 외부의 물리적 영역과 뇌를 더 밀접하게 연관시켰다. 분트는 이 두 영역을 연결하려는 노력이 대부분 사변적일 뿐만 아니라 마음을 이해하는 데 불필요하다고 생각했다. 그는 1897년에 뇌생리학을 염두에 두면 "정신과학에 어떠한 실질적인 기초를 제공하려는 시도를 완전히 포기하게 된다"라고 지적했다.[11] 이러한 관점은 분트의 학생인 에드워드 티치너Edward Titchener에 의해 의욕적으로 수정되고 정교화되었는데, 그는 영국인으로서 라이프치히에서 수학한 뒤 미국에 구성주의를 들여왔고 나중에 코넬대학교에 자리 잡았다. 티치너는 내면으로부터 마음을 연구해야 한다는 필요성을 훨씬 더 믿었다. 그는 "실험적인 내성은(…) 우리 자신을 알 수 있는 우리가 가진, 한 가지 믿을 만한 방법"이며 "그것이 심리학의 유일한 관문"이라고 자신 있게 선언했다.[12]

윌리엄 제임스는 분트와 티치너와 동시대인으로서 하버드대학교에서 최초의 심리학 수업을 강의했으며 같은 곳에서 최초로 심리학 박사학위 과정을 지도했다. 그는 부유하고 교양 있는 뉴잉글랜드 가문의 자손이었지만 학문적인 면에서는 자수성가한 사람으로서 이제 겨우 부분적으로 태동한 학문 분야를 선택하기 전에 예술, 화학, 의학에 잠깐씩 관심을 가졌다.[13] 같은 지적 분야에서 싸우고 있는 전우였지만 제임스는 마음 연구에 저명한 유럽 학자들의 연구에 대해 호의적인 말은 거의 하지 않았다. 제임스는 분트와 그의 동료들의 미시적인 실험 방식이 "최대한의 인내심을 필요로 하며, 자국민이 따분해할 수 있는 나라에서는(분트 같은 독일인 연구자들은 물론, 티치너 같은 독일 자국민도 아닌 사람이 머리카락 세는 것처럼hairsplitting [이 책에서는 "미시적인"으로 번역] 꼼꼼히 따지는 독일의 실험 방식으로 연구하는 상황에 대한 평가절하적 표현—옮긴이) 생기지도 않았을" 것이라고 불평했다.[14] 대신 그는 구성 요소가 아니라 시간이 지나면서 진화하여 얻은 수행 기능 측면에서 마음과 두뇌를 이해하는 데 중점을 두고 보다 실제적인 심리학을 옹호했다.

제임스는 구성주의자가 사용하는 장치와 도구를 전혀 사용하지 않았지만 마음을 내부에서 조사해야 한다는 그들의 입장에는 전적으로 동의했다. 그는 "내성적인 관찰은 다른 어떤 무엇보다 우리가 항상 의존해야 하는 것이며(…) 나는 이 신념을 심리학의 모든 공준公準 중 가장 기초적인 것이라고 생각한다"라고 썼다.[15] 분트와 달리 제임스는 자신의 1890년 걸작 《심리학의 원리Principles of Psychology》를 뇌에 관한 두 장으로 시작함으로써 마음을 생물학적으로 보는 관점에 대한 충성을 맹세했다. 그러나 그는 정신 활동이 뇌의 과정과 일치한다고 가정하면서도 그것 사이의 인과관계를 설명하는 데 애를 먹었다. 그는 "자연 사물과 과정은(…) 뇌를 수정하지만 스스로 인지하지도 못한 채 뇌의 모양을 바꾼다"라고 주장했다. 따라서 외부 세계는 신경계의 생리학에 영향을 줄 수 있지만, 의식적 인지의 통제는 여전히 내부에 남아 있었다. 결국 제임스는 "뇌 상태에 의해 어딘가 신비스러운 방식으로 영향받으면서, 또한 그것에 스스로 의식적인 애정을 가지고 응답하는 영혼을 설정하는 것이 내가 보기에는 논리적 저항이 가장 적어 보인다"라고 설명한다는 점에서 심신이원론과 운명을 같이한다.

제임스, 분트, 티치너의 내성을 강조하는 태도는 당시의 심리학 학문 공동체 사이에 스며들었다. 그들의 생각은 방대한 저술의 바다를 건너 전파되었다.[16] 분트 혼자서 5만 페이지 이상의 교과서를 저술했다고 알려져 있다. 하버드, 라이프치히, 코넬대학교에서 훈련받은 많은 학생들이 미국과 유럽에 처음으로 설립되는 심리학과에 자리 잡으면서 심리학을 정초한 사람들의 가르침 역시 문자 그대로 대양을 건넜다.[17] 일부 2세대 학자들은 자신의 지도교수가 전념한 내성과 개인 의식에 대한 연구를 등졌지만 다른 일부는 바로 이러한 접근 방식에 뿌리를 두고 더 넓은 세상에 영향을 줄 수 있는 방법을 찾았다. 그러므로 심리학의 대중적인 모습은 사회나 자연에서의 위치에 의해 형성된 것이 아니라 자신을 보는 마음self-regarding mind을 중심으로 구성된 개인적인 학문 형태를 반영했다.

결과적으로 20세기의 전환기에 응용심리학은 인간 본성에 대한

본질주의적essentialist 견해, 즉 인간의 능력과 성향이 타고나는 것이며 때로는 바뀔 수도 없는 것이라는 생각에 지배받기 시작했다. 이러한 태도가 실재화된 가장 유명한 예는 지능이 객관적으로 측정할 수 있는 타고난 자질이라는 개념에 기초한 신흥 지능 검사 산업이었다. 분트와 제임스의 제자였던 찰스 스피어먼Charles Spearman, 에드워드 손다이크Edward Thorndike, 제임스 커텔James Cattell은 최초의 지능 테스트와 이를 해석하는 방법 개발에 적극 참여했다. 특히 손다이크의 테스트는 미군에 널리 적용되었다.

이 시기의 몇몇 심리학자들은 본질주의의 또 다른 종류인 우생학eugenics 운동에 관여했다. 지능 테스트와 우생학의 유명한 옹호자로는, 분트의 학생이었던 휴고 뮌스터버그Hugo Münsterberg와 함께 수학한 하버드대학교의 심리학자 로버트 여키스Robert Yerkes가 있다. 여키스는 "더 나은 사람을 키우는 기술은 신체와 마음의 인간 특성을 측정하는 것을 필수적으로 요구한다"라고 주장했다.[18] 커텔은 또 하나의 저명한 우생학자였다. 그는 1883년 **우생학**이라는 단어를 처음 만들어낸 박학다식한 영국인 과학자 프랜시스 골턴 경Sir Francis Galton의 연구 조교로 일한 경험도 있었다. 오늘날의 관점에서는 논란의 여지가 더 적을 수 있겠지만 커텔은 당시 심리학과 또다시 궤를 같이하게 된 개인주의적 대의인 학문적 자유와 개인의 자유에 대한 열렬한 옹호자이기도 했다. 이러한 활동의 하나로 커텔은 제1차 세계대전 당시 미국의 징병에 공개적으로 저항하는 캠페인을 벌였으며 그로 인해 1917년 컬럼비아대학교 교수직을 사임해야만 했다.[19] 개인의 선천적 특성이 매우 소중히 여겨지던 시대에도 주변 환경에 저항하는 개인의 능력에는 한계가 있었다.

20세기 초반은 반란과 혁명으로 가득 찼다. 발칸반도에서의 충돌이 격렬해져 세계적 환란이 일어나기 전에 이미 중국은 4000년 왕조 지배에서 해방되었고, 아일랜드의 게릴라는 영국에 대항하여 무기를 들었으며, 멕시코는 10년에 걸친 민족 분규에 빠졌다. 제1차 세계대전 자체로 인해 유럽 전역과 그 너머로까지 군주제가 무너지고 계급 구조가 재구성되었다. 일하는 남녀가 자신들의 쇠사슬을 벗어던질 수 있는 방법을 찾았다. 발트해의 탈린에서 아드리아해의 두브로브니크에 이르기까지 많은 새로운 국가들이 대륙 중심 제국의 잔해에서 생겨났다. 한편 오스만제국과 서아시아는 오늘날까지도 불만이 끓고 있는 인위적인 국가들의 조각 모음으로 해체되었다.

혁명은 1913년 봄 존스홉킨스대학교 존 B. 왓슨John B. Watson 교수가 쓴 논쟁적인 선언문의 출판과 더불어 심리학 분야에도 이르렀다(그림 11 참조). 공식적으로 "행동주의자가 보는 심리학"("행동주의 선언문The Behaviorist Manifesto"으로도 불림—옮긴이)이라는 제목을 한 이 선언문은 저널 〈사이콜로지컬 리뷰Psychological Review〉에 겉보기에는 아무런 적의가 느껴지지 않는 19페이지짜리 논문으로 수록되었다. 그러나 첫 번째 문단은 분트와 제임스의 심리학뿐 아니라 인류 자체의 우월성을 향한 인습 파괴적 선언이었다.

> 행동주의자가 볼 때 심리학은 자연과학의 순수하게 객관적인 실험 분야다. 심리학의 이론적 목표는 행동의 예측과 통제다. 내성은 심

리학의 방법론 중 필수적인 부분도 아니며, 데이터가 의식의 관점으로 쉽게 해석되느냐에 따라 그 과학적 가치가 결정되지도 않는다. 행동주의자는 동물 반응의 단일한 도식을 얻으려는 노력에서 인간과 짐승 사이에 구분선이 없음을 인정한다. 온갖 세련미와 복잡성에도 불구하고 인간의 행동은 행동주의자에게는 단지 전체적인 연구 계획의 일부일 뿐이다.[20]

이렇게 왓슨은 새로운 행동주의 과학을 만들어 자기 학문 분야의 우선순위를 뒤집으려는 의도를 발표하며 포화를 열었다. 왓슨과 그의 추종자들은 심리학자들이 외향적으로 관찰할 수 있는 행동과, 실험적으로 조작될 수 있는 환경적 요인에 대한 행동의 의존성을 연구하는 것에만 집중해야 한다고 제안했다. 그들의 목표는 내부에서 무슨 일이 일어나고 있는지에 대한 온갖 추측을 버리고, 행동 패턴이 외부로부터의 주기에 맞추어 변경될 수 있는 규칙을 확립하는 것이었다. 정신의 숨겨진 공간을 해부하는 대신 행동주의는 단순히 그것을 무시하려고 한다. 이전 시대의 주관적인 심리학까지 포함해, 검증할 수 없는 심리적 범주로 인간 행동을 분석하려 한 초기 연구를 행동주의는 **정신주의**mentalism라 비난하며 거부했다. 동물 지능에 대한 초기 연구도 민담에서나 들어맞을 수 있지 과학의 입장에서는 참을 수 없는 의인화 같은 것이 빈번히 나타나는, 정신주의 분석 색채가 너무 강한 것으로 간주되었다.[21] 왓슨의 새로운 운동에서 인간과 동물은 똑같이 감정에 좌우되지 않는 행동주의적 관찰과 조작의 대상이 되었다.

단합을 외치는 왓슨에 대한 초기 반응은 다양했다. 제도권 심리학계의 많은 구성원은 그런 외침에 저항했다. 티치너는 행동주의를 어떤 것을 이해하는 것보다 행동 제어에 더 관심을 갖는, "기술과 과학을 교환"하려는 무모한 노력으로 간주했다.[22] 로버트 여키스는 "자기 관찰이라는 방법을(…) 아예 버리려는" 왓슨의 노력에 강력히 항의했다.[23] 그런 반면, 자기모순의 모습을 보이는 것이 절대 낯설어 보이지 않는 컬럼비아대학교의 제임스 커텔은 왓슨이 "너무 급진적"이라고 비난했다. 하지만 학계 안팎에는 왓슨의 입장에 마음이 끌리는 다른 많은 사람들이 있었다. 역사가 프란츠 새멀슨Franz Samelson은 제1차 세계대전 후 행동주의적 정서가 사회 통제에 대한 높아진 관심에 잘 들어맞으며 왓슨의 수사학은 "냉정한 과학, 실용적 유용성, 이념적 해방의 매력을 결합하여" 개종자들을 얻었다는 이론을 제시했다.[24] 그리고 특히 유럽 심리학자들이 행동주의에 반대하는 입장을 고수했지만, 막스 베르타이머Max Wertheimer를 위시한 게슈탈트 학파를 포함하여 그들이 제시한 대안은 영향력이 강하지 않았다. 한편 지그문트 프로이트와 카를 융의 환자 중심 분석 정신의학은 대중의 환상을 사로잡았지만 과학계에서는 결코 힘을 얻지 못했다. 미국 심리학을 지배하게 된 행동주의는 이후 50년 넘게 지적 담론에서 내성, 의식 및 기타 내부적 인지 처리를 효과적으로 배제시켰다.[25]

왓슨이 이 운동의 모세였다면 러시아의 위대한 생리학자 이반 파블로프는 타오르는 덤불이었다.[26] 환경이 행동을 어떻게 통제하는지 이해하기 위해, 행동주의자들은 세계적으로 유명한 파블로프

반사의 실험적 조작 연구에서 영감을 얻었다. 파블로프 패러다임의 핵심 요소는 자극-반응 관계 즉 특정 환경 자극이 재현 가능하며, 사실상 자동적인 반응을 동물에게서 이끌어낼 수 있다는 것이었다. 파블로프는 잘 알려져 있다시피 개의 타액 분비 반응을 유발하는 음식 자극의 능력을 연구했다.[27] 이것은 학습할 필요 없이 타고난 관계였다. 그러나 파블로프는 새로운 자극-반응 관계가 인위적으로 유도, 다시 말해 **조건화될** 수 있음을 발견했다. 파블로프는 현재는 고전적 조건화classical conditioning라고 불리는 절차, 즉 고기 냄새와 같은 유발 자극arousing stimulus과 종의 울림과 같은 중성 자극neutral stimulus이 짝지워 이와 같은 결과를 얻었다. 종소리가 음식보다 우선하는 반복된 시험 후에, 개가 종소리에 대한 반응으로 침을 흘리게 된 것이다. 이러한 방식으로 이전에는 중요하지 않았던 환경의 일부이자 어떠한 해도 끼치지 않는 종소리가 동물의 행동에 통제력을 발휘하게 되었다.[28]

왓슨은 이러한 자극-반응 관계가 사람들의 행동 형태 대부분도 설명할 수 있으며, 조건화를 통해 어떤 복잡한 활동도 유발할 수 있다고 믿었다. 이 견해에 따르면, 환경은 적어도 어떠한 종種, species이 할 수 있는 범위 내에서 개인 행동 결정에 있어 내적 자질보다 훨씬 더 강력한 인자다. 왓슨은 스스로도 인정한 과장법으로 어떤 건강한 아기라도 데려가서 "그의 재능, 기호, 경향, 능력, 타고난 소명, 조상의 인종에 관계없이 자신이 원하는 어떤 종류의 전문가가 되도록, 의사든 변호사든 예술가든 상인이든 심지어 거지나 도둑으로도 훈련시킬 수 있다"라고 추측했다.[29] 이러한 표현은 훈련과 조건화에 대한 유아의 특별한 민감성을 암묵적으로 인정하는데, 이는 근대 연구자들이 뇌가 쉽게 재구성될 수 있는 초기 발달의 결정적 시기critical period에 대해 설명하는 특징이다. 그러나 왓슨과 다른 행동주의자들에게는 그런 신경 과정을 탐구하려는 경향이 거의 없었다. 그들은 전극 기록 및 뇌 샘플 현미경 검사와 같은 침습적 기술을 피하기 위해, 분석 대상을 보다 쉽게 관찰하고 제어할 수 있는 행동 현상으로 제한했다.

왓슨의 경력은 1920년 연구 조교와의 요란한 혼외정사 사건으로 교수 자리를 사임한 직후 끝나고 말았지만, 심리학에서 행동주의적 관점을 새롭게 강조하며 등장한 다음 세대 과학자들이 곧 부상했다. 이와 같은 신행동주의자neobehaviorists의 수석 대변인이자 20세기 가장 영향력 있는 심리학자로서 대중적인 인기를 누렸던 사람은 버러스 프레더릭 스키너Burrhus Frederic Skinner(그림 11 참조)다.[30] 스키너는 동물이 자신의 행동을 본질적으로 보상하거나 혐오스러운 자극과 연관시키는 법을 배우는 **조작적 조건화operant conditioning**라는 실험적 접근법을 장려했다.[31] 전형적인 예로 한쪽 끝에 지렛대가 있는, 익숙하지 않은 기계화된 상자 안에 쥐를 한 마리 놓는다. 쥐가 지렛대를 누를 때마다 이 동물이 먹을 수 있도록 음식 알갱이가 자동으로 떨어진다. 처음에는 쥐가 상자를 탐색하는 과정에서 지렛대를 아무렇게나 누르지만 몇 번 보상을 받고 나면 음식을 얻는 것이 지렛대를 누르는 것에 달려 있다는 사실을 이 동물이 알게 된다. 지렛대를 누르는 것이 빈번하면서도 점점 목적을 가지고 하는 행동이 되어가면, 그 행동이 **강화되었다**고 한다. 이 방법을 사용하면 미로를 달리고 지각적으로 판단 내리는 것과 같이 매우 복잡한 작업을 수행하도록 동물을 훈련시킬 수 있다. 스키너는 조작적 조건화를 자전거를 타는 것부터 언어를 배우는 것에 이르기까지 모든 종류의 인간 행동을 확립할 수 있는 교수법으로 간주했다.[32]

스키너와 같은 행동주의자들은 실험실뿐만 아니라 더 넓은 세상에서도 결과를 원했다. 따라서 그들은 실험실의 훈련 방법을 바깥에서 시행했다. 몇몇 행동주의자들은 그들의 과학을 바탕으로 교육 전략을 개발했다. 스키너의 학생 중 하나였던 시드니 비주Sidney Bijou는 오늘날 아주 흔한 '타임 아웃'(아이들이 재미있게 놀다가 용인될 수 없는 행동을 했을 때 아무런 자극이 없는 공간에 두어 즐거운 경험을 가질 기회를 제한하는 방식의 처벌—옮긴이)과 같은 보상과 처벌을 사용하여 아이들을 훈련시키고 가르치는 실험을 했다.[33] 비주의 방법은 섭식 장애에서 정신 질환에 이르기까지 다양한 상황에서 행동을 개선하기 위해 조건화 방법을 적용하는 응용 행동 분석ABA: applied behavioral analysis으로 알려진, 보다 일반적인 접근 방식이 태동하는 데 도움을 주었다.[34] ABA에서 갈라져 나온 접근 방식은 오늘날에도 계속 사용되고 있다.[35] 행동주의 원칙은 또한 소위 교육기기의 개발로도 이어졌다. 최초의 자동 교육 보조도구는 1920년대에 설계되었지만 스키너는 이 개념을 업데이트하고 널리 알리는 데 앞장섰다. 교육기기를 상용화하려는 스키너 자신의 노력이 제한적인 성공을 거두는 데 그쳤지만 그롤리에Grolier 출판사는 MIN/MAX라는 장치를 성공적으로 마케팅하여 판매를 시작하고 2년 동안 10만 개를 판매했다. MIN/MAX는 작은 창을 통해 학생들에게 학습 자료를 제공하도록 설계된, 타자기 비슷한 롤러가 장착된 플라스틱 상자였다. 학생들은 기계에 표시되는 질문에 대답한 다음 오늘날 사용하는 일부 교육 소프트웨어와 마찬가지로 답이 정확한지 여부에 대한 즉각적인 피드백으로 '강화'된다.[36]

환경을 조작하여 행동에 영향을 주려 하는 행동주의자의 접근 방식은 20세기 중반의 몇몇 저명한 건축가와 계획가에 의해 훨씬 더 적극적으로 실행되었다. 스위스 태생의 프랑스 건축가 르 코르뷔지에Le Corbusier는 스키너의 상자(조작적 조건화실operant conditioning Chamber로도 불리며 앞서 언급한, 쥐가 지렛대를 밟아 음식을 얻는 것과 같은 실험 기구를 가리킴—옮긴이)가 소개된 것보다 단 몇 년 앞선 1923년 저술에서 집을 "거주 기계"라는 유명한 행동주의적 은유로서 묘사했다.[37] 르코르뷔지에뿐 아니라 프랭크 로이드 라이트Frank Lloyd Wright와 발터 그로피우스Walter Gropius 같은 다른 근대 건축의 선구자들도 건축이 특정한 유형의 가정 내 행동을 개발할 수 있는 방법으로서 개방형 건축 계획과 공동주택을 광범위하게 실험했다. 많은 공동주택은 행동주의적 유토피아에 대한 자신의 관념을 묘사한 스키너의 소설《월든 2Walden Two》(헨리 데이비드 소로Henry David Thoreau가 손수 5평짜리 오두막을 짓고 홀로 지낸 2년 2개월간의 생활을 기록한《월든Walden》에서 제목을 딴 스키너의 소설—옮긴이)로부터 직접적 영감을 얻었다.[38] 이 공동주택은 크레디트credit(예를 들어 주당 52시간을 근무해야 하는 경우 1시간이면 1크레디트의 조건으로 노동 대신 받는 '인정 시간' 같은 개념—옮긴이)의 획득을 통한 노동 강화, 사람 사이의 본질적인 차이를 무시한 강력한 평등주의 정신과 같은 행동주의 정책을 따랐다.[39]

행동주의자에게는 행동에 대한 외부 대 내부 통제을 강조하는 것은 뇌과학에 대한 혐오와 밀접하게 관련되어 있었다. 아이러니하게도, 존 왓슨 자신은 쥐의 뇌-행동 관계에 관한 박사논문 연구를 수행했지만 나중에는 중추신경계에 대해 특별히 관심을 기울일 필요성이 있음을 거부했다. 도리어 그는 이 책의 5장에서 제시한 견해와 유사하게 보다 전체론적인 생명작용을 옹호했다. 왓슨에 의하면 "행동주의자는 몸 전체가 작동하는 방식에 관심이 있으며" 따라서 "신경계에 대해서는 반드시 관심을 가져야 하겠지만 오직 몸 전체의 필수적인 부분으로서의 관심만 가져야 한다."[40] 이러한 태도를 내성주의자의 태도와 대조하면서, 왓슨은 후자는 순수하게 정신적인 용어로 설명할 수 없는 모든 것을 넣어버리는 '미스터리 박스'처럼 뇌를 취급한다고 했다. 그러나 왓슨은 당시의 기술로는 뇌 기능을 분석하는 과제를 아직 감당할 수 없다고 주장하면서도 동시에 그 박스가 자신의 책임하에 미스터리로 남아 있어야 함을 분명히 했다. 스키너는 30년 동안 계속해서 뇌를 경시해야 하는 다른 이유를 제시했다. 그의 관점에서 신경계는 단순히 환경과 개인의 행동 사이의 인과적 매개체에 불과했다. 요컨대, 뇌는 행동이 일어나는 곳이 아니다. 따라서 행동의 예측과 통제에 주로 관심이 있는 사람으로서 스키너는 뇌를 연구하는 것은 불필요하고 비효율적이라고 주장했다. 그는 다음과 같이 일갈했다고 전해진다. "우리는 뇌에 대해 배울 필요가 없다." "우리에게는 조작적 조건화가 있다."[41]

행동주의자의 세계관에서 보자면, 환경은 예술가가 캔버스에 그리는 방식으로 개인을 조건화한다. 환경에 따라 개인 삶의 내용, 색상 및 일관성이 결정된다. 오늘날의 과학자들은 때때로 뇌를 강력한 기계에 비유하지만, 본성의 상태('양육'과 구분된 '본성의 상태'뿐 아니라 '자연상태'를 동시에 의미한다는 점에서 중의적인 표현—옮긴이)로 순진하게 태어난 사람들의 모습을 바꾸기 위해 강화 규칙을 적용하거나 구현하는 행동주의자는 **환경**을 기계로 묘사할 가능성이 더 높았다. 행동주의의 치명적인 결함은 수동적인 사람과 능동적인 환경 사이의 잘못된 이분법에 있었다. 그것은 개인을 단순히 작용의 대상이 되는 기층으로서 블랙박스 속에 가두어버렸다. 각각의 행동주의 실험은 환경적 요인에 세심한 주의를 기울여 이루어졌지만, 뇌의 역할을 포함하여 세계의 해석에 있어서 개인의 역할에 대한 고려는 거의 없었다. 또한 행동주의자들은 관찰 가능한 행동을 유발하지 않는 내부 과정에 대해서는 침묵했다. 뇌를 위한 자리가 없었던 것처럼 사고와 인식이라는 내적 삶을 위한 자리도 없었다. 이것이 행동주의가 가진 이원론적 요소였다. 내부에서 작용하는 영혼이나 마음이 제어한다고 보는, 제임스와 같은 앞선 세대의 이원론을 뒤집어 놓고 내부와 외부 공간을 분리하여 결국 행위성은 완전히 개인의 바깥에 위치하게 되었다.

철학자 존 설John Searle은 지독히 객관적인 행동주의자 둘이 사랑을 나눈 뒤, "너에겐 좋았는데 나에겐 어땠지?"라고 서로 말하며 평가한다는 농담으로 행동주의적 입장을 조롱했다.[42] 이 두 사람에게 개인적인 감정이란 없으며 오직 관찰 가능한 행동만이 있을 뿐이다. 하지만 행동주의의 가장 큰 패배는 침실에서 일어나지 않았다. 행동주의 심리학자들이 고수준 인간 행동을 저수준 조건화low-level conditioning로 설명하려고 할수록 그들은 이론 자체의 점차 심각해지는 문제에 부딪혔다.

1959년 행동주의의 기반은 치명적인 상처를 입었다. 그해에 노엄 촘스키Noam Chomsky는 스키너를 바로 겨냥하여 과학사에서 가장 유명한 공격적인 논문 중 하나를 발표했다. 촘스키의 비판은 표면적으로는 인간 언어를 조작적 조건화로 설명하고자 시도했던 스키너의 저서《언어적 행동Verbal Behavior》에 대한 서평이었다. 스키너는 구두 대화는 조건화 동안에 형성되는 자극-반응의 관계와 유사하게 설명할 수 있다고 주장했다.[43] 스키너의 관점에 따르면 강화는 다양한 발화를 실제 세계의 복잡한 자극에 연결시키고 이에 따라 자극은 주어진 맥락에서 발화의 특징을 결정할 수 있다. 촘스키는 이러한 개념을 단순하고 모호한 것으로 조롱하며 기각했다.[44] 그의 비판은 스키너의 책 내용에만 한정되지 않고 넓은 의미에서 행동주의의 기초 하나하나를 살펴보며 언어에 적용하려고 시도했음은 물론이고 행동주의 전체를 무력화시켰다. 그의《언어적 행동》서평은 왓슨의 선언문과 유사하게 심리학의 주요한 이정표가 되었다.

촘스키는 행동주의 연구실의 고도로 통제된 환경 바깥에서는 자극, 반응, 강화와 같은 개념은 너무 조악하게 정의되어 실제로는 거의 의미가 없다고 주장했다. 여러 자극이 존재하고 여러 행위가 수행되고 있는 환경은 특별한 문제를 야기한다. 예를 들어 할머니가 옆에서 노래를 불러주고 있을 때 아기 침대에서 장난감을 가지고 놀다가 기저귀를 적시고 난 뒤 울음을 터뜨린 여자아이가 과자를 얻는다고 한다면, 이 아기의 많은 행동 중 어떤 행동이 강화된다고 무엇이 결정해주며 어떤 자극이 보상으로 주는 과자와 연관되는가? 촘스키는 명백한 강화 없이도 이루어지는 여러 활동의 예를 들고 있는데 그중 하나는 다른 사람에게는 흥미롭지도 않고 가까운 미래에 확실한 보상도 없는 연구 주제를 쉼 없이 연구하는 학자이다. 무엇이 이와 같은 샌님이 힘을 얻게 하는지 행동주의는 어떻게 설명할 수 있을까? 스키너에게 공정하게 (그리고 학자로서 내 자신의 경험에 비추어) 말하자면 여전히 외적인 동기를 찾을 수는 있다. 하지만 촘스키는 보다 더 일반적인 논지를 펴고 있다. 그는 우리가 거의 보상 없이 수행하는 행동은 내적인 인지적 요인, 다시 말해 행동주의자들이 저주하는 정신주의의 변형으로만 적절히 설명할 수 있다고 주장한다. 반대로 촘스키는 "강화론자들의 실험실에서 얻은 영감은 (…) 매우 조악하고 피상적인 형태로만 복잡한 인간 행동에 적용될 수 있다"라고 결론 맺는다.[45]

스키너에 대한 촘스키의 통렬한 비난은 전체 심리학의 방향성을 개인에 내재한 학습 과정에 대한 연구로 되돌려 재정립하는 데 일조했으며 이는 **인지 혁명**cognitive revolution이라고 알려질 정도로 엄청난 변동이었다. 위대한 변동의 또 다른 여파로 행동주의의 금기가 사라졌고 마음이 다시 깨끗해졌다. 왓슨 시대 이전 심리학의 여러 특징적인 생각이 인지 혁명을 거쳐 되살아났다. 첫째, 무엇보다 중요한 것으로서 환경이 아니라 마음이 인간 생활의 주된 힘이라는 개념이 되살아났다. 심리학자 스티븐 핑커Steven Pinker가 정리한 바에 따르면 인지적 관점에서는 "물리적 에너지를 뇌 속에서 데이터 구조로 감각 변환하는 감각 기관과 뇌가 근육을 통제하는 운동 프로그램으로 마음이 세계와 연결된다."[46] 5장에서 소개한 사령관처럼 뇌 안에서 실현된 정신 활동은 권위, 적용 가능성, 자율성을 행사하며 뇌가 수신한 입력에 기초해 행동을 유도한다.

인지 혁명과 함께 다시 부상한 오랜 생각 중 하나는 마음을 다양한 작업을 수행하도록 특화된 수많은 태생적 요소로 가득 찬, 칸막이로 나뉘진 장치로 보는 개념이다. 이와 같은 마음의 구획화는 분트 구성주의의 주된 주장을 연상시키지만, 인간을 외부 세계에 의해 조건화될 준비가 되어 있는 "빈 서판Black Slate"(아리스토텔레스의 저작 De Anima에 기록된 용어인 Tabula rasa의 영어식 표현으로 인간의 본성은 빈 서판과 같아 교육과 경험이 개인을 구성한다는 제안. 이후 지식은 경험으로부터 온다는 존 로크John Locke의 극단적 경험주의를 상징하는 동시에, 이에 대한 반박을 담은 핑커의 2002년 책 제목—옮긴이)"으로 간주하는 행동주의적 관점과는 첨예하게 구분된다. 촘스키 자신은 인간의 뇌는 언어 기관(모든 사람이 보편적으로 가지고 있는 신경 메커니즘으로서 이것이 없으면 언어로 하는 의사소통이 불가능하다)을 가지고 있다고 주장한다.[47] 인지심리학자들은 마음과 뇌 또한 사물 인식, 감정 유발, 기억의 저장과 회상, 문제 해결 등과 같이 여러 다른 현상에 대한 별도의 모듈을 가지고 있다고 가정한다. 핑커는 이러한 구도가 전통적인 서구의 정신적이고 영적인 삶의 개념과 유사하다고 지적한다. "인지 혁명에서 나온 인간 본성에 관한 이론은 행동주의보다는(…) 유대교 및 기독교의 인간 본성에 대한 이론과 공통점이 더 많다. (…) 행동은 그냥 발산되거나 유도되는 것이 아니다. (…) 그것은 여러 다른 과제와 목표를 가진 정신 모듈 사이의 내적 투쟁으로부터 기인한다."[48]

인지 혁명 후 이루어진 지식의 진보와 인간의 내적 자질에 대한 이전과 다른 강조로 심리학과 신경과학의 융합이 장려되었다. 연구자뿐 아니라 보통 사람들도 정신 기능을 뇌의 작용과 동일시하게 되었다. 1980~1990년대에 등장한 기능적 뇌 영상 장치로 인해 사람들은 둘을 보다 쉽게 연관시켰으며 신경과학자들은 정신 기관과 신경 기관 모두의 모듈성에 대한 가설을 검증하기 시작했다. 인지 혁명 시대에 마음의 복잡성에 대한 재평가는 마음이라는 한없이 복잡한 듯한 기관 연구의 활성화와 완벽하게 맞아떨어졌다. 마찬가지로 중요한 융합은 심리학과 막 떠오르고 있던 컴퓨터과학의 경계에서도 일어났다. 바로 그 인터페이스에서 인지심리학자 데이비드 마David Marr와 같은 학자들이 주도하는 정신 기능에 대한 전산 이론이 등장했다.[49] 잘 알려진 바와 같이 마는 물리학적 하드웨어에 적용되는 알고리즘을 사용하여, 입력을 출력으로 전산적 전환하는 것에 기초하는 정보처리 장치로 마음을 정의했다.[50] 이와 같은 기술에 영향받은 그 당시의 많은 심리학자와 신경과학자들이 정신 처리의 전산적 모델을 2장에서 논의한 생물학적 기능 전체에 대한 은유로 확장시켜 "마음은 뇌의 소프트웨어"라고 주장하기 시작했다.[51]

이 기간 동안 뇌의 신비는 최고점에 도달했으며 그 이유는 쉽게 알 수 있다. 인지 혁명의 물살은 뇌를 드높이는 대신 더 넓은 세상의 중요성을 깎아내렸다. 신경과학은 인기 있는 주제가 되었지만 행동주의는 과학적 피상성과 스탈린주의 러시아 같은 곳의 국가 지원 행동 통제와 연관되어 안 좋은 단어가 되었다.[52] 행동주의를 왕

좌에서 끌어내리면서, 사람들이 예술적 천재에서부터 약물 중독에 이르기까지 정신적 특성의 근원에 도달하려고 노력하면서 뇌를 최우선으로 생각하게 되었고, 따라서 뇌 바깥의 영향을 고려하는 것은 점점 더 흔치 않게 되었다.[53]

일부 논평가들은 이 현상을 설명하기 위해 **신경 본질주의neuro-essentialism**라는 단어를 사용하기 시작했다.[54] 철학자 에이디나 로스키스Adina Roskies는 이 신조어를 정의하면서 "우리 중 많은 사람은 드러내놓든 아니면 은연중이든(…) 우리의 뇌가 우리가 누구인지를 규정한다고 믿고 있다"라고 설명한다.[55] "그래서 뇌를 연구할 때 우리는 자기를 연구한다"라고도 쓴다. 중추신경계가 개인으로서 우리의 본질을 구성한다는 생각은 마음을 선천적 속성의 집합으로 간주한 분트와 제임스 같은 사람들이나, 20세기 초의 지능 테스트와 우생학 운동의 일부로서 생래적 자질의 측정과 양육을 지지한 여키스와 커텔의 초기 본질주의적인 태도를 반복한다. 오래된 견해와 새로운 견해 사이의 유사성은 실제로 현대의 심리학과 신경과학이 왜 전통적인 서구의 영혼 개념과 매우 잘 맞아떨어지는지를 설명해준다.

1부에서 살펴본 뇌의 신비와 과학적 이원론은 불가해성, 힘, 심지어 불멸의 가능성 등 뇌의 영혼 같은 특성을 강조함으로써 신경 본질주의를 촉진한다. 뇌, 몸, 환경 사이의 생화학적 연속성과 인과관계는 상실되고, 뇌 홀로 지휘관과 통제자의 역할을 차지한다. 결과적으로 내적 영향과 외적 영향의 구분은 뇌가 상당히 무시되었던 초기 이즘isms의 시대(여러 사상과 주의主義가 꼬리에 꼬리를 물고 등장한

20세기 초반—옮긴이)만큼 극명한 채로 남아 있다.

우리는 이제 인지 혁명과 신경과학의 부상으로 어떻게 뇌가 우리 삶의 설명 요인으로서 중심적인 위치로 이동했는지를 보았다. 우리의 핵심적인 특성이 뇌에 의해 결정된다는 신경 본질주의적 태도는 행동주의와 환경을 강조하는 것에 대한 지속적인 반발을 반영한다. 그러나 행동주의와 마찬가지로, 근대의 뇌 중심적 관점은 종종 내부 및 외부 요인이 어떻게 결합하여 인간 활동을 유도하는지에 대한 통합된 그림을 만들어내지 못한다. 대신, 그 관점은 사람이 무엇을 생각하고 무엇을 하는지에 영향을 미치는 다른 요인을 배제하고 뇌의 역할에 초점 맞추기를 장려한다. 신경 본질주의가 작동하고 있는 특정한 예를 보면 이것을 매우 명확하게 이해할 수 있다.

세계에서 가장 악명 높은 신경 본질주의의 상징은 오스틴에 있는 텍사스대학교의 뇌 은행에서 문명과는 단절된 채 조용히 포름알데히드 병에 담겨 황금기를 보냈다.[56] 그러나 이 표본의 평화로운 은퇴는 폭력적인 과거를 감추고 있었다. 이 과거는 오래된 신문지에 있는 얼룩이나 주름과 같이 회색과 흰색의 지워질 수 없는 줄무늬로 찍혀 있었다. 이 유명한 뇌는 애초부터 온전한 것과는 거리가 멀었다. 그 장기가 자연 서식지에서 추출되자마자, 병리학자의 칼은 그것을 얇은 조각으로 잘라서 부검을 위해 내부 구조를 모질게 노출시켰다. 많은 조각들이 흉하게 손상된 모습을 보였다. 한때 눈과 귀 뒤의 인지 및 감각 능력이 자리 잡았던 좌측 전두엽과 측두엽이 잔인하게 열렸다. 한때 보호 역할을 잘했을 두개골에 뜨거운 납

총알의 충격으로 깨진 뼛조각이 밀려 들어가 조직을 찢어놓았다. **적핵**이라고 불리는 분홍빛 얼룩 가까이, 뇌의 또 다른 부분에서는 조직이 또 다른 종류의 총알 즉 만약 금속 탄도체가 먼저 도착하지 않았더라면 그것을 지닌 사람에게 틀림없이 죽음을 의미했을 만한 호두만 한 크기의 악성종양으로 인해 벌려져 있었었다.[57] 종양과 그것을 품고 있던 기관에 관한 이 이야기는 개인의 안팎에서 작용하는 행위자를 화해시키는 문제가 어떻게 지금도 해결되지 않았는지 보여준다.

이 외로운 뇌의 원래 주인인 예비역 해병이자 훈련된 저격수였던 찰스 휘트먼Charles Whitman은 미국 역사상 최악의 대량 살인 사건 중 하나를 저질렀다. 1966년 8월 1일 이른 시간에 그는 어머니와 아내를 칼로 찔러 살해했다. 그 후 아침 시간에 그는 텍사스대학교 오스틴 캠퍼스에 있는 94미터 높이의 본관 옥상으로 작은 무기고를 옮겼으며, 그의 무차별 사격으로 타워 안과 주위에 있던 48명의 사람들이 죽거나 부상당했다. 두 시간 동안의 광란 뒤에 오스틴 경찰에 의해 궁지에 몰린 휘트먼은 휴스턴 맥코이Houston McCoy 경관의 산탄총 두 발에 쓰러졌다. 민간 환경에서 군사 스타일의 폭력이 발생하는 것에 익숙하지 않은 대중은 이 학살로 매우 불안해했다. 《타워 위의 저격수A Sniper in the Tower》의 저자 게리 레버그네Gary Levergne는 "여러 면에서 휘트먼은 미국이 살인에 대한, 그리고 자유롭고 개방된 사회에서 대중이 얼마나 취약한지에 대한 진실을 직면하게 만들었다"라고 썼다.[58]

그러나 곧 주목의 대상이 된 것은 휘트먼의 뇌였다. 살인 전 몇 달 동안 휘트먼은 심각한 두통을 앓아 정신과 의사의 도움도 받기 시작했다. 그는 정신적 장애를 앓고 있는 자신에게 무슨 문제가 있는지 판단하기 위해 연구자들이 철저한 부검을 해야 한다고 촉구하는 자살 메모를 남겼다. 부검에서 정서 조절과 관련된 뇌 영역인 시상하부 및 편도체amygdala 근처에 종양이 있다는 사실이 밝혀지자, 일부 사람들은 바로 그것으로 그의 설명할 수 없는 파괴 행위를 설명했다.[59] 특히 휘트먼의 많은 친구와 가족이 뇌종양이 그의 인성을 나쁘게 변화시켰다고, 즉 그의 병든 뇌가 이와 같은 극악무도한 범죄를 저지르도록 **그를 만들었다고** 믿고 싶어 했다.[60]

편도체 전문가인 조지프 르두는 살인범이 재판까지 살아남았더라면 종양이 유발한 행동 효과의 가능성만으로도 선고량를 줄일 수 있었으리라고 생각한다.[61] 신경과학자 데이비드 이글먼은 훨씬 더 나아간다. 그는 휘트먼의 행위 같은 사례가 뇌생물학의 인과적 역할을 보여주기에 범죄 능력에 대한 우리의 개념을 뿌리째 뽑는다고 주장한다. 우리는 생명 작용을 통제하지 못하는데 어떻게 그것에 책임질 수 있을까? 이글먼은 "행동 문제와 관련 있는, 상상할 수 없을 정도로 작은 수준의 마이크로회로microcircuits(뇌 내 정보 전달을 가능하게 하는 상호 연결된 뉴런의 집합 단위—옮긴이)에서 곧 패턴을 감지할 수 있을 것"이라고 예측한다.[62] 이글먼의 추측은 아주 극단적인 것은 아니다. 가장 많이 이야기되는 신경 영상 기술의 적용에 관련해서는 법정에서 이미 범죄자의 뇌를 바로 볼 수 있다. 사법학자 제프리 로젠Jeffrey Rosen은 "변호사들은 유죄 판결을 받은 피고인의 뇌 스캔을 지속적으로 지시하는 한편, 그들이 신경학적 장애로 인해 스스로 통제할 수 없었다고 주장한다"라고 쓴다.[63] 그는 이러한 운동이 너무 나가서 "플로리다 법원은 사형 선고 때 신경과학 증거를 인정하지 않으면 역전(상급법원에서 판결이 뒤집히는 것—옮긴이)의 근거가 된다고 주장해왔다"고 설명한다

이러한 관점은 사람의 뇌에 내재적이거나 불변의 속성이 있어서 범죄든 아니면 그 반대의 것이든 사람 행동의 특성을 충분히 설명할 수 있다는 개념으로 표현된 신경 본질주의의 영향을 효과적으로 보여준다. 이런 결론의 결과는 광범위하다. 만약 두뇌가 우리의 의식적인 통제를 벗어난 행동을 유발한다면, 우리는 어떻게 스스로의 행동에 대한 책임을 개인에게 물을 수 있는가? 어떤 사람의 범죄에 대한 유죄 또는 무죄를 판단하지 않고 뇌의 유죄 또는 무죄를 판단해야 한다. 우리는 자신이 통제할 수 없는 생물 활동에 대해 가해자를 처벌하지 말고, 뇌에서 발견할 수 있는 어떠한 결함을 고쳐야 한다. 만약 그러지 못할 경우에는 운전하기에 안전하지 않은 차를 압류하듯 오로지 사회를 보호하려는 수단으로서 강제적 구속을 처방해야 한다. 스탠퍼드대학교의 신경생물학자 로버트 사폴스키 Robert Sapolsky는 "사람들을 의료화하여 고장난 자동차로 만드는 것은 비인간적으로 보일 수 있지만, 설교를 통해 그들을 죄인으로 만드는 것보다는 훨씬 더 인간적일 수 있다"라고 말했다.[64]

찰스 휘트먼의 뇌는 오스틴 캠퍼스의 벽장에 조용히 시간을 보내면서 언젠가 사라질 때까지 이러한 생각의 상징적인 역할을 했다. 살인자의 대뇌 물질은 1980년대 후반 오스틴의 텍사스대학교에 기증된 200여 개의 신경학적 표본 수집품 중 하나였다. 약 30년

후, 사진작가 애덤 부어헤스Adam Voorhes와 기자 알렉스 해나퍼드Alex Hannaford는 이 수집품에 대한 책과 관련하여 그 뇌를 찾아냈다.[65] 그들의 연구를 통해 휘트먼의 뇌를 포함한 표본의 약 절반이 사라졌다는 사실이 알려졌다. 해나퍼드는 〈애틀랜틱The Atlantic〉 지면에 "캠퍼스에서 100개의 뇌가 사라졌는데 무슨 일이 일어났는지 아무도 모르는 것 같다. 이건 정통 탐정소설에나 나올 만한 미스터리다"라고 썼다.[66] 광범위한 언론의 관심 속에서 그럴듯한 설명을 찾던 텍사스대학교 연구원들은 설명하려고 애쓴 끝에 잃어버린 뇌들이 2002년에 생물학적 폐기물로 처리되었을 것이라고 보고했다.[67]

휘트먼의 뇌가 이상하게 사라진 것은 신경 본질주의의 한계를 찾기 위한 사고 실험에 영감을 불어넣는다. 뇌가 더 완벽하게 사라졌다면 어떤 일이 일어났을지 우리 스스로에게 물어보자. 의사가 손에 넣기 전에 휘트먼의 뇌가 사라져서 그의 범죄를 합리화하기 위한 설명으로 악성종양이나 다른 신경적 이상을 거론할 수 없었다면 어떤 일이 일어났을까?

사건에 영향을 줄 수 있었던 요인을 어딘가 다른 곳에서 찾아야만 했을 것이고 그 사건 기록에서 쉽게 찾을 수 있었을 것이다. 예를 들어, 우리는 휘트먼의 생애 동안 지속되었던 사회적 긴장의 분위기를 인지할 수도 있었다. 이 살인자가 아내를 구타했다거나, 그 총기 사고 불과 몇 달 전에 결혼 관계를 끝장내버린 엄격한 성격의 아버지와 불편한 관계에 있었다는 점을 떠올릴 수도 있었다. 부진한 성적으로 인해 학업을 중단할 수밖에 없었으며 나중에는 해병대에서 치욕적으로 군법회의에 회부되어 강등당하기까지 하는 등 휘트먼에게 여러 차례 반복된 경력 부적격이 우리 눈에 띌 수도 있었다. 휘트먼의 약물 남용에 대한 기록도 볼 수 있었을 것이다. 총기 사고 당일에 그는 암페타민 한 병을 가지고 있었다. 휘트먼이 무기를 얼마나 손쉽게 구할 수 있었는지 기록해둘 수도 있었고, 그가 폭력적인 문화에 몰입했던 영향에 대해 평가해볼 수도 있었다. 그가 그만큼의 신체적 체격과 힘을 가지지 않았더라면 그런 행동을 저지를 수 없었다고 짐작할 수도 있었다. 살인자의 잠재적 공격성 노출에 일조했을 수 있는, 37도라는 당시의 찌는 듯한 온도도 눈여겨볼 수 있었다. 요컨대, 살인자 주변의 수많은 환경 요인이 뇌와 마찬가지로 범죄에 기여했을 수 있다.

텍사스 타워 총기 사건은 인간 행동에 대한 내부 및 외부 설명 사이에 여전히 지속되는 이분법을 상징적으로 보여준다. 가해자의 행동에 대한 내부와 외부로부터의 두 가지 설명이 있다. 하나는 이 장의 앞부분에서 만난 19세기 심리학의 아버지들이 들려줄 법한 주관적인 이야기로서 단지 '마음'을 '뇌'로 대체하면 모든 것이 잘 맞아떨어진다. 또 다른 하나는 존 왓슨이나 스키너가 생각해낼 법한 이야기다. 이 두 이야기는 찰스 휘트먼에게 도덕적 책임을 부여하는 정도에 있어서는 다르지 않다. 1966년 8월의 비극이 휘트먼의 뇌 속 씨에서 비롯되었느냐 아니면 주변 환경의 주요 사건으로부터 자랐느냐는 우리가 그의 어깨에 놓을 수 있는 형이상학적 비난의 양에 영향을 미치지 않는다. 어떤 경우든 그는 삶과 죽음이라는 자연의 커다란 경기에서 졸병일 뿐이다. 그러나 내부 및 외부 중심의 설명은 중점을 한 사람과 그의 내적인 기질에 두느냐 아니면 그 주변의 사회나 환경에 두느냐에 따라 갈린다. 이 두 설명은 최우선으로 생각해야 할 원인에 대해, 미래의 재난을 예방하는 방법에 대해 우리에게 지시하는 방식이 다르다. 가장 중요한 것은 정의와 범죄를 개인들 행동의 문제 또는 그들에게 영향을 미치는 상호작용의 문제로 생각하도록 부추기는 정도가 다르다는 점이다. 신경 본질주의는 개인과 그의 두뇌에 직접적으로 우리의 관심을 집중시키지만, 그렇게 할 때 우리는 그림의 다른 절반을 놓치게 된다.

고려 대상을 좀 더 넓게 본다면 우리는 사회의 수많은 분야에서 신경 본질주의의 더 많은 예를 찾을 수 있다. 각각의 맥락에서 주로 신경과 관련된 용어로 어떤 현상을 묘사하다 보면, 우리는 뇌 내부가 아닌 뇌 주위에서 작용하는 외부 요인들로 구성된 대안적 이야기를 보지 못하기 쉽다. 우리가 오직 뇌를 중심으로 한 설명만을 얻고자 할 때, 철학자 메리 미드글리Mary Midgley가 "단순함의 유혹"이라고 부르는 것에 속아 넘어가게 된다.[68] 우리는 뇌를 여러 원인 사이의 가장 큰 원인으로, 모두 들을 만한 가치가 있는 안과 밖의 목소리가 참여하는 광범위한 대화의 패널리스트 중 한 명이 아니라 기조연설자로 인식한다. 우리는 몸, 환경, 사회가 모두 나름의 역할을 한다는 것을 암묵적으로 인정은 하지만 뇌의 신비로 인해 그것들의 중요성을 고려할 가능성을 점점 축소시키고, 반대로 뇌에는 특권적인 지위를 부여한다. 이것은 우리가 현실 세계에서 다양한 사회적 문제와 행동 문제를 이해하고 다루는 방법에 영향을 미친다.

10대 청소년은 왜 성인과 다른가? 성인에 비해 많은 청소년들이 정서적으로 흥분하기 쉽고 자주 무모하기까지 한 행동을 한다는 것을 우리 모두는 알고 있다. 에이번의 시인(셰익스피어가 태어난 스트랫퍼드에 있는 에이번강을 따 셰익스피어를 가리키는 표현—옮긴이)은 "젊음은 뜨겁고 대담하"지만 "노년은 약하고 차갑다"며[69] "젊음은 거칠고 노년은 길들여져 있다"라고 썼다. 인지신경과학자 세라 제인 블레이크모어Sarah-Jayne Blakemore는 미성숙한 뇌 생물학적 작용이 과감한 위험 감수, 빈약한 충동 조절, 자의식 같은 전형적인 청소년기 특성을 설명할 수 있다고 주장한다. 10대의 뇌는 단지 성인 모델의 경험이 적은 버전이 아니다. 신경 영상 연구는 10대와 어른의 뇌 사이의 구조적 차이와 동적 차이 모두가 존재한다는 것을 보여준다. 블레이크모어는 "변연계(대뇌피질과 시상하부 사이의 경계에 위치한 부위로 감정, 동기부여, 기억 등의 기능을 담당—옮긴이) 안의 영역은 성인과 비교할 때 위험 감수에 대한 보상 감각에 과민한 것으로 밝혀졌으며, 이와 동시에 과도한 위험을 감수하지 못하게 막는(…) 전두엽 피질은 청소년기에 여전히 아직 발달 과정 중에 있다"라고 말했다.[70]

그러나 10대의 미성숙한 행동을 뇌의 미성숙 측면으로만 설명하는 것은 위험한 일이기도 하다. 우선 10대의 생물학적 작용이 신경계뿐 아니라 많은 점에서 훨씬 더 넘어서는 방식으로 나이 든 사람들의 그것과 다르다는 점은 말할 필요도 없다. 뇌의 불균형에 관계없이 호르몬 및 기타 신체적 영향은 10대가 자신에 대해 어떻게 느끼고 상황에 어떻게 반응하는지에 지대한 영향을 준다. 또한 진화에 의해 선택되어 우리가 원숭이 같은 조상으로부터 막 분리되고 기대 수명은 아마도 30세 미만이었을 선사 시대의 표준에 따르면,

오늘날의 10대 후반은 인생의 최전성기에 있다고 할 수 있다.[71] 오늘날 청소년기 후반의 뇌는 기원전 50000년에는 상대적으로 성인으로 간주되었을 것이다. 현대 청소년과 후기 구석기 시대 비슷한 나이대의 가장 근본적인 차이점은 생리 작용이 아니라 문화적인 부분이다. 이것은 오늘날 10대를 미숙하게 보이게 하는 것이 생물학보다는 문화와 더 관련 있을 수 있다는 점을 시사한다. 우리의 시간과 공간에서 10대들은 성인과는 전혀 다른 세상에 살고 있다. 그들은 질적으로나 양적으로 거의 모든 성인이 경험해보지 못했던 사회적 상호작용을 가지고 있으며 그들의 삶은 거의 모든 성인이 받아들이지 못하는 방식으로 대본에 짜인 듯하고 통제되며, 매일의 목표는 그들의 부모나 조부모와 매우 다르다. 이러한 환경적 요인으로부터 뇌 생명 작용의 결과를 구분해내는 것은 불가능하다. 그러나 10대 친척이나 친구의 특별한 약점을 이해하려 노력하고 가능하면 고치려고까지 한다면 그들 뇌의 특이성에만 초점을 맞추는 것은 지나치게 간단해 보인다.

마약중독자가 되는 이유는 무엇인가? 중독성 약물은 맛있는 음식이나 맑은 날과 같이 단순히 우리가 즐기는 것의 더 강력한 버전이 아니다. 그것은 실제로 뇌에 침투하여 뇌세포의 행동을 직접적으로 변화시킨다. 지난 20년 동안 어떤 뇌 처리가 마약에 대한 감수성에 관여하는지를 밝히는 데 엄청난 진전이 있었으며, 그중 일부는 나의 실험실에서도 연구하고 있다. 뇌 생물학적 작용의 중요성을 강조하면서 미국 국립약물남용연구소NIDA: National Institute of Drug Abuse는 중독을 "유해한 결과에도 불구하고 강박적 약물 갈망 및 사용이라는 특징을 가지는 만성 재발성 뇌 질환"으로 정의한다.[72] 이런 식으로 중독을 묘사하는 NIDA의 목표 중 하나는 약물 남용과 연관된 도덕적 낙인을 완화하고자 하는 것이다.[73] 뇌 병리에 대한 증거가 찰스 휘트먼과 같은 범죄자의 죄를 없게 만들어주듯 잠재의식적 뇌 기능의 측면에서 중독을 설명함으로써 중독자의 죄책감에 대한 중독을 덜어주는 듯하다.

그러나 중독자를 용서하기 위해 뇌 생물학적 작용을 비난할 필요는 없다. 또래 압력peer pressure이나 약한 가족 구조와 같은 외부적인 사회 및 환경 변수는 남성이냐 또는 가난한 환경에서 자랐느냐 하는 변수만큼이나 중독의 위험 요소로 잘 알려져 있다.[74] 그러한 상태에 빠진 사람은, 뇌 질환 환자가 병에 걸렸다는 이유로 비난받을 수 없는 것만큼이나 자신의 상황으로 인해 비난받을 수 없다. 한편, 중독을 뇌 질환으로 특징짓는 것은 치료를 위한 가능한 통로를 제한하게 될 수도 있다. 샐리 사텔과 스콧 릴리언펠드는 뇌 질환 모델이 "재발의 불가피성에 도전하는 전도유망한 행동 요법으로부터 주의를 돌리게 한다"라고 주장한다.[75] 정신과 의사 랜스 도즈Lance Dodes는 약물 중독을 부추기는 환경 자극을 강조하면서 비슷한 문제의식을 제기한다. 그는 "정서적으로 중요한 사건이 촉발해야만 중독 행위가 일어나며(…) 정서적으로 의미 있는 또 다른 행동에 의해서 대체될 수 있다"라고 썼다.[76] 훨씬 더 폭넓은 수준에서, 중독은 암과 같은 다른 비감염성 질병과는 달리 사회 및 문화적 요소를 포함하는 해결책을 필요로 한다. 예를 들어 빈곤을 줄이고 가족과 함께하게 만들고 학교 환경을 개선하려는 노력은, 약물 치료를 통해 뇌 속의 중독 관련 과정과 싸우려는 노력만큼이나 영향력이 있는 것으로 판명될 수 있다. 중독은 다차원적 현상으로, 머리 너머로 뻗어나가는 차원에 대한 민감성을 유지하는 것이 중요하다.

무엇이 뛰어난 예술가, 과학자 또는 기업가를 만드는가? 멜 브룩스Mel Brooks의 1974년 코미디 영화 〈젊은 프랑켄슈타인Young Frankenstein〉의 주인공은 자신이 만든 괴물이 위대한 독일의 '과학자이자 성자'인 한스 델브뤼크Hans Delbrück의 이식된 뇌를 받아 천재가 될 수 있다고 믿는다.[77] 그러나 위대한 두뇌를 갖는 것이 실제로 사회에 큰 기여를 하는 데 필요한 것인가? 우리는 1장에서 연구자들이 100년 넘게 개인의 특출한 업적을 뇌의 특성과 관련시키기 위해 고군분투했음을 보았다. 과학작가 브라이언 버렐Brian Burrell은 "'엘리트' 두뇌에 대한 연구 중 정신적 위대함의 근원을 결정적으로 꼭 집어낼 수 있는(…) 연구는 없다"라고 말하고 있지만 이러한 상황은 사람들이 계속해서 탐색하는 것을 막지는 못한다.[78] 근대 연구자들은 신경 영상 도구를 사용하여 미국 국가과학상US National Medal of Science 수상자인 심리학자 낸시 안드레아센Nancy Andreasen이 "창조적인 뇌의 독특한 특징"이라고 부르는 것의 위치를 찾아내려 한다.[79] 안드레아센은 자신의 연구에서 작가, 예술가 및 과학자를 표면적으로 덜 창의적인 전문가와 구별시키는 뇌 기능 패턴을 발견했다. 다른 연구자들은 fMRI를 기반으로 임기응변, 혁신적인 사고 그리고 창의성의 또 다른 특징의 상관관계를 조사했다.

뇌생물학이 많은 인지 능력 차이의 기저를 이룬다는 개념을 반박하는 과학자들은 거의 없지만 문화, 교육 및 경제적 지위가 창조적 행위에서 그러한 인지 능력의 표현에 지대한 영향을 미친다는 것도 우리는 알고 있다. 일란성 쌍둥이의 창의성에 대한 연구에 따르면, 뇌 구조의 선천적 측면을 결정하는 유전적 역할에 대한 증거는 기껏해야 모호하다고 할 수 있는 정도다.[80] 한편 인종적으로, 그리고 아마도 신경학적으로 가장 이질적인 인구 집단 중 하나인 미국은 노벨상 수상자 수가 압도적으로 가장 많은 나라이기도 하다. 이런 종류의 통계를 보면, 단일한 두뇌 유형이나 일련의 특성이 여러 사회 계층에서 창의성을 키운다는 개념에 의문을 제기할 수밖에 없다. 다시 말해, '창조적 뇌'와 같은 것은 있을 수 없다.

분자생물학 연구실에서 창의성을 연구한 심리학자 케빈 던바Kevin Dunbar는 상대적으로 고립된 채 자신의 두뇌를 사용하는 개별 과학자보다는 다양한 의견이 모이는 그룹 토론에서 새로운 아이디어가 나올 가능성이 더 높다는 것을 발견했다.[81] 경우에 따라 창의성이 본질적으로 전혀 다른 아이디어의 수렴에서 비롯된다는 원칙으로 인해 나노 기술이나 기후과학과 같이 혁신적으로 보이는 완전히 새로운 분야가 탄생한다. 개인이 스스로 일하고 있을 때조차 다양한 환경 자극에 노출됨으로써 통찰력을 얻을 수 있다. "관점이나 물리적 위치의 변화는(…) 우리로 하여금 세계를 다시 보고 사물을 다른 시각에서 보게 만든다"라고 창조적인 과정에 대해 연구한 언론인 마리아 콘니코바Maria Konnikova는 쓰고 있다.[82] 그녀의 설명에 따르면 때때로 "관점의 변화는 어려운 결정을 가능하게 하고 이전에는 존재하지 않았던 곳에 창의성을 불러일으키는 불꽃이 될 수도 있다." 대조적으로 창조적 행동이 '창조적 뇌'에서 발생한다는 개념은 생물학적 및 환경적 영향의 보고寶庫를 신경 본질주의자의 조그만 금덩어리로 축소시켜버린다. 우리 사회에서 창의력을 이해하거나 장려하려고 노력한다면, 뇌 주변에 있는 세계에 주의를 기울이는 것이 뇌 자체를 배양하는 것만큼이나 중요할 수 있다.

도덕성은 어디에서 왔으며, 무엇이 사람들로 하여금 행동을 옳고 그른 것으로 인식하게 만드는가? 신경 본질주의의 가장 매혹적인 징후 중 하나로서 뇌의 선천적 메커니즘의 관점에서 도덕성을 설명하려는 움직임이 다시 일어나고 있다. 1819년 프란츠 갈은 뇌의 왼쪽과 오른쪽 전두엽이 만나는 근처 이마 위에 '도덕적 감각'의 기관을 배치했다.[83] 바르셀로나대학교의 레오 파스쿠알Leo Pascual, 파울로 로드리게스Paulo Rodrigues, 데이비드 가야르도 푸홀David Gallardo-Pujol은 최근 견해를 반영하여 "도덕성은 많은 뇌 영역에 걸쳐 반영된 복잡한 정서 및 인지 처리의 집합"이라고 설명한다.[84] 기능적 신경 영상 연구는 공감과 감정에서 기억과 의사 결정에 이르는 다양한 과정과 관련된 영역의 활성화와 도덕적 추리 사이의 연관성을 시사한다. 이러한 연구 결과는 많은 도덕적 문제의 근간이 되는 복잡성에 대한 우리의 직관과 맞아떨어지며, 또한 우리가 저울질해보려는 다양한 고려 사항에 물리적인 근원을 제공한다.

그러나 신경적인 용어로 도덕적 과정의 틀을 짜는 것은 또다시 환경 및 사회적 영향의 중요성에 주목하지 못하게 한다. 다른 선택과 마찬가지로, 우리의 윤리적 결정은 신체 상태뿐만 아니라 보이지 않는 외부적 요인에 크게 의존한다. 예를 들어, 우리의 정서와 상호작용하는 뇌 외부의 요인은 공격적인 행동에 대해 친화적 혹은 적대적인 방향으로 우리를 편향시킴으로써, 도덕 계산법에 영향을 줄 수 있다. 우리 내부의 도덕적 나침반은 사회적 신호social cues(대화나 기타 사회적 상호작용을 유도하는 언어적 혹은 비언어적 단서로서 '사회적 단서'라고도 불림—옮긴이)에 의해 훨씬 더 극적으로 흔들린다. 매우 분명한 예로서, 우리는 아무도 보고 있지 않다고 느낄 때 경계심을 늦춘다. 반대로 우리는 사회적으로 허용되는 것처럼 보일 때 의심스러운 행동을 수행할 가능성이 더 높다. 이것은 예일대학교의 스탠리 밀그램Stanley Milgram에 의해 놀랍게 입증되었는데 그는 1963년 연구에서 무작위로 모집된 40명의 남성 피험자 그룹 중 3분의 2가 연구실 배경에서 실험자의 권유에 의해 낯선 사람에게 450볼트의 고통스러운 전기 충격을 가할 의사가 있음을 보여주었다(권위에 대한 복종을 시험하는 이 실험은 그 후 얼마 지나지 않은 1963년에 한나 아렌트가 출간한 《예루살렘의 아이히만》의 '악의 평범성'을 연상시킴—옮긴이).[85] 하버드대학교의 도덕인지 실험실을 이끌고 있는 심리학자 조슈아 그린Joshua Greene은 도덕적 선택에 관여하는 신경 메커니즘은 "도덕성에만 국한되지는 않는다"라고 지적했다.[86] 실제로, **도덕적인** 영역에서 도대체 선택이 존재하는 이유는 바로 그것이 외부 맥락과, 무엇이 옳고 그른 행동인지에 대한 다른 사람들의 문화적으로 조건화된 판단에 의존하기 때문이다. 우리는 영향을 미치게 될 외부적 특징과는 무관하게 도덕적 추론을 뇌 처리 자체만으로 축소시키면 이 사실을 시선에서 놓칠 위험이 있다.

무엇이 개인의 존재 방식을 만드는가에 대한 문제는 역사가가 제기하는 중요한 문제, 즉 왜 사건이 그렇게 전개되었는가와 유사하다. 이 질문에 대해 스코틀랜드의 역사가 토머스 칼라일Thomas Carlyle은 "이 세상에서 사람이 성취한 일에 대한 역사는 실제로는 여기에서 일했던 위대한 사람들의 역사다"라고 냉정하게 대답했다.[87] 칼라일은 1840년 그를 둘러싼 문화적 풍경을 둘러보면서 "우리가 세상에서 성취한 것으로 보이는 모든 것은 제대로 말하자면 세상에 보내진 위대한 사람들 안에 살고 있는 생각들의 외부 물질적 결과이자 실질적인 실현이요 구체화다"라고 말했다. 이것은 바로 몇몇 주목할 만한 사람들의 마음이 주변의 문명을 변화시키고 사건의 진행을 결정했다는 가설인 영웅사관이다. 칼라일의 은유에서 시인 부류의 단테와 셰익스피어, 학자 존슨과 루소, 폭군 크롬웰과 나폴레옹 같은 사람들은 "하늘의 선물로 빛나고" "주변의 어두운 군중 위로 남성성과 영웅적인 고귀함의 천부적인 참신한 영감"을 내려주는 한 줄기 빛에 다름 아니었다.

뇌의 신비에 의해 지금 흔들리고 있는 문화에서 빛은 과거의 위대한 사람들이 아니라 우리의 두뇌에서 빛난다. 이것은 윌리엄 제임스 자신이 인류의 모든 발명품은 "개인의 머릿속에 있는 천재의 번쩍임이며 머리 바깥의 외부 환경은 아무런 표시도 보여주지 않았다"라고 썼을 때 연상한 그림이다.[88] 오늘날의 대중적인 신경과학 기사에 등장하는 야광의 두뇌 이미지나 현대 세계의 문제를 뇌의 문제로 환원시키는 것은 모두 제임스의 말과 연관성이 있다. 그러나 뇌가 우리 행동의 자율적이고 내부적인 엔진이라는 신경 본질주의의 명제에 대한 반박, 즉 인간의 노력을 주로 환경에 의해 설명될 수 있는 것으로 보는 행동주의자 관점은 마찬가지로 극단적인 반대 명제다.

오늘날 우리는 두 스파링 상대를 화합하게 할 수 있다. 과거로 사라지는 행동주의에 대해 인지과학이 반란을 일으키고 뇌가 주변 환경과 상호작용하는 방식에 대한 이해 수준이 높아짐에 따라 우리는 더 이상 인간 본성에 대해 내부나 외부로 치우친 견해가 반드시 반대되는 것으로 볼 필요가 없다. 신경과학 시대에 우리는 마음의 생명성이나, 생명 안에서 두뇌의 중심적 역할이나 어느 것도 의심할 수 없다. 그러나 동시에 우리는 외부적인 힘이 뇌의 가장 깊숙한 영역으로 손가락을 뻗어 숨길 수 없는 곳으로부터 우리의 사고에 끊임없이 감각 입력을 공급한다는 것을 의심할 수 없다. 우리의 각 행동이 사용하는 문고리의 모양부터 참여하는 사회구조에 이르기까지 우리 주변 환경의 미세한 윤곽에 의해 이끌린다는 것 또한 부인할 수 없다. 과학은 신경계가 동일한 물질로 구성되어 대체로 지배적인 원인과 결과의 법칙에 따르는 환경에 신경계가 완전히 통합되어 있으며, 우리의 생명 작용에 기반한 마음은 이러한 합성의 산물이라는 것을 우리에게 가르쳐준다. 뇌는 어두운 공간에 내부의 빛으로 빛나는 신비의 등대가 아니다. 오히려 그것은 우주의 빛을 다시 그 속으로 굴절시키는 유기적인 프리즘이다. 내면을 바라보는 뇌의 생물학적 환경 속에서야말로, 분트와 오늘날 신경 본질주의자들의 세계가 왓슨과 스키너의 외향적인 세계 속으로 경계 없이 녹아든다. 그들은 다름 아닌 하나다.

08

망가진 뇌를 넘어서

만약 당신이 하고 있는 일이 뇌 때문이라면 당신 행동의 결함 역시 당신 뇌의 결함으로부터 나온다고밖에 할 수 없다. 이것이 바로 신경과학의 성장, 뇌의 신비의 등장과 시기적으로 일치했던 변화로서 정신 질환을 뇌의 결함으로 환원할 때 가지는 논리다. 정신 질환을 뇌의 오작동과 등치시키는 의견에 동조하는 사람들은 그렇게 함으로써 정신과적인 문제와 전통적으로 연관되었던 낙인을 줄일 수 있다고 주장한다. 우울증이나 조현병과 같은 증상을 뇌 질환으로 간주하게 되면 병리로 인해 정신적으로 아픈 사람을 비정상적이라고 비난하려는 경향이 줄어든다는 말이다. 우리는 간이나 폐에 질환이 있는 사람들은 비난하지 않는데 왜 뇌 질환이 있는 사람들은 비난할까? 저명한 신경과학자 에릭 캔들Eric Kandel은 "조현병은 폐

렴 같은 병이며" "그것을 뇌 질환으로 보게 되자마자 그에 찍힌 낙인도 없어진다"라고 말한다.[1] 이처럼 정신 질환을 생물학적 용어로 새롭게 정의하면 이러한 문제를 가진 환자 자신이 치료받을 가능성이 높아져 친구나 가족에게도 엄청나게 중요한 결과로 이어진다는 증거도 있다.[2] 자신의 신체 기관에 질환이 있다고 인정하는 것은 자신의 영혼이 오염되었다고 인정하는 것보다 훨씬 쉬울 수 있다.

정신 질환자들은 그들의 비이성적 행동과 사회규범의 무시로 인해 도덕적 비난을 받아야 한다고 간주되던 때가 그리 오래전이 아니다. 프랑스의 사회이론가 미셸 푸코Michelle Foucalt에 따르면 계몽주의 유럽에서는 광인insane을 "부르주아 질서의 경계를 스스로 넘어 자신을 윤리의 성스러운 경계로부터 멀어지게 하는" 사람이라고 정의했다.[3] 푸코는 걸작《광기와 문명Madness and Civilization》에서 광인을 질병의 희생자가 아니라 문화적 기대를 저버림으로써 온갖 종류의 법정 밖 규율과 박탈에 종속당해 가상의 감옥에 수감되는 사회적 위반자로 새롭게 정의했다. 새뮤얼 투크Samuel Tuke와 필리프 피넬Philippe Pinel 같은 19세기 정신병원 개혁가들조차 환자에게 보다 인간적인 치료를 제공하는 한편 여전히 그들을 교화하려고 했다. 투크는 1813년에 "광인의 마음에 종교적인 원칙의 영향을 장려하는 것은 치료 수단으로 매우 중요하다"라고 썼다.[4] 푸코의 분석에 따르면 투크 시대에 자애로운 곳이라 알려진 정신병원조차 여전히 "환자가 고발을 당하여 재판을 통해 유죄 판결을 받는 법적인 공간"이었으며 광기는 "도덕적인 세계에서 갇혀 있어야" 하는 것이었다.[5]

정신과적 장애를 뇌 질환으로 규정하는 것은, 그것을 푸코나 다른 사람들이 도덕적 감금이라고 표현한 것으로부터 해방시키는 가장 좋은 방법 중 하나일 수 있다. 이와 유사하게, 일정한 뇌 기반 메커니즘에 따라 생물학적으로 동기화된 치료 프로그램은 장점이나 효능이 의심스러운 이전의 치료법(예를 들어 지난 몇 세기 동안의 족쇄와 물 치료)과는 비교할 수 없이 진보했다. 이와 동시에 정신 질환은 오늘날에도 계속해서 극적이고 놀라울 정도로 치료하기 힘든 도전을 사회에 던져준다. 방대한 환자 보호 단체인 국립정신질환연맹NAMI: National Alliance on Mental Illness이 주목한 통계에 따르면 미국 성인의 약 5분의 1이 매년 정신 질환을 앓고 있으며 미국 내에서 심각한 정신 질환으로 인해 손실되는 임금은 연간 1900억 달러에 이른다.[6] 한편, 치료를 용인하고 접근을 용이하게 하려는 노력에도 불구하고 정신 질환을 가진 성인 환자 50퍼센트 이상이 매년 치료받지 않는다. NAMI 보고에 따르면 우울증은 전 세계에 걸쳐 가장 주된 장애의 원인이며, 미국 내 자살의 90퍼센트는 정신 질환과 연관이 있다. 틀림없이 해야 할 일이 많이 남아 있다.

나는 이 장에서 뇌의 신비가 정신 질환이 이와 같이 천벌로 남아 있는 이유 중 하나라는 점을 보여주고자 한다. 뇌를 이상화하고 뇌가 정신 질환의 원인이 되는 역할을 한다는 주장은 세 가지 변화를 야기했다. 첫째, 그것은 정신 질환이라는 낙인 대신에 정신 건강 환자에게 불리하게 작동하는 새로운 현상인 '망가진 뇌'라는 낙인을 생기게 한다. 둘째, 정신 질환자와 의사 그리고 연구자의 주의를 뇌에만 집중시켜 정신 질환과 뇌 질환을 등치시키게 하면, 뇌에 물리적으로 침투하지는 않지만 잠재적 효과를 기대할 수 있는 치료법 고려의 가능성을 감소시킨다. 셋째, 개별 뇌가 가진 문제는 반드시 개인의 문제라는 정신 질환의 신경적 토대를 지나치게 강조함으로써 개인을 넘어선 환경 및 문화적 역할을 과소평가해, 점차 증가하는 정신 질환의 환경적 요인의 교정을 시급한 문제로 여기지 않게 만든다. 이러한 어려움의 기저에 놓인 것이 지난 장에서 살펴본 신경 본질주의자의 경향성, 즉 우리 사회의 문제를 뇌의 문제로 환원시키려는 경향성이다. 정신 건강의 맥락에서 신경 본질론자의 태도는 수많은 사람들의 생명을 다루는 연구 프로그램과 의료 관행에 영향을 준다.

미국 연구 실험실의 가장 보편적인 집기 중에 거의 모든 생물학자나 화학자가 매일 작업을 기록하는, 녹 빛깔의 골판지로 된 노트가 있다. 연구원이 이 노트 중 하나를 처음으로 여는 순간 엄청나게 겁을 먹을 수 있다. 노란색 모눈종이로 된, 두껍고 텅 빈 노트 한 권은 곧 정복해야 할 엄청난 일들을 나타내기 때문이다. 시간이 지남에 따라 이 노트는 실험 설계, 세부 사항 및 결과에 대해 손으로 쓴 기록으로 점차 채워지며 대개는 중요한 결과의 출력물이나 사진을 붙여 더 두꺼워지게 마련이다. 일단 완성되면 그러한 노트는 기나긴, 때로는 고통스러운 밤낮을 작업대에서 보낸 힘든 노동 뒤에 남은 유일한 물리적 산물이기에 무기한으로 보관된다. 학생이나 박사후 연구원이 좀 더 나은 직장으로 떠나면 그의 노트는 의식처럼 실험실 책임자에게 넘겨진다. 내 연구실의 선반 두 개는 이와 같은 노트로 가득 차 있는데 그중 일부는 내가 처음으로 독립적 연구를 시작한 1990년대 후반 박사후 연구원 시절에 쓴 것이다.

2012년 7월 23일 콜로라도대학 안슈츠 메디컬 캠퍼스의 우편실에서 유사한 갈색 실험실 노트가 발견되었다.[7] 그것은 부분적으로 불에 탄 20달러짜리 지폐 뭉치와 함께 봉투 안에 들어 있었다. 이 노트를 여는 일은 특히 소름 끼치는 경험이었다. 그 안에 쓰여 있는 것은 바로 3일 전에 콜로라도주 오로라Aurora의 한 영화관에서 미국 역사상 최악의 총격 사건 중 하나를 저지른 전 신경과학 박사학위 학생인 제임스 홈스James Holmes의 병리적 낙서였다. 홈스는 노트를 대학의 멘토에게 전달하는 대신 범행 직전 자신의 이전 정신과 의사에게 불태운 돈과 함께 부쳤다. 연구 진행 과정이 아니라, 소시오패스적 상념으로부터 범죄 현장 도표에 이르기까지 대량 살인에 대한 자신의 접근 방식을 기록한 것이다.[8] 수십 명의 죄 없는 사람들을 파멸로 몰고 간 그의 여정은 가장 불운한 과학자의 계속되는 실험 실패보다 더욱 고통스러웠다.

홈스의 노트 거의 모든 페이지에는 허무주의적이고 파괴적인 전망의 증거가 있었다. 하지만 7장에서 본, 해부된 뇌의 주인공인 텍사스 타워 살인자 찰스 휘트먼과는 달리 그는 이미 자신의 문제가 자신의 뇌에서 직접적으로 발생했다고 결론지었다. 그는 반복적으로 자신의 뇌와 마음이 손상되었다고 언급했다. "망가진 마음의 자기 진단"이라는 제목의 글 31페이지에서 홈스는 불쾌성 조증dysphoric mania으로 시작해 하지 불안 증후군restless leg syndrome으로 끝나는 13가지 정신 질환 목록을 적었다. 36페이지에서는 정신 골절mental fracture(망가지고 부서진 뇌를 의미—옮긴이)이라는 주제를 확대시키며 다음과 같이 말했다.

> 나는 그것을 고치려고 노력했다. 나는 그것을 유일한 신념으로 여겼지만, 무언가 고장난 것을 사용하여 그것 자체를 고친다는 것은 불가능한 일로 판명되었다. 신경과학이 가야 할 길처럼 보였지만 제대로 되지 않았다. 망가진 마음을 되살리기 위해서는 내 영혼이 제거되어야 한다. 나는 '정상적인' 마음을 갖기 위해 내 영혼을 희생할 수 없었다. 나의 생물학적 결점에도 불구하고 나는 싸우고 또 싸웠다. 언제나 예정과 인간의 오류 가능성으로부터 나를 지키면서.

홈스의 시끄러운 불평 대부분은 이치에 맞지 않았음에도 그 속에서 찾을 수 있는 일관적인 메시지는, 그가 정신적 육체적 의미 모두에서 자신이 완전히 그리고 어찌할 도리가 없을 정도로 결함이 있다고 느꼈다는 점이다. 체포된 후 홈스는 법원이 임명한 정신과 의사에게 자신의 망가진 뇌에 대해 계속해서 떠들어댔다.[9] 재판에서도 자신이 망가진 뇌로 인해 다른 사람들과 교류할 수 없어 결국 인류를 미워하게 되었다고 설명했다.

홈스는 정신 질환 치료를 꺼리지 않았으며 적어도 자신과 의사들에게 스스로의 정신적 상태를 마지못해 인정하는 것 같지 않았다. 10대 이후 그는 심리학자 및 정신과 의사와 지속적으로 만났고, 총격 사건을 저지르기 몇 주 전에도 콜로라도대학에서 치료자를 만났다.[10] 그는 불안을 완화시키는 것으로 알려진 벤조디아제핀과, 항우울제로 널리 처방되는 선택적 세로토닌 재흡수 억제제를 포함해, 다양한 약을 복용하기도 했다. 그는 자신의 결함이 '생물학적'이라는 것을 알아서 부분적으로는 그것을 해결하기 위해 신경과학 공부를 실제로 하기도 했다. 그러나 뇌 질환으로 보이는 것에 대해 알게 된 것은 어떤 호흡기 질환이나 심지어 암으로 인한 감정보다 홈스에게 깊은 불안감을 주었다. 그는 자신의 정신 상태에 대해 죄책감 비슷한 감정이나 책임감을 느끼지는 않았지만 그가 경험한, 신체적으로 쓸모없다는 느낌은 훨씬 더 나빴을 수 있다.

제임스 홈스 혼자 망가진 뇌의 낙인에 외롭게 시달린 것은 아니다. 홈스의 관점보다 균형 잡힌 시각을 찾기 위해, 18세에 조현병 진단을 받았고 지금은 캘리포니아 버클리의 한 지역 신문에 정신 질환에 관한 기사를 가끔 쓰고 있는 잭 브래건Jack Bragen의 경우를 참고할 수 있다.[11] 브래건은 정신 질환의 망가진 뇌 모델이 자신의 상태와 치료를 받을 필요성을 수용하기를 어려워하는 환자에게 어떻게 영향을 미치는지 설명한다. "약을 복용하기 위해 뇌에 결함이 있다는 것을 반드시 인정할 필요는 없지만, 그러한 신경학적 결함을 인정하지 않으면 약을 복용할 이유가 없어진다."[12] 두뇌 결함을 인정하는 것은 브래건의 경험으로 보면 "무조건 자신을 받아들일 수 있는 능력뿐 아니라 용기와 자기 가치감"을 필요로 하는 고통스러운 단계다. 스스로를 낙인찍는 것은 정신 질환이 있는 많은 사람에게 중요한 문제다.[13] 바뀔 수 없는 신경학적 운명에 굴복한 것으로 자기 자신을 인식하는 정신 질환자는, 자신이 처한 상황을 개선하는 데 무력감을 느끼고 결과적으로 자신에게 도움이 되는 일을 덜 하게 될 수도 있다. 이것은 개인적인 책임과 의지력의 언어를 생물학적 인과관계와 신경과학의 언어로 바꾸는 것의 다른 면이다.

정신 질환을 생물학적 근거에 기인한 뇌 질환으로 점점 더 많이 인식하게 되었다고 하여 정신 질환자에 대한 대중의 낙인이 그다지 바뀐 것 같지는 않다. 1989~2009년까지 정신 질환을 바라보는 유럽과 미국의 태도 변화에 대한 대규모 국제적 조사에 따르면, 신경생물학적 설명에 대한 인식이 크게 증가했음에도 불구하고 우울증이나 조현병 환자의 사회적 수용에는 나아진 점이 없었다.[14] 이 결과에는 미묘하게 경쟁하는 여러 영향이 포함되어 있다. 이 연구의 저자 중 한 명인 심리학자 패트릭 코리건Patrick Corrigan은 정신 질환에 대한 생물학적 설명이 정신과 환자에 대한 부정적인 편견을 허용하려는 의향을 감소시킬 수 있다는 데 동의한다. 그와 그의 동료인 에이미 왓슨Amy Watson은 "정신 질환은 선택하는 것이 아니며 생물학적 이상이라는 교육을 받고 나면, 사람들이 정신 질환자에 대한 사회적 회피를(…) 지지할 가능성이 적어진다"라고 말한다.[15] 다른 한편으로, 이 두 사람은 "생물학적 설명은 정신 질환자들이 근본적으로 다르거나 덜 인간적이라는 것을 의미할 수 있다"라고 강조했다. 이러한 상황에서 사회는 정신과 환자를 본질적으로 보다 위험하거나 스스로 돌볼 수 없다고 간주할 수 있다. 이것은 정신 질환을 앓고 있는 사람들과 거리를 두거나, 그들을 통제해 보호시설에 수용하고자 하는 욕구를 강하게 만들 뿐이다.

정신 질환에 대해 자행된 최악의 학대는 결함이 있는 생명 작용으로부터 사회를 보호한다는 명목하에 이루어졌다. 20세기 유럽과 미국에서 지적 장애가 있다고 여겨진 수천 명이 강제로 불임 시술을 당한 것으로 드러났다.[16] 9세의 정신 연령을 가졌던 18세 소녀 캐리 벅Carrie Buck의 사례가 특히 악명 높다.[17] 그녀는 1924년 혼외

임신 후 버지니아 주립 뇌전증 환자 및 지적장애 수용소에 위탁되었다. 벅이 출산 후 난관 절제 명령을 받았을 때 그녀를 지켜줄 가족은 없었다. 그녀의 어머니 역시 몇 년 전 같은 시설에 위탁되어 주 정부로부터 똑같은 처분을 당했다. 벅은 미국 대법원까지 상소를 거듭했지만 결국은 졌다. 대법원장 올리버 웬델 홈스Oliver Wendell Holmes는 불임화 결정을 지지하면서 이렇게 말했다. "범죄로 타락한 후손을 처형하거나 그들이 저능으로 인해 굶어 죽게 만드는 대신, 명백히 부적합한 사람들이 자손을 계속해서 낳는 것을 사회가 방지하는 일은 온 세상을 위해 보다 유익하다. (…) 3세대에 걸친 저능으로도 충분하다."[18] 당시 매우 진보적인 노선을 대변하던 이 법률가조차, 정신 질환을 오늘날 우리의 생각으로는 비인간적이라고 할 만한 치료를 받아야 할 정도로 심각한 신체적 저주로 간주했다.

1990년 7월 독일 튀빙겐에서 열린 특이한 장례식은, 뇌 질환에 낙인찍는 행위의 가장 극단적 결과를 보여주었다.[19] 이 장례식에서 고인은 어떤 한 개인이 아니라, 나치의 정신 질환자 대상 '안락사' 프로그램의 피해자들로부터 얻은 뇌 절단면을 포함한 일련의 과학적 표본이었다. 이 표본은 나치 시대의 신경과학과 1939~1941년까지 독일 및 오스트리아의 정신병원에서 70만 명 이상의 목숨을 앗아간 공식적인 대량 살인 정책의 관계를 구체적으로 보여주었다.[20] 정신 질환자를 국가 자원을 유출시키는 인간 이하의 존재로 간주하던 나치의 지속적인 캠페인이 정점에 달할 때 학살이 일어났다. 희생자들의 정신 질환은 독일 유전자 풀gene pool을 오염시키는, 생물학적 특성에 뿌리를 둔 본질적이고 치료 불가능한 유전성 질환으로 여겨졌다. 이 무고한 집단 학살로부터 이득을 받은 사람 중에는 나치의 신경학자 율리우스 할러포르덴Julius Hallervorden도 있었다. 그는 정신 질환과 사람을 살아 있을 가치가 없게 만드는 뇌의 특성을 연관시키기 위해 피해자들의 뇌 샘플을 연구했다.[21] 할러포르덴은 거의 700명에 이르는 안락사 대상자의 뇌를 검사한 것으로 유명하며, 일부 대상자는 연구 촉진의 일환으로 처형되었을 가능성이 높다.[22]

할러포르덴의 뇌 샘플이 제2차 세계대전 후 수십 년 동안 학술적 컬렉션에 남아 있었다는 사실은 그것을 보관하던 여러 기관에는 매우 곤혹스러운 일이었다.[23] 매장지에 세워진 기념비는 윤리적 경계를 넘어선 과학자들에 대해 경고하고 있다.

> 추방되고 억압당하고 학대당한,
> 폭정과 눈먼 정의의 피해자들,
> 그들은 먼저 여기에서 쉴 자리를 찾았네.
> 일생 동안 그들의 권리와 존엄성을
> 존중하지 않았던 과학은
> 죽음 후에도 그들의 몸을 사용하려고 했네.
> 이 돌이 살아 있는 사람들에게 이를 상기시키기를.

홈스에서 할러포르덴에 이르기까지 우리가 이 책에서 본 사례들은 뇌의 질병이 다른 장기의 질병처럼 취급되지 않고, 광기를 육체와 분리하여 본 과거의 지배적 개념에 따라 여전히 매우 개인적이고 비난받기 쉬운 상태에 놓여 있음을 보여준다. 정신 질환을 뇌 질환의 관점으로 재정의하는 것은 과학적으로 정확하고 좋은 의도를 갖고 있기는 하지만, 신경생물학적 요인에 근거한 냉담한 차별로의 길을 열어놓은 것일 수도 있다. 뇌 문제는 부도덕moral failure보다 더 변화하기 어려운 것으로 여겨지기 때문에, 뇌에 기반한 차별은 이전 세대 정신 질환자가 맞닥뜨렸던 도덕적 비난보다 훨씬 더 치명적일 수 있다. 암이나 심혈관 질환에 직면한다고 해서 뇌에 기초한 정신 질환에 직면하는 방식으로 자기 가치감에 대한 도전을 받지는 않는다. 그리고 나치는 대사성 질환이나 자가면역 장애를 가진 사람들은 말살하지 않았지만, 조현병과 학습 장애를 가진 사람들은 죽였다. 우리가 사람을 그의 뇌로 환원하고 뇌를 다른 신체 기관과 다르게 다룰수록, 망가진 뇌라는 낙인은 병에 걸리거나 정상의 궤를 벗어난 한 개인에게 사회가 부과하는 어떠한 수치심보다 더 깊은 자국을 남길 것이다. 이 새로운 낙인이 정신 질환자에 대한 윤리적으로 의심스러운 반응일 뿐 아니라, 어떤 경우에는 무엇에 앞서 누군가를 정신 질환자로 분류하는 것이 과학적으로 정당화될 수 없는 단순화라는 점을 앞으로 살펴볼 것이다.

19세기 중반 영국 빅토리아 시대의 감성에 따르면 정신 질환이라는 수치스러운 병에 대한 자연스러운 반응은 그것을 보이지 않게 하는 것이었다. 이러한 반사적 반응과 정신 병리 진단 증가가 결합하여 보호시설에 수용된 인원은 1800년 1만 명 정도에서 세기말에는 10만 명 정도까지 급증했다.[24] 증가하는 환자 집단을 수용하기 위해 많은 정신병원이 세워졌음에도 불구하고, 시설에 대한 수요가 공급을 크게 앞질렀다. 당시의 정신병원은 인도적인 치료라는 목표가 과부하된 시스템의 요구와 일상적으로 충돌하는 역설적인 장소였다. 위풍당당한 신고전주의 혹은 고딕 양식의 복고풍 건축물, 타일이 깔린 아름다운 복도, 때로는 널찍하기까지 한 연회장은 병상 자체의 과밀 상태와는 뚜렷하게 대조되는 고상한 분위기였다(그림 12 참조).[25] 이 시설은 고통받는 몸으로부터 영혼이 탈출하는 이미지를 불러일으키는 프랑스어 aliéné(미친)에서 유래한 **정신과 의사**alienists(과거에는 정신과 의사를 의미했지만 오늘날 영어에서는 범위가 축소되어 법정 증언 정신과 의사를 지칭—옮긴이)라 불리는 신사 의사들이 감독했다. 수갑, 족쇄, 구속복, 패드를 댄 방(자해를 막기 위해 벽면에 패드를 댄 방—옮긴이)의 광범위한 사용에서부터 오늘날에는 독성 부작용을 일으킨다고 알려져 더 이상 사용하지 않는 진정제 중 하나인 브롬화물 투여에 이르기까지, 그 많은 치료 행위는 확실히 고상한 사회와는 어울리지 않았다.[26] 정신 질환자의 도덕성 함양을 옹호한 투크와 피넬의 이상은 훨씬 더 잔인한 형태의 훈육과 공존했다. 예를 들어 1869년 웨스트 라이딩 빈민 정신병원West Riding Pauper Lunatic Asylum에서 촬영된, 잊기 힘든 유명한 사진에는 줄무늬 죄수복을 입은 채 팔과 목은 의자에 묶여 있고, 머리 조임새가 정수리 위를 내리누르자 움찔하는 노인의 모습이 담겨 있다.[27]

현대인의 눈에 비정상적으로 보이는 19세기 정신병원의 또 다른 특징은 신체 및 환경적 근원에서 비롯된 것으로 보이는 환자의 질병 비율이다.[28] 오늘날 대부분의 정신병원 입원 환자는 흔히 뇌 질환으로 여겨지는 조현병, 양극성장애 또는 심한 우울증 환자인 데 비

그림 12. 19세기 정신병원 모습.
위 | 1893년경 클레이베리 정신병원의 연회장. **아래** | 구속 의자에 앉은 한 남자, 웨스트 라이딩 정신병원, 1869년. 두 이미지 모두 런던의 웰컴 도서관 제공.

해, 19세기 기록을 보면 입원에 다양한 뇌 외적 원인이 있었음을 알 수 있다.[29] 가장 흔했던 몇 가지 원인을 들자면, 남성에 해당하는 것으로는 경제적 어려움, 무절제, 자위가 있었고 여성에 해당하는 것으로는 가정 문제, "여성 관련 문제feminine problems" 및 출산이 있었다.

빅토리아 시대 정신병원에서 가장 치명적인 상태는 성병인 세균성 매독 말기에 나타나는 진행성 치매 그리고 운동 제어 기능 상실을 일으키는 **정신 질환자의 전신 불완전 마비general paresis of the insane**(혹은 '마비(성) 치매paralytic dementia'—옮긴이)였다.[30] 5장에서 보았던, 작곡가 로베르트 슈만을 쓰러뜨린 게 바로 이 질병이었다. 1826년 보고서에서 프랑스 정신과 의사 루이 플로렌틴 칼메유

Louis-Florentin Calmeil는 "망상이 증가하고, 이성은 사라지며, 감성이 부족해져 환자는 자기 주위 사람들을 알아보지도 못한다. 이와 같은 고등 능력의 점진적 감소와 더불어, 들쭉날쭉하게 지속되는 발작기가 간간히 이어져 망상이 배가되고 초조함은 극도에 달하게 된다"라고 기록하면서 이 질병을 "증상의 행군a march of symptoms"이라고 오싹하게 표현했다.[31] 어떤 기록에 따르면, 영국 정신병원 환자의 최대 20퍼센트가 전신 불완전 마비로 입원했으며 이 질병은 20세기 초 항생제가 개발될 때까지 전염병 수준으로 지속되었다.[32] 신세계New World(아메리카 대륙을 가리킴—옮긴이) 일부 지역뿐 아니라 유럽 대륙에서도 정신병원 수감자들 사이에서 널리 퍼졌던 또 다른 질병은 피부염dermatitis, 설사diarrhea, 치매dementia, 이렇게 '3D'와 관련된 치명적인 증후군 펠라그라pellagra였다.[33] 펠라그라 최악의 발병 사례는 20세기 들어 옛 미국 남부연합US Confereate states(아메리카 연합, 남부맹방 등으로 불림—옮긴이)에 속했던 지역에서 발생한 것으로, 약 25만 명을 감염시킨 것으로 추정된다.[34] 조지프 골드버거Joseph Goldberger라는 헝가리계 미국인 전염병학자는 이 질병이 생물학적 실체가 아니라 비타민 B_3의 결핍으로 발생한다는 점을 발견했다.[35]

19세기의 정신 질환이 항균제나 식이 보조제로 치료될 수 있다는 사실은 두 가지 점에서 주목할 만하다. 첫째, 매독과 비타민 B_3 결핍(둘 다 중추신경계에서 뉴런의 퇴행을 촉진시킨다)으로 야기되는 정신 장애의 명백한 생물학적 성질은 인간 마음의 생리학적 기반에 대한 증거가 된다. 둘째, 불완전 마비와 펠라그라의 병인학etiology은 정신 질환을 뇌 자체의 병과 동일시하는 것에 반대한다. 마비와 펠라그라는 뇌를 통해 나타나지만 뇌 때문에 발병하는 것은 아니다. 이와 같은 병리학은 정신 질환이 발생할 수 있는 다층적인 맥락을 예시한다. 인지적이며 행동적인 결손뿐만 아니라 그에 수반되는 비정상적인 뇌 생명 작용도 존재한다. 또한 뇌 기능 장애를 유발하는 특정 자극이나 병원체뿐만 아니라 그러한 요인이 전파되는 환경 및 사회적 환경을 포함하는 더 광범위한 인과적 요인의 네트워크 역시 존재한다. 따라서 불완전 마비와 같은 상태는 뇌 질환인 동시에 세균성 질환이자 사회 병리가 될 수 있다. 다양한 도덕적 의학적 견해를 합하여 전근대 시대의 매독 자체를 정의하는 폴란드 출신 의사이자 의학사가인 루드비크 플렉Ludwik Fleck이 강조하는 것이 바로 이와 같은 복합성이다.[36]

과거의 정신 질환이 외부 및 내부적 영향의 균형에 의해 야기되었다면, 오늘날의 일부 정신 질환도 유사하게 '비국재화delocalized' 될 것이다. 우리는 6장과 7장에서 뇌 외부의 요인이 신경 기능과 행동에 얼마나 영향을 미치는지 알아보았다. 그처럼 복합적인 요인이 신경 기능과 행동의 병리에 기여한다는 것은 전혀 놀라운 일이 아니다. 실제로 정신 건강 관련 내부 및 외부적 영향 모두에 대한 증거들은 잘 알려져 있다. 정신 질환과 뇌 질환을 단순한 등치 관계로 보면 설명할 수 없는 원인 그물causal web(여러 전문가가 자신의 영역 안에서 해결책을 강구하는 "터널 시야tunnel vision"의 접근 방식이 아니라 다양한 원인이 거미줄처럼 얽혀 어떤 전염성 질환을 일으킨다고 보는 역학 모델—옮긴이)을, 그 증거들로 나타낼 수 있다.

우리는 대부분의 정신장애의 생물학적 기반에 대해 충분히 알지 못하여 각각의 질환이 '얼마나 많이' 선천적으로 결정되거나 이와 대립적인 개념에서 환경적으로 유인되는지 밝힐 수는 없다. 하지만 각 정신 질환이 부모로부터 자녀에게 유전되는 정도를 짐작해 보면 대략적인 해답을 얻을 수 있다. 어떤 질병이 검은 머리카락이나 작은 키와 같은 특성과 동일한 방식으로 유전된다고 하면, 이는 임신 순간부터 우리의 유전자에 쓰여 있고 DNA에 존재하는 인자가 그 질병을 주로 유도함을 의미한다. 그러므로 정신 질환과 유전자 데이터를 연관시키면 어떤 질병이 유전될 수 있는 정도를 결정하는 방법을 찾을 수 있다.[37]

정신 질환이 있는 사람에게 일란성 쌍둥이 형제가 있다면, 유전적 연관성을 확인하는 가장 간단한 방법은 그 쌍둥이도 동일한 질환을 가지고 있는지 확인하는 것이다.[38] 이러한 장애가 유전적으로 결정된다면 동일한 유전자 100퍼센트를 공유하는 일란성 쌍둥이는 우울증이나 조현병 같은 특성 역시 공유해야 한다. 일란성 쌍둥이 형제가 없는 대다수의 정신 질환자에게도 동일한 병을 앓고 있는 가까운 가족 구성원이 있는지 확인해 유전적 원인을 확인할 수 있다. 각 사람이 부모, 형제 및 자녀와 공통으로 가지는 유전자 비율이 높기 때문에 어떤 질병이 유전적으로 결정된다면 가까운 친척이 질병의 특성을 공유할 가능성은 평균보다 높다. 유전자 지도 제작 기술의 발전과 더불어 어떤 질병에 유전적 구성 요소가 있는지를 측정하는 또 다른 강력한 방법은, 질병이 있는 사람과 없는 사람 수천 명으로부터 유전자 데이터를 수집하여 질병의 유무가 단수 혹은 복수의 특정 유전자 변이체와 상관관계를 보이는 정도를 조사하는 것이다. 물론 이러한 유형의 연구에서는 외부적 요인으로 인해 편향된 결과를 내지 않도록 하는 것이 중요하다. 쌍둥이의 유전적 요인에 대한 연구를 예로 들자면 그들이 공유한 환경적 영향과, 그들이 공유한 유전적 영향을 구분하는 것이 중요하다는 말이다.[39] 이를 위해 연구자들은 쌍둥이 연구에서는 이란성 쌍둥이를, 가족 연구에서는 동일한 환경적 요인을 가졌으나 유전자 구성은 다른 입양 가족을 대조군으로 설정한다.

이와 같은 접근법을 사용해 과학자들은 많은 정신 질환에 대해 양적 개념인 **유전율heritability**, 즉 유전적 변이로 설명할 수 있는 유병률有病率을 계산했다.[40] 예를 들어 유전율이 1인 질병은 유전적 변이에 의해 전적으로 설명되는 반면, 유전율이 0인 질병은 환경적 요인에 의해 완전히 설명될 수 있다고 간주된다. 유전학자 패트릭 설리반Patrick Sullivan, 마크 데일리Mark Daly 및 마이클 오도노반Michael O'Donovan은 2012년 현재 이용 가능한 여러 연구에서 얻은 신뢰성 높은 데이터를 바탕으로 몇 가지 주요 정신 질환의 유전율에 대해 보고했다.[41] 목록의 제일 위에는 0.81의 유전율을 가진 조현병이 있었고 맨 아래에는 유전율이 0.37인 주요 우울장애가 있었다. 양극성장애, 주의력결핍과잉행동장애, 니코틴 의존 및 신경성 식욕 부진 등의 질환은 중간값을 보였다. 이러한 결과는 유전자와 환경 모두가 주요 정신 질환에 기여하며, 어떠한 선천적 생물학적 요인도 그 자체만으로는 그러한 질환을 설명하기에 충분하지 않다는 점을 시사한다.

유전율 통계를 해석하는 방법에는 미묘한 점이 있다. 예를 들어

주요 우울증과 같은 질병의 부분적 유전율fractional heritability은 일반적으로 해당 질병 사례가 다양한 유전적 요인과 약한 상관관계가 있음을 의미하거나, 일부 발병은 특정 유전자와 완벽하게 연관되어 있지만 다른 경우는 유전자에 의해 전혀 설명되지 않음을 의미할 수 있다. 특히 유전율은 질병이 구체적으로 어떻게 나타나는지는 알려주지 않으며, 어떠한 경우에도 무엇이 우울증과 양극성장애 및 조현병 같은 질병의 개별적 발병을 촉발하는지 예측하지도 않는다. 또한 정신 질환에 대한 유전적 연관성의 유무가 뇌생물학의 인과적 역할을 규정하지도 배제하지도 않는다는 점도 중요하다. 어떤 장애와 상관관계가 있는 유전자는, 예를 들어 뇌 외부의 정서 관련 생리학적 구성 요소를 바꾸어놓거나 한 사람의 사회적 지위에 영향을 미칠 정도로 그의 외양을 만들어주는 간접적인 방식으로만 뇌에 영향을 줄 수 있다.[42] 반대로 유전자와 정신 질환 사이에 명확한 연관성이 없다는 것은, 뇌 병리가 그 질환에 중심적이지 않다는 의미는 아니다. 예를 들어 외상성 뇌 손상은 종종 유전적 원인을 포함하지 않는 정신적 합병증을 직접적인 방식으로 유발한다.[43] 행동에 영향을 미치는 모든 질병에 뇌가 관여하지만, 뇌 이상이 근본 원인인지 또는 2차 영향인지는 유전학만으로는 판단할 수 없다. 유전학적 근거는 환경이 정신 질환의 주요 원인이라고 시사하지만, 있을 수 있는 환경적 역할의 본질을 이해하기 위해 더 넓은 세상을 바라볼 필요가 있다.

1930년대에 시카고대학의 사회학자 두 명이 바로 이 일을 시작했다. 당시 그 대학에는 도시 인접 지역으로 퍼져나가 그곳에서 관찰한 삶의 패턴을 기록하던 운동가들이자 학자들이 이끄는, 만들어 진 지 얼마 안 된 시카고 사회학과가 있었다. 그중 한 명인 루스 숀리 캐번Ruth Shonle Cavan은 "사회 해체가 만연한 지역사회"에서 자살률이 증가한다는 사실을 발견한 획기적인 연구를 1928년에 발표했다.[44] 로버트 패리스Robert Faris라는 젊은 대학원생은 캐번의 연구에서 영감을 얻어 그녀의 접근 방식을 정신 질환 조사에 적용하고 싶었다.[45] 그는 동료 학생인 H. 워렌 더넘H. Warren Dunham과 함께 팀을 이루어 13년 동안 시카고 지역에서 3만 5000개의 정신 질환 사례를 조사했다. 이 데이터는 주목할 만한 현상을 보여주었다.[46] 가장 이해하기 힘든 정신장애인 조현병의 발생이 도시 환경과 밀접한 상관관계가 있었다(그림 13 참조).

조현병 사례는 현재 아니시 카푸어Anish Kapoor의 번쩍이는 클라우드 게이트가 위치한 곳과 가까운 도심 빈민가에서 정점에 이르렀고 이 진원지로부터 거리가 멀어짐에 따라 완만하게 감소했다. 북쪽의 하이랜드 파크 또는 남쪽의 하이드 파크와 같이 나무가 많은 주거 지역에서 조현병 비율은 중심지의 약 20퍼센트 정도밖에 되지 않았다. 이러한 결과는 아마도 시카고의 다른 지역에 살았던 사람들의 인종이나 국적과는 관련이 없었다. 또한 이것은 조현병에 국한되었으며 우울증과 양극성장애와 같은 정신 질환은 이러한 패턴을 보이지 않았다. 패리스와 더넘의 결과는 《도시 지역의 정신장애Mental Distorder in Urban Areas》라는 제목으로 1939년에 출간되어 오늘날까지 정신과 역학의 획기적인 저작으로 인정받고 있다.

20세기 중반 무렵에는 정신 병리를 사회적 압력 및 문제와 연

1922~1931년 시카고 지역 성인 10만 명당 조현병 비율(모든 유형)

1927년 인구 추정

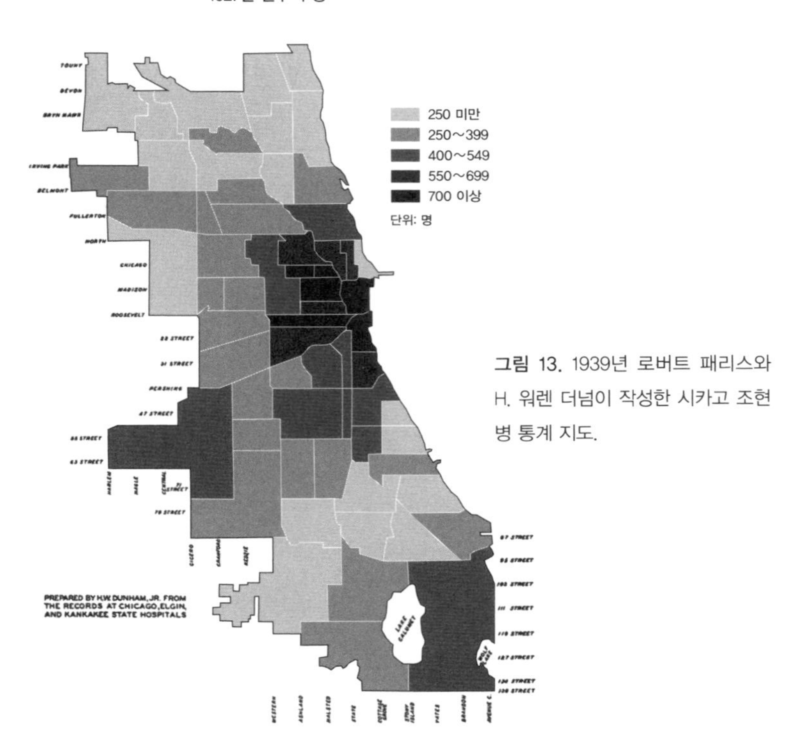

그림 13. 1939년 로버트 패리스와 H. 워렌 더넘이 작성한 시카고 조현병 통계 지도.

관시키는 것이 흔했다.[47] 패리스와 더넘은 이 같은 편향을 받아들였으며 당시에 이미 존재했던 조현병의 원인에 대한 유전적 데이터를 무시했다는 이유로 비난받았다.[48] 그러나 후속 연구는 이들의 여러 발견을 명확히 하고 확증해주었다.[49] 우선, 도시 거주와 조현병 사이의 비슷한 상관관계가 여러 나라의 수많은 도시에서 이어서 나타났다. 어떤 사람들은 생활 수준이 낮고 약물 남용이 더 널리 퍼진 도시 지역으로 정신 질환자들이 이동하는, 이른바 '사회적 표류

social drift'로 이러한 효과를 설명할 수 있다고 가정했지만, 유럽에서의 실험에 따르면 도시 환경에서 태어나거나 자랐다는 간단한 사실만으로 나중에 조현병 발병의 위험성이 더 높았다.[50] 조현병과 도시 생활의 일관된 상관관계에 대한 설득력 있는 설명은 아직 없지만, 이러한 관계가 존재한다는 사실 그 자체만으로도 환경적 입력이 이 파괴적인 질병에 미치는 영향에 대한 눈이 번쩍 뜨일 만한 증거가 된다.

감염병 학자들은 환경 변수와 정신 질환 사이에 다른 많은 흥미로운 관계를 발견했다.[51] 자신의 출신지가 아니며 백인이 대다수인 나라에서 살고 있는 아프리카 또는 아프리카계 카리브해 이민자와 그 후손들이 보여주듯 조현병 자체는 인종적으로 소수 집단으로서의 지위와 상관관계가 있다. 마리화나 및 기타 불법 약물로 인해 조현병 발병 위험이 약 2배 증가한 것으로 보인다. 마지막으로, 어느 반구에서든 상관없이 겨울에 태어난 사람이 조현병 상태로 될 확률이 확연히 높다는 사실은 계절성 전염병과의 관련성이 있음을 시사한다. 한편, 주요 우울증은 구직 활동을 하지 않는 가정 주부 등 비고용 상태인 사람 사이에 더 많다.[52] 이혼 또는 별거 중이거나 배우자를 잃은 사람은 나이와 성별의 변수를 통제하고 나서도 기혼 및 미혼자의 우울증 발병 비율의 두 배이다. 조현병과 우울증, 모두와 형질을 공유하는 양극성장애는 소득이 적거나 교육을 적게 받은 사람들, 이혼하거나 사별한 사람들 사이에서 비율이 더 높다는 사실을 비롯하여 혼합된 양상의 연관성을 보여준다.[53]

아마도 우리에게 정신장애가 적어도 부분적으로는 우리를 둘러싼 세계의 생산물이라고 말해줄 감염병 학자가 필요하지 않을 수도 있다. 작가 엘리 위젤Elie Wiesel은 "건강이 좋든 나쁘든 우리 각자 안에는 광기로 펼쳐지는 숨겨진 공간, 비밀 구역이 있다. (…) 발 한 번 잘못 딛거나 불행한 운명의 장난에 한 번 휘둘려도 우리는 발을 헛디뎌 다시 일어날 수 있으리라는 희망도 없이 허우적거리기에 충분하다"라는 생각을 밝힌 적 있다.[54] 우리 모두는 위젤의 말을 뒷받침할 만한 문학 작품 이야기를 알고 있다. 실비아 플라스Sylvia Plath의 반半자전적 소설인 《벨 자Bell Jar》에서 여주인공의 우울증은 그가 지원했던 작문 프로그램에서 탈락하여 유발되었으며 이것은 직업적이고 개인적 측면에서 가지고 있던 기존의 실망감을 더 심각하게 만들어주었다.[55] 한편 도스토옙스키의 《죄와 벌》에서 라스콜니코프는 자신이 저지른 끔찍한 살인의 결과에 맞서면서 정신이 들락날락한다.[56] 가장 유명한 예로 셰익스피어의 리어왕은 딸의 냉담함에 의해 미쳐간다.[57] 리어왕의 유전자가 아니라 그것을 물려받은 사람들로 인해 그는 황야에서 아무 생각 없이 걷게 되었다.

환경과 유전학 그리고 그 사이의 생물학에서 찾는 정신 질환의 원인은 신비에 쌓인 뇌 자체만큼이나 복잡할 수 있다. 우리가 앞에서 본 것처럼 병이 걸린 뇌는 망가진 자동차로 비유되곤 하지만, 정신 질환은 여러 가지 요소가 겹쳐서 일어나는 자동차 사고와 더 비슷하다. 정신과적 장애가 순간적인 뇌 기능, 유전적으로 결정된 소인, 환경 그리고 더 넓게는 사회의 영향까지도 나타내듯이 사고는 자동차, 운전자 및 도로 자체의 문제가 결합하여 생기는 산물일 수 있다. 어떤 경우에는 정신 질환이 있는 사람이 발병을 일으킨 특정

사건이나 상황을 처리할 능력이 없을 수 있듯이, 어떤 자동차는 사용자의 운전 환경에 맞게 만들어지지 않았을 수도 있다(비포장도로가 많은 산골에 사는 사람이 유틸리티 차량이 아니라 고급 세단을 탄다고 생각해보라 —옮긴이). 정신 질환의 다인성多因性 인과관계에 대한 증거는 정신적으로 아픈 환자와 함께 일하거나 정신 질환을 직접 경험한 사람들에게는 놀라운 일이 아니다. 그러나 다시 뇌의 신비가 그림을 왜곡하는 경향이 있다. 우리가 뇌 자체에 너무 많은 관심을 기울이면 뇌가 자신의 역할을 하게 만드는 상황에 대한 감수성을 잃게 된다. 이렇게 될 때 우리는 다시 뇌가 원인과 결과의 연속성 속에 뿌리박혀 있으며 피와 살로 된 생물학적 기관이라는 뇌과학의 매우 중요한 교훈을 무시하게 된다. 그러나 정신 질환을 뇌만의 병리로 축소시키지 않는 데에는 더 깊은 이유가 있는데 그것은 정신 질환 자체의 개념과 관련이 있다.

1970년 7월 7일, 나탈리야 고르바넵스카야Natalya Gorbanevskaya라는 이름의 러시아 시인이 모스크바시 법원의 지하실에서 재판을 받았다.[58] 그녀는 몇 달 전에 체포되었으며 1968년 소련의 체코슬로바키아 침공에 반대해 다른 일곱 명의 반체제 인사들과 함께 주도한 시위에 대한 검열받지 않은 기사를 자비로 출판한 직후였다. 그녀는 러시아 형법 190조 1항에 따라 기소되었다.[59] 이 판결은 "거짓으로 알려진 허위 제작물을 유포하여 소련의 정치 및 사회 시스템을 훼손하는 범죄"를 정의한 범죄다. 더 이상 구체적인 혐의는 제기되지 않았지만 고르바넵스카야는 어차피 자신을 변호할 수 없었다. 당시 그녀는 KGB 설립자인 펠릭스 제르진스키Felix Dzerzhinsky도 한때 수감되었던 악명 높은 부티르카 교도소에 갇혀 있었다.[60] 또한 의사들은 고르바넵스카야를 검사하여 그녀가 소송 절차에 참여하기에 의학적으로 부적합하다고 판단했다. 법정신의학에 관한 러시아 최고의 중심인 세릅스키연구소Serbsky Institute의 전문가들은 피고에게 "건전하지 못한 마음을 가지고 있어 특별한 유형의 정신병원에서 강제적 치료가 필요하다"라고 서면으로 증명했다.[61]

세릅스키연구소 진단 부서의 책임자 다닐 룬츠Daniil Lunts는 재판에서 가장 중요한 증거를 제공했다. 그는 고르바넵스카야가 "'명백한 증상은 없지만' 감정과 의지의 영역, 사고 패턴, 자신의 정신 상태에 대한 불충분하게 비판적인 태도에 변화를 일으키며 서서히 진행되는 형태의 조현병을 앓고 있다"라고 증언했다. 이렇듯 내세울 만한 명백한 증거가 없는 상태에서도, 피고측 변호인 소피아 칼리스트라토바Sofia Kalistratova는 룬츠의 전문가적 판단에 이의를 거의 제기할 수 없었다. 하지만 반체제 인사들의 저명한 변호자로서 칼리스트라토바는 룬츠의 발견에서 암울한 본질을 알아차렸다. **나태 조현병sluggish schizophrenia**은 당시 소련 정신과의 지배적 인물이던 소련 의료과학아카데미정신과연구소 소장 안드레이 스네지넵스키Andrei Snezhnevsky가 만들어낸 작품이었다.[62] 이 유령 같은 병의 진단은 소비에트 정권에 저항한 많은 사람들을 자신의 의사와 무관하게 시설에 가두어놓을 수 있는 기반이 되었다. 피해자들은 전국 곳곳에 있는 정신병원에 무기한으로 갇혀, 격리되고 구타당하고 강제로 약을 복용하게 되기도 했다. 기소 이전에 결정된 사건 앞에서 고르바넵스카야 측에서 할 수 있는 것이라고는 탄원밖에 없었다. 심리 과정에서 피고인의 어머니는 "만약 내 딸이 범죄를 저질렀다면 어떠한 처벌, 심지어 가장 심한 처벌이라도 받을 수 있게 선고를 해주십시오. (…) 하지만 완벽히 건강한 사람을 정신병원에 두지는 말아주십시오"라고 간청했다.[63]

고르바넵스카야는 2년간 의학적 구금으로 복역하는 동안 약물을 투여받기도 했고 짧은 기간 단식 농성을 하기도 했다.[64] 1972년에 풀려난 후 그녀는 곧 프랑스로 도망가 그곳에서 거주하다가 2013년 사망했다.[65] 인기 포크송 가수인 조안 바에즈Joan Baez는 다음과 같은 가사로 그녀를 기리는 노래를 불렀다. "너는 미쳤느냐? / 다른 사람들이 말하는 대로 / 아니면 그냥 버림받았느냐? / (…) 나는 이 노래를 아네 / 당신은 결코 들을 수 없네 / 나탈리야 고르바넵스카야."[66] 고르바넵스카야는 다행히도 노래 속 예언을 피해 비교적 편안히 말년을 보냈지만 수백 명의 다른 동구권 반체제 인사는 그렇게 운이 좋지는 않았다. 정치적 동기로 인한 정신과 투옥이라는 관행은 1991년 소비에트 연방이 무너질 때까지 계속되었으며 지금도 세계의 다른 지역에서는 계속되고 있다고 한다.[67]

우리는 소비에트 시대 정신의학의 남용에 대해 공포심을 가지고 뒤돌아보면서 룬츠와 스네지넵스키와 같은 의사를 가장 가혹한 용어로 판단한다. 어떤 시점에 한 러시아 이민자는 룬츠를 "나치 강제 수용소의 수감자들에게 비인도적인 실험을 한 범죄자 의사들과 별반 다르지 않다"라고 묘사했다.[68] 그러나 조지워싱턴대학교의 정신과 및 행동과학 교수 월터 라이히Walter Reich는 다르게 제안했다.

1982년 그는 소비에트 연방을 여행했고 안드레이 스네지넵스키를 개인적으로 인터뷰했다. 방문 직후에 작성된 〈뉴욕 타임스〉 기사에서 라이히는 "소련의 정치적인 삶의 본질과 그러한 삶에 의해 형성된 사회적 인식 때문에 반대되는 행동은 실제로 이상해 보인다. 스네지넵스키 진단 시스템의 특성상 이와 같은 이상함은 어떤 경우에 조현병이라고 불린다."[69] 다시 말해, 세릅스키연구소 의사들이 고르바넵스카야와 다른 정치범들을 나태 조현병이라고 진단했을 때 그들은 아마 선의로 행동했을 것이며 라이히의 표현에 따르면 그들은 "반체제 인사들이 아프다고 실제로 믿었다."

라이히의 가설을 채택할 수 있다는 사실 자체는 모든 정신 질환이 뇌 질환이라는 개념에 근본적인 결함이 있다는 점을 방증한다. 정신 질환이라는 개념 자체가 본질적으로 주관적이다. 세균, 화농, 성장 혹은 발견 가능하거나 불가능한 병변이 있는 많은 질병과는 달리, 대부분의 정신 질환에 대한 진단은 전문가의 판단 의견 그리고 그가 따라야 하는 공동체 내의 결정된 기준에 달려 있다. 과거에는 그러한 기준이 합리적 처신이나 도덕적 행동에 대한 문화적 기대에 의해 비공식적으로 설정되었지만, 오늘날 미국에서는 정신 건강의 세부 사항이 정신과 전문의의 바이블인 미국 정신의학협회American Psychiatric Association의 **정신 질환의 진단 및 통계 편람 DSM: Diagnostic and Statistical Manual**에 성문화된다.[70] 가장 최근 판인 DSM 5판은 광범위한 피드백을 제공한 대중 논평자, 수많은 전문가 그룹, 커뮤니티를 대표하는 300명 이상의 조언자와 협의를 거쳐 160명 이상의 정신 및 의학 전문가로 구성된 국제팀에 의해 제작되었다.[71] DSM 5판은 약 300가지의 정신과적 질환의 기준이 되는 목록을 제공하며, 각각의 기준은 의견을 제시한 다양한 개인과 그룹 사이에 이루어진 합의에 의해 결정되었다.

최초의 DSM이 1952년 출판된 이후 일부 정신 질환의 필수적인 특징에 대한 광범위한 동의가 있었음에도 불구하고 대부분의 질병의 경계는 여전히 모호하다. 예를 들어, 조현병 진단을 위한 DSM의 지침은 환자가 한 달 동안의 기간 안에 다음과 같은 증상 중 두 가지를 보여야 한다. 증상은 망상, 환각, 와해된 언어와 행동, 음성 증상(감정이나 의욕이 병리적으로 감소된 상태—옮긴이)이다. 더 이어지는 기준에 따르면, "장애가 발병된 이후 상당한 시간 동안, 기능 수준은 발병 전에 성취되던 수준 이하로 현저하게 저하되어야 한다."[72] 분명히 한 달이라는 기간은 임의적이며 질병 발병 순간을 찾아내고 증상의 심각성을 판단하는 것은 진단하는 의사의 몫이다. (영화배우가 되는 것에 대한 환상이 언제 야망에서 망상으로 선을 넘어가는가? 그리고 죽은 사람과 이야기하는 것이 언제 영적인 경험이 아닌 환각이 되는가?) 지난 60년 동안 질병 범주가 바뀌었다는 사실은 정신 질환을 정의하는 데 사회적 요소가 연관되어 있음을 더욱 힘 있게 증거해준다.[73] 1952년판 DSM은 DSM 5판에서 인정된 수의 3분의 1에 불과한 106개 질환만 목록에 올렸다. 그 과정에서 신경증과 동성애 항목이 삭제되고 자폐증과 주의력결핍장애에 대한 새로운 범주가 도입되었다. 이러한 변화 중 일부는 새로운 과학적 지식에 기인한 것일 수 있지만 다른 변화는 단순히 문화적 변화를 반영하기도 한다. 결국 가장 중요한 것은 정신 질환의 정의는 대체적으로 통계적이다. 주어진 장소와 시간에 있는 대다수 사람들의 관습이 온전한 정신의 한계를 결정한다.

전 세계를 둘러보면서 언론인 이선 워터스Ethan Watters는 정신병리에 대한 인식이 얼마나 다양할 수 있는지 직접 보았다.[74] 그는 폭력이나 자살 행동의 갑작스러운 폭발을 의미하는 말레이어 **아모크amok**와 황홀경에 빠진 춤과 노래 의식을 치르는 동안 자신에게 있던 귀신이 쫓겨났다고 믿는 중동 여성의 기분장애를 뜻하는 **자르zar**와 같은 이국적인 정신 상태에 대해 설명한다. 워터스는 여러 문화에 걸친 설문 조사를 통해 "정신 질환은 유병률이든 형태든 전 세계적으로 결코 동일한 적이 없지만 불가피하게 특정 시간과 장소의 에토스ethos('성격' '관습' 등을 의미하는 고대 그리스어에서 기원한 단어로서 아리스토텔레스의 수사학에서는 논리를 뜻하는 로고스logos, 정념을 뜻하는 파토스pathos와 더불어 수사적 설득에 있어서 중요한 3요소 중 하나로 거론됨. 오늘날에는 민족이나 사회별로 특징지어지는 관습이나 특징 혹은 개인에게 내재화된 공동체적 정신을 지칭—옮긴이)에 의해 불가피하게 촉발되고 형성된다는 점을 시사하는 인상적인 증거"를 발견하게 된다고 밝히고 있다.[75] 또한 그는 미국 질병 범주를 다른 나라에서 채택하고 있는 데서 가장 두드러지게 볼 수 있듯, 미국 정신의학의 관행이 다른 문화에 침투하는 양상도 관찰한다. 이러한 침투로 인해 DSM이 정의한 정신 질환이 이전 시기의 토착적 질환을 대체하는 것으로 보인다. 워터스는 "몇 안되는 정신 건강 장애, 그중에서도 우울증, 외상후스트레스장애 및 식욕 부진은 전염병의 속도로 문화의 경계를 넘어 확산되는 것처럼 보인다"라고 설명한다.

정신 질환의 범주가 문화적인 영향을 받는다는 특성은 그 범주에 해당하는 어떠한 유전적 또는 신경생물학적 특징 역시 문화적 편향을 반영한다는 것을 의미한다. 만약 소비에트 유전학자들이 정치적 반체제 인사의 특정 유전자가 나태 조현병과 관련이 있다는 것을 발견했다면, 아직 반체제적 성향이 '드러나지' 않았을지도 모르는 다른 사람들에게는 이 유전자들을 가지고 있다는 것이 나태 조현병의 위험 인자로 간주될 것이다. 생물학자들은 사람들을 나태 조현병 상태로 만드는 관련 유전자에 대해 연구할 수 있었다. 최신 분자 기술을 사용하여 생쥐의 유전자를 변경하고 인간 반체제 인사의 유전자를 모방함으로써 이 질병의 생쥐 모델을 만들 수도 있다. 그러고 나서 이 생쥐 모델은 수많은 생물학적 기술로 철저히 연구될 수 있다. 이러한 가상의 연구는 실제로 현재 많은 과학자들이 DSM에 등록된 질환에 대해 수행하는 작업과 유사하며 답을 얻기도 한다. 예를 들어, 유전적으로 연관된 성격 형질으로 인해 사람들이 반체제적으로 변하고 스네지넵스키와 룬츠 같은 의사들이 찾았다고 말하는 그런 심리적 특성을 보여줄 수도 있다. 그러나 이러한 유전자와 그와 관련된 신경생물학적 현상이 실제로 '뇌 질환'의 기초가 되는가? 반체제적 행동과 유전적 및 생리학적 상관관계는 충분히 실제적일 수 있지만, 이를 질병과 연관된 **결함**으로 규정짓는 것은 세릅스키연구소 의사들이 처음 진단을 내렸을 때만큼이나 주관적으로 남아 있다.

1960년에 토머스 사스Thomas Szasz라는 정신과 의사는 "정신 질환의 신화The myth of mental illness"라는 도발적인 제목의 에세이에서 이 수수께끼에 대한 급진적인 반응을 제시했다. 사스는 "정신 증상이라는 개념은(…) (**윤리적** 맥락을 포함한) **사회적 맥락**과 밀접한 관련이 있다"라고 말했다.[76] 한편 그는 "정신 질환 증상을 뇌 질환의 징후로 간주하는 사람들에게는 정신 질환이라는 개념이 불필요하고 오해의 소지가 있다"라고 조언했다. 다시 말해서, 실제로 사람의 뇌에 알아볼 수 있을 정도로 잘못된 것이 있다면, 그것을 정신적으로 말한다는 것은 별다른 가치가 없다. 대신, 사스는 명백한 뇌 이상에 해당하지 않는 정신 질환을 약물이나 입원 치료를 하지 말아야 하는 '생활의 문제'로 단순히 간주했다. 사스는 당대에 이단자로 악명을 얻었으며, 많은 동료 정신과 의사는 정신 질환에 대한 그의 거부를 직업에 대한 무책임한 공격으로 간주했다.[77] 하지만 다른 사람들은 그를 의료적 접근의 과잉에 반대하는, 오히려 칭찬받을 만한 환자의 옹호자로 보았다. 그러나 사스에게 공감하든 그렇지 않든 그의 비판은 우리가 정신 질환을 어떻게 간주하는지에 대한 가장 중요한 결과 중 하나를 완벽하게 강조한다. 즉 정신 질환에 대한 이해는 그것을 치료하기 위해 선택하는 방법을 유도한다.

우리는 정신 질환이 다층적인 현상임을 살펴보았다. 환경 및 문화적 요소가 본질적인 인간의 생명 작용과 상호작용하여 질병의 징후와 인식 모두를 창조한다. 어떤 수준 하나에만 집중하는 정도에 따라 적절한 치료법에 대한 태도가 왜곡된다. 예를 들어, 만약 19세기에 우리가 전신 불완전 마비를 무엇보다 뇌 장애로 간주했다면 감염성 박테리아가 질병을 일으킬 수 있다거나 항생제를 사용할 생각이 들지도 못했을 것이다. 대신 우리는 매독으로 인한 뇌 퇴행에 직접적으로 대응하는 약물에 의지할 수 있다. 여기에는 신경 퇴행을 줄이는 데 도움이 되는 소위 신경 보호제neuroprotective agents(예를 들어 카페인, 생선 기름 및 비타민 E와 같은 물질)가 포함될 수 있다.[78] 또는 근대 의학 시대 이전에 흔히 그랬듯 우리가 이 질병을 무절제한 도덕의 결과로 고려하기로 선택했다면 우리는 아마 환자들에게 더 나은 관행을 가르치고 일부일처 생활 양식을 장려하며 매춘을 규제하려고 할 수 있다.[79]

정신 질환을 분석하는 가장 좋은 방법에 대한 질문은 실제로 의학에서 가장 치열한 논쟁 주제 중 하나이다. 로체스터대학교의 정신과 의사인 조지 리브먼 엥겔George Libman Engel의 1977년 〈사이언스〉 발표 논문은 이러한 논쟁의 양극단을 정의해주었다.[80] 엥겔 자신의 **생물심리사회 모델biopsychosocial model**에 대한 설명에 따르면, 이 모델 안에서는 질병의 생물학적 측면에 대한 인식이 환자가 증상을 경험하고 치료에 반응하는 방식에 있어서 심리적 및 사회적 요인에 대한 고려와 혼합되어 있다. 그는 이 모델을 질병이 주로 분자 수준에서 특정한 생물학적 원인에 의해 정의되고 약물, 수술 및 기타 의학 기술만을 사용하여 치료하는 **생의학적 모델biomedical model**과 대조했다. 엥겔은 이 논쟁에서 중립적이지 않았다.[81] 그는 1940년대의 젊은 의사로서 신체 기능과 사회적 및 심리적 요인 사이의 상호작용을 강조하는 분야로 알려진 정신신체 의학psychosomatic medicine에 몰두했다. 분자 의학의 발전과 생체 의학적 관점의 지배력이 커지는 것에 맞서 자신의 전문성을 지키면서 엥겔은 "의학의 책임과 권한 밖에 있는 심리사회적 문제에 대해 걱정할 필요가 없다"라고 생각하는 의사들의 마음가짐을 한탄했다. 이렇게 하면 "의학 분야에서 정신의학을 제외시키거나" 정신의학의 범위를 "뇌 기능 장애의 결과로 일어나는 행동장애"로 제한할 수 있다고 그는 썼다.[82]

엥겔의 두 양극 사이의 대조는 오늘날 두 가지 주요한 정신 치료의 형태, 즉 대화 요법과 약물 요법과 어느 정도 연관된다.[83] 대화 요법에도 여러 가지 다른 형태가 있지만, 각각은 모두 심리적 또는 사회적 차원에서 환자가 문제에 대처하도록 돕는 데 중점을 둔다. 예를 들어, 의식하지 못하고 있거나 잊어버린 생각 그리고 이런 생각이 정서장애와 갖는 관련성을 찾아내는 데 초점을 둔 정신분석적psychoanalytic 접근 방법이나 환자를 훈련시켜 마음과 행동의 역효과를 낳는 습관을 고치는 데 초점을 둔 인지 행동 요법cognitive behavioral therapy과 같은 보다 현대적인 기술이 있다.[84] 이와 대조적으로, 약리학적 치료는 뇌의 생리학적 과정을 직접적으로 변화시킨다. 많은 약물이 특정한 신경화학적 과정을 표적으로 한다.[85] 예를 들어 우울증에 쓰이는 세로토닌 재흡수 억제제, 뇌의 주요한 억제 신경전달물질인 GABA를 모방하여 진정제로 작용하는 벤조디아제핀이 있다. 다른 정신 치료 약물은 양극성장애에 대한 리튬과 같은 경우처럼 불확실한 메커니즘에 의해 작용하긴 하지만 그럼에도 불구하고 널리 처방되고 있다.[86]

최근 건강 관리 습관에 대한 설문 조사에 따르면 약품 사용은 증가하는 반면 심리 치료의 사용은 감소하는 추세가 분명하다. 이 통계는 엥겔이 이미 40년 전에 항의하던 의료 문화에 지속적인 변화가 있음을 보여준다. 널리 인용되는 메드코 헬스 솔루션즈Medco Health Solutions의 보고서 기록에 따르면 2001~2010년까지 정신 건강 약물을 사용하는 미국의 남성, 여성 및 아동의 비율이 꾸준히 증가했다.[87] 이 기간 동안 항우울제 또는 최신 항정신병약물을 사용하는 성인의 비율은 대략 두 배가 되었다. 영국의 비슷한 연구에 따르면 정신 질환 치료제 처방은 1998년에서 2010년까지 매년 7퍼센트 정도 증가한 것으로 나타났다.[88] 한편 〈미국 정신의학 저널American Journal of Psychiatry〉의 한 연구에 따르면 정신 건강 상태로 인해 심리 치료를 받는 환자의 비율은 1998~2007년까지 56퍼센트에서 43퍼센트로 감소한 반면, 약물 요법을 받는 환자의 비율은 44퍼센트에서 57퍼센트로 증가했다.[89]

정신과 약물의 사용 증가가 뇌 생물학적 작용의 인과적 역할에 대한 믿음의 증가로 인한 것임을 증명하기는 어렵지만 관련이 있을 가능성은 높다. 우리는 정신 약리학의 인기가 높아지는 기간 동안 신경과학에 대한 인지도 역시 높아졌음을 알고 있다. 뇌에 근거한 설명에 대한 신뢰와 정신 질환에 대한 비난과의 상관성을 담은 동일한 보고서에는 신경과학에 대한 문해력(여기서는 지식을 의미—옮긴이)이 정신의학에 대해 상대적으로 보다 개방적인 태도와 상관관계가 있다는 사실도 발견했다.[90] 조현병이나 우울증과 같은 질환이 신경화학적 불균형이나 여타 뇌 기능 장애로 인한 것이라고 믿는 정도만큼 그들이 뇌에 직접 작용하는 약물을 사용하여 질환을 치료할 가능성이 더 높다는 점은 틀림없이 타당하다. 심리학자인 샐리 사텔과 스콧 릴리언펠드는 이 논리를 받아들이지만 그 결과에 대해서는 이의를 제기한다. 그들은 "뇌 질환 모델은 우리를 좁은 임상 경로로 인도하"지만 "약물 치료의 가치를 지나치게 강조한다"라고 썼다.[91] 이에서 더 나아가 의학 저널리스트 로버트 휘터커Robert Whitaker는 정신의학적 부작용이라는 감염병(예를 들어 1987년 이후 연방정부로부터 정신장애로 인해 장애 복지 수당을 받는 비율이 두 배에 이르는 등 정신 질환 진단 사례가 엄청나게 증가했을 뿐 아니라 무분별한 약물 사용이 '정신의학적 부작용'을 가지고 있다는 점에서 휘터커는 자신의 책《감염병의 해부The Anantomy of an Epidemic》에서 '감염병'이라는 단어를 도발적으로 사용—옮긴이)에 대한 약물 사용 증가를 비난했다. 휘터커는 대중에게 정신 약리학의 효능에 대한 잘못된 설명이 계속해서 주어지고 있다고 생각한다. 그에 따르면, 환자들은 어린 나이부터 "그들의 뇌에 문제가 있으며, '당뇨병 환자가 인슐린을 맞는 것과 같이' 남은 일생 동안 정신과 약물을 복용해야 할 수도 있다"라고 배웠다.[92]

그러나 뇌에는 약, 마음에는 대화라는 이분법은 부분적으로 뇌의 신비에 의해 강화된, 잘못된 것이다. 우리가 우리의 마음과 행동에서 뇌의 중심적인 역할을 받아들이더라도, 뇌와 상호작용하는 다양한 내부 및 외부적 방법이 문제에 처한 개인을 도울 수 있다는 점을 쉽게 이해할 수 있어야 한다. 반대로, 우리는 심리 치료가 형이상학적인 영혼이 아니라, 효과적인 약에서처럼 공감하는 목소리에도 쉽게 혜택을 받는 물리적인 인간에게 작용한다는 사실을 무시할 수 없다. 〈영국 정신과학회지British Journal of Pschiatry〉의 최근 사설에서 에런 프로서Aaron Prosser, 바르토시 헬퍼Bartosz Helfer, 슈테판 로이흐트Stefan Leucht는 "약물 요법과 심리 요법 사이에 존재하는 생물학적/심리사회적 치료의 구분은 두 치료법의 대상이 모두 병든 신경 기능이기 때문에 신화에 불구하다"라고 설명한다.[93] 그들은 그 차이가 단순히 작용 방식에 있다고 지적한다. 약물이 뇌화학에 대해 상대적으로 비특이적인 변화를 만들어내는 반면, 대화 요법은 동일한 생물학적 현상에 대해 '맞춤형 조절tailored modulation'을 제공한다. 이러한 결론이 중요한 이유는 정신 질환에 대한 비약리학적 치료가 본질적으로 비과학적이라는 개념을 상쇄하여 환자가 가장 많이 얻을 수 있는 요법을 보다 쉽게 얻도록 도와주기 때문이다.

약물 요법과 심리 요법 사이의 이분법은 다른 이유로 틀릴 수도 있다. 왜냐하면 이러한 방법 중 어느 것도 커뮤니티와 문화 수준에서 정신 질환의 문제에 접근하지 않기 때문이다. 대신 약물 요법과 대화 요법은 마치 옛것과 새것 사이에 으레 유사점이 있는 것처럼 공통적으로 개별 환자의 정신이나 뇌에만 편협하게 집중한다. 그러나 뇌, 몸 및 환경이 연관성을 가진다는 것은 정신장애를 감지하고 치료하는 것이 개인의 내적인 삶을 넘어서는 수준에서 중요하다는 사실을 의미한다. 우리는 역사를 통해 불완전 마비와 펠라그라와 같은 고전적인 장애는 감염병학 연구와 그에 뒤따르는 공중 보건 노력이 없었다면 결코 없어지지 않았으리라는 점을 배운다. 조현병과 도시 출생의 지속적인 상관관계 또는 저소득 및 저교육과 양극성장애의 연관성과 같은 현상을 관찰하면서, 처해 있는 상황context이 정신적 문제에 어떻게 기여하는지에 대해 알려지지 않은 것이 훨씬 더 많다는 사실을 우리는 알고 있다. 이런 이유로 우리는 정신 질환을 단지 개별적인 뇌나 마음의 문제로 생각할 수 없다. 우리는 아픈 사람 한 명 한 명을 그들이 거주하는 상황의 일부로 봐야 한다. 이 상황 속에서 사회 및 환경적 힘은 생물학적 요인과 병행하여 정신 건강에 영향을 미친다. 정신 질환의 부담을 줄이는 것은 이러한 상황의 힘을 효과적으로 다루는 데 달려 있을 수 있다.

정신 질환을 개인뿐만 아니라 그들의 환경 문제로 보는 것은 낙인효과를 줄이는 가장 강력한 방법 중 하나일 수 있다. 정신적 장애에 대한 상황에 맞는 설명을 패트릭 코리건과 에이미 왓슨은, 조지 엥겔이 이전에 붙인 용어에서 'bio'를 빼고, **심리사회적** 설명**psychosocial** explanations이라 부른다. 그들의 설명에 따르면 "정신 질환에 대한 심리사회적 설명은 정신 질환을 다른 의학적 질병과 같다고 주장하는 대신, 인과적 요인으로서 환경 스트레스 요인과 외상trauma에 초점을 둔다."[94] 코리건과 왓슨은 여러 연구를 인용하면서 "생물학적 주장과 달리 정신 질환에 대한 심리사회적 설명은 정신 질환을 가진 사람의 이미지를 효과적으로 개선하여 두려움을 줄이는 것으로 밝혀졌다"라고 쓰고 있다. 심리사회적 설명은 망가진 뇌를 탓하여 환자를 비인간화하거나 도덕적 결함을 비난하여 환자의 존엄성을 해하는 대신, 정신 질환을 "삶 속의 사건에 대해 나타나는 이해할 만한 반응"으로 묘사한다.

현대 기술은 정신 질환의 사회적 및 환경적 측면을 구별하고 치료하는 능력을 향상시킬 수 있다. 2015년 당시 미국 정신 보건 연구소 소장이었던 토머스 인셀Thomas Insel이 정부를 떠나 테크 자이언트tech giant(IT 기술로 압도적으로 높은 부가가치를 창출하는 기업을 말하며 빅4는 구글, 아마존, 페이스북, 애플을 지칭하고 빅5는 여기에 마이크로소프트를 더함—옮긴이)인 구글에 합류한다고 발표하면서 동료들을 놀라게 했다. 자신의 이동을 설명하면서 인셀은 인터넷 기반 접근 방식의 힘을 사용하여 진단 및 치료를 개선하려는 꿈을 설명했다. "센서를 사용하고 객관적인 방식으로 행동에 대한 정보를 수집할 수 있기 때문에 기술을 통해 많은 진단 과정이 처리될 수 있다"라는 인셀의 설명은 이러한 측정이 DSM의 가이드에 따르는 진단을 대체하게 될 수 있다는 점을 암시했다.[95] 네트워크 센서를 사용하여 어떤 사람에게서 정신 문제가 시작되고 있는 징후를 보여주는 목소리나 행동의 미묘한 차이를 구별할 수도 있을 것이다. 인셀은 "또한 정신 건강을 위한 많은 치료법은 심리사회적 치료법이며 그런 치료는 스마트폰을 통해서도 할 수 있다"라고 덧붙인다. 그는 특히 행동주의 훈련 방법에서 영감을 얻은 심리 치료의 한 형태인 인지 행동 요법이 사람들의 전자 기기를 통해 원격으로 구현되어 치료의 장벽을 줄일 수 있다고 제안한다.[96]

정신의학에 인터넷 기반 접근 방식이 도입되는 것에 대해 많이 흥분하는 이유는 온라인 행동을 모니터링하여 정신 질환을 감지한다는 아이디어와 관련 있다. 예를 들어, 사용 패턴 또는 온라인 활동의 내용을 기반으로 우울증을 앓는 사람을 식별하고 진단할 수 있다. 심리학자인 애드리안 워드Adrian Ward와 피에르카를로 발데솔로Piercarlo Valdesolo에 따르면, "P2Ppeer-to-peer(전통적인 의미의 클라이언트나 서버라는 개념 없이 동등한 계층 안의 구성원이 서로 클라이언트와 서버 역할을 동시에 하는, 보다 쉽게 말해 개인과 개인이 정보를 주고받는 방식—옮긴이) 파일 공유, 엄청난 이메일과 온라인 채팅, 여러 웹사이트와 다른 온라인 장비 사이에서 빠르게 전환하려는 경향, 이 모두가 우울증 증상을 경험할 가능성을 더 크게 만든다고 예측한다."[97] 이와 같은 종류의 데이터를 사용하여 의학적 치료가 필요한 사람들을 찾아내는 것이 가능할 수도 있겠지만, 이는 명백히 개인 정보 보호 문제를 유발한다. 그러나 더 높은 수준에서, 인터넷으로 찾아낼 수 있는 병리학 징후를 이웃, 경제적 요인, 문화적 틈새 등과 같은 사회 및 환경적 맥락에 익명으로 관련시키는 아이디어는 보다 논란이 덜할 수 있다. 이와 같은 틀 안에서 인터넷에 기반한 검사는 기존의 어떤 설문조사와 달리 여러 기준에 대해 민감하게 설계된 일종의 정신 건강 센서스 역할을 할 것이다. 이것은 정신 감염병학의 고전적 연구에 대한 현대적인 형태가 되고, 정신 건강이 어떻게 개인의 망가진 뇌가 아니라 전 세계에서 인류가 차지하는 훨씬 더 넓은 정신 서식지 mental habitats의 현상인지를 분명하게 보여줄 수 있다.

기술은 건강과 질병 모두에서 두뇌의 입력 및 출력 관계를 이해하기 위한 수단이 될 수 있다. 이와 같은 역할을 가진 기술은, 우리 각자를 둘러싸고 있는 인과 구조를 밝히면서, 우리의 뇌가 우리가 이전에 가지고 있다고 믿었던 자율적인 영혼의 단순한 물리적 대체물이라는 견해를 반박하는 데 도움을 줄 수 있다. 기술은 또한 수십 년 동안 이미 다양한 종류의 미래에 대한 비전을 제공해왔던 가능성인, 뇌와 뇌 기능을 의도적으로 변경하는 수단이 될 수도 있다. 다음 장에서 우리는 뇌의 신비가 어떻게 이러한 비전에 동기를 부여하고 제한하는지 볼 것이다.

09

신경과학 기술의 해방

최초의 슈퍼맨은 뇌 향상으로 그가 가진 힘을 얻었다. 언젠가는 죽게 되는 인간의 능력을 훨씬 넘어서는 능력을 가지고 어느 행성에서 지구로 온 외계인 칼 엘(슈퍼맨이 크립톤 행성에서 태어날 때 가진 이름—옮긴이)이 있기도 전에 인공적인 약을 먹고 초인이 된 가난한 빌 던Bill Dunn이 있었다.[1] 대공황기 빵을 사기 위해 서 있던 줄에서 던은 매우 부도덕한 화학자 스몰리Smalley에 의해 뽑혔다. 제대로 된 식사에 대한 약속에 꼬여 유랑자는 스몰리의 집으로 가서 그가 최근에 개발한 정신 활성 물약을 탄 음료수를 발견한다. 던은 어지럼과 정신착란을 겪다가 곧 정신을 차린 후 텔레파시와 미래를 읽는 능력과 같은 초능력을 얻게 된 것을 깨닫는다. 막 새로 만들어진 초인은 "나는 언제 만들어진 비밀이든 모두 흡수해버리는 스폰지와 거의 같다"라고 선언한다. "나는 모든 과학을 알고 있고 아무리 난해한 문제도 나의 엄청난 지능 앞에선 애들 장난에 불과하다. 나는 진정한 신이다!"

초능력을 가진 던은 자신의 새로운 재능을 사용하는 법을 배우지만 그의 많은 계획은 다른 계획을 희생시키기에 이른다. 그는 사람들의 마음에 자신에게 돈을 기부하려는 욕망을 주입시킨다. 한 약국 직원은 아무 의심도 없이 그에게 10달러를 주고, 한 번도 만나보지 못한 어떤 재벌은 오늘날 가치로 70만 달러에 달하는 4만 달러 수표를 써준다. 미래를 꿰뚫어보는 능력 덕분에 이 초인은 매우 성공적인 투자자가 된다. 하지만 자신의 능력에 점점 더 확신을 가지면서 점점 더 파괴적으로 변한다. 그는 스몰리를 죽이고 허구화된 국제연맹에서 외교적인 폭로를 하여 국제적 갈등을 촉발하려 한다. 자신을 조사하러 온 가엾은 저널리스트를 죽이려는 찰나, 갑자기 어떤 징후도 없이 물약의 기운이 다하기 시작한다. 던은 처음의 모습인 비참한 부랑자로 돌아가는데, 그가 마지막으로 본 예언적 비전은 빵을 사기 위해 다시 줄을 선 자신의 모습이었다.

빌 던의 이상한 이야기는 1933년에 "슈퍼맨의 지배The Reign of the Superman"라는 제목으로 삽화가 들어간 자비 출판 잡지에 실렸다. 이 이야기는 제롬 시겔Jerome Siegel과 조 슈스터Joe Schuster라는 두 고등학생이 창작하여 자비 출판한 것이었다. 2년 뒤 둘은 이전에 만들었던 초인을 우리가 지금 알고 사랑하는 강철의 사나이(우리가 잘 알고 있는 슈퍼맨—옮긴이)로 재작업하여 1938년 디텍티브 코믹스Detective Comics에 팔았으며, 그 이후는 잘 알려진 바대로다.[2] 크립

톤 행성에서 온 슈퍼 히어로는 명성과 영광을 얻었지만 보다 평범한 원형은 대중들에게 잊혀졌다. 하지만 보통 사람이 뇌과학 기술을 통해 초능력을 얻는다는 두 10대 소년의 초기 이야기는, 인간의 신경 체계를 수정 및 조작하는 미래 기술이 점점 더 현실화되어가는 지금 시대에는 희망과 두려움의 울림을 준다.

오늘날의 놀라운 신경 기술 중에는 사람들을 더 똑똑하게 만드는 약, 신경계를 원격으로 모니터링하고 자극하는 장치, 뇌 구조 자체를 재편할 수 있는 유전 기술 등이 있다.[3] 우리는 만화책 주인공이나 악당이 이러한 도구 중 일부를 무기고에 가지고 있는 것을 쉽게 상상할 수 있다. 시겔과 슈스터의 이야기는 우리에게 어떻게 일이 잘못되기 시작하는지 맛보게 해준다. 인간 실험의 위험성과 사익 및 타인을 해치기 위한 기술의 부도덕한 사용은 위험 중 일부일 뿐이다. 현실 세계에서 우리는 새로운 신경 기술이 어떻게 안전하고 윤리적으로 적용될 수 있는지 신중하게 생각해야 한다. 어떠한 미래 기술을, 어떤 목적으로 만들려고 노력해야 하는지도 결정해야 한다. 우리는 진정한 슈퍼맨을 만들거나, 그들의 출현으로부터 우리 자신을 지키려고 노력해야 하는가?

이 장에서 우리는 어떻게 뇌의 신비와 그로 인한 뇌의 이상화가 신경 기술에 대한 사고에 영향을 미치는지 고려할 것이다. 또한 어떻게 뇌의 신비가 인공적인 뇌 시술에 매력을 더할 뿐 아니라 뇌에 직간접적으로 행해지는 기술 사이에 인위적인 구별을 촉진하는지도 볼 것이다. 뇌 그리고 몸과 환경과의 관계에 보다 현실적인 견해를 가지면 이러한 구별을 약화시키고, 신경 기술과 그 발달에 접근

하는 방식을 바꿀 수도 있다. 또 한 가지 중요한 사실은, 이와 같은 견해가 우리 마음을 조작하는, 겉으로 보는 신경과 관계가 적어 보이는 신경 기술을 둘러싼 사회적 문제를 보다 자세히 살펴보게 만든다는 것이다.

아마도 최근 몇 년 동안 미디어에서 확산된 밈meme(리처드 도킨스의 1976년 저서《이기적 유전자》에 처음으로 나온 개념으로 어떤 문화 속에서 개인과 개인 사이에 확산되는 생각, 행동, 스타일 즉 문화적 유전을 가리킴. 보다 가까운 예로는 인터넷에서 유행하는 콘텐츠 소재—옮긴이)인 '뇌 해킹'이라는 개념만큼 신경과학 기술의 장래성과 위험성을 잘 보여주는 예는 없을 것이다.[4] 이 같은 아이디어에 대한 희망과 근심은 사람의 뇌를 일부러 바꾸는 것이 그들 삶을 바꾸는 적절한 방법이 될 수 있는가라는 팽배하지만 의문스러운 개념을 반영한다. "뇌 해킹하기Hacking the Brain"라는 제목의 2015년 〈애틀랜틱〉 기사에서 언론인 마리아 콘니코바는 이 표현을 지능 향상이라는 미래의 목표와 명시적으로 연결시킨다.[5] 다른 저자들은 전기적 혹은 자기적 자극을 통해 뇌를 조작하여 인간 행동을 바꾸려는 현 상황에서의 노력을 강조한다. 유행의 첨단을 달리는 TED 강의 시리즈의 많은 대담(뇌 해킹이 어떻게 당신을 더 건강하게 만들 수 있는지에 대한 신경외과 의사 안드레스 로자노Andres Lozano의 발표에서부터 "인간 뇌 해커로 생각해볼 법한" 마술사 키스 배리Keith Barry의 대담에 이르기까지)이 어떤 형태로든 뇌나 마음의 해킹을 언급한다.[6] 이들 리포트의 어조는 언제나 그렇듯 화려하다. "미래가 지금 여기에 와 있다는 것에 더 이상 증거가 필요할까?"[7] 하지만 어떤 사람들은 보다 염려스러운 입장을 취한다. 예를 들어 콘니코바는 뇌 해킹으로 인해 “한 사람의 운명이 인지 능력 향상 기술에 대한 접근으로서만 결정되는 디스토피아” 혹은 “빅 브라더 같은 사람이 우리 마음을 지배하게 되는 세상”이 도래하지 않을까 염려한다.

해킹은 모호성을 내포한 살아 있는 단어다. 이 단어를 들을 때 나는 날이 넓은 큰 칼, 고기 베는 칼, 낫이나 정육점, 정글 침략, 르완다의 인종 학살을 바로 연상한다. 하지만 내가 가르치고 있는 MIT 학생들에게 가장 지배적인 정의는 디지털 해킹이다. 인기 있는 강의 10개 중 5개가 컴퓨터 프로그래밍인 대학에서 해킹이란 거의 대부분 공학 마니아들이 컴퓨터 보안 체계, 소프트웨어 혹은 전자 하드웨어를 침범하고 바꾸는 등 파괴적이지만 일반적으로 무해한 시간 때우기를 의미한다. 또한 MIT는 캠퍼스 안과 때로는 바깥에서도 사람들을 놀라게 하기 위한, 기술적으로 세련된 학생들의 장난인 ‘해크hack’로도 유명하다.[8] 한번은 MIT 해커들이 경찰차를 학교의 거대한 돔(MIT의 10동 건물—옮긴이) 꼭대기에 옮겨놓은 적이 있다. 또한 경쟁 대학인 칼테크의 상징적인 대포를 훔쳐 와서 MIT에 설치한 적도 있다. 이처럼 해킹에 대한 여러 다른 의미는 언뜻 매우 느슨하게 연관된 것 같지만 공통적으로 무언가를 침해하는, 고상하지 못한 것을 연상시킨다. 예를 들어 아이폰 운영 체계를 해킹한다는 것은 말 그대로 무언가 열어보는 것이 아니라 이전에는 금지되었던, 장치의 소프트웨어 속 공간을 힘으로 밀고 들어간다는 뜻이다. 물론 장난 심한 사람들의 해킹이 무참히 도륙된 짐승 시체를 난도질하는 것만큼 잔인하지는 않지만 많은 경우 가능한 수단을 뭐든

동원하여 섬세하지 않게 이루어지는 게 사실이다.

대부분의 사람은 뇌 해킹을 디지털적 정의에 가장 가까운 것으로 생각할 것이다(즉 그것은 일반적으로 전극이나 고급 스캐너 같은 인공적 기구를 연결하여 뇌에 침입, 조작하는 것을 의미한다). 뇌 해킹의 이론적 근거는 우리가 2장에서 보았던 아주 흔한 비유, 즉 뇌를 컴퓨터에 비유하는 것에서 비롯된다. 뇌를 해킹하는 것은 MIT 스타일의 장난 같은 방식으로 기술적 정교함과 도발성을 결합하기 때문에 화려하게 보일 수 있지만 실상은 종종 다소 섬뜩하다. 뇌 해킹이 수술이라는 물리적 폭력과 생물학적 조직의 파괴를 통하든, 보다 덜 파괴적이긴 하나 그럼에도 뇌의 사적 장소로 침입하는 fMRI를 통하든 간에 거의 언제나 일종의 공격을 수반하기 때문이다. 뇌를 해킹하는 것이 반드시 좋은 것은 아니다.

뇌 조작의 가장 일반적인 상황은 의료적인 것이다. 100년 넘게 의사들은 뇌종양뿐 아니라 다양한 신경계 질환과 신경 정신 질환을 치료하기 위해 뇌 조직을 절제하여 분리하는 **신경절제술**resective neurosurgery을 사용했다. 그중 가장 악명 높은 기술은 전전두엽 절개술로서 1930년대에 조현병 치료법으로 포르투갈의 신경외과 의사 안토니우 에가스 모니스António Egas Moniz에 의해 도입되었다가 지금은 더 이상 사용되지 않는다.[9] 이 엽절개술은 뇌 전두엽의 백질을 절단함으로써 이 부위와 나머지 대뇌피질 사이의 신경 연결을 끊어버렸다. 이 방법으로 정신 질환 증상이 완화되는 경우도 있었지만, 수술받는 사람은 상당한 위험에 처했다. 한 가지 변용된 방법을 소개하자면, 외과 의사가 환자의 안구 뒤쪽을 긴 금속 바늘로 뚫

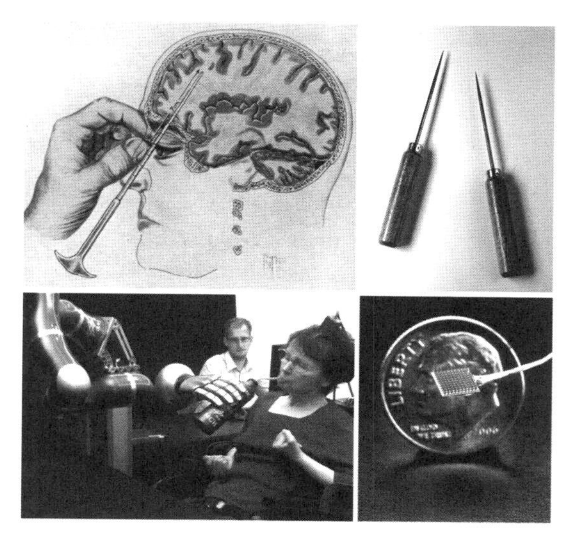

그림 14. 기존 기술과 새로운 기술을 사용한 뇌 해킹.
왼쪽 상단 | 외과 의사 월터 프리먼Walter Freeman이 개발한 눈환경유엽절개술의 도식[10] 〈왕립의학지The Royal Society of Medicine〉, 1949; SAGE Publications, Ltd. 허가에 의해 재인쇄. **오른쪽 상단 |** 프리먼식 절개 기구(런던 웰컴 도서관). **왼쪽 하단 |** 뇌-기계 인터페이스를 사용하여 인공 삽입 팔을 제어하고 있는 케이시 허친슨Cathy Hutchinson. **오른쪽 하단 |** 허친슨의 뇌에 이식된 BrainGate 전극 배열의 근접 촬영 모습. (하단의 사진 두 개는 braingate.org의 허가를 얻음.)

고 들어가 그 도구를 옆으로 밀어서 뇌 구조를 깊이 가로질러 자른다.[11] 어쩌면 이것이 말 그대로 뇌 해킹이 될 것이다(그림 14 참조). 이 수술 중 환자의 약 5퍼센트가 사망했고 열에 하나 이상은 수술 후 발작 증상이 나타났으며, 생존자 중 상당수는 무감정impassive 상태나 긴장catatonic 증상을 보였다.[12] 그럼에도 불구하고 이 절제술은 존 F. 케네디의 여동생 로즈메리Rosemary와 아르헨티나의 영부인 에바 '에비타' 페론Eva 'Evita' Perón 같은 유명인을 포함해 1960년대

후반까지 수천 명의 환자에게 시행되었다.[13]

엽절개술은 이미 한 세기 전에 중단되었지만, 밀접하게 관련된 형태의 외과적 뇌 해킹은 오늘날 널리 사용되고 있다. 가장 두드러진 예로는 약물로 발작을 조절할 수 없는 수백 명의 뇌전증 환자에게 매년 절개술이 시행된다. 발작의 시작이 뇌의 특정 부위에 있는 병리학적 활동의 병소와 연관 있는 경우, 의사는 그 병소를 파괴하거나 주변을 잘라내어 공격의 빈도 또는 심각성 제한을 시도할 수 있다. 현대 뇌전증 수술로는 10퍼센트 미만의 환자만이 심각한 합병증을 경험하지만, 과거에는 엄청난 장애 요소가 예기치 않게 생기기도 했다. 가장 유명한 것은 헨리 몰레이슨Henry Molaison의 사례로, 1953년 뇌전증 수술로 왼쪽 및 오른쪽 해마 뇌 영역이 제거된 후 평생 동안 단기 기억을 상실했다.[14] 몰레이슨의 경험을 통해 과학자들은 기억 형성에 있어 해마의 역할에 대한 새로운 통찰력을 얻었을 뿐 아니라 이러한 침습적 기술에 내재된 위험을 잘 알게 되었다.

의학적으로 승인된 현대적 형태의 해킹은 보다 미묘한 접근 방식으로 신경외과 의사의 칼을 보완한다. 가장 널리 사용되는 기술 중 하나인 뇌 심부 자극술DBS: deep brain stimulation은 파킨슨병 같은 운동 문제와 강박장애 치료에 사용되며, 현재 10만 명 이상의 환자에게 적용되고 있다.[15] DBS는 두개골에 작은 구멍을 뚫어 뇌에 전극을 삽입하는 것을 골자로 한다. 각각의 전극은 피부 밑 전극선을 통해 쿠키 정도 크기의 이식된 제어 모듈에 연결되고, 이 모듈은 규칙적인 간격으로 배선을 통해 아주 작은 펄스의 전류를 전송하여 전극 끝 근처 뉴런에 적은 양의 에너지를 전달한다. 외과적 절제술과 마찬가지로 DBS 요법은(대략적으로는 중재적 시술intervention[절제술과 같이 파괴적인 침습적 시술invasion이 아니라는 뜻에서 쓴 말—옮긴이]) 조직을 비활성화하는 것을 기전으로 한다고 생각되지만, 가역적이며 필요에 따라 조정할 수 있다. 보다 실험적인 뇌 해킹 기술은 전극을 사용하여 환자의 뇌 신호를 자극하고 기록한다. 그 결과 정보는 DBS 유형의 치료를 실시간으로 제어하는 데 사용될 수 있다.[16] 뇌 기록은 또한 마비 환자가 소위 **뇌-기계 인터페이스BMI: brain-machine interface**를 통해 인공 삽입물 또는 다른 외부 장치와 상호작용하는 데 도움이 될 수 있다.[17] 이 기술을 보여주는 놀라운 시연에서 신경과학자 존 도너휴John Donoghue, 리 호크버그Leigh Hochberg 및 동료들은 케이시 허친슨이라는 마비된 여성의 대뇌피질에 96개의 미세 전극을 이식했다.[18] 허친슨은 BMI를 사용하여 자신의 생각으로 로봇 팔을 제어하는 능력을 얻었다. 그녀는 15년 전에 치명적인 뇌졸중을 겪은 후 처음으로 스스로 음료를 마실 수 있었다(그림 14 참조).

허친슨에게 적용된 BMI 같은 획기적 기술은 상상력을 자극하고 뇌 해킹에 대한 많은 매력을 유발한다. 신경 활동만을 사용하여 기계적 장치를 제어하는 능력은 거의 슈퍼 히어로처럼 보이게 만든다. 그것은 마치 마음만으로 보이지 않는 비행기를 조종하는 원더우먼의 능력과 같다.[19]

이뿐 아니라 다른 놀라운 힘도 당신과 나에게 곧 다가올 수 있을까? 치료 영역 밖에서 수행된 연구는 이러한 상상력을 더욱 자극했다. 일례로, 워싱턴대학교의 연구원들은 두피 전극 기록법인 EEG를 사용하여 경두개 자기 자극기TMS: Transcranial magnetic stimulator라는 장치를 제어했다.[20] 이때 TMS는 공간적으로 표적화된 자기 효과를 사용하여 두개골 바로 아래 뇌 영역을 비활성화한다. 각각 다른 방에서 완전히 격리된 두 명의 피험자에게 EEG와 TMS라는 하드웨어를 부착하면 EEG를 착용한 사람이 다른 참가자의 뇌 활동을 원격으로 교란할 수 있는데, 이것은 〈스타트렉〉의 탈로스인과 같은 가상의 종이 사용하는, 뇌에서 뇌로 바로 전달되는 커뮤니케이션(흔히 말하는 텔레파시—옮긴이)의 매우 조악한 형태라고 할 수 있다.[21] 일반적으로 잘 알려진 또 다른 예는, UC 버클리대학교 신경과학자들이 계산 알고리즘을 사용해 비디오를 보고 있는 피험자의 fMRI 스캔으로부터 이미지를 재구성한 것이다.[22] 이처럼 fMRI를 기반으로 한 재구성은 원본 비디오에 얼룩이 번진 버전처럼 보였지만, 매우 기초적인 형태의 독심술에 사용될 수도 있다는 추측을 불러일으켰다. 이와 같은 연구를 보도한 뉴스 기사는 "컴퓨터와 마찬가지로 인간의 두뇌 역시 해커에 취약할 수 있다"라고 공언했다.[23]

자칭 기술적 선지자라는 별난 사람들은 오늘날의 두뇌 해킹이 아직 실현되지 않았지만 더욱 환상적인 혁신으로 확장될 것이라고 예언한다. "20년 후 우리는 모세혈관을 통해 뇌로 들어가서, 기본적으로 신피질neocortex(새겉질이라고도 하며 이름처럼 진화 역사상 가장 최근에 형성된 부위를 가리키며 인간에게서 가장 발달한 뇌 부분. 인간 뇌 질량의 80퍼센트에 해당하며 고도의 인식 기능을 담당—옮긴이)을 클라우드에 있는 합성 신피질에 연결하여 결국 신피질을 확장하게 해줄 나노봇nanobots

을 갖게 될 것"이라고 저술가이자 엔지니어인 레이먼드 커즈와일Raymond Kurzweil은 예측한다.[24] 커즈와일은 결과적으로 인간과 인공지능이 합쳐져 자신과 다른 사람들이 **특이점**singularity(인공지능이 인간 지능을 넘어 새로운 문명을 낳는 시점을 말하며, 커즈와일의 예측에 따르면 2045년경 인류는 이 특이점에 도달—옮긴이)이라고 부르는 종합 단계를 거치면, 인간의 상태가 근본적으로 바뀔 것이라고 믿는다.[25] 과학의 대중화에 앞장서는 물리학자 미치오 카쿠Michio Kaku도 비슷한 맥락에서 "언젠가 과학자들은 '마음의 인터넷' 또는 브레인 네트brain-net를 만들어서 생각과 감정을 전 세계에 전자적으로 전송하게 될 수도 있다"라고 썼다.[26] 카쿠는 버클리대학교의 이미지 재구성 연구를 연상시키려는 듯 "심지어 꿈도 비디오로 녹화한 다음 인터넷을 통해 '브레인 메일로 전송될' 것이다"라고 말했다. 많은 사람이 이러한 예측에 회의적이지만 커즈와일과 카쿠 같은 추측은 상당한 관심을 끌고 있다.

뇌 해킹이라는 초현대적인 가능성은 미군에도 영향을 미친다. 좋든 싫든 간에 방위 확립에 대한 관심은 부상당한 병사들을 재활하려는 인도적 목표를 훨씬 뛰어넘는다. 군대의 최첨단 프로젝트 일부에 자금을 지원하는 미국 방위고등연구계획국DARPA은 부분적으로는 신경과학을 활용하여 전장에서 "인간의 적성과 수행을 최적화"하는 것을 목표로 한다.[27] 또 다른 주요 추진력은 "생물학적인 것과 물리적 세계 사이의 인터페이스를 이해하고 개선하여 원활한 하이브리드 시스템을 가능하게 하는 것"이다. DARPA의 엔지니어 팀은 얀 쇼이에르만Jan Scheuerman이라는 이름의 사지 마비 환자를 케이시 허친슨과 매우 유사한 BMI에 연결했다. 쇼이에르만의 로봇 팔 유도 능력을 시연한 후 엔지니어들은 그녀로 하여금 국방부의 최첨단 전투기인 F-35 시뮬레이션을 정신적으로 제어하게 했다. DARPA 국장 아라티 프라바카르Arati Prabhakar는 2015년 '전쟁의 미래'에 관한 회의에서 이 실재하는 원더우먼에게서 얻은 결과를 발표했다. 프라바카르는 "우리는 이제 인체의 한계로부터 뇌를 자유롭게 할 수 있는 미래를 본다"라고 청중에게 자신 있게 선언했다.[28]

뇌 해킹이 뇌를 육체의 한정된 공간으로부터 자유롭게 할 것이라는 생각은 신경 기술에 대한 환상을 잘 보여준다. 하지만 이러한 생각은 뇌의 신비로부터 기인하며 내가 이 책 전체에 걸쳐 논의한 문제에 뿌리를 둔 세 가지 오류를 동반한다. 첫째는 뇌와 육체가 분리될 수 있다는 개념으로서 뇌가 육체로부터 분리된, 이원론자의 영혼 대체물이 된 정도를 보여준다. 5장에서 살펴봤듯이 이는 철학적 오류일 뿐 아니라 인간 행동의 여러 특징이 뇌와 육체의 상호작용에 결정적으로 의존한다는 사실과 충돌된다는 점에서 생물학적 오류이기도 하다. 두 번째 오류는 뇌가 본질적으로 육체보다 강하거나 덜 제한적이라는 인식이다. 나는 2장에서 뇌와 육체가 각각 다른 원리에 따라 움직이며, 뇌는 보다 추상적이고 비유기적인 운용 방식을 가진다고 기술하는 담론을 비판한바 있다. 사실 뇌와 육체의 생물학적 기질은 감염, 부상, 혹은 부패에 취약할 뿐 아니라 내구성과 용적이 제한적이라는 점에서 질적으로 유사한 약점을 가지고 있다.

세 번째 오류는 뇌 해킹이 어떠한 제약에서도 벗어날 수 있는 좋은 방법이라는 견해다. 실제로, 현존하는 어떤 장치도 이를 제대로 수행할 수 없다. 최근에 이루어진 몇몇 인간 신경과학 기술의 발전은 놀랄 만하지만 해킹의 비유적이고 물리적인 폭력성의 관점에서 보면, 모두 어느 정도 제한적이다. TMS를 이용한 비침습적 뇌 조작조차 딱따구리가 머리를 쪼아대는 느낌이 든다고 하며, 이를 통해 얻어지는 조잡한 텔레파시는 그럴듯한 구닥다리 연설의 형편없는 대체품 정도로 보인다.[29] 한편 보다 의미 있는 신경적 개입은 절실한 필요가 없다면 어떤 환자도 굳이 경험하려 하지 않을 만큼 위험한 뇌 수술을 필요로 한다. 중증 장애가 있는 환자에게 이러한 기술의 이점은 아주 긍정적으로 보아도 단순한 복원에 그치며 그것도 부분적인 의미에서만 그렇다. 보철 팔을 제어하거나 DBS의 혜택을 받을 수 있는 능력을 얻는 사람에 대한 이야기는 성공 사례처럼 들리며, 건강한 10대 청소년이면 누구나 조이스틱으로 DARPA의 원더우먼보다 더 우수한 F-35 시뮬레이션 비행을 할 수 있다는 사실 뒤에는 엄청난 기능장애라는 배경이 깔려 있을 뿐이다. 뇌 손상과 질병을 가진 환자들을 재활시키는 기술을 지속적으로 개선하는 것은 틀림없이 가치 있는 일이지만, 그러한 장치를 사용해 건강한 뇌를 들락날락거리면서 추가적인 능력을 해킹할 수 있는 가능성은 요원하고 입맛 떨어지게 할 뿐 아니라 위험할 수도 있다. 그럼에도 불구하고 뇌의 신비가 가속화시킨 신경 기술에 대한 비전은, 이제 곧 살펴보겠지만 종으로서 인류의 진화에 대해 생각하는 사람들의 환상에서 특별한 위치를 유지하고 있다.

2016년 미국 대통령 선거에는 잘 알려진 대로 이상한 후보자 명단이 등장했지만 그중 졸탄 이스트반Zoltan Istvan보다 특이한 사람은 거의 없었다.[30] 이스트반은 이른바 **트랜스 휴머니스트** 운동 **transhumanist** movement과 관련된 최초의 정당 설립자이자 후보자로서 죽음을 극복하고 급진적인 기술적 변화를 수용하는 의제를 지지하는 "미래학자, 생명 연장론자, 바이오해커(해커 윤리를 적용해 자신의 몸에 사이버네틱 장비를 지니거나 약을 사용해 인체 기능을 향상 혹은 변화시키는 사람. 자신을 도구로 해킹한다는 의미에서 '바이오해커'라고 함—옮긴이), 과학기술 전문가, 특이점주의자singularitarian, 인체 냉동보존론자, 기술 낙관론자 및 과학적 마인드를 가진 많은 다른 사람들로 구성된 성장세의 그룹"을 대표하려고 노력했다.[31] "과학과 기술을 통해 삶을 개선하고 싶지 않은 사람이 누가 있겠는가?"라고 이스트반은 묻는다.[32] 트랜스 휴머니스트당은 공식적으로 주 투표 용지에 이름을 올리지는 못했음에도 불구하고, 이스트반의 실현 불가능해 보이는 공약은 주류 미디어 매체의 뉴스, 로버트 F. 케네디 3세의 지지, 트위터의 2만 팔로어를 얻었다.[33]

이스트반은 엉뚱하기 이를 데 없는 대의에 대한 충성심과는 어울리지 않는 각진 턱과 멋진 몸매를 가진 전직 기자다. 이 열망에 가득찬 정치인은《트랜스 휴머니스트의 내기Transhumanist Wager》라는 제목의 소설로 2013년 언론에 처음으로 이름을 알렸다.[34] 이 책은 세계를 평화, 기술 애호, 매우 긴 수명의 시대로 이끄는 제스로 나이츠Jethro Knights라는 철학자 왕의 이야기를 전한다. 실재했던 철학적 선배인 이마누엘 칸트Immanuel Kant의 **정언명령**처럼, 나이츠에게는 자신과 동료 트랜스 휴머니스트에게 “그들 자신의 존재를 다른 무엇보다 보호”하도록 지시하는 황금률이 있었다. 그들은 내세가 없다고 확신하기에 불멸을 달성하기 위해 할 수 있는 모든 것을 해야 한다고 결정한다. 이스트반의 주인공은 “인간 의식을 다운로드하기 위해 뇌 뉴런을 컴퓨터의 배선에 결합시키는 것이 불멸성 탐구에 있어 가장 분별 있고 중요한 방향성”이라고 믿고 있다. 그가 만드는 목가적인 사회에서 모든 사람은 다른 사람 또는 장치와 순식간에 의사소통하게 만들어주는 컴퓨터 칩을 머릿속에 지닌 채 걸어다닌다. 이스트반은 “젊고 건강하며 서로 간의 경쟁을 유지하기 위해 사람들은 옷장, 자동차 및 기타 물질적 소유물에는 그다지 많은 돈을 쓰지 않았지만 자신의 신체를 기능적으로 업그레이드하고 뇌의 효능을 향상시키는 데에는 돈을 많이 썼다”라고 말한다. 스마트폰과 컴퓨터는 뇌의 신경 네트워크에 통합되어 모든 사람이 “항상 연결되어 항상 학습하며 항상 진화하고 있다.”

이스트반이 쓰고 있는 것과 비슷한 신경과학 기술은 트랜스 휴머니즘이라는 직물 속에 깊이 짜여 있어 두뇌의 이상화가 어떻게 미래에 대한 원대한 비전(개별 인지 능력의 향상이 가장 중요한 목표인 듯 보인다)을 형성할 수 있는지 보여준다. 트랜스 휴머니스트의 뮤즈인 로버트 앤턴 윌슨Robert Anton Wilson은 30여 년 전에 “의식과 신호 및 정보에 대한 민감성을 확장”시킬 ‘지능 강화Intelligence Intensification’의 도래에 대해 쓴바 있다.[35] 윌슨은 “신경과학 분야의 현대적 진보는 이미 각인 또는 조건화되었거나 학습되어 이전에는 우리를 제한했던 반사를 어떻게 변경할 수 있는지 보여주기 때문에 지능 강화는 달성 가능하다"라고 판단했다. 세계 최초로 자신을 트랜스 휴머니스트라 선언하고 자신의 이름을 FM-2030으로 바꾼 이란의 올림픽 대표 농구 선수 페레이둔 M. 에스판디어리Fereidoun M. Esfandiary는 이미 1980년대 후반 신경과학적 지식을 미래의 공학적 뇌 임플란트와 인터페이스로 변형하는 것에 대해 예측한 바 있다.[36]

FM-2030과 같은 사람들의 상상에 따르면 미래의 뇌 인터페이스 도구에는 영화 〈매트릭스〉와 〈스타트렉〉의 보그를 연상시키는 고성능 BMI뿐만 아니라 앞서 말한, 나노봇이라 불리는 나노미터 규모의 로봇이 포함되어 있다.[37] 나노봇은 몸속 여기저기를 헤엄쳐 다니며 개별 뇌세포와 의사소통할 정도로 매우 작을 것이다.[38] 일부 나노 기술 전문가들은 이만한 크기의 인식 가능한 로봇이 물리적으로 실현 가능한지에 의문을 품지만 레이 커즈와일 등은 그러한 장비의 힘에 대해 확고한 믿음을 가지고 있다.[39] MIT의 컴퓨터과학자이자 유명한 미디어랩의 전 소장인 니콜라스 네그로폰테Nicholas Negroponte조차 신경 나노봇의 잠재력을 알리면서 다음과 같이 설명했다. "이론적으로는 당신의 혈관을 셰익스피어 작품으로 채워 넣을 수도 있다. 뇌의 여러 부분에 도달하는 작은 로봇들은 셰익스피어를 조금씩 보관하거나, 만약 프랑스어를 배우고 싶다면 프랑스어를 조금씩 보관하게 된다."[40] 물론, 이렇게 마음을 인수하게 된다 해도 결코 유익하지 않은 것으로 판명날 수도 있다. 〈H+〉라는 디지털 비디오 시리즈에서는 컴퓨터 바이러스가 임플란트를 감염시키고 임플란트를 몸속에 지니고 있는 수정 인간 모두를 무력화시키는 나노 단위 뇌 인터페이스의 전염병을 극화했다(지구 전체 인구의 3분의

1은 신경 임플란트인 H+를 몸에 지니고 있음을 배경으로 하여 2012~2013년에 방영된 유튜브 공상과학 드라마—옮긴이).[41]

허구의 제스로 나이츠에게 그랬던 것처럼 많은 트랜스 휴머니스트에게도 불멸의 길은 뇌를 통한다. 끝없는 삶을 얻기 위한 널리 알려진 전략은, 사람의 뇌에서 모든 내용물을 **업로드**한 다음 새로운 신체 또는 시뮬레이션된 환경으로 다시 다운로드하는 가상의 절차를 포함한다. 여기서 다시, 뇌는 자기 독립적이며 몸에서 분리될 수 있는 영혼처럼 기능한다. 트랜스 휴머니즘 사고의 리더인 나타샤 비타모어Natasha Vita-More의 설명에 따르면 "업로드는 포스트휴먼적이다(포스트휴먼이란 인간을 초월하는 상태에 존재하는 사람으로서 사이보그와 거의 동일한 의미로 사용—옮긴이). (…) 그것은 뇌, 당신의 인지적 특성을 컴퓨터 시스템이 될 수도 있는 비생물학적 시스템으로 복사하고 전달한다. (…) 그래서 당신은 완전히 다른 컴퓨터 물질의 세계 안에 있게 될 것이다. 그리고 그것은 매우 아름다운 시뮬레이션 환경이 될 것이다."[42] 현재의 기술은 인간 두뇌가 대표하고 있는 생명 작용 시뮬레이션은 말할 것도 없고, 두뇌 전체 스캔에 필요한 효율성 근처에도 가까이 가지 못했다. 그럼에도 불구하고 업로드라는 목적 달성을 위해 많은 사람들이 커넥토믹스라고 불리는 뇌 조직의 철저한 해부학적 분석에 믿음을 가지고 있는 것 같다.[43] 기술이 그들의 포부를 따라잡을 때까지 시간을 어떻게든 벌기 위해, 일부 트랜스 휴머니스트는 육체적 사망 후 뇌를 보존하기 위한 수단으로서 인체 냉동보존술에 눈을 돌린다. 8만 달러의 비용으로 고객의 뇌를 얼리고 무기한으로 보관할 수 있는 알코어생명연장재단에 대해

5장에서 알아본 바 있다.[44] 알코어는 비타모어의 남편이자, 자신이 죽었을 때 자신의 뇌 역시 냉동할 계획을 가지고 있는 트랜스 휴머니스트 철학자인 맥스 모어Max More가 운영하고 있다.[45] 알코어의 초기 고객 중 하나는 자신의 불멸에 대한 꿈을 이루지 못하고 슬프게도 69세의 나이에 췌장암으로 사망한 선구자 FM-2030이다.[46] 그의 냉동된 머리는 현재 애리조나주 스코츠데일Scottsdale에 있는 알코어 본사에서 15년 이상 액체질소 통에 담겨 있다.[47]

뇌 기술을 통한 인지 기능의 개선과 불멸에 대한 탐구는 뇌의 신비는 물론, 가장 극단적인 경우에는 우리 자신의 생물학적 성질의 부정까지 나아간다. 더 높은 차원의 인간 존재에 도달하기 위한 관문으로서, 뇌는 종교적 실체의 지위를 얻는다. 신경 기술을 통해 삶을 향상 및 연장시킨다는 것은 사람을 그 자신의 뇌와 동일시하는 것뿐 아니라 뇌 하나만을 조작하여 그 사람의 존재를 조작하는 데 유아론적 초점solipsistic focus을 맞춘다는 것을 의미한다. 이 임무는 인간 정신생활의 상호 관련성과 사회 및 환경적 의존성을 대개는 무시하고, 잘 사는 사람들이나 관심을 가질 법한 개별 존재적 관심사에 초점을 맞춤으로써 인간 사회의 여러 문제를 하찮아 보이게 만든다. 윤리학자인 로라 카브레라Laura Cabrera는 "(트랜스 휴머니스트적인 향상으로 인한) 사회적 이익이 언급되는 경우에도 이것은 오히려 개인주의적 개입의 누적적인 결과로 간주된다"라고 말했다.[48] 사실 사람들이 무엇보다 자신의 개인적인 존재, 특히 뇌의 존재를 보호하기 위해 애쓰는 트랜스 휴머니즘 문화에서 평등, 공감, 이타주의와 같은 집단적 가치를 위한 장소를 찾기는 어렵다.

처음 볼 때와 달리 이와 같은 의제는 주류와 그렇게 멀지 않다. 트랜스 휴머니스트는 주변적 요소라는 인상을 줄 수 있지만 이 그룹과 다양한 전문가 커뮤니티 간에는 많은 접촉이 있다. 최근의 트랜스 휴머니스트 콘퍼런스에는 선도적인 신경과학자들이 등장하며, 학계의 몇몇 생물학자들은 드러내놓고 트랜스 휴머니스트 목표를 향해 연구하고 있다. DARPA와 같은 국방부 조직은 우리가 보았듯 뇌 기술에 대한 트랜스 휴머니즘 아이디어의 영향을 크게 받았다. 대기업 분야에서도 트랜스 휴머니스트 목표가 점점 더 관심을 끌고 있다는 비슷한 예증으로서 실리콘밸리의 주요 기업이 노화 방지 연구에 점점 더 많이 투자하고 있다는 사실을 들 수 있다.[49] 이처럼 힘 있는 단체와 무관한 상당수의 평범한 사람도 더 오래 살고 더 똑똑해지려는 트랜스 휴머니즘의 약속에 끌릴 수 있다. 대체적으로 말해서 트랜스 휴머니스트의 목적 일부는 결국 현대 의학 및 교육의 목표와 크게 다르지 않다. 그러나 인간의 향상을 달성하기 위해서 이 운동에서 제안한 **수단**은 기존의 관례적인 방법과 비교했을 때 어떠한가?

자연선택이 자연스럽게 진행되도록 하지 않고, 신체를 의도적으로 조작함으로써 인류를 진보시키는 트랜스 휴머니스트의 의도에 문제를 제기하는 데는 여러 가지 이유가 있다. 인간의 형태로 '신 놀음을 하는 것'에 대한 문화적 금기 사항이 많지만, 보다 더 일반적인 반대는 의도하지 않은 결과의 원칙에서 비롯된다. 이것은 오랜 시간을 거쳐 진화에 의해 연마된 생리학적 과정에 갑작스럽게 손을 대면 엉망이 될 수도 있다고 우리에게 경고한다. 뇌 임플란트, 유전공학 또는 생명 연장 약물과 같은 기술로 변경된 개인이나 집단은 모두 부작용에 시달릴 가능성이 있다. 아무도 죽지 않는 세상은 또한 불멸을 달성하는 방법과 무관한 심각한 문제를 야기할 수 있다. 출생이 엄격하게 규제되지 않으면 권력과 자원은 결국 수조 명의 트랜스 휴먼 간에 나뉘어져야 하며, 삶의 공간을 위한 투쟁 속에서 갈등이 발생할 수 있다. 세대 교체의 상실은 인간 문화와 혁신에도 큰 타격을 줄 수 있다. 과학사가 토머스 쿤Thomas Kuhn의 잘 알려진 관찰에 따르면 완강한 '구교도들old believers'이 말 그대로 죽어 없어지고 나서야 비로소 새로운 과학 이론이 힘을 얻기 시작한다.[50] 과학에서와 같이, 참신한 아이디어, 참신한 야망 및 참신한 얼굴은 많은 삶의 계층에 바람직하다. 우리 사회가 고정된 상태로 굳어버려 창조적 발전의 잠재력이 위태로워지기를 원하는가?

모든 사람을 더 똑똑하게 만드는 트랜스 휴머니스트적 목표는 논란의 여지가 없는 것처럼 보이지만, 이것조차 적어도 진화론적 관점에서는 부정적인 측면을 가질 수 있다. 현대인의 경우 교육과 출산율 사이의 부정적인 상관관계에 대한 상당량의 증거가 있다.[51] 인지력이 향상된 트랜스 휴먼이 영리하게 행동하느라 너무 바빠 재생산하지 못할 수도 있을까? 지구를 둘러보면 가장 풍부하고 거의 틀림없이 성공적인 유기체가 반드시 가장 높은 지능을 가진 유기체는 아니라는 것을 금방 알 수 있다. 예를 들어, 딱정벌레는 지구상에서 우리보다 약 100배 더 긴 시간 동안 존재해왔고 우리에게 알려진 모든 종의 25퍼센트를 차지하고 있으며 전 세계 개체 수는 10조를 넘을 것이다.[52] 위대한 생물학자 홀데인J. B. S. Haldane은 하

느님이 "딱정벌레에 대해 지나친 애정"을 가지고 있다고 말한 적도 있다.[53]

그러나 인간에 대한 독특한 전망에 풍미를 더하고 뇌를 이상화함으로써 발생하는 편견을 드러내는 것은 바로 뇌 기술에 대한 트랜스 휴머니즘의 지나친 애정이다. 당신이나 나는 우리를 둘러싸고 힘을 더해주는 세련되고 획기적인 것들로 가득한 미래를 상상할 수 있지만 전형적인 트랜스 휴머니스트는 우리, 특히 우리의 머리에 물리적으로 침투하는penetrate(앞의 '둘러싸다surround'와 대비되는 표현—옮긴이) 기술을 원한다. 이것은 우리가 유용하게 사용하는 도구가 뇌에 직접 부착된다면 본질적으로 더 강력해지거나 더 좋아질 것이라는 전망과 비슷하다. 우리는 인터넷에서 정보를 읽을 필요도 없이 뇌로 직접 가져올 수 있을 것이다. 손을 움직이지 않고도 단지 생각만으로 차를 운전할 수 있을 것이다. 성대에 부담을 주거나 폐를 펌핑하지 않고도 의사소통할 수 있을 것이다. 각각의 경우, 신경 나노봇이나 브레인 칩과 같은 전자 기술로 인해, 성가시기만 할 뿐 별다른 기능이 없다고 생각되는 생물학적 구성 요소에 대한 필요는 없어진다. 신경 기술에 대한 이와 같은 트랜스 휴머니스트 비전에서 볼 때, 뇌는 디지털 우주로 앞서 옮겨지지만 나머지 신체는 대부분 뒤에 남겨진다.

그러나 우리의 인지와 통제에 도움이 되는 기술을 왜 뇌에 직접적으로 접촉시켜야 하는가? 이러한 접근법은 '우리는 우리의 뇌'라는 신경 본질주의적 진언을 따라 사람의 본질에 바로 도달하려는 욕구에 의한 것으로 보인다.[54] 그러나 실제적인 관점에서 이것은 지나치게 제한적으로 보인다. "당신이 (뇌 임플란트를 통해) 달성할 수 있다고 생각하는 대부분의 이점을, 동일한 장치를 당신 몸 바깥에 두고 초당 1억 비트를 뇌로 직접 보내는 안구와 같은 자연적인 인터페이스를 사용하여 달성할 수 있다"라고 옥스퍼드대학교 인류미래연구소Future of Humanity Institute의 철학자 닉 보스트롬Nick Bostrom은 말한다.[55] 예를 들어, 당신이 누군가에게 딱정벌레의 정신 인상mental impression을 주고 싶다고 가정해보자. 당신은 동일한 이미지를 생성하기 위해 그들에게 사진을 보여주거나 뇌세포를 직접 자극하는 것 중에서 선택할 수 있다. 정의에 따르면 두 경로 모두 딱정벌레를 지각하는 것에 대응하는, 정확히 동일한 뇌 활동 패턴을 만들어내겠지만 사진을 보여주는 것이 훨씬 더 쉬우리라는 것에는 의심의 여지가 없다. 그에 반해, 딱정벌레의 지각을 뇌에 직접 '쓰는 작업'은 현재의 우리 수준을 훨씬 능가하는 뇌 기능에 대한 지식과 침습적 조작을 필요로 한다. 만약 충분한 이해가 가능하게 되더라도, 뇌를 둘러싼 생물학적 입력 및 출력의 경로를 우회하려면 수백만 년 동안 인류가 잘 사용해오던 메커니즘을 개선해야 한다.

잘 알려진 실제 세계의 사례는 기술이 뇌를 직접적으로 접촉하지 않고도 인간의 정신적 성과를 크게 향상시킬 수 있다는 생각을 뒷받침한다. 4000여 년 전, 남부 메소포타미아의 수메르인은 세계 최초의 연산 기계인 주판을 발명했다.[56] 이와 같은 장치를 사용하여 사용자는 단기 기억과 자생적 사고 과정(적절한 자극 없이 하향식으로 활성화되는 사고 과정—옮긴이)만으로 가능한 것보다 더 큰 수를 빠르게 다룰 수 있다. 인류에게 가장 큰 인지적 도움이 된 것은 아마도 고대 근동, 중국의 상 왕조, 콜럼버스 이전 메소아메리카와 같은 사회의 문자 체계 발명일 것이다.[57] 어떤 의미에서, 기록된 메시지의 강점은 일단 사고의 내용이 기록되고 나면 뇌는 더 이상 관여하지 않는다는 사실에 있다. 이로 인해 인간 메신저의 마음에 기억된 편지보다 서면 발송이 더 믿을 만하다고 간주된다. 철학자 앤디 클락Andy Clark은 신경 임플란트와 관련된 순수한 뇌 기반 과정이나 기능과 마찬가지로, 주판이나 쓰여진 기록과 같은 외부 인공물은 사용자의 "확장된 마음extended mind"의 일부를 형성한다고 주장한다.[58] 클락은 데이비드 차머스David Chalmers와 함께 1998년 영향력 있는 에세이를 작성하면서 마음과 자아는 피부 아래에 있을 필요가 없으며, "생물학적 유기체와 외부 자원의 결합체, 즉 확장된 시스템extended system으로 간주하는 게 제일 좋다"라고 썼다.[59]

외부적 인지 자원을 뇌 아주 가까이로 옮기는 이동의 장벽은 극복된다 해도 대가가 따를 수 있다. 개인적인 예를 들자면, 내 스마트폰은 나의 인지와 의사소통에 없어서는 안 될 보철 보조물(인문사회 계열에서는 '인간의 주관성에 개입하는 어떤 기계나 기술'을 의미하며, 책이나 주판 같은 외부적 기억 장치가 이에 해당됨—옮긴이)이 되었다고 말할 수 있지만, 내 두뇌 안에 삽입하고 싶지는 않다.[60] 마찬가지로 나의 과학적 연구에 사용되는 컴퓨터는 동료들이 실험실에서 문제를 해결하는 데 도움이 되는 놀라운 속도의 기계지만, 우리 두개골에 내장된다고 해서 우리에게 더 유익하지는 않을 것이다. 만약 그런 컴퓨터를 우리 두뇌에 직접 연결한다면, 우리는 끊임없이 그것에 의해 산만해질 것이고 다른 쪽 끝에서 이루어지는 우리의 계산은 불필요한 신경 입력으로 인해 중단될 수도 있다. 나를 포함한 많은 보스턴 시민들이 꿈꾸는 다른 형태의 인지적 보조 기구는 사람들을 더 나은 운전자로 만들 수 있는 무언가이겠지만 결국 최고의 해결책은 아마도 우리 뇌 밖에 있을 것이다.[61] 이 경우에 있어 산업계는 인간 인지와는 거의 완전히 분리된 한 전략으로 응집하고 있는 듯하다.[62] 차가 스스로 주행하게 만드는 것이다.

치료 영역에서의 실례 역시 어떻게 뇌 내부보다 그 주위에서 작동하는 신경 기술이 더 선호되는지를 보여준다. 영웅적인 영국 공군 참전용사이자 생리학자인 자일스 스키 브린들리Giles Skey Brindley는 1968년 80개의 뇌 자극 전극을 시각장애인 환자의 시각피질에 이식했다.[63] 전극을 통해 미세 전류를 통과시키면 환자는, 당신이 눈을 비빈 후 때때로 볼 수 있는 반점과 유사한, **섬광시**閃光視, phosphene라는 시각적 감각을 경험했다. 섬광시의 위치는 자극된 전극에 따라 달라지며, 이는 상이한 조합의 전극을 자극함으로써 아주 기초적인 형태의 시력이 회복될 수 있음을 보여준다. 브린들리와 공동 저자는 이와 같은 성공에 득의양양해하며 이러한 접근법이 언젠가 시각장애인도 "정상 시력을 가진 사람 중 독서 습관을 가진 사람과 비슷한 속도로 인쇄물이나 육필 원고를 읽을" 수 있게 해줄 것이라고 말했다. 그러나 그 후 브린들리는 시각장애인의 시력 회복이 아니라 발기를 유도하는 화학적 방법을 알아낸 것으로 가장 잘 알려졌다.[64] 일례로, 그는 대형 학회에서 청중 앞에서 바지를 내리고 몸으로 직접 보여주었다. 한편, 시각 신호 전환에 뇌 임플란트를 사용한다는 브린들리의 아이디어는 뇌에서 멀리 떨어진 눈 자체에 유사한 전극 기반 배열을 사용하는 경쟁적인 전략으로 대체되었다.[65] 망막 인공 삽입물은 상대적으로 이식하기 쉬울 뿐만 아니라 뇌에 시각 정보를 전달하기 위해 신체의 자연적인 과정을 더 잘 활용하기 때문에 효과가 더 좋다. 이와 유사한 이점으로 인해 청각피질 뇌 임플란트 대신에 달팽이관 임플란트가 치료 가능한 청각장애에 대한 지배적인 치료법이 되었다.

말초신경 공학 역시 인간의 움직임과 운동 기능 향상에 유망한 방법이 될 수 있다. 연구원들은 이미 사지를 잃은 환자의 움직임과 통제력을 뇌와는 독립적으로 회복시키는 방법을 발견했다. 외과 의사들은 **표적 근육 신경재분포**targeted muscle reinnervation라는 기술을 사용해 환자의 잃은 팔다리에서 나온 말초신경을 새로운 근육에 다시 연결해 보철물을 제어하게 할 수 있다.[66] 2015년 59세의 레스 보Les Baugh라는 남자가 볼티모어의 존스홉킨스대학교에서 이러한 시술을 받을 기회를 얻었다.[67] 보는 10대 시절 감전 사고로 두 팔을 모두 잃었다. 신경 재배치 후, 그는 사고 후 남아 있는 어깨에 두 개의 사이버네틱 팔을 착용하고 새롭게 신경재분포된 가슴과 어깨 근육으로부터의 명령에 따라 움직였다. 보는 단 열흘 동안의 훈련 후에 사지를 통제할 수 있게 되어 블록을 쌓거나 컵으로 물을 먹는 것과 같은 대단한 일을 수행했다. 다른 신체 부위와의 소통 능력을 모두 잃어버린 케이시 허친슨이나 얀 쇼이에르만 같은 '마비' 환자와는 달리, 보는 보철물을 뇌에 직접적으로 연결하여 통제할 필요는 없었다. 하지만 그의 뇌가 인공적인 사지의 움직임을 통제하는 데 더 적게 관여했다고 하기는 어렵다. 보의 뇌로부터 나온 운동 출력이 팔다리를 직접적으로 조종하는 신경 재분포된 근육을 촉발시켰지만, 이 작용은 에두르지 않고 보다 넓은 생물학적 환경에서 뇌의 신체성을 사용한 것이다.

재활을 넘어 건강한 개인 능력 향상을 위한 관련 접근법으로는 이른바 동력형 외골격(외부 동력을 이용하며 착용자에게 힘을 더해주는 일종의 휴대용 로봇 시스템—옮긴이)을 피험자에게 입히는 방법이 있다.[68] 외골격은 버팀대와 작동기 시스템을 통해 착용자에게 힘과 강도를 더해주어 신체적으로 부담이 되는 작업을 수행하는 능력을 향상시킨다. 마블코믹스의 만화《아이언맨Iron Man》에서 주인공 토니 스타크는 뇌로부터의 자극을 사용해 강력한 외골격을 제어하지만, 실제의 실험적인 외골격은 착용자의 신체로부터 자극을 입력받는다.[69] 예를 들어 일본 회사 사이버다인Cyberdyne이 제조한 HAL-5 외골격은 착용자의 근육 조직에서 자극을 읽어 파워슈트를 제어하는 운동명령으로 해석하는, 일련의 피부 표면 전극을 통해 주로 제어된다.[70] 〈스타워즈〉의 스톰트루퍼 방호복과 비슷하게 생긴 이 슈트는, 평균적인 힘을 가진 사람이 68킬로그램 정도의 무거운 물체를 거의 힘들이지 않고 들어 올릴 수 있게 한다.

오늘날 우리가 만들 수 있는 슈퍼맨에 가장 가까운 모습은, 사이버다인의 외골격 하나를 멋지게 입고 휴대용 또는 웨어러블 전자기기가 제공하는 탁월한 통신 및 계산 기능을 즐기는 사람이다. 그가 벽을 투시해서 본다면 아마 카메라가 장착된 드론을 원격 조종하기 때문일 것이며, 어둠 속에서 신체를 감지한다면 적외선 안경을 썼기 때문일 것이다. 만약 그가 슈퍼카나 슈퍼비행기를 소유하고 있다면, 그의 회백질(대뇌피질에 주로 분포하며 신경세포가 모여 있는 회색 부분—옮긴이)과의 연관성보다는 자동차나 비행기의 자율 제어 메커니즘으로 인해 '슈퍼'라는 수식어가 붙었을 가능성이 크다. 우리의 현대적인 슈퍼맨은 무척 다양한 입력을 (자연적인 인간 생리 작용이 분산된 여러 부분에 비침습적으로 연결된) 말초 보조 기구에 의해 향상된 행동으로 형질 전환하는 신경계를 가진 개인으로서 신체화된 뇌에 대한 증거가 될 것이다. 이 영웅은 해킹된 뇌 자체가 인류의 한계를 초월하기 위한 비법으로 간주하는 트랜스 휴머니스트의 비전과는 대조적인 모습이다. 침습성 신경 기술로 뇌를 개선하려는 노력은 뇌가 주변 환경과 구분되어, 단독적이며 자족적인 영혼처럼 존재하는 가상의 세계에서나 의미가 있다. 뇌가 신체 및 환경과 일체로 기능하는 생물학적 기관임을 인정한다면, 신경 기술을 통한 인간 능력의 향상은 더 이상 뇌에 한정될 필요가 없다.

인지 향상에 대한 초현대적 개념이 너무 멀리 있는 것처럼 보인다고, 사람들이 그 결과에 대해 걱정하지 않는 것은 아니다. 2004년 에세이에서 정치학자 프랜시스 후쿠야마Francis Fukuyama는 트랜스 휴머니즘 스타일의 지능 개선은 인간 평등 개념에 대한 잠재적 위협이라며 트랜스 휴머니즘을 "세계에서 가장 위험한 아이디어" 중 하나로 규정했다.[71] "만약 우리가 우리 자신을 우월한 무언가로 변형시키기 시작하면, 이 향상된 생명체는 어떤 권리를 주장할 것이며, 뒤에 남겨진 생명체들에 비해 어떤 권리를 가지게 될까?"라고 후쿠야마는 질문을 던졌다. "어떤 사람이 앞으로 나아갈 때 다른 사람은 따라가지 않을 만한 여유가 있을 수 있을까? (…) 생명공학의 경이로움이 닿기 힘든 세계 최빈국의 시민들에게 미치는 영향까지 포함해보라. 그러면 평등이라는 개념에 대한 위협이 더욱 심각하게 느껴진다."

후쿠야마와 같은 염려는 우리의 인식보다 더욱 오늘날의 사회와 관련이 있을 수 있다. 트랜스 휴머니스트들의 환상인 임플란트와 나노봇이 결코 현실화되지 않을 수도 있지만, 또 다른 종류의 지능 향상은 이미 존재한다. '환각성을 가진mind-bending'을 의미하는 그리스어로부터 온 소위 **누트로픽nootropic** 약물은 집중력, 기억력 및 다른 인지 기능을 개선시킨다고 여겨지는, 복용 가능한 화학물질이다. 누트로픽은 실제로는 그만큼 마법 같지는 않지만 슈퍼맨 빌 던에게 힘을 준 마법의 물약과 본질적으로 비슷하다. 가장 보편적인 예는 니코틴이나 카페인과 같은 비교적 가벼운 자연 발생적 자극제로서, 5장에서 간략히 살펴본 보잘것없는 '인지 향상제'다. 누트로픽에는 긍정적인 기분을 조성하는 것으로 여겨지는 오메가 3 지방산과 같은 식이 보조제, 뇌에서 주요 신경전달물질의 활성을 조절할 수 있는 라세탐도 포함된다.[72] 가장 강력한 누트로픽 약물로는 각성을 자극하며 의료 및 군사적 맥락에서 사용되는 모다피닐 같은 강력한 수면 억제제뿐 아니라, 주의력결핍과잉행동장애ADHD 치료제로서 애더럴 및 리탈린이라는 이름으로 각각 시판되는 암페타민과 메틸페니데이트 같은 특징적이며 처방이 필요한 각성제도 있다.[73]

미국에서 매우 인기 있는, 처방이 필요한 누트로픽은 승인된 치료 용도로만 합법적이지만 특히 학업 우위를 추구하는 학생들이 남용하고 있다.[74] 흔한 패턴은 합법적인 처방을 받은 지인으로부터 약물을 얻은 다음 공부를 많이 하기 위한 도구로 비의학적으로 사용하는 것이다. 2005년 100개 이상의 미국 4년제 대학에서 실시한 설문 조사에 따르면 평균 7퍼센트의 학생들이 처방 각성제를 불법적으로 사용했으며 일부 대학에서는 최대 25퍼센트까지 기록했다.[75] 여러 연구들이 처방이 필요한 강도의 누트로픽이 과연 학업 성과를 향상시키는지 의문을 제기했지만, 캠퍼스 내에 만연된 정도를 보면 효능에 대한 믿음이 상당하다.[76] 처방 누트로픽을 불법적으로 사용하는 학생들은 걸리면 형사처벌을 받을 수 있다는 걱정을 무시할 만큼 이 약물이 제공하는 잠재적 보상을 소중히 여기고 있음에 틀림없다.

비처방 누트로픽은 현재 완벽하게 합법적이며 나름대로 중요한 사업이다. 누트로박스Nootrobox나 트루브레인truBrain 같은 실리콘 밸리의 스타트업 기업은 누트로픽 성분으로 만들어진 제품 홍보를 위해 수백만 달러의 투자 자본을 모았다.[77] 이와 같은 상품의 추종자들은 번거로운 규제를 걱정할 필요 없이 처방을 통해 인지 기능 향상 약물을 누리려는, 소위 바이오해커들 사이에 있는 듯하다. 예를 들어 누트로박스는 씹어 먹는 커피 사탕부터 인도 페니워트(호랑이가 싸우다가 다치면 이 풀이 무성한 곳에서 등을 대고 굴러 낫게 한다고 하여 '호랑이풀' 혹은 '병풀'이라고도 불리며 학명은 센텔라 아시아티카Centella Asiatica —옮긴이), 서구의 돌꽃, 다양한 비타민 및 신경전달물질 유사체의 성분을 종합한 캡슐에 이르기까지 처방전 없이 구입할 수 있는 복합 누트로픽을 "대량으로" 판매한다.[78] 각 성분이 미국 식품의약국FDA: Food and Drug Administration에 의해 "안전하다고 일반적으로 간주된다"라고는 하지만 효능에 대한 입증은 일반적으로 미미하다.[79] 이 회사는 현재 임상 실험을 통한 제품 효과 입증을 시도하고 있다.

어떻게 하면 처방 학습 보조제를 입수할 수 있을까 골몰하고 있는 부진한 학생이든, 상업용 스마트 약으로부터 예사롭지 않은 예리함을 얻기 위해 한 달에 100달러를 쓸지 고민하는 야심 찬 기업가든, 당신은 이미 후쿠야마의 몇 가지 질문이 적용되기 시작했다는 느낌이 들 것이다. 당신이 누트로픽을 사용하는 동료들과 경쟁하는 경우, 경쟁이 치열한 작업 환경의 특성을 고려할 때 과연 그들을 따라하지 않을 만한 여유가 당신에게 있는가? 누트로픽 마케팅 담당자가 의식적으로 이용하는 것이 바로 불안감이다. 온닛Onnit이라는 회사의 웹사이트는 "만약 당신이 알파브레인을 복용하지 않고 있다면 불이익을 당하고 있는 것입니다"라고 경고하면서 허브 성분 뇌 강화 보조제를 광고한다.[80] 많은 경쟁자도 동의한다. 사업가이자 자기개발 분야 저자인 팀 페리스Tim Ferriss는 다음과 같이 설명한다.[81] "금메달을 얻기 위해서는 5년 정도 인생을 단축시키는 일이라도 거의 모든 것을 기꺼이 하려는 올림픽 참가 선수와 마찬가지로, 어떤 알약과 물약을 먹을 수 있는지에 대해 생각하게 될 것이다." 많은 사람들로 하여금 디스토피아적인 예감을 갖게 하는 것이 바로 이러한 마음가짐이다. 〈뉴요커New Yorker〉의 전속 기자 마가렛 탤벗Margaret Talbot은 다음과 같이 안타까워한다. "이 모든 것이 내가 살고 싶다는 확신이 들지 않는 사회로 이어질 수 있다. (…) 우리가 기술에 의해 지금보다 훨씬 더 과로하고 끌려가게 되는 사회, 뒤처지지 않고 따라가기 위해 약을 먹어야만 하는 사회, 어린이들에게 매일 비타민과 함께 공부 스테로이드를 주는 사회로."[82]

신경 기술의 잠식에 대한 이와 같은 두려움은 신경 기술의 이점에 대한 열의의 또 다른 이면이다. 그러나 두 가지 평가 모두 신체와 환경에 비해 과대평가된 뇌의 중요성에서 비롯되었으며, 우리 문화에서 지나친 근심이 으레 그렇듯 이 두 가지 모두 잘못된 것일 수 있다. 예를 들어 "어떤 사람에게는 테러리스트가 다른 사람에게는 자유의 전사"라는 진부한 말을 들어봤을 것이다. 이 말은 사람들이 적을 비방할 때 테러리스트 아무개를 사용하는 주관성과 이에 더하여, 그 테러리스트가 주장하는 어떠한 사악하고 비도덕적인 대의에 대해서도 긍정적인 견해를 갖는 사람이 주위에 대개는 있다는 사실을 강조한다. 한편 대부분의 여론 조사에서 테러리즘이 유권자의 우려 대상 중 거의 제일 높은 위치에 있다는 사실에도 불구하고, 최근 몇 년간 테러리스트에 의해 사망한 미국인보다 훨씬 더 많은 미국인이 욕조에서 익사했다고 〈뉴욕 타임스〉 칼럼니스트 니콜라스 크리스토프Nicholas Kristof는 지적한다.[83] 각각의 집단에 대한 감정에 관계없이, 현상으로서의 테러리즘은 그것이 사회에 미치는 영향에 비해 더 많이 주목받는 듯하다.

지지와 비판을 모두 받는 뇌 기술도 비슷한 유형에 속한다. 직접적인 뇌 중재적 시술에 따르는 위험과 복잡성이 없는 주변적 기술을 통해 더 우수한 결과를 얻을 수 있음에도 불구하고, 뇌와 물리적으로 상호작용하는 기술적 접근법에 대한 트랜스 휴머니스트와 같은 이들의 비정상적인 열광에 우리는 주목했다. 마찬가지로 누트로픽 약물과 같은 신경 기술의 반사회적 영향에 대한 불길한 예감은, 뇌의 주변이 아니라 뇌 내에서 작용하는 인지 향상 전략들 사이의 인위적이고 비생산적인 차이를 반영할 수 있다. 후쿠야마처럼 신경 기술이 어떻게 인간의 불평등을 높이고 지나치게 경쟁적인 사회를 장려하게 될지 염려스럽다면, 뇌에 직접적인 영향은 미치지 않지만 동등한 결과를 초래하는 많은 활동에 대해서도 그만큼의 관심을 기울여야 한다. 뇌와 상호작용하는 기술을 부자연스러운 위협으로 여기는 것은, 그에 대한 부자연스러운 낙관론을 보이는 것보다 더 합리적이지 않다. 신경 기술은 테러리스트도 자유의 전사도 아닐지라도 복잡하고 상황에 따라 영향을 주는 삶의 많은 사실 중 하나다.

실제로 누트로픽 사용 영향에 대해 고민해온 윤리학자 대부분은 '스마트 약'이 관련 현상의 연속선상에 존재하고 있다는 점을 바로 지적한다. 스탠퍼드대학교의 신경과학 및 사회 프로그램 책임자 헨리 그릴리Henry Greely가 이끄는 전문가 그룹은 인지 향상 약물의 책임 있는 사용에 대해 2008년 〈네이처Nature〉에 발표한 논평에서 누트로픽 사용과 뇌 기능에 영향을 미치는 교육, 영양, 운동 및 수면 개선 사이의 유사점을 비교한다. 그들은 "인지 향상 약물은 친숙한 여타의 향상 방법과 도덕적으로 동등하게 보이며(…) 적절한 사회적 대응으로는 위험을 관리하면서 향상을 가능하게 하는 것이 포함된다"라고 주장한다.[84] 영국 의학협회British Medical Association가 의뢰한 인지 강화 관련 윤리적 문제에 대한 또 다른 분석 역시 비슷한 비교를 한다. 인공적인 인지 기능 향상 관련 논쟁의 맥락에서 영국 의학협회 패널 또한 "우리는 광범위한 사회적 요인이 건강, 복지, 사회적 성공에 직간접적으로 영향을 미친다는 점을 기억할 필요가 있다"라고 강조한다.[85] 그들은 "개인의 인지 능력 같은 하나에만 초점을 두다 보면 많은 다양한 사회적 결정 요인이 개인의 신체적·심리적 번영과 사회적 성공 능력에 영향을 미친다는 사실을 무시하게 된다"라고 주장한다.

요람에서 무덤까지, 세계는 사람들과 그들의 뇌를 매우 다르게 취급한다. 어떤 아기들은 주의력, 지구력, 기억력 또는 속도의 질적 차이로 인해 학업 성취를 이루기 쉬운 생물학적 결정 요인을 가지고 태어난다. 보다 중요한 점은, 또 다른 아기들의 부모는 지나친 교육열로 인해 자녀에게 생일 선물로 장난감 대신 책을 주고, 자녀가 말하기 시작하면 바로 방과 후 프로그램에 보낸다는 사실일 것이다. 부모가 자녀로 하여금 교육적인 장애물을 넘을 수 있도록 도와주는 시간 할애 능력부터 컴퓨터나 개인 레슨 같은 혜택을 제공하는 능력에 이르기까지, 부의 불균형은 다양한 방식으로 인지 향상에 기여한다. 가정의 문화와 그보다 더 넓은 사회적 맥락은 정서적 안녕, 야심, 건강 등 삶의 여러 측면에 영향을 미치면서 학교 교육 그 자체를 넘어 엄청난 역할을 한다. 아이들이 자라서 가족을 떠나도 어린 시절에 대한 기억 흔적engram(학습에 의해 축적된 기억이 뇌 안에 암호화되어 존재하는 흔적—옮긴이)은 사회경제적 출신에 의해 생긴 포괄적인 편견과 마찬가지로, 그들에게 계속 남는다. 하지만 오해는 하지 말아야 한다. 사회적으로 결정된 각각의 요인은 유전적 기여나 누트로픽 약물처럼 뇌에 영향을 미친다. 뇌는 가소성이 있어 엄청나게 폭넓은 입력에 의해 변경될 수 있다. 교육과 가치는 다른 기억처럼 뇌에 각인되어 결과적으로 미래의 행동에 영향을 미친다. 경제 및 사회적 안정성은 스트레스 수준 그리고 이와 병행하는 신체 전체의 생리적 경로에 영향을 미친다. 이 모든 이유를 고려한다면 현재 이용 가능한 신경 기술이 80억 개의 신경계에 이르는 사회의 다양한 팀에게 이미 상당히 기운 운동장을 크게 악화시킬 가능성은 거의 없다.

이것은 누트로픽을 규제하는 방법에 대해 질문해서는 안 된다는 말이 아니다. 특히 미국은 불법적인 처방약 사용이 만연하고 처방전 없이 구입할 수 있는 누트로픽 보충제의 안전성 및 효능에 대한 증거가 제한적이라는 점을 감안하면, 어느 정도의 추가적 분석 및 규제 조치가 분명히 요구된다.[86] 그러나 누트로픽 및 기타 인지 향상 신경 기술을 규제하는 목표가 후쿠야마와 같은 비평가가 두려워하는 불평등에 기여하지 않도록 하는 것이라면, (어떤 형태의 약물이나 기기에 기반한 뇌 해킹보다 더 강력한 방식으로 불평등을 이미 조장하는) 교육열 높은 부모나 경쟁적인 공동체와 같은 '소프트 신경 기술'(하드 테크놀로지가 구입 후 조립하여 만들어지는 컴퓨터와 소프트웨어 등을 가리키는 반면 소프트 테크놀로지는 의사 결정, 전략 개발, 훈련 등의 인간적인 영역을 포함—옮긴이)의 불공정한 분배에 대해 어떻게 잘 보상할 것인지에 대해 적어도 생각해볼 필요는 있다.

티탄족 프로메테우스가 해킹과 인간 향상의 수호신이 된 것은 우연이 아니며 또한 그의 이야기는 내가 이 장에서 하려는 몇 가지 주장을 상징한다. 고대 그리스 신화에 따르면, 프로메테우스는 점토로 최초의 인간을 만들어낸 다음 제우스의 소원에 반하여 올림퍼스산에서 훔친 불을 인간에게 주어 힘을 실어주었다. 신들의 왕을 거스른 죄로, 프로메테우스는 영웅 헤라클레스가 풀어줄 때까지 매일 자신의 간을 조금씩 먹어치우는 굶주린 독수리에게 괴롭힘을 당하며 바위에 묶인 채 영원을 보내야 한다는 선고를 받았다. 테크놀로지 해설자인 켄 고프먼Ken Goffman은 "프로메테우스는 인류를 대신해 신들로부터 불을 훔쳤다. 오늘날 모든 치기 넘치는 젊은 해커 무법자들이 프로메테우스를 자신의 아이콘으로 채택하기 위해 알아야 하는 것이다"라고 말한다.[87] 우리는 국가안보국National Security Agency의 내부 활동을 폭로해 추방당한 에드워드 스노든Edward Snowden이나 온라인 자료에 대한 공개적 접근권을 요구하는 캠페인을 이끌다가 체포된 뒤 결국 자살까지 이른 해킹 활동가 에런 스워츠Aaron Swartz와 같은 사람들의 이야기에서 프로메테우스 신화의 여러 측면을 볼 수 있다.[88] 프로메테우스 자신이 묶여 있던 암석에서 풀려난 것은 그의 독창성에 대한 입증이자 그의 기술에 대한 수용으로 볼 수 있다. 그러나 그 창조자의 석방은 또한 그에게 발명하고 다시 평가받을 수 있는 더 넓은 자유를 제공한 것일 수 있다.

나는 프로메테우스가 바위에서 풀려난 것처럼 신경 기술에 대한 희망과 두려움 역시 뇌에서 풀려나야 한다고 주장해왔다. 뇌는 수많은 내부 및 외부 영향이 굴절되는 프리즘일 뿐이므로, 프리즘 자체를 조작하는 것보다 그 영향을 수정함으로써 우리의 열망은 더 쉽게 해결될 것이다. 마음의 미래에 대한 우리의 비전을 뇌로부터 분리함으로써 새로운 기술 개발의 범위를 크게 넓힌다. 마찬가지로, 인지 조작 기술의 달갑지 않은 영향에 대한 우리의 걱정을 뇌에 직접 작용하는 기술에서 좀 더 넓히면, 기존에 존재하던 교육과 문화의 격차를 해결하려는 동기를 새롭게 얻을 수 있다. 이러한 불평등은 어떠한 약이나 임플란트만큼 뇌에 결정적인 영향을 미치며 이미 우리 사회에 널리 퍼져 있다.

뇌의 신비는 신경 기술에 대한 우리의 생각을 제한한다. 7장과 8장에서 논했듯이 이 신비가 정신 질환과 사회에서의 개인 위치에 대한 견해를 제한하는 것과 거의 같은 방식으로. 각각의 경우에서 뇌의 신비는 사람의 문제를 뇌의 관점으로만 분석하려는 경향을 만들어냈다. 무엇이 우리가 지금 하는 일을 하게 만드는지, 무엇이 정신병리를 경험하게 하는지, 또는 무엇이 인지 능력을 향상시킬 수 있는지에 대한 질문에, 뇌의 신비는 하나의 대답 즉 뇌를 제시한다. 그러나 신경과학의 근본적인 교훈은, 뇌는 우리의 생물학적인 마음에 함께 기여하는 자연적인 원인과 연결의 연속체에 내장된 유기적인 장기라는 점이다. 이것은 뇌가 모든 것의 답이 될 수는 없다는 의미다. 인간의 행동을 변화시키거나 해명하는 것에 관한 모든 질문에 대해 실제로 많은 답변이 있다. 뇌뿐만 아니라 그것이 존재하는 신체와 환경을 포괄하는 수준에서 말이다. 자기 몰두와 자기중심성이 감염병처럼 빨리 확산되면서 사회에 관심을 가지는 이전 세대의 가치는 쇠약해지고 있는 시대에, **당신은 당신의 뇌만이 아니다**라는 메시지는 과학이 우리에게 가르쳐야 할 가장 중요한 교훈 중 하나일 것이다. 이 메시지를 받아들이려면 뇌에 영혼과 같은 특별한 성질이 있다는 신화를 버리고, 뇌가 어떻게 주변 환경과 생리적으로 연결되어 있는지 이해해야 한다. 그래야만 상호 관계의 우주 속에 있는 생물학적 존재로서 우리의 위치를 제대로 이해할 수 있다.

10

통에 있는 기분은 어떨까?•

이 장은 이 책의 다른 장들과 다르다. 내가 이 세계에서 나의 뇌 위치를 어떻게 직접적인 경험으로 인식하게 되었는가에 대한 이야기다.[1] 이 이야기는 메사추세츠주 케임브리지에 있는 내 연구실 근

• 이 장의 제목 What it's like to be in a vat는 1974년 철학자 토머스 네이글Thomas Nagel이 쓴 논문 "박쥐처럼 산다는 것은 무엇인가What it is like to be a bat"라는 제목에서 인유한 것이며, 'bat'와 운을 이루는 'vat(통)'는 이 장에서는 실험실에서 쓰이는 저장 용기를 의미. 한편 네이글의 논문에서 저자는 박쥐의 관점을 취하여, 박쥐로 산다는 것이 어떤 것인지, 박쥐의 의식이 어떤지 상상할 수는 있지만 박쥐가 박쥐로 사는 것을 알 수는 없다고 주장했음. 또한 이 장은 데카르트의 회의론을 소개할 때 등장하는 '통 속의 뇌' 논거를 연상시키기도 함. 이들 논저는 마음의 주관성과 환원 불가능성, 경험주의에 대한 회의론적 입장을 각각 주장한다는 점에서 저자 재서노프와 맥락을 같이함—옮긴이

처의 히스패닉 타파스 레스토랑에서 예기치 않게 시작되었다. 내 아내 나오미와 나는 '라 멘테 케브라다La Mente Quebrada'('망가진/부서진 마음the broken mind'을 뜻하는 스페인어로 이곳에서 있었던 일을 예견할 수 있는 일종의 문학적 장치—옮긴이)라는 그 식당이 봄에 개업했을 때부터 목표로 삼았지만, 그곳은 항상 몇 주 전에 이미 예약이 찬 듯 보였다. 우리는 그곳에 자리가 비는 어느 날 저녁에 얼른 데이트할 기회를 잡았다.

우리가 주차장에서 나와 식당으로 향할 때 10월 말의 바람이 코트를 파고들고 귀를 할퀴었다. 주변의 나무들은 미친 듯이 흔들렸다. 헐벗은 가지들은 계절과의 연례 전투에서 빠르게 패배하고 있음을 보여주었다. 내 위가 조여졌고, 내 폐 속에서 피난처를 찾고 있는 숨은 거센 바깥 공기와 소통하려 하지 않았다.

우리가 들어간 식당은 추위로부터 피난처를 제공했지만 우리 귀에 피해를 입혔다. 신이 난 드럼 비트가 모든 표면에 공격적인 반향을 일으켰으며, 틀림없이 정상이 아닌 가수의 귀에 거슬리는 울부짖음은 우리가 방금 뒤로한 돌풍을 쉽사리 능가했다. 문 근처에 있는, 밝게 입술을 칠한 젊은 여성이 눈을 마주치며 입 모양으로 우리를 반겼다.

"예약했어요." 나는 소음을 뚫기 위해 최선을 다해 소리쳤다.

우리는 바에서 투덜거리고 있는 몸 좋고 턱수염을 기른 쾌락주의자들을 밀치고 나아가 구슬 장식 커튼을 서둘러 지나갔다. 우리 주변은 금색 모자이크 타일과 자주색 벨벳 커버, 어디서 주워온 듯한 샹들리에와 촛불의 잡종 컬렉션이 만들어낸 엉성한 결과를 반영하는, 매음굴에서 영감을 얻은 장식으로 희미하게 빛났다. 붙박이 조명 옆으로는 돼지 시체가 마치 비행하는 것처럼 천장에서 흔들리고 있었다. 한 출입구 위에는 마리아치(멕시코 전통음악을 연주하는 악사—옮긴이)처럼 옷을 입혀놓은 커다란 박제 까마귀 세 마리가 앉아 있었다. 그걸 쳐다보다가 나는 한쪽 벽에서 나를 향해 돌진하는 듯한 거대한 황소 머리 트로피에 거의 부딪힐 뻔했다. 우리는 이 생물적 유물을 지나 예의고 뭐고 없이 시끄러운 테이블 숲을 통과한 뒤 등 쪽에 움직일 공간이 전혀 없는 빈자리에 비틀거리며 비집고 들어가 앉았다.

"그래서, 우리 차풀린(멕시코식 메뚜기 튀김—옮긴이) 먹는 거야?" 나오미가 물었다.

그날 밤 내 식욕은 별로였지만 메뉴에 있는 이국적인 아이템에 호기심이 생기기도 했다. 양 뇌 오믈렛이 그랬던 것처럼 개미알 타코가 나를 불렀다. 나오미는 뇌를 먹는다는 생각에 적잖이 겁먹었지만, 우리는 어쨌든 한번 시도해보기로 했다.

토르티야를 한입 물어 삼켰을 때 충격이 왔다. 메스꺼움과 날카로운 복부 통증 때문에 나는 돌진하는 황소 쪽으로 몸을 돌렸고, 그다음에는 화장실로 위태롭게 달려갔다. 계속 변기 위로 몸을 굽히고 있었지만 서서히 주변을 살피게 되면서 무슨 빨간 것이 눈에 들어왔다. 양념된 메뚜기의 매운 색조보다는 눈에 덜 거슬리고 우리가 홀짝거리던 상그리아의 산소가 제거된 진홍색보다는 밝은 그 빛깔을 보고, 나는 그것이 투우사가 너무 굼떴을 때 그의 셔츠를 얼룩지게 하는 평범하고 근본적인 빨강임을 깨달았다. 그것은 피였고 매우 많았다. 그것은 전투에 대한 초대처럼 내 아래에서 소용돌이 치고 있었다.

갑작스럽게 자리를 떠난 나를 걱정하며 따라온 나오미가, 바깥에서 나를 부르는 목소리가 들렸다. 나는 가능한 한 빨리 씻고는 힘없이 화장실 밖으로 나갔다. 식당의 희미한 불빛은 아까보다 훨씬 더 어두운 것 같았고, 그것이 내 앞에 나오미의 실루엣을 그려냈다. 나는 그녀에게 무슨 일이 있었는지 말해주었고, 그녀는 나를 즉시 응급실로 데려가고 싶어 했다. 나의 힘과는 달리 나의 지력은 그녀의 뜻에 동의했다. 온 힘을 쥐어짜 사람들과 소음과 바람을 밀치고 나오면서 나는 치명적인 피로에 굴복하여, 내 몸은 뒤로하고 마음만은 평화로울 수 있는 일종의 천상의 정지 상태에 표류하기를 원했다.

그러나 우리의 여정은 가혹한 형광등 조명, 끊임없는 보험 정보 요청으로 가득 찬 병원 입원 부서로 이어졌다. 나오미와 나는 병실과 대기실을 더디게 빙빙 돌았다. 그 과정 자체가 달갑지 않은 것은 아니었지만, 각 단계마다 감각의 침입은 나의 진정한 안식에 대한 희망을 박살내었다. 혈압계 압박대의 사정없는 조임, 초음파 젤리의 차가운 점액, 정맥 절개 바늘의 뾰족한 찌름은 모두 내 배의 끊임없는 아픔을 더해주었다. 파충류 같은 내시경 코드를 내 목구멍에 밀어 넣을 때가 되어서야 나는 마침내 편안한 침대에 누웠다. 조용히 내 곁에서 어깨에 손을 얹어 안심시켜주는 나오미 덕분에 내 고통은 상쇄되었다. 고통이 사그라지며 잠에 빠져들 때 내가 마지막으로 인식한 것은, 계속 울려대는 장비의 경보음을 배경으로 희뿌연 실안개 속으로 사라지는 아내의 모습이었다.

내가 얼마나 오래 무의식 상태에 있었는지는 모른다. 꿈에서 나는 연속되는 더 많은 의료 박해를 경험했다. 참을 수 없이 위잉거리고 지직거리는 스캐너 속에 던져지고, 내 복부를 꿰뚫는 수술 기구에 침범당하고, 세일럼의 마녀 재판에서 압사당한 가엾은 피의자 자일즈 코리Giles Corey의 운명을 연상시키는 무거운 금속 커튼에 질식당했다. 코리의 시련은 이틀에 걸쳐 쉼 없이 계속되었을 것이며, 나의 힘든 수면도 그와 비슷하게 길어졌으리라.

깨어났을 때 처음 본 얼굴은 나오미가 아니라 몸에 걸친 실험실 가운과 어울리는 철테 안경을 쓴 성긴 머리와 긴 흰 턱수염을 가진 노인의 얼굴이었다.

"저는 피터스 박사입니다." 그가 말했다.

"제 아내는 어디에 있습니까?"

"아내분은 여기 계실 수 없습니다. 당신과 나, 단둘이 만나야 해서요."

그곳은 내가 잠들었던 곳이 아니었다. 병원의 번잡함과 삐삐거리는 소리는 사라졌고, 대신에 나는 명상 수업에서 나오는 사운드트랙을 듣고 있다고 확신했다. 내가 누워 있는 침대를 제외한 가구로는 작은 사이드 테이블과 의자 하나가 다일 뿐 방은 휑했다. 구석에는 닫혀 있는 문이 있었다. 내 맞은편에 가로로 놓인 커다란 포스터를 빼고 벽은 비어 있었다. 포스터에는 웅장하긴 하지만 부자연스럽게 채색된 산맥 위로 "절대로 포기하지 마십시오, 절대로 포기하지 마십시오, 절대로, 절대로, 절대로"라는 글씨가 쓰여 있었다.[2] 윈스턴 처칠, 나는 그렇게 생각했다.

"당신은 전이성 위암 4기를 앓고 있었습니다." 그 노인이 말했다. "당신의 장기가 고장 나서 심정지 상태에 빠졌지만 이제는 치료되었습니다."

"치료되었다고요?"

"그렇습니다. 아내분의 요청에 따라 당신의 뇌는 보관해놓았습니다. 현재 생명 유지 시스템 안에서 무기한으로 생명이 유지되고 있습니다. 당신에게 중요한 모든 것이 보존되었으며, 당신의 몸은 다시는 문제가 되지 않을 것입니다."

이 소식에 당황하여 나는 어떻게 대답해야 할지 몰랐다. 그러나 내가 확신한 한 가지는 적어도 내 감각 중 일부는 분명 살아 있다는 것이었다. 이른 저녁의 고통과 통증은 사라졌지만, 누군가가 내 피부에 깃털 하나를 마구 문지르는 것처럼 손끝과 발끝이 거의 일정하게 따끔거리는 것을 느꼈다. 내 신체화(내가 보고 느끼는 몸이 진짜 내 몸이 맞다는 뜻—옮긴이)의 추가적인 증거는 내 아래 침대 위에 있었다. 깃털이 닿치자 내 팔은 무의식적으로 획 하고 뒤틀렸고, 내 주의가 팔 쪽으로 내려가자 내 다리는 어색하게 움직였다.

"당신의 경험은 컴퓨터로 시뮬레이션되고 있고 당신의 해부학적인 몸은 소프트웨어에 의해 생성되었습니다." 피터스가 꼬리에 꼬리를 무는 나의 생각에 끼어들었다.

"말도 안 됩니다." 인내심이 바닥난 나는 믿지 못하여 외쳤다. 내 감정을 억제하는 듯한 무기력증이 아니었다면 나는 화를 내고 말았을 것이다. 저항하고 싶은 충동은 지속되었지만 내가 느끼는 분노와 불안은 그런 상황에서의 일반적인 행동에 대한 충동과는 완전히 달랐다. 내 말투조차 평소의 예리함과 억양을 빼앗긴 상태였다. 내가 다른 사람의 목소리로 이야기하는 느낌이었다.

"당신이 지금 하고 있는 말을 내가 믿을 것이라고 예상하지는 않겠죠. 무슨 일입니까? 그리고 언제 내 아내를 볼 수 있습니까?"

"좀 더 설명해드리죠." 의사가 나를 진정시키려고 대답했다. 갑자기 그와 그 방의 나머지가 희미해지더니 없어져버리고 대신 나 혼자 수술실에 있음을 알게 되었다. 세 개의 거대한 수술 조명이 현장을 비췄다. 바이털 사인 모니터가 여기저기에서 윙윙거리고, 한쪽에 한 줄로 늘어선 여러 대의 컴퓨터와 모니터는 모두 플랫 라인flat line(심장박동이 뛰지 않아 삐 하는 소리와 함께 나타나는 일직선으로, 사망을 의미―옮긴이)을 보여주고 있었다. 전신마취기가 수면 유발 증기를 분출하는 동안 커다란 바퀴 달린 금속 탱크는 어떤 가스를 방출하면서 쉬익 하는 소리를 냈다. 이 모든 것의 한가운데에서 수술복을 입은 남녀들이 바퀴 달린 들것 주위에 모였다. 들것 위에는 머리를 제외하고 청록색 수술용 천으로 완전히 덮인 인간 크기의 덩어리가 있었다. 나는 환자의 마취 마스크 아래에 있는 얼굴을 알아보았다. 그것은 바로 내 얼굴이었다.

내가 말문이 막힌 채 3인칭 시점에서 보고 있는 동안 간호사 한 명이 전기 면도기로 내 머리를 면도했다. 내가 아직도 자고 있었나? 두 명의 보조 인력이 내 머리를 바이스에 고정시켰다. 그런 다음 어떤 권위 있는 인물이 나오더니 수술용 나이프로 내 두피를 찢었다. 진짜 나는 칼날의 찌르기를 거의 느낄 수 있었다. 외과 의사가 두개골을 드러내면서 두피를 뒤로 벗기기 시작할 때 나는 소리쳤다. "그만!" 참여자들은 잠시 얼어붙었다 사라져버렸다. 나는 스파르타식 침실로 돌아왔고 내 앞에는 피터스 박사가 다시 서 있었다.

"당신이 겪은 신경외과 수술 기록을 보고 계셨습니다." 의사는 설명했다. "당신의 뇌는 현재 가능한 최고의 기술을 사용해 추출되었습니다. 지난 45년간 그것은 액체 질소로 안전하게 냉동 보관되었습니만 그동안 우리는 냉동된 뇌를 새로 살리는 방법을 알아냈습니다. 이제 우리는 보존된 뇌를, 실제 경험을 시뮬레이션하는 생체 전자 신경 입출력 인터페이스에 연결할 수 있습니다. 우리는 오늘 당신의 시뮬레이터를 켰습니다. 삶으로 소환되신 것을 축하드립니다."

아직도 꿈을 꾸고 있다고 확신했으므로 있는 힘을 다해 나 자신을 꼬집으려 했다. 내가 아무리 힘써 노력해도 내 피부에는 고통이 없는 일종의 누름 정도의 중립적인 느낌 외에는 생기지 않았다. 나는 무엇이 부족한지, 힘인지 아니면 감각적 능력인지 알 수 없었다. 또 다른 방법을 찾아 이번에는 혀를 깨물려고 했다. 그래도 여전히 고통이 없고 커다란 덩어리의 껌을 씹고 있는 느낌만 있었다.

"당신의 통증 반응은 억제되었습니다." 이야기 상대는 또다시 나의 의식 흐름에 침입해 내게 말했다. "그러지 않으면, 느슨한 신경종말nerve ending(신경섬유의 끝부분—옮긴이)로 인해 당신에겐 지속적인 고통이 발생합니다. 당신은 더 이상 통증 인식이 필요하지 않습니다. 당신의 몸은 시뮬레이션이기 때문에 부상에 면역되어 있습니다."

나는 의사의 계속되는 터무니없는 이야기에 놀라기도 하고 혼란스러웠다. 가식을 피하는 것이 너무나 필요했기에 야수 같은 힘에 의존하기로 결정했다. 나는 내 위에 덮여 있던 이불을 집어 던지고 문 쪽으로 달려갔다. 마치 달린다기보다는 방을 가로질러 둥실 떠가는 것처럼 내 움직임은 비현실적으로 느껴졌다. 그러나 하얀 판 앞에 몸을 던져 손잡이를 돌리려 하자 그 장벽은 틀림없이 실질적인 것 같았다. 피터스는 내가 방에서 벗어나기 위해 헛되이 노력할 때 나를 막으려고도 하지 않았다.

"이 시뮬레이션된 환경에서 당신은 방을 떠날 수 없습니다. 하지만 당신은 대체 환경을 선택, 그것을 사용해 시뮬레이터의 다른 기능에 액세스할 수 있습니다." 그는 실험용 가운 속에서 작은 태블릿 모양의 기기를 꺼내 사이드 테이블에 놓았다. 그러고 나서 그는 즉시 사라졌다.

독방에 수감된 기결수처럼, 나 자신에게 화를 내거나 내 정신에 의문을 품기를 번갈아 했다. 일일 주기가 없는 동안, 이러한 전환은 나의 유일한 시간 기록 방법이었다. 심지어 그것조차 작은 방에 있는 나 자신을 발견한 이후로 경험했던 감정적인 거세로 약화되었다. 나는 자주 잠을 잤는데 각 막간의 길이를 정량화할 방도가 없었다. 나는 종종 아내에 대해 그리고 어떻게 그녀와 다시 재회할지에 대해 생각했다. 그러는 동안 내 맞은편 포스터에 있는 윈스턴 처칠의 말은 피터스의 과장된 이야기가 실제 사실일 수 있다는 가능성에 대한 나의 저항을 더욱 강하게 만들었다. "절대로 포기하지 마십시오." 그러나 내가 거주했던 대체 현실이 그것을 받아들이도록 손짓했을 때 나에게도 약한 순간이 있었다.

내가 의사의 태블릿을 처음으로 집어 든 것은 바로 그 순간이었다. 흔한 태블릿 컴퓨터와는 달리 그 장치에는 단 하나의 버튼만 있었다. 그것을 누르자 갑자기 피터스 박사가 다시 나타났다.

"무엇을 하고 싶으십니까?" 그가 물었다.

"아내를 보고 싶습니다." 나는 주저 없이 대답했다.

방은 물질성을 잃고 내 앞의 장면은 갑자기 나오미 사진의 몽타주로 가득 찼다. 나는 그녀의 오래된 사진첩에서 나온 사진뿐 아니라 그녀가 자신의 전문직 관련 웹사이트에 올려놓은 인물 사진도 알아보았다. 우리 결혼식 때 사진도 있었다. 간간이 나오는 내가 본 적 없는 사진들은, 우리가 병원에 갔던 그날 밤보다 더 주름지고 늙어 보이는 나오미의 것이었다. 그중 몇몇은 80대로 보이는 노년의 나오미 모습이었다. 깨끗하고 전문적인 외모만큼이나 그녀의 눈은 변하지 않았다. 사진을 편집할 때 흔히 나타나 사진을 망치게 되는 불연속이나 흐릿한 부분은 찾을 수 없었다. 그 사진들은 실재이거나 매우 능숙하게 제작된 것이었다.

"그녀는 지금 어디에 있습니까?" 나의 주변 시야에서 조용한 존재로 남아 있는 피터스 박사에게 물었다.

"그녀는 8년 전에 세상을 떠났습니다." 그가 나에게 알려주었다.

사진 몽타주가 분해되어 단어들이 되었고, 그것을 자세히 들여다보자 내가 나오미의 부고 기사를 읽고 있음을 깨달았다. 나 자신의 삶만큼이나 내가 잘 알고 있는 삶에 대한 기록을 보는 동안 텍스트는 저절로 앞으로 나아갔다. 그러던 중 내가 보지 못했던 사건에 대한 이야기가 시작되었다. 나오미가 자신이 일하던 비영리 단체의 연구 책임자가 되었다는 사실이었다. 그녀는 책을 한 권 출판했다. 그녀는 첫 남편이 위암으로 사망한 지 9년 만에 재혼했지만, 그녀의 두 번째 남편은 2053년에 사망했다.

의사의 이야기에 대한 불신을 보류하고 있던 나의 일부는 이제 아내를 다시는 살아서 못 보게 되리라는 소식을 더 쉽게 믿게 되었다. 그러나 내가 알기로 내 인생에서 가장 고통스러운 순간 중 하나여야 할 일이 놀랍게도 아무렇지도 않았다. 내 심장은 고요했고 호흡은 거의 감지할 수도 없을 정도였다. 나는 목이 메이지도 않았고 울고 싶은 충동도 전혀 못 느꼈다. 항상 스트레스의 순간이면 땀을 쉬이 흘리던 피부는 내 눈만큼 건조한 상태였다. 내가 인정할 수 있는 것이라고는 팔과 다리의 따끔거림이 약간 증가한 것이었다. 나오미의 죽음이라는 개념 그 자체만큼이나, 그것에 얼마나 신경 쓰이지 않는지에도 신경이 쓰였다.

주제를 바꾸고 싶어서 피터스에게 다시 부탁했다. "제가 지금 어디에 있는지 보여줄 수 있습니까?"

아내의 부고 기사가 사라졌고 우리는 이제 여러 줄의 새카만 카운터가 가득한 넓은 방에 있었다. 숙성 치즈와 같은 냄새로 공기가 축축하고 쏘는 듯했다. 벤치에 깔끔하게 늘어선 수많은 투명 원통형 수족관은 지름과 높이가 각각 약 30센티미터 정도였다. 나는 탱크의 굴절 유체에서 분홍색 산호처럼 부드럽게 움직이는 인간 뇌의 모양을 알아볼 수 있었다. 플라스틱 파이프는 통vats(투명 원통형 수족관을 지칭 —옮긴이)의 아랫바닥에 있는 작은 냉장고처럼 생긴 것과 연결되었다. 튜브와 섬유 묶음이 뇌 자체에서 나와 각 챔버의 벽에 장착된 커넥터에서 끝나고 있었다. 바깥에서 보면 이 커넥터는 다시 수족관 위에 배열된 선반 위에서 윙윙거리며 진동하는 온갖 장비에 연결되어 있었다. 온 사방에 있는 와이어는 기계 주위를 뱀처럼 휘감고, 방을 가로지르는 머리 위 선반에 두꺼운 뭉치로 폭포처럼 늘어져 있었다.

"이 뇌는 당신입니다." 피터스 박사가 2017-13이라고 표시된 통에 접근했을 때 말했다.

탱크 2017-13 속에 있는 기관은 내가 이해하는 바로는 완벽하게 평범한 듯 보였다. 그것은 한때 자신만의 독특한 상황, 이야기, 삶의 몸부림을 가진 완전한 인간의 일부였으나 지금은 이 실험실의 수많은 대동소이한 전리품 중 하나에 불과했다. 용기의 곡면 유리를 통해 내 쪽으로 불거진 부위를 바라보면서 나는 요리되지 않은 소시지 덩어리가 깔끔하지 않은 커다란 매듭에 감겨 있다는 인상을 받았다. 보다 가까이서 보면 표면에 어두운 곰팡이처럼 퍼지는 실 같은 자주색 혈관의 망을 볼 수 있었다. 뇌를 인터페이스에 연결하는 가는 케이블은 살을 먹는 벌레처럼 조직의 내부 깊은 곳으로부터 나타났다. 나의 모든 관심사, 열정, 희망, 재능이 이렇게 작은 척도로 줄어들었는가? 감정적으로 둔화된 상태에서도 나는 나의 정체성이 이처럼 다 죽어가는 물질로 축소되었다는 생각에 혐오감을 느꼈다.

나는 손을 뻗어 탱크를 만졌다. 그것은 따뜻했고, 연결된 보조 장비에서 발생했을 것으로 예상되는 규칙적인 더블 비트로 희미하게 진동했다. 내 생각이 온화한 리듬에 익숙해지자 나는 격렬하게 밀쳐 반응하고 싶은 갑작스러운 충동을 느꼈다. 그러나 탱크를 밀었을 때 꿈쩍도 하지 않았다. 다른 손으로 나는 수족관에서 나오는 연결선을 잡고 세게 확 잡아당겼다. 또다시 아무런 결과도 없었다. 케이블이 구부러지지도 않았다.

피터스 박사는 내 오른쪽 어깨 근처에서 목소리를 높였다. "당신은 물리적으로 이 방에 있는 게 아닙니다. 당신의 시뮬레이터를 통해 경험할 수는 있지만, 그것을 변경하기 위해 당신이 할 수 있는 일은 없습니다."

다시 한번, 나는 나의 있을 것 같지도 않은 감금에 탈출구가 없다는 점을 알았다.

새로운 현실의 경계에 점점 익숙해지자 나 또한 그 자유를 발견하고 참여하기 시작했다. 버튼을 누르는 것만으로 나는 피터스 박사를 불러 내가 원하는 것을 보여달라고 하거나 어디든 데려가달라고 요청할 수 있었다. 의사를 가이드로 하여 나는 항상 보고 싶었던 곳에 가고 알고 싶었던 것에 대해 배웠다. 라사에 있는 달라이 라마의 궁전 너머로 해가 지는 것을 보았고, 사마르칸트에 있는 위대한 정복자 타메르란Tamerlane(티무르—옮긴이)의 무덤을 방문했다. 말리의 반디아가라(이슬람과 기독교 문화의 침투에서 아프리카 전통을 지킨 도곤족이 절벽 꼭대기에 형성한 취락 지역으로 1989년 유네스코 세계 복합 유산으로 등재됨—옮긴이) 절벽을 오르고 젠네에 있는 큰 진흙 모스크(세계에서 가장 큰 진흙 벽돌 건물로 1988년 유네스코 세계 문화 유산으로 등재됨—옮긴이)를 방문했다. 나는 비극적인 파괴 이전의 로마 시대 팔미라의 폐허를 샅샅이 둘러보았다. 나는 흰긴수염고래의 마지막 개체와 함께 수영했고 화성의 표면을 걸었다.

이제까지 쓰여진 거의 모든 책이나 기사, 극장에서 상영된 모든 영화, TV나 라디오에서 방영된 모든 프로그램, 방대한 컬렉션의 녹화 공연, 전시회 및 강연 이 모두를 얻을 수 있다는 사실을 알게 되었다. 시뮬레이터 공간을 서핑하면서 자유 연상이라는 나침반에 의해서만 안내받아 어떤 행동에서 그다음 행동으로 옮겼다. 나는 4D와 5D 멀티 감각 버전으로 영화 〈대부 4〉를 몇 번이나 봤는지 세다가 잊어버릴 정도였다. 한편, 나는 단 한 장의 티켓도 구매하지 않고 2043 바이로이트 오페라 페스티벌(독일 바이로이트에서 매년 여름 리하르트 바그너의 오페라만을 상연하는 음악 축제—옮긴이)에 여러 번 참석했으며, 클래식 현악 즉흥 연주에 오세아니아 무술을 혼합한 21세기 중반의 예술 형식인 파투포니를 즐기게 되었다. 나는 미합중국의 제55대 대통령 미나 알마주즈Mina al-Mahzuz(미국과 중동, 아랍 여성의 사회 진출 등 현재의 사회 상황을 고려한다면 아랍계 여성이 미국 대통령으로 취임한다는 발상 자체가 도발적—옮긴이)가 취임식 연설에서 강조한 유토피아적 국제주의에 고무되었다. 그리고 나 자신이 가르치던 MIT의 생명공학 과목에서 유래한 과목을 청강했는데 내가 죽은 해에 태어난 교수가 강의하고 있었다. 하지만 가장 많은 것을 얻은 수업은 신경 시뮬레이션 기술에 관한 세미나였다. 이 수업을 통해 나는 생체 전자 기술의 진보에 대해서 배우고 뇌 전체 인터페이스를 가능하게 만든 감각 운동 신경생리학을 이해했다. 바로 그것이 통 속에 있는 뇌라는 현재 나의 경험에 기초가 되는 듯했다.

내 취향은 성인 취향이지만 내 삶은 어린이의 삶이었다. 한번 마음이 움직이면 써버린 시간이나 마치지 못한 일 같은 건 신경 쓰지 않고 억겁의 시간을 낭비했다. 나의 끊이지 않고 계속되는 자기 탐닉적인 탐사를 막을 수 있는 것은 아무것도 없었다. 청소년기의 사소한 걱정조차 없었다. 나에게는 아침에 나를 깨우고, 이를 닦으라고 말해주며, 밥 먹으라고 불러줄 사람이 아무도 없었다. 화장실에 가는 일도 없었고 생물학적 욕구가 거의 없었다. 나는 옷을 갈아입거나 씻거나 머리를 빗을 필요가 없었다. 시뮬레이터 공간에서 나는 항상 차림새가 단정했다. 나는 때때로 피곤했다. 그런 경우 나는 보통은 피터스 박사에게 잠을 잘 수 있도록 작은 방으로 다시 보내달라고 요청했지만 나중에는 이 단계가 필요하지 않다는 것을 알게 되었다. 한번은 콜로라도강의 급류에서 래프팅을 하다가 잠이 들었다. 익사하거나 바위에 부딪혀 몸이 산산조각 나는 대신, 나는 평소처럼 나를 환영하는 처칠의 단호한 명령이 있는 친숙한 방에서 다시 한번 깨어났다.

나는 왜 이 인용구가 내 방의 벽에 붙어 있는지 결코 알아내지 못했다. 아마도 치과병원의 환자 대기실에 있는 포스터와 같이 특별한 이유 없이 거기에 놓였을지 모르지만, 나의 충동은 여전히 그 의미를 찾고 싶어 했다. 그러나 그 의미는 시간이 지남에 따라 바뀌었다. 이제는 "절대로 포기하지 마십시오"라는 문구가 더 이상 피터스 박사에 대한 나의 저항을 나타내지 않았다. 오히려 그것은 내가 얻은 이상한 형태의 불멸을 받아들이도록 지시하는 것 같았다. 마침내 나는 위암으로 인한 죽음과 다름없는 상태, 뇌의 보존, 내가 처한 신경학적 내세에 대한 이야기를 받아들이게 되었다. "절대로, 절

대로, 절대로"라는 문구는 나의 신경계가 자연의 궁극적 패배를 단호히 거부하고 겉보기엔 영원한, 신체 이후의 존재를 이루었음을 표현했다.

그러나 이 말은 또한 나로 하여금 나의 존재를 질적으로 설명하는 또 다른 "절대로"를 잊지 않게 만들었다. 나는 시뮬레이터가 내게 접속을 허용한 매우 제한된 형태(예를 들어 사진, 비디오 혹은 가상 현실의 관음증적인 클립)를 제외하고는 내 아내, 가족, 친구, 아니 그 어떤 살아 있는 영혼도 다시 만나지 못할 운명이었다. 신경 인터페이스가 시뮬레이션된 활동에서 기대할 수 있는 많은 감각 정보를 제공해주긴 했지만 주목할 만한 차이가 있었다. 예를 들어, 음식은 나에게 그 중요성을 완전히 상실했다. 나는 배고픔을 전혀 느끼지 않았고 어떤 음식도 즐기지 않았다. 스포츠는 육체적으로 힘도 들지 않고 호르몬 분비가 높아지지도 않아 오락실 게임 수준으로 줄어들었다. 아무리 큰 모험도 내가 실제 생활에서 알고 있던 보상을 결코 제공하지 않았다. 나는 약간의 노력도 없이 위험도 느끼지 않고 에베레스트를 등반할 수 있었으며 정상에 올랐을 때 어떠한 성취감도 느끼지 못했다. 시뮬레이션된 형태가 그럴싸한 장치를 가지고 있지만, 바위와 얼음 위에 발 디딜 좁은 공간을 찾을 때 긴장할 근육도, 바람이 내 주위를 휘감을 때 멈추고 있어야 할 호흡도, 모르는 지형에서 비틀거릴 때 더 강하게 뛰어야 할 심장도 나에겐 없었다. 내가 슬로프에서 피로에 굴복했다면 그것은 탈진 때문이 아니라 지루함 때문이었다.

통에 있는 뇌로서 나의 여행을 계속할수록 내가 남긴 것에 대한 갈망은 지루함으로 바뀌었다. 권태감은 내가 피터스 박사를 처음 만난 이후로 느껴왔던 정서적 무감각(나는 이것이 나의 신경 인터페이스로는 모방할 수 없는 뇌-신체 상호작용이 없기 때문에 생긴 핸디캡이라고 생각한다)으로 인해 더욱 악화되었다. 그 결과, 나는 가장 멋진 자연 경관이나 인간이 고통받는 가장 끔찍한 장면을 거의 아무런 동요 없이 볼 수 있게 되었다. 나는 감정의 투자 없이 시뮬레이터 공간에서 지식과 경험을 끊임없이 획득하는 것에 싫증이 났다. 그것을 적용할 곳도, 공유할 사람도 없었다. 현실 세계와 상호작용할 수 있는 능력도 없고, 감당할 만한 과제도 없으며, 일상적인 육체로서의 존재가 갖는 단순한 도전도 없이 내 인생의 어떤 것도 뚜렷한 목적을 가지지 못했다. 나의 작은 회색 세포에 대해 신경 인터페이스가 그렇듯, 나는 단지 신경 인터페이스의 보철적인 부착물으로서 그로부터 입력을 받아들이는 저장소일 뿐이었다.

나 자신의 몸이든 아니든 두뇌가 실제 몸에 다시 넣어져 현실과 다시 연결되기를 나는 갈망했다. 보잘것없이 가난한 사람이나 궁핍한 마약중독자의 몸이라 해도 그 속에서 내 신경계는 구원을 찾을 수 있을 것이다. 빈곤이나 질병의 고통은 목표를 향해 노력하고, 나 자신이나 주변 사람들을 진정으로 만족하게 할 수 있는 약속을 지켜나가는 기회로 메꾸어질 것이다. 나의 뇌가 어떤 사람과 어떤 사회적 맥락에 처해지더라도 현재 차지하고 있는 타락한 위치보다 더 제 위치에 있는 느낌이 들 것이다. 또 그것은 기억을 깨끗이 지워버리고 유아의 머릿속에서 다시 태어나도, 나의 체화된 자아(지금의 허상 같은 존재가 아니라 물리적·구체적인 몸을 가졌던 과거의 자신—옮긴이)에 한

때 가치를 부여했던 열망과 야심을 다시 불붙일 기회를 가질 수 있을 것이다. 이와 같은 생각을 달성할 수 없다고 여겨 그 대신 나는 54년 전에 기적적으로 떨쳐냈던 목표를 바라기 시작했다. 어쩌면 내 인큐베이터가 고장나거나 내 조직이 갑자기 감염에 굴복해 죽는 것이다. 나는 문자 그대로 영원히 기다려야만 했다.

그러나 그 대신 내 두뇌는 관심 주기도 점점 더 짧아져 한 가지 활동을 하다가 다른 활동으로 더욱더 급속하게 바꾸었다. 내 반구가 요구하는 것을 공급해주는 시뮬레이터는, 짧은 삽화를 하나 보는 동안 어디로 향할지 모르는 길에 한동안 나를 멈추게 만들었다. 이 장치와 나는 양자 중력 수업을 듣다가 아인슈타인이 태어난 도시를 방문하고, 중세의 무역 길드를 탐사하고, 보름스 의회(신성로마제국 황제 카를 5세가 종교개혁가 마르틴 루터를 소환해 심의한 제국의회—옮긴이)의 재연에도 함께 달려갔다. 또는 다윈의 항해를 가상으로 재창조하다가, 마다가스카르에서 종의 분화를 연구하거나 오스트로네시아 이주(가장 설득력 있는 가설에 따르면 신석기 시대에 오스트로네시아인이 지금의 대만으로부터 남동아시아, 뉴질랜드, 파푸아뉴기니를 포함한 오세아니아의 섬 마다가스카르까지 퍼짐—옮긴이)를 따라가보고, 남부 캘리포니아 앞바다에서 서핑을 하러 뛰어다녔다. 시간에 대한 명확한 인식이 없어서 전 세계를 항해하는 데 80일이 걸렸는지 80시간, 80분 아니면 80년이 걸렸는지 불분명했다. 어떤 순간에든 우리가 어디로 결국 가게 될지는 텍스트 엿보기a glimpse of text, 어떤 얼굴의 눈길the glance of a face 또는 시뮬레이터가 제공한 빛의 반짝임a glint of light에 달려 있는데 이 각각은 나의 구속된 뇌로부터 거의 반사적으로 다음 행동을 불러일으키는 능력을 가지고 있었다(영어의 'gl-'는 '빛, 반짝임'['어슴푸레 빛나다gleam' '반짝반짝 빛나다glitter' '반짝이다glisten' '환하다glare' '빛나다glow]을 뜻하는 경우가 많아, 소리와 의미의 필연적인 관계를 나타내는 음성 상징의 예로 자주 등장. 동일한 구조에서 의도적으로 사용되었다고 보여지는 본문의 '언뜻 보다glimpse' '흘낏 보다glance' '짧게 반짝이다glint'는 지각 행위나 사건이 매우 짧다는 공통점이 있음. 즉 시뮬레이터와 나의 공조 작업은 순간적이며 즉흥적이라는 점을 간접적으로 보여줌 —옮긴이). 나의 생각은 현기증 나는 혼돈 속에 빠졌고, 어떠한 방향감각도 계속해서 변화하여 구별이 불가능한 소용돌이로 사라져버렸다. 모든 것이 다시 바뀔 때까지.

바로 그날 낮 나의 시뮬레이터가 죽었다. 아니면 어쩌면 밤이었을 수도 있다. 현재 내 상태에서는 알 수 있는 방법이 없었다. 아무것도 먹통이 되지는 않았다. 내가 사로잡혔던 흐릿한 신경 자극은 녹아서 저 멀리 떨어진 불꽃놀이처럼 피어올랐다가 사그라들며 바뀌는 여러 색깔 점의 모자이크로 변했다. 나의 환상지a phantom limb(절단된 팔이나 다리가 여전히 그 자리에 있는 것처럼 느끼는 증상 —옮긴이)에서 느끼는 따끔거림은 점점 무작위적으로 되어버려, 내 청각 시스템을 차지한 혼동스러운 울림의 음조를 따라 예측할 수 없이 오르락내리락했다. 어느 순간, 나는 찌릿한 전율이 지금은 눈에 보이지 않는 나의 몸, 발가락부터 얼굴에 이르기까지 희미하게 어루만지며 옮겨가는 것을 느꼈다. 그다음 순간에는, 밝은 섬광이 내 오른쪽에 나타났다가 금방 사라져 빠르게 움직이는 무수한 점들로 바뀌었다. 나는 미묘한 리듬(나머지 배경의 불협화음 같은 소리에 간신히 알아차릴 정도로 반음을 올리고 내리는 음의 안단테)이 내 뇌를 살아 있게 하는 기계적 시스템처럼 더블 비트로 박동하는 것을 알아차렸다. 설명할 수 없는 틈이 나의 의식에 침입했다. 어쩌면 그것은 내 대뇌 어딘가에서 원인을 찾을 수 있는 기면증 발작이나 경련 활동이었을 것이다. 친밀한 사람들과 장소가 등장하는 짧은 꿈은 종종 예기치 않게 엉겨버렸다. 한번은 '라 멘테 케브라다' 레스토랑에서 아내를 다시 보았지만 그때 거대한 황소가 그늘진 곳에서 튀어나와 나를 덮치려 했고 모든 것이 빨간색과 보라색 얼룩으로 사라졌다.

감각이 남아 있는 마지막 순간에, 나는 신경 인터페이스에 남아 있는 무엇에게든 이 책을 구술하게 하려고 몸부림쳤다. 그러나 내 인상을 강화시키는 해석 가능한 입력이 없어서, 나는 내 생각을 구성하며 옳고 그른 기억을 구별하는 능력을 점차 상실했다. 결국 모든 기억의 흔적이 의심받았고 나를 정초시킬 만한 것은 아무것도 남지 않았다. 일관된 이미지가 점점 드물어지면서 나의 여러 감각 자체가 서로 섞이기 시작했다. 헛소리phantom sound('미덥지 않은 말' '중얼거리는 말' 등의 원래 우리말 의미가 아니라 앞서 환상지와 마찬가지로, 존재는 없는데 느끼는 감각이라는 의미에서 '유령 소리'라고 할 수 있음—옮긴이)가 들리지만 보이지 않는지 아니면 헛건드림phantom touch이 느껴지고 맛이 없는지 더 이상 구분할 수 없었다. 나의 복잡한 생각은 무너지고 내 마음의 언어 자체가 변모했다. 말과 그림은 더 이상 내 아이디어의 기초적인 구성 요소가 아니었고, 신비로운 악기의 오케스트라처럼 나에게 들려오는 다양한 주파수, 지속 시간 및 강도의 기본적인 감각으로 바뀌었다. 시뮬레이터가 사라진 상태에서 이러한 느낌은 내 유해를 유지하는 기계, 통 안에 담긴 액체의 잔물결, 통이 보관되는 방 조건의 변화 또는 때때로 지나가는 낯선 사람의 온기로부터 비롯되었던 것이 틀림없다. 이 자극 중 무엇이라도 나의 살아남은 기관을 구성하는 세포와 화학물질의 섬세한 평형을 교란시켜 때로는 의식으로 이어지는 일련의 반응을 유발할 수 있었다. 나의 정체성은 환경에 용해되었다.

그 방에 있는 나의 뇌를 보고 뒷걸음쳤던 것이 잘못이었다. 그것은 다른 어떤 곳에도 없었다. 뇌 제거 이후 내가 겪었던 놀라운 변화는 단지 내가 원래 가지고 있던 더 복잡하고 유기적인 뇌 용기를 보다 간단한 것으로 대체한 결과일 뿐이었다. 인간이라는 형태 안에 편히 앉아 있든 시뮬레이터에 인터페이스되어 있든 아니면 생명 유지 장치에 수동적으로 의지하여 그냥 시간을 보내고 있든 간에, 나의 뇌 자체는 설사 그것이 담겨 있는 물속에서 미묘한 배출물이 배출되더라도 항상 똑같이 주변 환경의 입력을 받아들이고 그것을 세계 속에서 행동으로, 즉 출력을 신경 인터페이스로 보내 전환하는 일을 하고 있었다. 내가 느낀 모든 감각과 내가 한 모든 생각은 그저 가야 하는 길에 내딛은 발걸음일 뿐이었다. 시뮬레이터에는 사망한 신체의 생물학적 역할과 내가 육체를 가졌을 때 즐기던 풍부한 맥락의 복잡성을 복제할 수 있는 충분한 기능이 없었기 때문에 완전한 경험을 나에게 제공하지 못했다.

그러나 시뮬레이션이 개선된다 하더라도 통 속의 뇌는 결코 나와 같지 않을 것이다. 나는 뇌였고, 통이었고, 방이었고, 그 주변의 세계였다. 나는 나의 이야기였고, 나의 사회였고, 시뮬레이션이었고, 나에게 영향을 준 모든 자극이었다. 복잡한 세포 배선과 신경화학 스튜 안에 내재된 내 기억을 담고 있는 기관은 내 안의 특별한 부분이었지만 전체와 인접한 부분이기도 하다. 내 뇌가 스스로 달성한 것이 아니라 오히려 환경이 내 뇌에 어떤 일을 했기 때문에 나를 나 자신으로 만들어준 것의 상당 부분이 생겨났다. 나는 내 몸이 없어지고 입력 시뮬레이터가 내 활동을 제어하기 시작했을 때 겪은 격변에서 이것을 목격했다. 심지어 일찍이 나에게 육체가 있던 때에도 나의 사람됨과 내가 한 일은 생명이 없는 용기에 있을 때처럼 나의 생리 작용과 주변 환경 사이 포용의 산물이었다. 나의 수술 당일 밤 신체 신호, 감각 단서 및 사회적 상호작용이 식당으로 가기로 한 나의 결정을 촉발시켰고, 내 질병의 발병을 결정지었으며, 나를 병원으로 보냈고, 시련의 경험을 지배했다. 그날 저녁에 내가 다른 뇌를 가졌다면 사건이 다르게 전개될 수도 있었겠지만, 다른 것보다는 유사한 게 더 많았을 것이다.

피터스 박사는 뇌의 신비에 관한 메시지, 즉 나에 관한 모든 중요한 것은 나의 뇌에 있다는 견해를 설교했었다. 그는 내 몸이 더 이상 문제가 되지 않을 것이라고 약속했고 나를 수족관에 떠다니는 고립된 신경조직 덩어리로 정의했다. 그의 지도 아래, 나의 영혼이 천국에 들어가는 것처럼 나의 뇌는 내세에 들어갔다. 그러나 나의 신경 천국을 설계할 때, 피터스와 그의 프로그래머들은 뇌와 몸 그리고 뇌와 환경을 제대로 구별하지 않았다. 그들의 시뮬레이션은 신경과학의 가장 근본적인 교훈을 무시했다. 우리의 뇌는 물리적 세계 속에서 유기적으로 짜인 생물체여서 심각한 상실 없이 자신이 속한 물리적 세계로부터 축출될 수 없다. 내가 알고 있는 세상이 나의 신경계에서 제거되었을 때 나는 부분적인 사람('완전한 사람'에 반대되는 의미 — 옮긴이)이 되었고, 내가 소환된 삶은 근원적으로 불완전하게 남아 있다.

우리 인간은 수천 년 동안 자신의 본질을 개인으로 정의하기 위해 노력해왔다. 고대 이집트인은 살아 있음과 독특한 개성을 가진 성질을 구별하여 압축하고 있는 개체인 카ka, 바ba, 아크akh, 이렇게 세 부분으로 구성된 영을 믿었다.[3] 가장 오래된 인도의 저술은 반복되는 출생, 사망 및 중생의 주기에 걸쳐 한 존재에서 다른 존재로 이동하는 생명 원칙인 아트만atman을 설명한다.[4] 모세오경(구약성경 중 모세가 쓴 처음 다섯 권인 창세기, 출애굽기, 레위기, 민수기, 신명기를 가리키며 유대인들은 토라라고 부름 — 옮긴이)은 우리에게 주인과 함께 죽는 덧없는 정신인 네페시nefesh를 주었고, 고전적인 유럽 문화에서는 우리 각자가 신약성경에서 그리스어 **프시케psyche**로 규정한 불멸의 영혼을 소유하고 있다고 주장한다.[5] 오늘날 점점 많은 사람이 우리의 뇌(신비한 수단을 사용하여 우리의 삶을 인도하는, 방대하게 복잡하지만 구획이 나누어진 저수지)가 곧 우리라는 믿음을 갖게 되었다. 나의 책은 이 새로운 신조의 과학적이고 실용적인 한계에 주로 초점을 맞췄다.

뇌는 우리를 본질로 환원시키지 **않고** 우리의 행동을 조정하는 데 도움을 주기 때문에 특별하다. 그것은 우리와 우리를 통해 함께 작용하는 무수한 영향들의 중계점이다. 많은 요소의 생물학적 매개체로서 뇌 기능이 인정받는 문명 시대에 우리는 미덕, 지성, 성공 및 병리의 근원을 찾기 위해 개인 내부는 물론 그 너머를 볼 수 있는 더 큰 능력을 가져야 한다. 우리는 의학과 기술, 정의로 가정과 사회에서 직면하는 많은 문제에 대한 더 나은 해결책을 만들 수 있어야 한다. 우리는 우리가 다른 사람들의 위치에 있었다면 그러한 상황이 우리의 뇌에 어떻게 작용했을지에 대한 통찰력을 얻어야 하며, 그러면 불행한 사람들의 시련을 더 쉽게 이해할 것이다. 우리가 이것을 더 많이 이해할수록, 우리는 서로를 더 많이 이해하고 더 빨리 함께 발전하게 될 것이다.

감사의 말

이 책을 완성하고 인쇄할 수 있도록 도와주신 많은 분들께 감사드린다. 자신의 저서를 통해 나에게 영감을 주었고 저술 과정 초기에 조언은 물론 나를 출판 사업에 연결시켜준, 이제는 고인이 된 동료 수잔 코킨에게 특별한 빚을 지고 있다. 수가 없었다면 나의 프로젝트는 출발도 하지 못했기에 그녀는 의심할 여지없이 촉매제였으며 아무리 감사해도 지나치지 않다. 또한 작업 초기 단계의 조언과 격려, 진행 중 심도 있고 통찰력 있는 상호작용을 해준 낸시 칸위셔에게도 특히 감사한다.

이후 단계에서는 여러 친구와 동료가 나에게 소중한 아이디어를 주었다. 로버트 아제미언, 아비아드 하이, 찰스 제닝스 및 로라 슐츠의 의견은 본 작업이 진행되고 완성되어가는 과정에서 필요한 조정에 도움을 주었다. 아비아드와 찰스의 상세한 메모가 특별히 중요했다. 다른 많은 사람들과의 비공식적인 토론도 도움이 되었으며 특히 MIT의 동료, 학생 및 논문 지도학생 그리고 이러한 대화에 알게 모르게 참여한 내 실험실 구성원에게 특별히 감사드린다.

나의 프로젝트의 잠재력을 보고 나에게 과제를 맡긴 에이전트 크리스티나 무어와 앤드루 와일리에게 대단히 감사한다. 크리스티나는 훌륭한 옹호자로서 출판사를 찾아주고 내게 익숙한 것과는 매우 다른 종류의 전문적인 문제에 대해 협상하는 것에 도움을 주었다. 출판사 베이직 북스 직원들도 없어서는 안 될 자산이었다. 내 책의 편집을 맡아 광범위하고 사려 깊은 비판과 책에 대한 열정을 보여준 TJ 켈레허와 헬렌 바르텔레미에게 특별히 감사드린다. 또한 캐리 내폴리타노, 콜린 트레이시, 베스 라이트, 콘니 카포네 및 켈시 오도르칙의 도움에도 감사드린다.

그러나 무엇보다도 나는 내 가족에게 빚을 지고 있다. 나는 운 좋게도 학계의 소우주에서 태어났고, 또 한 명의 학계에 있는 사람과 결혼함으로써 이 즐거움을 두 배로 늘렸다. 나의 부모님 제이 재서노프와 쉴라 재서노프는 내가 선택한 길을 따라가도록 해주셨다. 과학자가 되어 그들의 인문학적 성향을 배신했지만, 이 책을 쓰는 것은 화해의 기회를 제공해주었다. 나의 어머니는 원고 전체를 자세히 읽으며 정보를 주었고 편집에 매우 귀중한 도움을 주었다. 내 여동생 마야 재서노프는 출판 과정의 다양한 단계를 통과하는 동안 나를 지도해주고 일부 텍스트에 대해 무척 고마운 조언을 해주었다. 나의 처삼촌 보리스 카츠는 이 책의 여러 부분에 대해 유용한 피드백을 주었다. 나의 장모인 아냐 슈피르트, 그녀의 파트너인 파벨 자슬라브스키, 나의 장인 빅토르 카츠와 그의 아내 레나 부드렌도 간접적이지만 중요한 방식으로 도움을 주었다.

이 책을 내 인생에서 가장 중요한 두 사람인 아내 루바와 딸 니나에게 바친다. 이 프로젝트 동안 두 사람은 매우 인내심을 가지고 가족과 보내야 할 시간의 상당 부분을 양보해주었다. 루바는 마지막 장을 제외하고는 이 책을 꾸준히 격려하고 지원했으며 나의 수석 편집자로서 핵심적인 아이디어에 대해 항상 반응을 제공해주었다. 니나는 뇌와 관련된 것이라면 뭐든지 혐오감을 느끼지만 그래도 눈에 넣어도 아프지 않을 만큼 귀여운 아이이다.

주

서문 | 무엇이 지금의 우리를 만드는가?

1 Hilary Putnam, *Reason, Truth, and History* (New York: Cambridge University Press, 1981)
2 Amy Harmon, "A Dying Young Woman's Hope in Cryonics and a Future," *New York Times*, September 12, 2015.
3 킴 수오지의 뇌를 냉동시켜 보관한 알코어생명연장재단은 수오지와 비슷한 방식으로 뇌 혹은 머리를 보관한 수십 명의 다른 고객 명단을 웹사이트에 올려놓았다.
4 Hippocrates of Kos, Stanley Finger, *Minds Behind the Brain: A History of the Pioneers and Their Discoveries* (New York: Oxford University Press, 2000)에서 인용.

1장 | 뇌를 먹으며

1 "Introduction to Neuroanatomy," Massachusetts Institute of Technology, 2001.
2 L. L. Moroz, "On the independent origins of complex brains and neurons," *Brain, Behavior and Evolution* 74 (2009): 177-190.
3 S. Kumar and S. B. Hedges, "A molecular timescale for vertebrate evolution," *Nature* 392 (1998): 917-920.
4 Jennifer Hay, *Complex Shear Modulus of Commercial Gelatin by Instrumented*

Indentation, Agilent Technologies, 2011.

5 N. D. Leipzig and M. S. Shoichet, "The effect of substrate stiffness on adult neural stem cell behavior," *Biomaterials* 30 (2009): 6867-6878.

6 Henry McIlwain and Herman S. Bachelard, *Biochemistry and the Central Nervous System*, 5th ed. (Edinburgh, UK: Churchill Livingstone, 1985).

7 "National Nutrient Database for Standard Reference Release 28, Entry for Raw Beef Brain," US Department of Agriculture, March 18, 2017.

8 J. V. Ferraro et al., "Earliest archaeological evidence of persistent hominin carnivory," *PLoS One* 8 (2013): e62174.

9 Craig B. Stanford and Henry T. Bunn, eds., *Meat-Eating and Human Evolution* (New York: Oxford University Press, 2001).

10 L. Werdelin and M. E. Lewis, "Temporal change in functional richness and evenness in the eastern African Plio-Pleistocene carnivoran guild," *PLoS One* 8 (2013): e57944.

11 Ferraro et al., "Earliest archaeological evidence."

12 Mario Batali, "Calves Brain Ravioli with Oxtail Ragu by Grandma Leonetta Batali," www.mariobatali.com/recipes/calves-brain-ravioli/ (accessed March 18, 2017).

13 Diana Kennedy, *The Cuisines of Mexico* (New York: William Morrow Cookbooks, 1989).

14 기독교도나 유대인과는 대조적으로 무슬림은 아브라함이 희생물로 바친 자식이 이삭이 아니라 이스마엘이라고 믿는다.

15 Ian Crofton, *A Curious History of Food and Drink* (New York: Quercus, 2014).

16 P. P. Liberski et al., "Kuru: Genes, cannibals and neuropathology," *Journal of Neuropathology & Experimental Neurology* 71 (2012): 92-103.

17 D. C. Gajdusek, *Correspondence on the Discovery and Original Investigations on Kuru: Smadel-Gajdusek Correspondence*, 1955-1958 (Bethesda, MD: National Institute of Neurological and Communicative Disorders and Stroke, National Institutes of Health, 1975).

18 Shirley Lindenbaum, *Kuru Sorcery: Disease and Danger in the New Guinea*

Highlands, 2nd ed. (New York: Routledge, 2013).
19 Dimitra Karamanides, *Pythagoras: Pioneering Mathematician and Musical Theorist of Ancient Greece*, Library of Greek Philosophers (New York: Rosen Central, 2006).
20 Nina Edwards, *Offal: A Global History* (London: Reaktion Books, 2013).
21 간, 위, 혀, 콩팥(콩은 제외), 뇌를 검색어로 하여 www.allrecipes.com를 검색한 결과(accessed March 4, 2014).
22 Katherine Simons, *Food Preference and Compliance with Dietary Advice Among Patients of a General Practice* (PhD thesis, University of Exeter, 1990).
23 S. Mennell, "Food and the quantum theory of taboo," *Etnofoor* 4 (1991): 63-77.
24 S. M. Sternson and D. Atasoy, "Agouti-related protein neuron circuits that regulate appetite," *Neuroendocrinology* 100 (2014): 95-102.
25 J. B. Ancel Keys, Austin Henschel, Olaf Mickelsen, and Henry L. Taylor, *The Biology of Human Starvation* (Minneapolis: University of Minnesota Press, 1950).
26 D. Baker and N. Keramidas, "The psychology of hunger," *Monitor on Psychology* 44 (2013): 66.
27 Stanley Finger, *Minds Behind the Brain: A History of the Pioneers and Their Discoveries* (New York: Oxford University Press, 2000).
28 Stanley Finger, *Minds Behind the Brain: A History of the Pioneers and Their Discoveries* (New York: Oxford University Press, 2000).
29 William Douglas Woody and Wayne Viney, *A History of Psychology: The Emergence of Science and Applications*, 6th ed. (New York: Routledge, 2017).
30 Stephen J. Gould, *The Mismeasure of Man* (New York: W. W. Norton, 1996).
31 Brian Burrell, *Postcards from the Brain Museum: The Improbable Search for Meaning in the Matter of Famous Minds* (New York: Broadway Books, 2004).
32 R. Schweizer, A. Wittmann, and J. Frahm, "A rare anatomical variation newly identifies the brains of C. F. Gauss and C. H. Fuchs in a collection at the University of Göttingen," *Brain* 137 (2014): e269.
33 Gould, *he Mismeasure of Man*.

34 M. D. Gregory et al., "Regional variations in brain gyrification are associated with general cognitive ability in humans," *Current Biology* 26 (2016): 1301-1305.

35 Harvard Brain Tissue Resource Center, McLean Hospital, Harvard University, btrc.mclean.harvard.edu (accessed March 21, 2017).

36 George H. W. Bush, "Presidential Proclamation 6158," 1990.

37 R. F. Robert, W. Baughman, M. Guzman, and M. F. Huerta, "The National Institutes of Health Blueprint for Neuroscience Research," *Journal of Neuroscience* 26 (2006): 10329-10331.

38 R. F. Robert, W. Baughman, M. Guzman, and M. F. Huerta, "The National Institutes of Health Blueprint for Neuroscience Research," *Journal of Neuroscience* 26 (2006): 10329-10331.

39 "Annual Meeting Attendance (1971-2014)," Society for Neuroscience, www.sfn.org/Annual-Meeting/Past-and-Future-Annual-Meetings/Annual-Meeting-Attendance-Statistics/AM-Attendance-Totals-All-Years (accessed March 21, 2017).

40 G. E. Moore, "Cramming more components onto integrated circuits," *Proceedings of the Institute of Electrical and Electronics Engineers* 86 (1965): 82-85.

41 "science and math" 분류 도서 (오프라인 출판 한정) 중 '뇌brain'라는 검색어로 www.amazon.com 2014년 5월 검색 결과.

42 웹사이트 www.pubmed.com 통해 '뇌brain' 또는 '뉴런neuron'이라는 검색어로 미국 국립의학도서관US National Library of Medicine 2014년 5월 검색 결과.

43 Carly Stockwell, "Same As It Ever Was: Top 10 Most Popular College Majors," *USA Today*, October 26, 2014.

44 "Table 322.10: Bachelor's Degrees Conferred by Postsecondary Institutions, by Field of Study: Selected Years, 1970-71 Through 2014-15," National Center for Education Statistics, nces.ed.gov (accessed March 22, 2017).

45 Karen W. Arenson, "Lining Up to Get a Lecture: A Class with 1,600 Students and One Popular Teacher," *New York Times*, November 17, 2000.

46 "The Brain of Morbius," *Doctor Who*, season 13, episodes 1-4, directed by Christopher Barry, British Broadcasting Corporation, January 3-24, 1976.

47 Eric R. Kandel, James H. Schwartz, and Thomas M. Jessell, eds., *Principles of Neural Science*, 3rd ed. (New York: Appleton & Lange, 1991); Mark F. Bear, Barry W. Connors, and Michael A. Paradiso, *Neuroscience: Exploring the Brain*, 3rd ed. (Philadelphia: Lippincott Williams and Wilkins, 2006); David E. Presti, *Foundational Concepts in Neuroscience: A Brain-Mind Odyssey* (New York: W. W. Norton, 2015); Paul A. Young, Paul H. Young, and Daniel L. Tolbert, *Basic Clinical Neuroscience*, 3rd ed. (Philadelphia: Wolters Kluwer, 2015).

48 Arianna Huffington, "Picasso: Creator and Destroyer," *Atlantic* (June 1988).

49 C. G. Jung, *Wandlungen und Symbole der Libido* (Vienna: Franz Deuticke, 1912).

50 Betty Friedan, *The Feminine Mystique* (New York: W. W. Norton, 1963).

51 Edward Said, *Orientalism* (New York: Pantheon Books, 1978).

52 Sigmund Freud, *An Autobiographical Study*, translated and edited James Strachey, *Complete Psychological Works of Sigmund Freud* (New York: W. W. Norton, 1989).

2장 | 나를 웃겨주세요

1 Penny Bailey, "Translating Galen," Wellcome Trust Blog, blog.wellcome.ac.uk/2009/08/18/translating-galen, August 18, 2009.

2 Stanley Finger, *Origins of Neuroscience: A History of Explorations into Brain Function* (New York: Oxford University Press, 2001).

3 검투사 경기는 과거의 유산이다. 하지만 다른 형태의 뇌 손상에 대한 정보가 신경학자와 신경과학자에게 계속해서 제공되어 현대에도 중요한 발견을 이끌어냈다. 그 예는 이 책의 다른 부분에서 논의할 것이다.

4 C. G. Gross, "Galen and the squealing pig," *Neuroscientist* 4 (1998): 216-221.

5 Edwin Clarke and Kenneth Dewhurst, *An Illustrated History of Brain Function: Imaging the Brain from Antiquity to the Present* (San Francisco: Norman Publishing, 1996).

6 Andreas Vesalius, *De Humani Corporis Fabrica*, Charles J. Singer, *Vesalius on the Human Brain: Introduction, Translation of Text, Translation of Descriptions of Figures, Notes to the Translations, Figures* (London: Oxford University Press, 1952)에서 인용.

7 *The Poetical Works of John Dryden*, edited by W. D. Christie (New York: Macmillan, 1897).

8 Plato, *Phaedrus*, translated C. J. Rowe (New York: Penguin Classics, 2005).

9 Charles S. Sherrington, *Man on His Nature* (Cambridge, UK: Cambridge University Press, 1940).

10 K. L. Kirkland, "High-tech brains: A history of technology-based analogies and models of nerve and brain function," *Perspectives in Biology and Medicine* 45 (2002): 212-223.

11 Arthur Keith, *The Engines of the Human Body: Being the Substance of Christmas Lectures Given at the Royal Institution of Great Britain, Christmas, 1916-1917* (London: Williams and Norgate, 1920).

12 J. R. Searle, "Minds, brains, and programs," *Behavioral and Brain Sciences* 3 (1980): 417–457; R. Penrose, *The Emperor's New Mind: Concerning Computers, Minds, and the Laws of Physics* (New York: Oxford University Press, 1989).

13 "Spock's Brain," *Star Trek*, season 3, episode 1, directed by Marc Daniels, CBS Television, September 20, 1968.

14 Isaac Asimov, *I, Robot* (New York: Gnome Press, 1950); *The Hitchhiker's Guide to the Galaxy*, directed by Garth Jennings (Buena Vista Pictures, 2005).

15 M. Raibert, K. Blankespoor, G. Nelson, R. Playter, and the BigDog Team, "BigDog, the rough-terrain quadruped robot," *Proceedings of the 17th World Congress of the International Federation of Automatic Control* (2008): 10822-10825; S. Colombano, F. Kirchner, D. Spenneberg, and J. Hanratty, "Exploration of planetary terrains with a legged robot as a scout adjunct to a rover," *Space 2004 Conference and Exhibit, American Institute of Aeronautics and Astronautics* (2004): 1-9.

16 John von Neumann, *The Computer and the Brain* (New Haven, CT: Yale

University Press, 1958).

17 R. D. Fields, "A new mechanism of nervous system plasticity: Activity-dependent myelination," *Nature Reviews Neuroscience* 16 (2015): 756-767; Mark Carwardine, *Natural History Museum Book of Animal Records* (Richmond Hill, ON: Firefly Books, 2013).

18 A. Roxin, N. Brunel, D. Hansel, G. Mongillo, and C. van Vreeswijk, "On the distribution of firing rates in networks of cortical neurons," *Journal of Neuroscience* 31 (2011): 16217-16226.

19 2016년 애플의 맥북 프로 노트북에 탑재된 인텔 스카이레이크Intel Skylake 프로세서는 인간 뇌에 있는 뉴런 수보다 50배 정도 적은 수인 20억 개에 가까운 트랜지스터를 가지고 있다.

20 E. Aksay et al., "Functional dissection of circuitry in a neural integrator," *Nature Neuroscience* 10 (2007): 494-504.

21 A. Borst and M. Helmstaedter, "Common circuit design in fly and mammalian motion vision," *Nature Neuroscience* 18 (2015): 1067-1076.

22 W. Schultz, "Neuronal reward and decision signals: From theories to data," *Physiological Reviews* 95 (2015): 853-951.

23 Richard S. Sutton and Andrew G. Barto, *Reinforcement Learning: An Introduction* (Cambridge, MA: MIT Press, 1998).

24 Claude E. Shannon and Warren Weaver, *The Mathematical Theory of Communication* (Urbana: University of Illinois Press, 1998).

25 Fred Rieke, David Warland, Rob de Ruyter van Steveninck, and William Bialek, *Spikes: Exploring the Neural Code*, (Cambridge, MA: MIT Press, 1997).

26 C. R. Gallistel and Adam Philip King, *Memory and the Computational Brain: Why Cognitive Science Will Transform Neuroscience* (Hoboken, NJ: Wiley-Blackwell, 2010).

27 A. M. Turing, "On computable numbers, with an application to the Entscheidungsproblem," *Proceedings of the London Mathematical Society* s2-42 (1937): 230-265.

28 S. Tonegawa, X. Liu, S. Ramirez, and R. Redondo, "Memory engram cells

have come of age," *Neuron* 87 (2015): 918-931.

29 Norman Macrae, *John von Neumann* (New York: Pantheon Books, 1992).

30 Erwin Schrödinger, *What Is Life? The Physical Aspect of the Living Cell* (Cambridge, UK: Cambridge University Press, 1944).

31 Roger Penrose, *The Emperor's New Mind: Concerning Computers, Minds, and the Laws of Physics* (New York: Oxford University Press, 1989).

32 F. Crick and C. Koch, "Towards a neurobiological theory of consciousness," *Seminars in the Neurosciences* 2 (1990): 263-275; Francis Crick, *The Astonishing Hypothesis* (New York: Touchstone, 1994).

33 Marleen Rozemond, *Descartes's Dualism* (Cambridge, MA: Harvard University Press, 1998).

34 René Descartes, *The Passions of the Soul*, translated by Stephen Voss (Indianapolis: Hackett, 1989).

35 Christopher Badcock, "Freud: Fraud or Folk-Psychologist?," *Psychology Today*, September 3, 2012; Saul McLeod, "Id, Ego and Superego," SimplyPsychology, www.simplypsychology.org/psyche.html, 2007.

36 Bandai, "Body and Brain Connection—Xbox 360," Amazon.com (accessed March 23, 2017).

37 Dorothy Senior, *The Gay King: Charles II, His Court and Times* (New York: Brentano's, 1911).

38 혈액 과다는 체액론 용어로 '다혈증plethora'으로 알려졌다.

39 Setti Rengachary and Richard Ellenbogen, eds., *Principles of Neurosurgery*, 2nd ed. (New York: Elsevier Mosby, 2004).

40 S. Herculano-Houzel, "The glia/neuron ratio: How it varies uniformly across brain structures and species and what that means for brain physiology and evolution," *Glia* 62 (2014): 1377-1391.

41 Gina Kolata and Lawrence K. Altman, "Weighing Hope and Reality in Kennedy's Cancer Battle," *New York Times*, August 27, 2009.

42 흥미롭게도 NIH의 구조를 들여다보면 신경의학 및 신경과학 분야의 정부 사회기반 시설에 심신 구분이 아직도 흔적처럼 남아 있다. 뇌졸중과 뇌진탕 같

은 병리에 대한 연구는 NIH 산하 국립신경질환및뇌졸중연구소NINDS: National Institute for Neurological Diseases and Stroke에서 감독한다. NINDS는 보다 인지적인 뇌 장애를 다루는 국립정신건강연구소NIMH: National Institute for Mental Health나 국립약물중독연구소NIDA: National Institute for Drug Addiction와 같은 NIH의 연구소들과는 별개다.

43 N. Bazargani and D. Attwell, "Astrocyte calcium signaling: The third wave," *Nature Neuroscience* 19 (2016): 182-189.

44 J. Schummers, H. Yu, and M. Sur, "Tuned responses of astrocytes and their influence on hemodynamic signals in the visual cortex," *Science* 320 (2008): 1638-1643.

45 Stefano Zago, Lorenzo Lorusso, Roberta Ferrucci, and Alberto Priori, "Functional Neuroimaging: A Historical Perspective," in *Neuroimaging: Methods*, edited by Peter Bright (Rijeka, Croatia: InTechOpen, 2012).

46 G. Garthwaite et al., "Signaling from blood vessels to CNS axons through nitric oxide," *Journal of Neuroscience* 26 (2006): 7730-7740; E. Ruusuvuori and K. Kaila, "Carbonic anhydrases and brain pH in the control of neuronal excitability," *Subcellular Biochemistry* 75 (2014): 271-290.

47 C. I. Moore and R. Cao, "The hemo-neural hypothesis: On the role of blood flow in information processing," *Journal of Neurophysiology* 99 (2008): 2035-2047.

48 M. Hausser, "Optogenetics: The age of light," *Nature Methods* 11 (2014): 1012-1014.

49 T. Sasaki et al., "Application of an optogenetic byway for perturbing neuronal activity via glial photostimulation," *Proceedings of the National Academy of Sciences* 109 (2012): 20720-20725.

50 X. Han et al., "Forebrain engraftment by human glial progenitor cells enhances synaptic plasticity and learning in adult mice," *Cell Stem Cell* 12 (2013): 342-353.

51 Dale Purves, George J. Augustine, David Fitzpatrick, Lawrence C. Katz, Anthony-Samuel LaMantia, James O. McNamara, and S. Mark Williams,

eds., *Neuroscience*, 2nd ed. (Sunderland, MA: Sinauer Associates, 2001).

52 John E. Dowling, *The Retina: An Approachable Part of the Brain* (Cambridge, MA: Belknap Press of Harvard University Press, 1987).

53 D. Li, C. Agulhon, E. Schmidt, M. Oheim, and N. Ropert, "New tools for investigating astrocyte-to-neuron communication," *Frontiers in Cellular Neuroscience* 7 (2013): 193.

54 J. O. Schenk, "The functioning neuronal transporter for dopamine: Kinetic mechanisms and effects of amphetamines, cocaine and methylphenidate," *Progress in Drug Research* 59 (2002): 111-131.

55 B. Barbour and M. Hausser, "Intersynaptic diffusion of neurotransmitter," *Trends in Neuroscience* 20 (1997): 377-384.

56 N. Arnth-Jensen, D. Jabaudon, and M. Scanziani, "Cooperation between independent hippocampal synapses is controlled by glutamate uptake," *Nature Neuroscience* 5 (2002): 325-331; P. Marcaggi and D. Attwell, "Short- and long-term depression of rat cerebellar parallel fibre synaptic transmission mediated by synaptic crosstalk," *Journal of Physiology* 578 (2007): 545-550; Y. Okubo et al., "Imaging extrasynaptic glutamate dynamics in the brain," *Proceedings of the National Academy of Sciences* 107 (2010): 6526-6531.

57 K. H. Taber and R. A. Hurley, "Volume transmission in the brain: Beyond the synapse," *Journal of Neuropsychiatry and Clinical Neuroscience* 26 (2014): iv, 1-4.

58 S. R. Lockery and M. B. Goodman, "The quest for action potentials in *C. elegans* neurons hits a plateau," *Nature Neuroscience* 12 (2009): 377-378.

59 Douglas R. Hofstadter, *Godel, Escher, Bach: An Eternal Golden Braid* (New York: Basic Books, 1979).

3장 | 복잡한 관계

1 어반딕셔너리Urban Dictionary(일반적인 사전에서 찾을 수 없는 속어, 비속어 등을 사용자가 직접 등재하고 내용을 정의할 수 있는 온라인 사전으로 1999년 아론 페컴Aaron Peckham이 설

럽. 시간이 지나면서 왜곡, 과장되기도 하고 선정성 또한 띠게 된다는 점에서, 이메일, 뉴스 등으로 전해지며 근현대를 무대로 하는 도시전설urban legend과 상통함—옮긴이) 사용자들의 의견에 따르면 첫째, '친구'와 '사귀는 관계' 중간의 애매한 관계에 있는 연인을 지칭한다. 기존의 관계에 대한 불만을 표시하기 위해 사용될 수도 있다. 둘째, 괜찮지 않은not OK 관계로 싱글이라고 불리는 것을 두려워하거나 끝이 나려고 하는 무언가를 붙잡는 것, 어떻게든 해결해보려고 하는 바람, 이별을 부정하는 단계다. 셋째, 친구 혹은 이득이 되는 친구 혹은 모든 것을 쏟아붓는 관계에 있기로 결정할 수 없는 연인. www.urbandictionary.com/define.php?term=It%27s+complicated (accessed March, 25, 2017).

2 Christof Koch, Ira Flatow가 진행한 "Decoding 'the Most Complex Object in the Universe,'" *Talk of the Nation*, National Public Radio, June 14, 2013에서 인용.

3 David Eagleman, *Incognito: The Secret Lives of the Brain* (New York: Vintage Books, 2012).

4 Alun Anderson, "Brain Work," *Economist*, 2011년 11월 17일.

5 Robin Murray, Edi Stark, "The Brain Is the 'Most Complicated Thing in the Universe,'" *Stark Talk*, BBC Radio Scotland, May 28, 2012.

6 Voltaire, Julian Cribb, "The Self-Deceiver (Homo delusus)," Chapter 9 in *Surviving the 21st Century: Humanity's Ten Great Challenges and How We Can Overcome Them* (Cham, Switzerland: Springer International, 2016)에서 인용.

7 Brian Thomas, "Brain's Complexity 'Is Beyond Anything Imagined,'" Institute for Creation Research, discovercreation.org/blog/2013/12/20/brains-complexity-is-beyond-anything-imagined, January 17, 2011.

8 *Krishna: The Beautiful Legend of God*, translated by Edwin F. Bryant (New York: Penguin, 2004).

9 Paul Lettinck, *Aristotle's Meteorology and Its Reception in the Arab World* (Boston: Brill, 1999).

10 Galileo Galilei, *The Sidereal Messenger, translated by Edward S. Carlos* (London: Rivingtons, 1880).

11 Stanley Finger, *Minds Behind the Brain: A History of the Pioneers and Their*

Discoveries (New York: Oxford University Press, 2000)에 재수록.

12 Richard Rapport, *Nerve Endings: The Discovery of the Synapse* (New York: W. W. Norton, 2005).

13 W. A. Mozart and L. Da Ponte, *Don Giovanni* (New York: Ricordi, 1986).

14 "ATLAS Fact Sheet," European Organization for Nuclear Research (CERN), 2011.

15 데이터 관리의 목적을 위해서라면 다행스럽게도 ATLAS 검출기에서 일어나는 대부분의 이벤트는 검출기의 유도 메커니즘에 의해 초당 200개 정도의 '흥미로운' 이벤트를 제외하고 모두 거부된다.

16 M. Temming, "How Many Stars Are There in the Universe?" *Sky & Telescope*, July 15, 2014.

17 Carl Sagan, *Billions and Billions: Thoughts on Life and Death at the Brink of the Millennium* (New York: Ballantine Books, 1997).

18 S. Herculano-Houzel and R. Lent, "Isotropic fractionator: A simple, rapid method for the quantification of total cell and neuron numbers in the brain," *Journal of Neuroscience* 25 (2005): 2518-2521.

19 F. A. Azevedo et al., "Equal numbers of neuronal and nonneuronal cells make the human brain an isometrically scaled-up primate brain," *Journal of Comparative Neurology* 513 (2009): 532-541.

20 J. DeFelipe, P. Marco, I. Busturia, and A. Merchan-Perez, "Estimation of the number of synapses in the cerebral cortex: Methodological considerations," *Cerebral Cortex* 9 (1999): 722-732.

21 뉴런당 시냅스의 개수에 대한 추정치는 상당히 다양하여 대부분의 자료에서는 1만 개에서 10만 개 사이의 숫자를 말하지만 일부 자료에서는 이 범위를 초과한다.

22 Y. Ko et al., "Cell type-specific genes show striking and distinct patterns of spatial expression in the mouse brain," *Proceedings of the National Academy of Sciences* 110 (2013): 3095-3100.

23 D. Attwell and S. B. Laughlin, "An energy budget for signaling in the grey matter of the brain," *Journal of Cerebral Blood Flow Metabolism* 21 (2001):

1133-1145.

24 B. Pakkenberg et al., "Aging and the human neocortex," *Experimental Gerontology* 38 (2003): 95-99; "Table HM-20: Public Road Length, 2013, Miles by Functional System," Office of Highway Policy Information, Federal Highway Administration, www.fhwa.dot.gov/policyinformation/statistics/2013/hm20.cfm, October 21, 2014.

25 E. Bianconi et al., "An estimation of the number of cells in the human body," *Annals in Human Biology* 40 (2013): 463-471.

26 Sebastian Seung, *Connectome: How the Brain's Wiring Makes Us Who We Are* (Boston: Houghton Mifflin Harcourt, 2012).

27 M. Helmstaedter et al., "Connectomic reconstruction of the inner plexiform layer in the mouse retina," *Nature* 500 (2013): 168-174; John E. Dowling, *The Retina: An Approachable Part of the Brain* (Cambridge, MA: Belknap Press of Harvard University Press, 1987).

28 J. S. Allen, H. Damasio, and T. J. Grabowski, "Normal neuroanatomical variation in the human brain: an MRI-volumetric study," *American Journal of Physical Anthropology* 118 (2002): 341-358.

29 A. W. Toga and P. M. Thompson, "Genetics of brain structure and intelligence," *Annual Review of Neuroscience* 28 (2005): 1-23.

30 S. Herculano-Houzel, D. J. Messeder, K. Fonseca-Azevedo, and N. A. Pantoja, "When larger brains do not have more neurons: Increased numbers of cells are compensated by decreased average cell size across mouse individuals," *Frontiers in Neuroanatomy* 9 (2015): 64.

31 N. C. Fox and J. M. Schott, "Imaging cerebral atrophy: Normal ageing to Alzheimer's disease," *Lancet* 363 (2004): 392-394.

32 F. Yu, Q. J. Jiang, X. Y. Sun, and R. W. Zhang, "A new case of complete primary cerebellar agenesis: Clinical and imaging findings in a living patient," *Brain* 138 (2015): e353.

33 E. P. Vining et al., "Why would you remove half a brain? The outcome of 58 children after hemispherectomy—the Johns Hopkins experience:

1968 to 1996," *Pediatrics* 100 (1997): 163-171.

34 C. C. Abbott, "Intelligence of the crow," *Science* 1 (1883): 576.

35 N. J. Emery and N. S. Clayton, "The mentality of crows: Convergent evolution of intelligence in corvids and apes," *Science* 306 (2004): 1903-1907.

36 Irene M. Pepperberg, Alex & Me: How a Scientist and a Parrot Discovered a Hidden World of Animal Intelligence—and Formed a Deep Bond in the Process (New York: HarperCollins, 2008).

37 A. N. Iwaniuk, K. M. Dean, and J. E. Nelson, "Interspecific allometry of the brain and brain regions in parrots (psittaciformes): Comparisons with other birds and primates," *Brain, Behavior and Evolution* 65 (2005): 40-59; J. Mehlhorn, G. R. Hunt, R. D. Gray, G. Rehkamper, and O. Gunturkun, "Tool-making New Caledonian crows have large associative brain areas," Brain, Behavior and Evolution 75 (2010): 63-70.

38 S. Olkowicz et al., "Birds have primate-like numbers of neurons in the forebrain," *Proceedings of the National Academy of Sciences* 113 (2016): 7255-7260; S. Herculano-Houzel, "The remarkable, yet not extraordinary, human brain as a scaled-up primate brain and its associated cost," *Proceedings of the National Academy of Sciences* 109, Suppl 1 (2012): 10661-10668.

39 G. Roth and U. Dicke, "Evolution of the brain and intelligence," *Trends in Cognitive Science* 9 (2005): 250-257.

40 S. Herculano-Houzel, B. Mota, and R. Lent, "Cellular scaling rules for rodent brains," *Proceedings of the National Academy of Sciences* 103 (2006): 12138-12143; J. L. Kruger, N. Patzke, K. Fuxe, N. C. Bennett, and P. R. Manger, "Nuclear organization of cholinergic, putative catecholaminergic, serotonergic and orexinergic systems in the brain of the African pygmy mouse (Mus minutoides): Organizational complexity is preserved in small brains," *Journal of Chemical Neuroanatomy* 44 (2012): 45-56. 아프리카피그미생쥐의 뉴런 개수에 대해서는 보고된바 없지만, 설치류 동물의

뇌 크기는 뉴런 숫자의 1587제곱과 비례한다는 허큘라노 하우젤 연구팀의 발견을 적용하여 피그미생쥐 뇌에 6000만 개보다 적은 수의 뉴런이 있다는 추정치를 얻었다. 7100만 개 뉴런과 416밀리그램의 뇌 부피라는 생쥐의 기준값reference value은 역시 허큘라노 하우젤 연구팀의 연구 결과에서 얻었으며 피그미생쥐의 뇌 부피 275밀리그램은 크루거 연구팀Kruger et al.(2012)의 연구 결과에서 인용했다.

41 M. A. Seid, A. Castillo, and W. T. Wcislo, "The allometry of brain miniaturization in ants," *Brain, Behavior and Evolution* 77 (2011): 5-13.

42 Charles Darwin, *The Descent of Man, and Selection in Relation to Sex* (London: John Murray, 1871).

43 Harry J. Jerison, *Evolution of the Brain and Intelligence* (New York: Academic, 1973).

44 X. Jiang et al., "Principles of connectivity among morphologically defined cell types in adult neocortex," *Science* 350 (2015): aac9462.

45 V. B. Mountcastle, "The columnar organization of the neocortex," *Brain* 120 (Part 4) (1997): 701-722.

46 "Richard Feynman's Blackboard at Time of His Death," Caltech Image Archive, archives-dc.library.caltech.edu (accessed March 29, 2017).

47 Sean Hill, "Whole Brain Simulation," in *The Future of the Brain*, edited by Gary Marcus and Jeremy Freeman (Princeton, NJ: Princeton University Press, 2015).

48 HBP-PS Consortium, *The Human Brain Project: A Report to the European Commission*, 2012.

49 A. P. Alivisatos et al., "The brain activity map project and the challenge of functional connectomics," *Neuron* 74 (2012): 970-974.

50 C. I. Bargmann and E. Marder, "From the connectome to brain function," *Nature Methods* 10 (2013): 483-490.

51 Peter Shadbolt, "Scientists Upload a Worm's Mind into a Lego Robot," CNN, January 21, 2015.

52 자동차는 미디어 플레이어, 날씨 조절 장치, 전원 공급 장치, 수면 공간 등으로도 사용된다는 점을 인정한다 하더라도 대부분 없어도 되는 기능이다.

53 Stephen J. Gould, *The Mismeasure of Man* (New York: W. W. Norton, 1996).

54 Ralph L. Holloway, Chet C. Sherwood, Patrick R. Hof, and James K. Rilling, "Evolution of the Brain in Humans—Paleoneurology," *Encyclopedia of Neuroscience*, edited by Marc D. Binder, Nobutaka Hirokawa, and Uwe Windhorst (Berlin, Germany: Springer, 2009).

55 D. Falk et al., "The brain of LB1, *Homo floresiensis*," *Science* 308 (2005): 242-245.

56 J. DeFelipe, "The evolution of the brain, the human nature of cortical circuits, and intellectual creativity," *Frontiers in Neuroanatomy* 5 (2011): 29.

57 B. Holmes, "How many uncontacted tribes are there in the world?" *New Scientist*, August 22, 2013.

4장 | 고도를 스캔하며

1 1979년 노벨 생리학 및 의학상은 "컴퓨터 보조 단층 촬영 발전에 기여한 공로로" 앨런 코맥Allen Cormack과 고드프리 하운스필드Godfrey Hounsfield에게 돌아갔다. 그리고 2003년 노벨 생리학 및 의학상은 "MRI 관련 발명에 대한 공로로" 폴 라우터버Paul Lauterbur와 피터 맨스필드Peter Mansfield가 공동 수상했다.

2 펍메드PubMed(생명과학 및 의학 주제에 대한 정보를 제공하는 검색 엔진이며 미국 NIH의 미국 국립의학도서관이 관리—옮긴이)에서 '신경 영상neuroimaging'이라는 검색어로 2012~2016년 5년 동안 매년 평균적으로 1만 39개의 논문이 검색된다. '뇌brain'와 '영상imaging' 두 단어를 모두 포함할 때는 평균적으로 동일 기간 1만 7270개의 논문이 검색된다.

3 J. W. Belliveau et al., "Functional mapping of the human visual cortex by magnetic resonance imaging," *Science* 254 (1991): 716-719; S. Ogawa et al., "Intrinsic signal changes accompanying sensory stimulation: Functional brain mapping with magnetic resonance imaging," *Proceedings of the National Academy of Sciences* 89 (1992): 5951-5955.

4 S. A. Huettel, A. W. Song, and G. Mc-Carthy, eds., *Functional Magnetic Resonance Imaging*, 3rd ed. (Sunderland, MA: Sinauer Associates, 2014).

5 S. Schleim, T. M. Spranger, S. Erk, and H. Walter, "From moral to legal

judgment: The influence of normative context in lawyers and other academics," *Social Cognitive and Affective Neuroscience* 6 (2011): 48-57; S. M. McClure et al., "Neural correlates of behavioral preference for culturally familiar drinks," *Neuron* 44 (2004): 379-387.

6 B. R. Rosen and R. L. Savoy, "fMRI at 20: Has it changed the world?," *NeuroImage* 62 (2012): 1316-1324.

7 렉시스넥시스LexisNexis 학문 분야 검색 엔진에서 '신문newspapers'이라는 문서 유형 및 검색 항목을 정한 뒤 2013월 4월 1일부터 2017년 3월 31일 동안 등장하는 'fMRI'를 검색해본 결과 1187회로 나타났다.

8 Marco Iacobini, Joshua Freedman, and Jonas Kaplan, "This Is Your Brain on Politics," *New York Times*, November, 11, 2007; Benedict Carey, "Watching New Love As It Sears the Brain," *New York Times*, May 31, 2005.

9 Sally Satel and Scott O. Lilienfeld, *Brainwashed: The Seductive Appeal of Mindless Neuroscience* (New York: Basic Books, 2013).

10 D. P. McCabe and A. D. Castel, "Seeing is believing: The effect of brain images on judgments of scientific reasoning," *Cognition* 107 (2008): 343-352.

11 C. J. Hook and M. J. Farah, "Look again: Effects of brain images and mind-brain dualism on lay evaluations of research," *Journal of Cognitive Neuroscience* 25 (2013): 1397-1405.

12 M. Kaufman, "Meditation Gives Brain a Charge, Study Finds," *Washington Post*, January 3, 2005.

13 J. A. Brefczynski-Lewis, A. Lutz, H. S. Schaefer, D. B. Levinson, and R. J. Davidson, "Neural correlates of attentional expertise in long-term meditation practitioners," *Proceedings of the National Academy of Sciences* 104 (2007): 11483-11488.

14 Sharon Begley, "How Thinking Can Change the Brain," *Wall Street Journal*, January 19, 2007.

15 D. Biello, "Searching for God in the brain," *Scientific American* 18 (2007): 38-45.

16 A. B. Newberg, N. A. Wintering, D. Morgan, and M. R. Waldman, "The measurement of regional cerebral blood flow during glossolalia: A preliminary SPECT study," *Psychiatry Research* 148 (2006): 67-71.

17 V. Mabrey and R. Sherwood, "Speaking in Tongues: Alternative Voices in Faith," ABC News, March 20, 2007.

18 Biello, "Searching for God in the brain."

19 Mario Beauregard, *Brain Wars: The Scientific Battle over the Existence of the Mind and the Proof That Will Change the Way We Live Our Lives* (New York: HarperCollins, 2012).

20 *The Scanner Story*, directed by Michael Weigall, EMITEL Productions, 1977.

21 M. M. Ter-Pogossian, M. E. Phelps, E. J. Hoffman, and N. A. Mullani, "A positron-emission transaxial tomograph for nuclear imaging (PETT)," *Radiology* 114 (1975): 89-98.

22 A. Newberg, A. Alavi, and M. Reivich, "Determination of regional cerebral function with FDG-PET imaging in neuropsychiatric disorders," *Seminars in Nuclear Medicine* 32 (2002): 13-34.

23 Michael E. Phelps, *PET: Molecular Imaging and Its Biological Applications* (New York: Springer, 2004).

24 W. E. Klunk et al., "Imaging brain amyloid in Alzheimer's disease with Pittsburgh Compound-B," *Annals of Neurology* 55 (2004): 306-319.

25 Peter Doggers, "Magnus Carlsen Checkmates Bill Gates in 12 Seconds," Chess.com, chess.com/news/view/bill-gates-vs-magnus-carlsen-checkmate-in-12-seconds-8224, January, 24, 2013.

26 Belliveau et al., "Functional mapping of the human visual cortex by magnetic resonance imaging."

27 S. Ogawa, T. M. Lee, A. R. Kay, and D. W. Tank, "Brain magnetic resonance imaging with contrast dependent on blood oxygenation," *Proceedings of the National Academy of Sciences* 87 (1990): 9868-9872; S. Ogawa et al., "Intrinsic signal changes accompanying sensory stimulation."

28 N. K. Logothetis, "What we can do and what we cannot do with fMRI,"

Nature 453 (2008): 869-878.

29 Elizabeth Landau, "Scan a Brain, Read a Mind?," *CNN*, April, 12, 2014.

30 William B. Penny, Karl J. Friston, John T. Ashburner, Stefan J. Kiebel, and Thomas E. Nichols, eds., *Statistical Parametric Mapping: The Analysis of Functional Brain Images* (New York: Academic, 2006).

31 현대적인 볼로냐는 모르타델라로 알려진 이탈리아 북부의 전통적인 돼지고기 소시지에서 연유한다. 오늘날의 볼로냐 제품은 돼지고기 외의 육류로 만들어질 수 있지만 상당히 처리를 많이 해서 육류 원료와는 거리가 멀며 돼지고기 소시지와는 더욱더 그렇다.

32 C. M. Bennett, M. B. Miller, and G. L. Wolford, "Neural correlates of interspecies perspective taking in the post-mortem Atlantic Salmon: An argument for multiple comparisons correction," *Journal of Serendipitous and Unexpected Results* 1 (2010): 1-5.

33 "About the Ig Nobel Prizes," Improbable Research, www.improbable.com/ig (accessed May, 4, 2017).

34 E. Vul, C. Harris, P. Winkielman, and H. Pashler, "Puzzlingly high correlations in fMRI studies of emotion, personality, and social cognition," *Perspectives on Psychological Science* 4 (2009): 274-290.

35 Nancy Kanwisher, "A Neural Portrait of the Human Mind," TED Conferences, March 19, 2014.

36 C. W. Domanski, "Mysterious 'Monsieur Leborgne': The mystery of the famous patient in the history of neuropsychology is explained," *Journal of the History of Neuroscience* 22 (2013): 47-52.

37 Kanwisher, "A Neural Portrait."

38 D. Dobbs, "Fact or phrenology?," *Scientific American* 16 (2005): 24.

39 R. A. Poldrack, "Mapping mental function to brain structure: How can cognitive neuroimaging succeed?," *Perspectives on Psychological Science* 5 (2010): 753-761.

40 T. K. Inagaki and N. I. Eisenberger, "Neural correlates of giving support to a loved one," *Psychosomatic Medicine* 74 (2012): 3-7; C. Lamm, C. D.

Batson, and J. Decety, "The neural substrate of human empathy: Effects of perspective-taking and cognitive appraisal," *Journal Cognitive Neuroscience* 19 (2007): 42-58; K. H. Lee et al., "Neural correlates of superior intelligence: Stronger recruitment of posterior parietal cortex," *NeuroImage* 29 (2006): 578-586.

41 Martin Lindstrom, "You Love Your iPhone. Literally," *New York Times*, September, 30, 2011.

42 Jonah Lehrer, *Imagine: How Creativity Works* (Boston: Houghton Mifflin, 2012).

43 Francis Crick, *The Astonishing Hypothesis* (New York: Touchstone, 1994).

44 Neuroskeptic, "Brain Scanning—Just the Tip of the Iceberg?," Neuroskeptic Blog, blogs.discovermagazine.com/neuroskeptic/2012/03/21/brain-scanning-just-the-tip-of-the-iceberg, March 21, 2012.

45 J. V. Haxby et al., "Distributed and overlapping representations of faces and objects in ventral temporal cortex," *Science* 293 (2001): 2425-2430.

46 A. Shmuel, M. Augath, A. Oeltermann, and N. K. Logothetis, "Negative functional MRI response correlates with decreases in neuronal activity in monkey visual area V1," *Nature Neuroscience* 9 (2006): 569-577.

47 Arthur Conan Doyle, "The Adventure of Silver Blaze," in *The Memoirs of Sherlock Holmes* (London: George Newnes, 1894).

48 William R. Uttal, *The New Phrenology: The Limits of Localizing Cognitive Processes in the Brain* (Cambridge, MA: MIT Press, 2003).

49 Daniel Dennett, *Consciousness Explained* (Boston: Back Bay Books, 1992).

50 Samuel Beckett, *Waiting for Godot: A Tragicomedy in Two Acts* (New York: Grove, 1954).

51 Logothetis, "What we can do and what we cannot do with fMRI."

52 N. Kanwisher and G. Yovel, "The fusiform face area: A cortical region specialized for the perception of faces," *Philosophical Transactions of the Royal Society of London Series B: Biological Sciences* 361 (2006): 2109-2128.

53 M. B. Ahrens, M. B. Orger, D. N. Robson, J. M. Li, and P. J. Keller, "Whole-brain functional imaging at cellular resolution using light-

sheet microscopy," *Nature Methods* 10 (2013): 413–420.

54 B. B. Bartelle, A. Barandov, and A. Jasanoff, "Molecular fMRI," *Journal of Neuroscience* 36 (2016): 4139–4148.

5장 | 다르게 생각하기

1 Timothy Leary, *Your Brain Is God* (Berkeley, CA: Ronin, 2001).

2 Eric R. Kandel, "Your Mind Is Nothing but Neurons, and That's Fine," Big Think, www.bigthink.com/videos/a-biological-basis-for-the-unconscious (accessed May 5, 2017).

3 Francis Crick, *The Astonishing Hypothesis* (New York: Touchstone, 1994).

4 Robert Lee Hotz, "A Neuron's Obsession Hints at Biology of Thoughts," *Wall Street Journal*, October 9, 2009.

5 Friedrich Nietzsche, *Thus Spake Zarathustra*, translated by Thomas Common (Buffalo, NY: Prometheus Books, 1993).

6 Ludwig Wittgenstein, *Philosophical Investigations*, translated by G. E. M. Anscombe (New York: Macmillan, 1953).

7 Maxwell R. Bennett and Peter M. S. Hacker, *Philosophical Foundations of Neuroscience* (Malden, MA: Blackwell, 2003).

8 Daniel Dennett, "Philosophy as Naive Anthropology: Comment on Bennett and Hacker," in *Neuroscience and Philosophy: Brain, Mind, and Language*, edited by Maxwell Bennett et al. (New York: Columbia University Press, 2007).

9 Patricia Churchland, *Touching a Nerve: The Self as Brain* (New York: W. W. Norton, 2013); Derek Parfit, *Reasons and Persons* (New York: Oxford University Press, 1984).

10 R. S. Boyer, E. A. Rodin, T. C. Grey, and R. C. Connolly, "The skull and cervical spine radiographs of Tutankhamen: A critical appraisal," *American Journal of Neuroradiology* 24 (2003): 1142–1147.

11 A. A. Fanous and W. T. Couldwell, "Transnasal excerebration surgery in ancient Egypt," *Journal of Neurosurgery* 116 (2012): 743–748.

12 The Brain Preservation Foundation, www.brainpreservation.org (May 5,

2017).

13 Alcor Life Extension Foundation: The World's Leader in Cryonics, www.alcor.com (accessed May 5, 2017).

14 S. W. Bridge, "The neuropreservation option: Head first into the future," *Cryonics* 16 (1995): 4-7.

15 K. Hussein, E. Matin, and A. G. Nerlich, "Paleopathology of the juvenile Pharaoh Tutankhamun: 90th anniversary of discovery," *Virchows Archiv* 463 (2013): 475-479.

16 Z. Hawass et al., "Ancestry and pathology in King Tutankhamun's family," Journal of the American Medical Association 303 (2010): 638-647.

17 World Health Organization Communicable Diseases Cluster, "Severe falciparum malaria," *Transactions of the Royal Society of Tropical Medicine and Hygiene* 94, Suppl 1 (2000): S1-90.

18 Edward Shorter, *A History of Psychiatry: From the Era of the Asylum to the Age of Prozac* (New York: John Wiley & Sons, 1997).

19 Hans-Joachim Kreuzer, Interview by Wolf-Dieter Seiffert, "Schumann's 'Late Works,'" Schumann Forum 2010, henleusa.com/en/schumann-anniversary-2010/schumann-forum/the-late-works.html.

20 B. Felker, J. J. Yazel, and D. Short, "Mortality and medical comorbidity among psychiatric patients: A review," Psychiatric Services 47 (1996): 1356-1363.

21 Eric J. Nestler, Steven E. Hyman, David M. Holtzman, and Robert C. Malenka, *Molecular Neuropharmacology: A Foundation for Clinical Neuroscience* (New York: McGraw-Hill Education, 2015).

22 A. W. Tank and D. Lee Wong, "Peripheral and central effects of circulating catecholamines," *Comprehensive Physiology* 5 (2015): 1-15.

23 A. Schulz and C. Vogele, "Interoception and stress," *Frontiers in Psychology* 6 (2015): 993.

24 L. M. Glynn, E. P. Davis, and C. A. Sandman, "New insights into the role of perinatal HPA-axis dysregulation in postpartum depression,"

Neuropeptides 47 (2013): 363-370.

25 Charles Darwin, *The Expression of the Emotions in Man and Animals* (London: John Murray, 1872).

26 William James, *The Principles of Psychology* (New York: Henry Holt and Company, 1890).

27 한편 심리학자 리사 펠드먼 배럿Lisa Feldman Barrett은 정서에 대한 생리학적 반응의 특이성을 증명하는 근거가 과장되었다고 주장한다. 그녀는 정서적 반응이란 우리가 흔히 생각하는 것보다 유동적이며 가변적이라고 주장하며 정서 목록의 정의 자체에 의문을 제기한다. 그녀가 제안하는 대안적 관점은 "진화적으로 보존된 반응의 중요성을 부정하지 않지만 정서에 부여된 생래적 신경회로나 모듈로서 갖는 특권적 지위를 부정할 수도 있다." (L. F. Barrett, *Perspectives on Psychological Science* 1 [2006]: 28-58). 참조. S. D. Kreibig, "Autonomic nervous system activity in emotion: A review," *Biological Psychiatry* 84 (2010): 394-421.

28 L. Nummenmaa, E. Glerean, R. Hari, and J. K. Hietanen, "Bodily maps of emotions," *Proceedings of the National Academy of Sciences* 111 (2014): 646-651.

29 Antonio Damasio, *Descartes' Error: Emotion, Reason, and the Human Brain* (New York: G. P. Putnam, 1994).

30 A. R. Damasio, "The somatic marker hypothesis and the possible functions of the prefrontal cortex," *Philosophical Transactions of the Royal Society of London Series B: Biological Sciences* 351 (1996): 1413-1420.

31 B. D. Dunn, T. Dalgleish, and A. D. Lawrence, "The somatic marker hypothesis: A critical evaluation," *Neuroscience & Biobehavioral Reviews* 30 (2006): 239-271.

32 Joseph E. LeDoux, *The Emotional Brain: The Mysterious Underpinnings of Emotional Life* (New York: Simon & Schuster, 1996).

33 Daniel Kahneman, *Thinking, Fast and Slow* (New York: Farrar, Straus and Giroux, 2011).

34 마이런 쇼넨펠드Myron Schonenfeld는 1978년 논문(*Journal of the American Medical Association* 27: 141-162)에서 파가니니가 희귀적 유전질환인 마르판 증후군을 앓

았을 가능성이 매우 높다고 추측했다.

35 F. Bennati, A. Pedrazzini, A. Martelli, and S. Tocco, "Niccolo Paganini: The hands of a genius," *Acta Biomedica* 86 (2015): 27-31에서 인용.

36 Carl Guhr, *Paganini's Art of Playing the Violin: With a Treatise on Single and Double Harmonic Notes*, translated by S. Novello (London: Novello & Co., 1915).

37 W. K. Bühler, *Gauss: A Biographical Study* (New York: Springer, 1981).

38 George Lakoff and Rafael E. Núnez, *Where Mathematics Comes From: How the Embodied Mind Brings Mathematics into Being* (New York: Basic Books, 2000).

39 A. D. Wilson and S. Golonka, "Embodied cognition is not what you think it is," *Frontiers in Psychology* 4 (2013): 58.

40 L. M. Gordon et al., "Dental materials: Amorphous intergranular phases control the properties of rodent tooth enamel," *Science* 347 (2015): 746-750.

41 E. N. Woodcock, *Fifty Years a Hunter and a Trapper* (St. Louis: A. R. Harding, 1913).

42 Louise Barrett, *Beyond the Brain: How Body and Environment Shape Animal and Human Minds* (Princeton, NJ: Princeton University Press, 2011).

43 James J. Gibson, "The Theory of Affordances," in *Perceiving, Acting, and Knowing: Toward an Ecological Psychology*, edited by Robert Shaw and John Bransford (Hillsdale, NJ: Lawrence Erlbaum Associates, 1977).

44 George Lakoff and Mark Johnson, *Metaphors We Live By* (Chicago: University of Chicago Press, 1980).

45 A. Eerland, T. M. Guadalupe, and R. A. Zwaan, "Leaning to the left makes the Eiffel Tower seem smaller: Posture-modulated estimation," *Psychological Science* 22 (2011): 1511-1514.

46 L. K. Miles, L. K. Nind, and C. N. Macrae, "Moving through time," *Psychological Science* 21 (2010): 222-223.

47 J. M. Northey, N. Cherbuin, K. L. Pumpa, D. J. Smee, and B. Rattray, "Exercise interventions for cognitive function in adults older than 50: A systematic review with meta-analysis," *British Journal of Sports Medicine* (2017).

48 E. P. Cox et al., "Relationship between physical activity and cognitive

function in apparently healthy young to middle-aged adults: A systematic review," *Journal of Science and Medicine in Sport* 19 (2016): 616-628.

49 M. Oppezzo and D. L. Schwartz, "Give your ideas some legs: The positive effect of walking on creative thinking," *Journal of Experimental Psychology: Learning, Memory, and Cognition* 40 (2014): 1142-1152.

50 K. Weigmann, "Why exercise is good for your brain: A closer look at the underlying mechanisms suggests that some sports, especially combined with mental activity, may be more effective than others," *EMBO Reports* 15 (2014): 745-748.

51 Claire Sylvia with William Novak, *A Change of Heart: A Memoir* (New York: Warner Books, 1997).

52 "The Life-Saving Operations That Change Personalities," *Telegraph*, February 6, 2015.

53 B. Bunzel, B. Schmidl-Mohl, A. Grundbock, and G. Wollenek, "Does changing the heart mean changing personality? A retrospective inquiry on 47 heart transplant patients," *Quality of Life Research* 1 (1992): 251-256.

54 M. E. Olbrisch, S. M. Benedict, K. Ashe, and J. L. Levenson, "Psychological assessment and care of organ transplant patients," *Journal of Consulting and Clinical Psychology* 70 (2002): 771-783.

55 K. Mattarozzi, L. Cretella, M. Guarino, and A. Stracciari, "Minimal hepatic encephalopathy: Follow-up 10 years after successful liver transplantation," *Transplantation* 93 (2012): 639-643.

56 Michael D. Gershon, *The Second Brain: The Scientific Basis of Gut Instinct and a Groundbreaking New Understanding of Nervous Disorders of the Stomach and Intestine* (New York: HarperCollins, 1998).

57 S. Fass, "Gastric Sleeve Surgery—The Expert's Guide," Obesity Coverage, obesitycoverage.com, April 13, 2017.

58 H. Woodberries, "Personality Changes—It's a Huge Deal!!" Gastric Sleeve Discussion Forum, gastricsleeve.com March 10, 2012.

59 Jeff Seidel, "After Bariatric Surgery, the Rules of Marriage Often

Change," *Seattle Times*, June 1, 2011.

60 CDC Newsroom, "Nearly Half a Million Americans Suffered from *Clostridium difficile* Infections in a Single Year," Centers for Disease Control and Prevention (February 25, 2015).

61 Peter A. Smith, "Can the Bacteria in Your Gut Explain Your Mood?" *New York Times*, June 23, 2015; T. G. Dinan, R. M. Stilling, C. Stanton, and J. F. Cryan, "Collective unconscious: How gut microbes shape human behavior," *Journal of Psychiatric Research* 63 (2015): 1-9.

62 P. Bercik et al., "The intestinal microbiota affect central levels of brain-derived neurotropic factor and behavior in mice," *Gastroenterology* 141 (2011): 599-609.

63 J. A. Bravo et al., "Ingestion of *Lactobacillus* strain regulates emotional behavior and central GABA receptor expression in a mouse via the vagus nerve," *Proceedings of the National Academy of Sciences* 108 (2011): 16050-16055.

64 K. Tillisch et al., "Consumption of fermented milk product with probiotic modulates brain activity," *Gastroenterology* 144 (2013): 1394-1401.

65 J. M. Harlow, "Recovery from the passage of an iron bar through the head," *Publication of the Massachusetts Medical Society* 2 (1869): 327-347; A. Bechara, H. Damasio, D. Tranel, and A. R. Damasio, "The Iowa Gambling Task and the somatic marker hypothesis: Some questions and answers," *Trends in Cognitive Science* 9 (2005): 159-162; 본문 101~104의 논의를 보라.

66 J. Horgan, "The forgotten era of brain chips," *Scientific American* 293 (2005): 66-73.

67 J. Gorman, "Brain Control in a Flash of Light," *New York Times*, April 21, 2014.

68 W. R. Lovallo et al., "Caffeine stimulation of cortisol secretion across the waking hours in relation to caffeine intake levels," *Psychosomatic Medicine* 67 (2005): 734-739; J. R. Schwartz and T. Roth, "Neurophysiology of

sleep and wakefulness: Basic science and clinical implications," *Current Neuropharmacology* 6 (2008): 367-378.

6장 | 어떤 뇌도 외딴 섬이 아니다

1 Peter M. Milner, *The Autonomous Brain: A Neural Theory of Attention and Learning* (Mahwah, NJ: Lawrence Erlbaum, 1999).
2 P. Haggard, "Human volition: Towards a neuroscience of will," *Nature Reviews Neuroscience* 9 (2008): 934-946.
3 B. Libet, C. A. Gleason, E. W. Wright, and D. K. Pearl, "Time of conscious intention to act in relation to onset of cerebral activity (readiness-potential): The unconscious initiation of a freely voluntary act," *Brain* 106 (Part 3) (1983): 623-6 42.
4 David Eagleman, *ncognito: The Secret Lives of the Brain* (New York: Vintage Books, 2012).
5 〈인사이드 아웃〉, 감독 피트 닥터Pete Docter, 로니 델 카르멘Ronnie Del Carmen (월트 디즈니 스튜디오, 2015년).
6 Gilbert Ryle, *The Concept of Mind* (New York: Hutchinson's University Library, 1949).
7 Arthur Schopenhauer, *Prize Essay on the Freedom of the Will*, translated by E. F. J. Payne (New York: Cambridge University Press, 1999).
8 *Fodor's Tokyo*, edited by Stephanie E. Butler (New York: Random House, 2011).
9 Three-Monkeys, three-monkeys.info (accessed May 10, 2017).
10 Juhi Saklani, *Eyewitness Gandhi* (New York: DK Publishing, 2014).
11 Neil Strauss, "Mafia Songs Break a Code of Silence; A Gory Italian Folk Form Attracts Fans, and Critics," *New York Times*, July, 22, 2002.
12 *The Bhagavad Gita*, translated by Laurie L. Patton (New York: Penguin Classics, 2008).
13 H. B. Barlow, W. R. Levick, and M. Yoon, "Responses to single quanta of light in retinal ganglion cells of the cat," *Vision Research*, Suppl 3 (1971): 87-101.
14 M. Meister, R. O. Wong, D. A. Baylor, and C. J. Shatz, "Synchronous

bursts of action potentials in ganglion cells of the developing mammalian retina," *Science* 252 (1991): 939-943.

15 K. Koch et al., "How much the eye tells the brain," *Current Biology* 16 (2006): 1428-1434.

16 B. C. Moore, "Coding of sounds in the auditory system and its relevance to signal processing and coding in cochlear implants," *Otology & Neurotology* 24 (2003): 243-254.

17 R. S. Johansson and A. B. Vallbo, "Tactile sensibility in the human hand: Relative and absolute densities of four types of mechanoreceptive units in glabrous skin," *Journal of Physiology* 286 (1979): 283-300.

18 Daniel L. Schacter, Daniel T. Gilbert, Daniel M. Wegner, and Matthew K. Nock, *Psychology*, 3rd ed. (New York: Worth Publishers, 2014).

19 T. Connelly, A. Savigner, and M. Ma, "Spontaneous and sensory-evoked activity in mouse olfactory sensory neurons with defined odorant receptors," *Journal of Neurophysiology* 110 (2013): 55-62.

20 Eric Griffith, "How Fast Is Your Internet Connection … Really?" *PC Magazine*, June 2, 2017.

21 E. V. Evarts, "Relation of Discharge Frequency to Conduction Velocity in Pyramidal Tract Neurons," *Journal of Neurophysiology* 28 (1965): 216-228; L. Firmin et al., "Axon diameters and conduction velocities in the macaque pyramidal tract," *Journal of Neurophysiology* 112 (2014): 1229-1240.

22 David C. Van Essen, "Organization of Visual Areas in Macaque and Human Cerebral Cortex," in *Visual Neurosciences*, vol. 1, edited by Leo M. Chalupa and John S. Werner (Cambridge, MA: MIT Press, 2004).

23 N. Naue et al., "Auditory event-related response in visual cortex modulates subsequent visual responses in humans," *Journal of Neuroscience* 31 (2011): 7729-7736.

24 C. Kayser, C. I. Petkov, and N. K. Logothetis, "Multisensory interactions in primate auditory cortex: fMRI and electrophysiology," *Hearing Research* 258 (2009): 80-88.

25 Micah M. Murray and Mark T. Wallace, eds., *The Neural Bases of Multisensory Processes* (Boca Raton, FL: CRC, 2012).

26 M. T. Schmolesky et al., "Signal timing across the macaque visual system," *Journal of Neurophysiology* 79 (1998): 3272-3278.

27 M. E. Raichle et al., "A default mode of brain function," *Proceedings of the National Academy of Sciences* 98 (2001): 676-682.

28 B. Biswal, F. Z. Yetkin, V. M. Haughton, and J. S. Hyde, "Functional connectivity in the motor cortex of resting human brain using echo-planar MRI," *Magnetic Resonance in Medicine* 34 (1995): 537-541.

29 K. R. Van Dijk et al., "Intrinsic functional connectivity as a tool for human connectomics: Theory, properties, and optimization," *Journal of Neurophysiology* 103 (2010): 297-321.

30 V. Betti et al., "Natural scenes viewing alters the dynamics of functional connectivity in the human brain," *Neuron* 79 (2013): 782-797.

31 T. Vanderwal, C. Kelly, J. Eilbott, L. C. Mayes, and F. X. Castellanos, "Inscapes: A movie paradigm to improve compliance in functional magnetic resonance imaging," *NeuroImage* 122 (2015): 222-232.

32 N. Gaab, J. D. Gabrieli, and G. H. Glover, "Resting in peace or noise: Scanner background noise suppresses default-mode network," *Human Brain Mapping* 29 (2008): 858-867.

33 J. H. Kaas, "The evolution of neocortex in primates," *Progress in Brain Research* 195 (2012): 91-102.

34 Albert Camus, *The Stranger*, translated by Matthew Ward (New York: Vintage, 1989).

35 Matthew H. Bowker, "Meursault and Moral Freedom *The Stranger*'s Unique Challenge to an Enlightenment Ideal," in *Albert Camus's The Stranger: Critical Essays*, edited by Peter Francev (Newcastle upon Tyne, UK: Cambridge Scholars, 2014).

36 A. Vrij, J. van der Steen, and L. Koppelaar, "Aggression of police officers as a function of temperature: An experiment with the fire arms training

system," *Journal of Community & Applied Social Psychology* 4 (1994): 365-370.
37 S. M. Hsiang, M. Burke, and E. Miguel, "Quantifying the influence of climate on human conflict," *Science* 341 (2013): 123567.
38 E. G. Cohn and J. Rotton, "Assault as a function of time and temperature: A moderator-variable time-series analysis," *Journal of Personality and Social Psychology* 72 (1997): 1322-1334.
39 L. Taylor, S. L. Watkins, H. Marshall, B. J. Dascombe, and J. Foster, "The impact of different environmental conditions on cognitive function: A focused review," *Frontiers in Physiology* 6 (2015): 372.
40 G. Greenberg, "The effects of ambient temperature and population density on aggression in two inbred strains of mice, *Mus musculus*," *Behaviour* 42 (1972): 119-130.
41 Caroline Overy and E. M. Tansey, eds., *The Recent History of Seasonal Affective Disorder (SAD): The Transcript of a Witness Seminar*, Wellcome Witnesses to Contemporary Medicine, vol. 51 (London: Queen Mary, University of London, 2014).
42 N. E. Rosenthal et al., "Seasonal affective disorder: A description of the syndrome and preliminary findings with light therapy," *Archives of General Psychiatry* 41 (1984): 72-80; A. Magnusson, "An overview of epidemiological studies on seasonal affective disorder," *Acta Psychiatrica Scandinavica* 101 (2000): 176-184; K. A. Roecklein and K. J. Rohan, "Seasonal affective disorder: An overview and update," *Psychiatry* 2 (2005): 20-26.
43 G. Pail et al., "Bright-light therapy in the treatment of mood disorders," *Neuropsychobiology* 64 (2011): 152-162.
44 Roecklein and Rohan, "Seasonal affective disorder."
45 Wassily Kandinsky, *On the Spiritual in Art* (New York: Solomon R. Guggenheim Foundation, 1946).
46 Michael York, *The A to Z of New Age Movements* (Lanham, MD: Scarecrow, 2009).
47 A. J. Pleasonton, *The Influence of the Blue Ray of the Sunlight and of the Blue*

Colour of the Sky; in Developing Animal and Vegetable Life, in Arresting Disease and in Restoring Health in Acute and Chronic Disorders to Human and Domestic Animals (Philadelphia: Claxton, Remsen & Haffelfinger, 1876).

48 Adam Alter, *Drunk Tank Pink: And Other Unexpected Forces That Shape How We Think, Feel, and Behave* (New York: Penguin, 2014).

49 A. G. Schauss, "Tranquilizing effect of color reduces aggressive behavior and potential violence," *Orthomolecular Psychiatry* 8 (1979): 218-221.

50 J. E. Gilliam and D. Unruh, "The effects of Baker-Miller pink on biological, physical and cognitive behaviour," *Journal of Orthomolecular Medicine* 3 (1988): 202-206.

51 P. Valdez and A. Mehrabian, "Effects of color on emotions," *Journal of Experimental Psychology: General* 123 (1994): 394-409.

52 A. J. Elliot, M. A. Maier, A. C. Moller, R. Friedman, and J. Meinhardt, "Color and psychological functioning: The effect of red on performance attainment," *Journal of Experimental Psychology: General* 136 (2007): 154-168.

53 R. Mehta and R. J. Zhu, "Blue or red? Exploring the effect of color on cognitive task performances," *Science* 323 (2009): 1226-1229.

54 P. Salamé and A. D. Baddeley, "Disruption of short-term memory by unattended speech: Implications for the structure of working memory," *Journal of Verbal Learning & Verbal Behavior* 21 (1982): 150-164; D. M. Jones and W. J. Macken, "Irrelevant tones produce an irrelevant speech effect: Implications for phonological coding in working memory," *Journal of Experimental Psychology* 19 (1993): 369-381.

55 E. M. Elliott, "The irrelevant-speech effect and children: Theoretical implications of developmental change," *Memory and Cognition* 30 (2002): 478-487.

56 S. Murphy and P. Dalton, "Out of touch? Visual load induces inattentional numbness," *Journal of Experimental Psychology: Human Perception and Performance* 42 (2016): 761-765.

57 S. Brodoehl, C. M. Klingner, and O. W. Witte, "Eye closure enhances

dark night perceptions," *Science Reports* 5 (2015): 10515.

58 H. McGurk and J. MacDonald, "Hearing lips and seeing voices," *Nature* 264 (1976): 746-748. 맥거크 효과는 비디오와 오디오 자극을 여러 피험자에게 보여주고 그들의 지각에 대해 조사해 처음으로 시연된바 있다. 당신도 온라인에서 얻을 수 있는 비디오 파일을 사용해 이 효과를 지금 경험해볼 수 있다.

59 M. Corbetta and G. L. Shulman, "Control of goal-directed and stimulus-driven attention in the brain," *Nature Reviews Neuroscience* 3 (2002): 201-215.

60 William James, *The Principles of Psychology* (New York: Henry Holt and Company, 1890).

61 R. J. Krauzlis, A. Bollimunta, F. Arcizet, and L. Wang, "Attention as an effect not a cause," *Trends in Cognitive Science* 18 (2014): 457-464.

62 Corbetta and Shulman, "Control of goaldirected and stimulus-driven attention in the brain."

63 M. Handford, *Where's Waldo? The Complete Collection* (Cambridge, MA: Candlewick, 2008).

64 N. P. Bichot, A. F. Rossi, and R. Desimone, "Parallel and serial neural mechanisms for visual search in macaque area V4," *Science* 308 (2005): 529-534.

65 H. F. Credidio, E. N. Teixeira, S. D. Reis, A. A. Moreira, and J. S. Andrade Jr., "Statistical patterns of visual search for hidden objects," *Scientific Reports* 2 (2012): 920.

66 I. Mertens, H. Siegmund, and O. J. Grusser, "Gaze motor asymmetries in the perception of faces during a memory task," *Neuropsychologia* 31 (1993): 989-998.

67 Marcel Proust, A la recherche du temps perdu: Du côté de chez Swann, 7 vols. (Paris, France: Gallimard, 1919-1927); Evelyn Waugh, *Brideshead Revisited: The Sacred and Profane Memories of Captain Charles Ryder* (Boston: Little, Brown, 1945).

68 Gaius Suetonius Tranquillus, *The Twelve Caesars*, translated by Robert Graves (New York: Penguin, 2007).

69 John Medina, *Brain Rules: 12 Principles for Surviving and Thriving at Work, Home,*

and School (Seattle: Pear, 2008).

70 Alyson Gausby, *Attention Spans*, Consumer Insights, Microsoft Canada, 2015.

71 Solomon E. Asch, "Effects of Group Pressure upon the Modification and Distortion of Judgments," in *Groups, Leadership and Men: Research in Human Relations*, edited by H. Guetzkow (Oxford, UK: Carnegie, 1951).

72 S. E. Asch, "Opinions and social pressure," *Scientific American* (November 1955).

73 H. C. Breiter et al., "Response and habituation of the human amygdala during visual processing of facial expression," *Neuron* 17 (1996): 875-887.

74 A. J. Bartholomew and E. T. Cirulli, "Individual variation in contagious yawning susceptibility is highly stable and largely unexplained by empathy or other known factors," *PLoS One* 9 (2014): e91773.

75 S. Kouider and E. Dupoux, "Subliminal speech priming," *Psychological Science* 16 (2005): 617-625.

76 S. Kouider, V. de Gardelle, S. Dehaene, E. Dupoux, and C. Pallier, "Cerebral bases of subliminal speech priming," *NeuroImage* 49 (2010): 922-929.

77 Gawande, "Hellhole," *New Yorker*, March 30, 2009.

78 Sal Rodriguez, "Solitary Confinement: FAQ," Solitary Watch, solitarywatch.com/facts/faq, March 31, 2012.

79 Sal Rodriguez, "Fact Sheet: Psychological Effects of Solitary Confinement," Solitary Watch, solitarywatch.com/facts/fact-sheets, June 4, 2011.

80 Shruti Ravindran, "Twilight in the Box," *Aeon*, February 27 2014.

81 P. Gendreau, N. L. Freedman, G. J. Wilde, and G. D. Scott, "Changes in EEG alpha frequency and evoked response latency during solitary confinement," *Journal of Abnormal Psychology* 79 (1972): 545-549.

82 Jan Harold Brunvand, ed., *American Folklore: An Encyclopedia* (New York: Garland, 1996).

83 *Extramarital Affairs Topline*, Pew Research Center, 2014.

84 R. Khan, "Genetic map of Europe; genes vary as a function of distance," *Gene Expression*, May 21, 2008.

85 Michael Gazzaniga, *Who's in Charge? Free Will and the Science of the Brain* (New York: HarperCollins, 2012).

86 John Donne, *Devotions upon Emergent Occasions and Death's Duel* (New York: Vintage, 1999).

7장 | 내부자와 외부자

1 버락 오바마. 2015년 전미 유색인 지위 향상 협회NAACP: National Association for the Advancement of Colored People 대회 (필라델피아) 연설.

2 로널드 레이건. 1968년 공화당 전당대회 정강위원 회의 (마이애미) 연설.

3 역사를 계급투쟁의 연속으로 보는 마르크스의 견해는 잘 알려져 있다시피 프리드리히 엥겔스Friedrich Engels와 같이 쓰고 1848년에 독일어로 익명으로 출판한《공산당 선언The Communist Manifesto》에 잘 나타나 있다.

4 Karl Marx, "Economic and Philosophic Manuscripts of 1844," in *Economic and Philosophic Manuscripts of 1844*; and *the Communist Manifesto*, translated by Martin Milligan (Buffalo, NY: Prometheus Books, 1988).

5 John M. O'Donnell, *The Origins of Behaviorism: American Psychology, 1870-1920* (New York: New York University Press, 1985).

6 S. Diamond, "Wundt Before Leipzig," in *Wilhelm Wundt and the Making of a Scientific Psychology*, edited by R. W. Rieber (New York: Springer, 1980).

7 W. Wundt, "Principles of Physiological Psychology," translated by S. Diamond, in *Wilhelm Wundt and the Making of a Scientific Psychology*, edited by R. W. Rieber (New York: Plenum, 1980).

8 K. Danziger, "The history of introspection revisited," *Journal of the History of Behavioral Sciences* 16 (1980): 241-262.

9 W. Wundt, *Lectures on Human and Animal Psychology*, translated by J. E. Creighton and E. B. Titchener (New York: Macmillan, 1896).

10 Wundt, *Principles of Physiological Psychology*.

11 W. M. Wundt, *Outlines of Psychology*, translated by C. H. Judd (Leipzig, Germany: W. Engelman, 1897).

12 Edward B. Titchener, *A Primer of Psychology* (New York: Macmillan, 1899).

13 윌리엄 제임스의 아버지인 헨리 제임스 시니어Henry James Sr.는 유명한 신학자이고 그의 형제들로는 소설가 헨리 제임스Henry James와 일기 작가인 앨리스 제임스Alice James가 있다.

14 William James, *The Principles of Psychology* (New York: Henry Holt and Company, 1890).

15 James, *The Principles of Psychology*.

16 A. Kim, "Wilhelm Maximilian Wundt," *The Stanford Encyclopedia of Philosophy*, edited by Edward N. Zalta (Stanford, CA: Metaphysics Research Lab, Center for the Study of Language and Information, Stanford University).

17 두드러진 예로는 뷔르츠부르크대학교의 오스발트 퀼페Oswald Külpe, 존스홉킨스대학교에 있다가 클라크대학교로 옮긴 G. 스탠리 홀G. Stanley Hall, 컬럼비아대학교의 에드워드 손다이크와 제임스 커텔, 하버드대학교의 에드윈 보링Edwin Boring, 유니버시티칼리지 런던의 찰스 스피어먼Charles Spearman이 있다.

18 R. M. Yerkes, "Eugenic bearing of measurements of intelligence in the United States Army," *Eugenics Review* 14 (1923): 225-245.

19 C. S. Gruber, "Academic freedom at Columbia University, 1917-1918: The case of James McKeen Cattell," *AAUP* Bulletin 58 (1972): 297-305.

20 J. B. Watson, "Psychology as the behaviorist views it," *Psychological Review* 20 (1913): 158-177.

21 D. N. Robinson, *An Intellectual History of Psychology* (Madison: University of Wisconsin Press, 1986).

22 E. B. Titchener, "On 'Psychology as the behaviorist views it,'" *Proceedings of the American Philosophical Society* 53 (1914): 1-17.

23 R. M. Yerkes, "Comparative psychology: A question of definitions," *The Journal of Philosophy, Psychology and Scientific Methods* 10, 1913: 580-582; J. B. Watson, *Behavior: An Introduction to Comparative Psychology* (New York: Henry Holt and Company, 1914).

24 F. Samelson, "Struggle for scientific authority: The reception of Watson's behaviorism, 1913-1920," *Journal of History of the Behavioral Sciences* 17 (1981): 399-425.

25 이 장은 심리학의 역사를 인정하면서도 디테일을 생략하고 그려내야 해서 해당 분야에서 중요한 역할을 한 많은 학자들에게 마땅한 관심을 모두 기울일 수는 없다. 특히 프로이트는 내가 여기서 할당한 것보다 더 충분히 조명받을 만한 자격이 있다. 개인의 무의식적 마음 구조에 대한 그의 강조는, 물론 훨씬 덜 세분화되어 있고 덜 과학적인 정향을 가지고 있지만, 19세기 후반 내성적 심리학자들의 관점과 대체적으로 일치한다고 간주할 수도 있다. 학계의 심리학자들은 대체로 프로이트에 거부반응을 보이지만 그럼에도 불구하고, 다양한 스펙트럼의 심리학 이론에 지적으로 관여했던 제임스와 분트의 제자인 G. 스탠리 홀에게서 합의점을 찾을 수 있다. 홀은 1909년 프로이트의 유일한 미국 방문을 주관했다. 홀 자신도 초심리학paranormal psychology과 종교적 인물의 정신분석과 같은 주제에 몰두했다.

26 Michael Specter, "Drool," *New Yorker*, November 24, 2014.

27 Daniel P. Todes, *Ivan Pavlov: A Russian Life in Science* (New York: Oxford University Press, 2014).

28 우리는 2장에서 슐츠와 동료들 연구의 한 부분으로 원숭이 학습에 있어 도파민 뉴런의 기능과 관련하여 시각적 자극과 주스 보상을, 네더고드와 동료들이 이식된 인간 글리아 세포를 받은 생쥐의 학습 능력을 시험하기 위해 음조와 끔찍한 전기 충격을 결합한 예를 보았다.

29 John B. Watson, *Behaviorism* (New York: W. W. Norton, 1925).

30 S. J. Haggbloom et al., "The 100 most eminent psychologists of the 20th century," *Review of General Psychology* 6 (2002):139-152.

31 스키너는 매우 잘 알려져 있듯이 자신의 저서 *The Behavior of Organisms: An Experimental Analysis* (New York: Appleton-Century-Crofts, 1938)에서 조작적 조건화 현상에 대해 자세하게 설명했다. 하지만 이 개념은 행동 기반 학습이 '효과 법칙the Law of Effect'에서 나타난다고 설명한 에드워드 손다이크에게서 비롯된 것으로 종종 알려져 있다. "동일한 상황에 대한 여러 반응 중, 다른 조건이 동일하다면 동물에게 만족을 동반하거나 그와 연관된 반응은 해당 상황과 보다

긴밀하게 연관된다. 그래서 동일한 상황에 대한 동일한 반응이 반복될 가능성이 높아진다. 다른 조건이 동일하다면 동물에게 불편을 동반하거나 그와 연관된 반응은 해당 상황과의 연결이 약화된다. 그래서 동일한 상황에 대한 동일한 반응이 반복될 가능성이 낮아진다. 만족이나 불편이 클수록 결합의 강화나 약화 정도는 더 커진다."(Edward L. Thorndike, *Animal Intelligence* [New York: Macmillan, 1911]).

32 B. F. Skinner, *Science and Human Behavior* (New York: Macmillan, 1953). 다양한 종류의 조작적 조건화를 스키너의 동시대인들이 도입하고 연구했다. 그 예로는 에드윈 거스리Edwin Guthrie의 인접 조건화contiguous conditioning, 에드워드 톨먼Edward Tolman의 잠재 학습latent learning, 머리 시드먼Murray Sidman의 조작 회피operant avoidance 등이 있다.

33 Benedict Carey, "Sidney W. Bijou, Child Psychologist, Is Dead at 100," *New York Times*, July 21, 2009.

34 D. M. Baer, M. M. Wolf, and T. R. Risley, "Some current dimensions of applied behavior analysis," *Journal of Applied Behavioral Analysis* 1 (1968): 91-97.

35 J. J. Pear, "Behaviorism in North America since Skinner: A personal perspective," *Operants* Q4 (2015): 10-14.

36 J. Ludy and T. Benjamin, "A history of teaching machines," *American Psychologist* 43 (1988): 703-712.

37 Le Corbusier, *Toward an Architecture*, translated by John Goodman (Los Angeles: Getty Research Institute, 2007).

38 B. F. Skinner, *Walden Two* (New York: Macmillan, 1948).

39 A. Sanguinetti, "The design of intentional communities: A recycled perspective on sustainable neighborhoods," *Behavior and Social Issues* 21 (2012): 5-25.

40 Watson, *Behaviorism*.

41 B. F. Skinner, quoted in Temple Grandin, *Animals in Translation: Using the Mysteries of Autism to Decode Animal Behavior* (New York: Scribner, 2005).

42 John Searle, 다음에서 재인용. Steven R. Postrel and Edward Feser, "Reality

Principles: An Interview with John R. Searle," *Reason* (February 2000).

43 F. Skinner, *Verbal Behavior* (New York: Appleton-Century-Crofts, 1957).

44 Noam Chomsky, "A review of B. F. Skinner's *Verbal Behavior*," *Language* 35 (1959): 26-58.

45 Chomsky, "A review of B. F. Skinner's *Verbal Behavior*."

46 Steven Pinker, *The Blank Slate: The Modern Denial of Human Nature* (New York: Viking, 2002).

47 Noam Chomsky, *spects of the Theory of Syntax* (Cambridge, MA: MIT Press, 1965).

48 Pinker, *The Blank Slate*.

49 M. Rescorla, "The computational theory of mind," *The Stanford Encyclopedia of Philosophy*, edited by Edward N. Zalta (Stanford, CA: Metaphysics Research Lab, Center for the Study of Language and Information, Stanford University, n.d.).

50 David Marr, *Vision: A Computational Investigation into the Human Representation and Processing of Visual Information* (San Francisco: W. H. Freeman, 1982).

51 Ned Block, "The Mind as the Software of the Brain," in *Thinking*, vol. 3 of *An Invitation to Cognitive Science*, 2nd ed., edited by Daniel N. Osherson et al. (Cambridge, MA: MIT Press, 1995).

52 Pinker, *The Blank Slate*.

53 정신 기능에 대해 완전히 뇌 중심적인 견해에 주목할 정도로 저항한 사람들은 5장에서 살펴본 체화된 인지 운동 그리고 다마지오의 신체표지 또는 전신 스트레스 반응과 같은 현상과 관련된, 뇌-몸 상호작용의 중요성을 강조했다.

54 Peter B. Reiner, " The Rise of Neuroessentialism," in *Oxford Handbook of Neuroethics*, edited by Judy Illes and Barbara J. Sahakian (New York: Oxford University Press, 2011).

55 A. Roskies, "Neuroethics for the new millennium," *Neuron* 35 (2002): 21-23.

56 Alex Hannaford, "The Mysterious Vanishing Brains," *Atlantic*, 2014년 12월 2일 기사.

57 C. D. Chenar, "Charles Whitman Autopsy Report," Cook Funeral Home, Austin, TX, 1966.

58 Gary M. Lavergne, *A Sniper in the Tower: The Charles Whitman Murders* (Denton: University of North Texas Press, 1997).

59 Governor's Committee and Invited Consultants, *Report to the Governor, Medical Aspects, Charles J. Whitman Catastrophe*, Austin, TX, 1966.

60 Lavergne, *A Sniper in the Tower*.

61 Joseph LeDoux, "Inside the Brain, Behind the Music, Part 5," The Beautiful Brain Blog, thebeautifulbrain.com/2010/07/ledoux-amydaloids-crime-of-passion, July 23, 2010.

62 David Eagleman, "The Brain on Trial," *Atlantic*, (July/August 2011).

63 Jeffrey Rosen, "The Brain on the Stand," *New York Times Magazine*, March 11, 2007.

64 R. M. Sapolsky, "The frontal cortex and the criminal justice system," *Philosophical Transactions of the Royal Society of London Series B: Biological Sciences* 359 (2004): 1787-1796.

65 Adam Voorhes and Alex Hannaford, *Malformed: Forgotten Brains of the Texas State Mental Hospital* (New York: Powerhouse Books, 2014).

66 Hannaford, "The Mysterious Vanishing Brains."

67 Rick Jervis and Doug Stanglin, "Mystery of Missing University of Texas Brains Solved," *USA Today*, December 3, 2014.

68 Mary Midgley, *The Myths We Live By* (NewYork: Routledge, 2003).

69 William Shakespeare, "The Passionate Pilgrim," in *The Complete Works*, edited by Stephen Orgel and A. R. Braunmuller (New York: Penguin Books, 2002).

70 Sarah-Jayne Blakemore, "The Mysterious Workings of the Adolescent Brain," TED Conferences, September 17, 2012.

71 Maggie Koerth-Baker, "Who Lives Longest?" *New York Times Magazine*, March 19, 2013.

72 "The Science of Drug Abuse and Addiction: The Basics," National Institute of Drug Abuse, drugabuse.gov/publications/media-guide/science-drug-abuse-addiction-basics (accessed June 7, 2017).

73 A. I. Leshner, "Addiction is a brain disease, and it matters," *Science* 278 (1997): 45-47.

74 J. D. Hawkins, R. F. Catalano, and J. Y. Miller, "Risk and protective factors for alcohol and other drug problems in adolescence and early adulthood: Implications for substance abuse prevention," *Psychological Bulletin* 112 (1992): 64-105; Mayo Clinic Staff, "Drug Addiction: Risk Factors," Mayo Clinic, mayoclinic.org/diseases-conditions/drug-addiction/basics/risk-factors/con-20020970 (accessed June 7, 2017).

75 Sally Satel and Scott O. Lilienfeld, *Brainwashed: The Seductive Appeal of Mindless Neuroscience* (New York: Basic Books, 2013).

76 Lance Dodes, "Is Addiction Really a Disease?" *Psychology Today*, December 17, 2011.

77 *Young Frankenstein*, directed by Mel Brooks, 20th Century Fox, 1974.

78 Brian Burrell, *Postcards from the Brain Museum: The Improbable Search for Meaning in the Matter of Famous Minds* (New York: Broadway Books, 2004).

79 Nancy C. Andreasen, "Secrets of the Creative Brain," *Atlantic* (July/August 2014).

80 M. Reznikoff, G. Domino, C. Bridges, and M. Honeyman, "Creative abilities in identical and fraternal twins," *Behavioral Genetics* 3 (1973): 365-377; A. A. Vinkhuyzen, S. van der Sluis, D. Posthuma, and D. I. Boomsma, "The heritability of aptitude and exceptional talent across different domains in adolescents and young adults," Behavioral Genetics 39 (2009): 380-392; C. Kandler et al., "The nature of creativity: The roles of genetic factors, personality traits, cognitive abilities, and environmental sources," *Journal of Personality & Social Psychology* 111 (2016): 230-249.

81 Kevin Dunbar, "How Scientists Think: Online Creativity and Conceptual Change in Science," in *Creative Thought: An Investigation of Conceptual Structures and Processes*, edited by Thomas B. Ward, Steven M. Smith, and Jyotsna Vaid (Washington, DC: American Psychological Association, 1997).

82 Maria Konnikova, *Mastermind: How to Think Like Sherlock Holmes* (New York: Viking, 2013).

83 Jan Verplaetse, *Localising the Moral Sense: Neuroscience and the Search for the Cerebral Seat of Morality, 1800-1930* (New York: Springer, 2009).

84 L. Pascual, P. Rodrigues, and D. Gallardo-Pujol, "How does morality work in the brain? A functional and structural perspective of moral behavior," *Frontiers in Integrative Neuroscience* 7 (2013): 65.

85 S. Milgram, "Behavioral study of obedience," *Journal of Abnormal and Social Psychology* 67 (1963): 371-378.

86 Lauren Cassani Davis, "Do Emotions and Morality mix?" *Atlantic*, February 5, 2016.

87 Thomas Carlyle, *On Heroes, Hero-Worship, and the Heroic in History* (London: James Fraser, 1841).

88 William James, "Great Men, Great Thoughts, and the Environment," *Atlantic Monthly* (October 1880).

8장 | 망가진 뇌를 넘어서

1 K. Weir, "The roots of mental illness," *Monitor on Psychology* 43 (2012): 30.

2 G. Schomerus et al., "Evolution of public attitudes about mental illness: A systematic review and meta-analysis," *Acta Psychiatrica Scandinavica* 125 (2012): 440-452.

3 Michel Foucault, *Madness and Civilization: A History of Insanity in the Age of Reason*, translated by Richard Howard(New York: Vintage Books, 1988).

4 Samuel Tuke, Description of the Retreat, an Institution near York, for Insane Persons of the Society of Friends: Containing an Account of Its Origins and Progress, the Modes of Treatment, and a Statement of Cases (York, UK: Isaac Peirce, 1813).

5 Foucault, *Madness and Civilization.*

6 "Mental Health Facts in America," National Alliance on Mental Illness, 2015, nami.org/Learn-More/Mental-Health-By-the-Numbers.

7 Doug Stanglin, "Aurora Suspect James Holmes Sent His Doctor Burned Money," *USA Today*, December 10, 2012.
8 James Holmes, Laboratory Notebook, University of Colorado, 2012.
9 Ann O'Neill, Ana Cabrera, and Sara Weisfeldt, "A Look Inside the 'Broken' Mind of James Holmes," CNN, June 10, 2017.
10 Ann O'Neill and Sara Weisfeldt, "Psychiatrist: Holmes Thought 3-4 Times a Day About Killing," CNN, June 10, 2017.
11 Jack Bragen, *Schizophrenia: My 35-Year Battle* (Raleigh, NC: Lulu, 2015).
12 Jack Bragen, "On Mental Illness: The Sacrifices of Being Medicated," *Berkeley Daily Planet*, May 11, 2011.
13 P. W. Corrigan, J. E. Larson, and N. Rusch, "Self-stigma and the 'why try' effect: Impact on life goals and evidence-based practices," *World Psychiatry* 8 (2009): 75-81.
14 Schomerus et al., "Evolution of public attitudes about mental illness: A systematic review and meta-analysis."
15 P. W. Corrigan and A. C. Watson, "At issue: Stop the stigma: Call mental illness a brain disease," *Schizophrenia Bulletin* 30 (2004): 477-479.
16 P. R. Reilly, "Eugenics and involuntary sterilization: 1907-2015," Annual Review of Genomics and Human Genetics 16 (2015): 351-368.
17 Dana Goldstein, "Sterilization's Cruel Inheritance," *New Republic*, March 4, 2016.
18 Carrie Buck v. John Hendren Bell, 274 U.S. 200 (1927).
19 J. Pfeiffer, "Neuropathology in the Third Reich," *Brain Pathology* 1 (1991): 125-131.
20 Henry Friedlander, *The Origins of Nazi Genocide: From Euthanasia to the Final Solution* (Chapel Hill: University of North Carolina Press, 1997).
21 J. T. Hughes, "Neuropathology in Germany during World War II: Julius Hallervorden (1882-1965) and the Nazi programme of 'euthanasia,'" *Journal of Medical Biography* 15 (2007): 116-122.
22 J. Pfeiffer, "Phases in the postwar German Reception of the 'euthanasia

program' (1939-1945) involving the killing of the mentally disabled and its exploitation by *neuroscientists*," *Journal of the History of the Neurosciences* 15 (2006): 210-244.

23 R. Ahren, "German Institute Finds Brain Parts Used by Nazis for Research During, and After, WWII," *Times of Israel*, August 31, 2016.

24 Roy Porter, "Madness and Its Institutions," in *Medicine in Society: Historical Essays*, edited by Andrew Wear (Cambridge, UK: Cambridge University Press, 1992).

25 Mark Davis, *Asylum: Inside the Pauper Lunatic Asylums* (Stroud, UK: Amberley, 2014).

26 H. R. Rollin, "Psychiatry in Britain one hundred years ago," *British Journal of Psychiatry* 183 (2003): 292-298.

27 Chris Pleasance, "Faces from the Asylum: Harrowing Portraits of Patients at Victorian 'Lunatic' Hospital Where They Were Treated for 'Mania, Melancholia and General Paralysis of the Insane,'" *Daily Mail*, March 18, 2015.

28 Ezra Susser, Sharon Schwartz, Alfredo Morabia, and Evelyn J. Bromet, eds., *Psychiatric Epidemiology: Searching for the Causes of Mental Disorders* (New York: Oxford University Press, 2006).

29 W. S. Bainbridge, "Religious insanity in America: The official nineteenth-century theory," *Sociological Analysis* 45 (1984).

30 G. Davis, "The most deadly disease of asylumdom: General paralysis of the insane and Scottish psychiatry, c. 1840-1940," *Journal of the Royal College of Physicians of Edinburgh* 42 (2012): 266-273.

31 J. M. S. Pearce, "Brain disease leading to mental illness: A concept initiated by the discovery of general paralysis of the insane," *European Neurology* 67 (2012): 272-278.

32 J. Hurn, "The changing fortunes of the general paralytic," *Wellcome History* 4 (1997): 5.

33 *Pellagra and Its Prevention and Control in Major Emergencies*, World Health Organization, 2000.

34 Charles S. Bryan, *Asylum Doctor: James Woods Babcock and the Red Plague of*

Pellagra (Columbia: University of South Carolina Press, 2014).

35 V. P. Sydenstricker, "The history of pellagra, its recognition as a disorder of nutrition and its conquest," *American Journal of Clinical Nutrition* 6 (1958): 409-414.

36 Ludwik Fleck, *Genesis and Development of a Scientific Fact*, translated by Fred Bradley and Thaddeus J. Trenn (Chicago: University of Chicago Press, 1979).

37 Stephen V. Faraone, Stephen J. Glatt, and Ming T. Tsuang, "Genetic Epidemiology," in *Textbook of Psychiatric Epidemiology*, edited by Ming T. Tsuang, Mauricio Tohen, and Peter B. Jones (Hoboken, NJ: John Wiley & Sons, 2011).

38 R. Plomin, M. J. Owen, and P. McGuffin, "The genetic basis of complex human behaviors," *Science* 264 (1994): 1733-1739.

39 Judith Allardyce and Jim van Os, "Examining Gene-Environment Interplay in Psychiatric Disorders," in Tsuang, Tohen, and Jones, eds., *Textbook of Psychiatric Epidemiology*.

40 M. Burmeister, M. G. McInnis, and S. Zollner, "Psychiatric genetics: Progress amid controversy," *Nature Reviews Genetics* 9 (2008): 527-540.

41 P. F. Sullivan, M. J. Daly, and M. O'Donovan, "Genetic architectures of psychiatric disorders: The emerging picture and its implications," *Nature Reviews Genetics* 13 (2012): 537-551.

42 이와 같은 논점을 뒷받침하는 자료인 2014년의 대규모 연구(F. A. Wright et al., "Heritability and genomics of gene expression in peripheral blood," *Nature Genetics* 46 [2014]: 430-437)는 유전성 자폐성 장애 혹은 정신지체와 관련된 유전자의 약 70퍼센트가 혈액에서 검출 가능한 유전자 발현 변화와 연관이 있다는 사실을 보여주었다. 이 사실은 정신 기능에 대한 생리학적 영향이 뇌 밖의 원인에 의한 것일 수 있다는 점을 시사한다. 예를 들어, 청소년의 비만과 우울증의 관계에 대한 연구를 논평한 2013년 보고(D. Nemiary et al., "The relationship between obesity and depression among adolescents," *Psychiatric Annual* 42 [2013]: 305-308)에 따르면 비만 청소년이 다른 학생들보다 학교 문제나 정신 건강 문제를 경험할 가능성이 더 높고, 괴롭힘과 신체에 대한 불만, 둘 다 중요한 요인이 될 수 있

다. 비만은 결국 유전적 원인과 관련 있기 때문에, 비만과 우울증의 관계는 유전자가 간접적인 수단을 통해 뇌와 마음에 어떻게 영향을 줄 수 있는지 실례를 제시한다.

43 M. Schwarzbold et al., "Psychiatric disorders and traumatic brain injury," *Neuropsychiatric Disease and Treatment* 4 (2008): 797-816.

44 Ruth Shonle Cavan, *Suicide* (Chicago: University of Chicago Press, 1928).

45 J. Faris, "Robert E. Lee Faris and the discipline of sociology," *ASA Footnotes* 26 (1998): 8.

46 Robert E. L. Faris and H. Warren Dunham, *Mental Disorders in Urban Areas: An Ecological Study of Schizophrenia and Other Psychoses* (Chicago: University of Chicago Press, 1939).

47 A. V. Horwitz and G. N. Grob, "The checkered history of American psychiatric epidemiology," *Milbank Quarterly* 89 (2011): 628-657.

48 J. D. Page, "Review of Mental Disorders in Urban Areas," *Journal of Educational Psychology* 30 (1939): 706-708.

49 W. W. Eaton, "Residence, social class, and schizophrenia," *Journal of Health and Social Behavior* 15 (1974): 289-299.

50 Monica Charalambides, Craig Morgan, and Robin M. Murray, "Epidemiology of Migration and Serious Mental Illness: The Example of Migrants to Europe," in Tsuang, Tohen, and Jones, eds., *Textbook of Psychiatric Epidemiology*; G. Lewis, A. David, S. Andreasson, and P. Allebeck, "Schizophrenia and city life," Lancet 340 (1992): 137-140; M. Marcelis, F. Navarro-Mateu, R. Murray, J. P. Selten, and J. van Os, "Urbanization and psychosis: A study of 1942-1978 birth cohorts in the Netherlands," *Psychological Medicine* 28 (1998): 871-879.

51 William W. Eaton, Chuan-Yu Chen, and Evelyn J. Bromet, "Epidemiology of Schizophrenia," in Tsuang, Tohen, and Jones, eds., *Textbook of Psychiatric Epidemiology*.

52 D. S. Hasin, M. C. Fenton, and M. M. Weissman, "Epidemiology of Depressive Disorders," in Tsuang, Tohen, and Jones, eds., *Textbook of*

Psychiatric Epidemiology.

53 Kathleen R. Merikangas and Mauricio Tohen, "Epidemiology of Bipolar Disorder in Adults and Children," in Tsuang, Tohen, and Jones, eds., *Textbook of Psychiatric Epidemiology*.

54 Elie Wiesel, *A Mad Desire to Dance*, translated by Catherine Temerson (New York: Alfred A. Knopf, 2009).

55 Sylvia Plath, *The Bell Jar* (London: Faber, 1966).

56 Fyodor Dostoyevsky, *Crime and Punishment*, translated by Oliver Ready (New York: Penguin, 2014).

57 3막 2장에서 리어왕은 폭풍우 치는 황야에서 미친 듯이 배회하면서 폭풍우로부터 숨기지 않고 정신적 고통을 불러오는 듯하다. "저 악독한 두 딸의 편을 들어서, 이런 늙은이의 백발 두상에다 하늘의 군대를 끌고 오려고 하다니!That have with two pernicious daughters join'd / Your high engender'd battles 'gainst a head / So old and white as this!"

58 "The Trial of Natalya Gorbanevskaya," *A Chronicle of Current Events*, August, 31, 1970.

59 The Editors, "Voices from the Past: The Trial of Gleb Pavlovsky," translated by J. Crowfoot, A *Chronicle of Events*, December 31, 1982.

60 "The Arrest of Natalya Gorbanevskaya," *A Chronicle of Current Events*, December 31, 1969.

61 "The Trial of Natalya Gorbanevskaya."

62 H. Merskey and B. Shafran, "Political hazards in the diagnosis of 'sluggish schizophrenia,'" *British Journal of Psychiatry* 148 (1986): 247–256.

63 "The Trial of Natalya Gorbanevskaya."

64 Sidney Bloch and Peter Reddaway, *Russia's Political Hospitals: The Abuse of Psychiatry in the Soviet Union* (London: Futura, 1978).

65 Douglas Martin, "Natalya Gorbanevskaya, Soviet Dissident and Poet, Dies at 77," *New York Times*, December 1, 2013.

66 R. Apps, G. Moore, and S. Guppy, "Natalia," in *Joan Baez: From Every Stage* (A & M Records, 1976).

67 R. van Voren, "Political abuse of psychiatry—An historical overview," *Schizophrenia Bulletin* 36 (2010): 33-35.

68 Anne Applebaum, *Gulag: A History* (New York: Doubleday, 2003).

69 Walter Reich, "The World of Soviet Psychiatry," *New York Times*, January 30, 1983.

70 F. Jabr, "The newest edition of psychiatry's 'Bible,' the DSM-5, is complete," *Scientific American*, January 28, 2013.

71 *The People Behind DSM-5*, American Psychiatric Association, 2013.

72 *Diagnostic and Statistical Manual of Mental Disorders: DSM-5*, 5th ed. (Arlington, VA: American Psychiatric Association, 2013).

73 A. Suris, R. Holliday, and C. S. North, "The evolution of the classification of psychiatric disorders," *Behavioral Science* 6 (2016): 5.

74 Ethan Watters, *Crazy Like Us* (New York: Free Press, 2010).

75 Ethan Watters, "The Americanization of Mental Illness," *New York Times Magazine*, January 8, 2010.

76 T. Szasz, "The myth of mental illness," *American Psychology* 15 (1960): 113-118.

77 J. Oliver, "The myth of Thomas Szasz," *New Atlantis* (Summer 2006); Benedict Carey, "Dr. Thomas Szasz, Psychiatrist Who Led Movement Against His Field, Dies at 92," *New York Times*, September 11, 2012.

78 A. L. Petraglia, E. A. Winkler, and J. E. Bailes, "Stuck at the bench: Potential natural neuroprotective compounds for concussion," *Surgical Neurology International* 2 (2011): 146.

79 Claude Quétel, *History of Syphilis*, translated by Judith Braddock and Brian Pike (Baltimore: Johns Hopkins University Press, 1990).

80 G. L. Engel, "The need for a new medical model: A challenge for biomedicine," *Science* 196 (1977): 129-136.

81 T. M. Brown, "George Engel and Rochester's Biopsychosocial Tradition: Historical and Developmental Perspectives," in *The Biopsychosocial Approach: Past, Present, and Future*, edited by Richard M. Frankel, Timothy E.

Quill, and Susan H. McDaniel (Rochester, NY: University of Rochester Press, 2003).
82 Engel, "The need for a new medical model."
83 "Mental Health Treatment & Services," National Alliance on Mental Illness, nami.org/Learn-More/Treatment (accessed June 13, 2017).
84 Oliver Burkeman, "Therapy Wars: The Revenge of Freud," *Guardian*, January 7, 2016.
85 J. R. Cooper, F. E. Bloom, and R. H. Roth, *The Biochemical Basis of Neuropharmacology* (New York: Oxford University Press, 2003).
86 G. S. Malhi and T. Outhred, "Therapeutic mechanisms of lithium in bipolar disorder: Recent advances and current understanding," *CNS Drugs* 30 (2016): 931-949.
87 *America's State of Mind*, Medco Health Solutions, 2011.
88 S. Ilyas and J. Moncrieff, "Trends in prescriptions and costs of drugs for mental disorders in England, 1998-2010," *British Journal of Psychiatry* 200 (2012): 393-398.
89 M. Olfson and S. C. Marcus, "National trends in outpatient psychotherapy," *American Journal of Psychiatry* 167 (2010): 1456-1463.
90 Schomerus et al., "Evolution of public attitudes about mental illness: A systematic review and meta-analysis."
91 S. Satel and S. O. Lilienfeld, "Addiction and the brain-disease fallacy," *Frontiers in Psychiatry* 4 (2013): 141.
92 Robert Whitaker, *Anatomy of an Epidemic: Magic Bullets, Psychiatric Drugs, and the Astonishing Rise of Mental Illness in America* (New York: Crown Publishers, 2010).
93 A. Prosser, B. Helfer, and S. Leucht, "Biological v. psychosocial treatments: A myth about pharmacotherapy v. psychotherapy," *British Journal of Psychiatry* 208 (2016): 309-311.
94 Corrigan and Watson, "At issue: Stop the stigma."
95 Antonio Regalado, "Why America's Top Mental Health Researcher Joined Alphabet," *Technology Review*, September 21, 2015.
96 인셀이 합류한 구글 부서는 곧 스핀오프 자회사인 생명과학 회사 베릴리Verily

가 되었다. 인셀은 2017년에 베릴리를 떠나 스마트폰으로 정신 질환을 진단 및 모니터할 수 있는 정보 기술 사용을 역시 목표로 하는 마인드스트롱Mindstrong이라는 회사를 공동 설립했다.

97 A. F. Ward and P. Valdesolo, "What internet habits say about mental health," *Scientific American*, August 14, 2012.

9장 | 신경과학 기술의 해방

1 Whitney Ellsworth, Robert J. Maxwell, and Bernard Luber, *Adventures of Superman*, Warner Bros. Television, September 19, 1952; Jerome Siegel and Joe Shuster, *The Reign of the Superman*, January 1933.

2 Deborah Friedell, "Kryptonomics," *New Yorker*, June 24, 2013.

3 P. Frati et al., "Smart drugs and synthetic androgens for cognitive and physical enhancement: Revolving doors of cosmetic neurology," *Current Neuropharmacology* 13 (2015): 5-11; K. Smith, "Brain decoding: Reading minds," *Nature* 502 (2013): 428-430; E. Dayan, N. Censor, E. R. Buch, M. Sandrini, and L. G. Cohen, "Noninvasive brain stimulation: From physiology to network dynamics and back," *Nature Neuroscience* 16 (2013): 838-844; K. S. Bosley et al., "CRISPR germline engineering—The community speaks," *Nature Biotechnology* 33 (2015): 478-486.

4 렉시스넥시스 학문 분야 검색에서 '해킹hacking'과 '뇌brain'라는 검색어로 2011년 12월 25일부터 2016년 12월 25일까지 검색해본 결과 2000개 이상의 신문 기사와 논문이 나왔다. 이 기간 동안 평균적으로 연간 400개 이상의 출판물이 나온 셈이다.

5 Maria Konnikova, "Hacking the Brain," *Atlantic* (June 2015).

6 Andres Lozano, "Can Hacking the Brain Make You Healthier?" *TED Radio Hour*, National Public Radio, August 9, 2013; Keith Barry, "Brain Magic," TED Conferences, July 21, 2008.

7 Greg Gage, Miguel Nicolelis, Tan Le, David Eagleman, Andres Lozano, and Todd Kuiken, "Tech That Can Hack Your Brain," TED Playlist (6 talks), ted.com/playlists/392/tech_that_can_hack_your_brain (accessed

August 1, 2017).

8 T. F. Peterson, *Nightwork: A History of Hacks and Pranks at MIT* (Cambridge, MA: MIT Press, 2011).

9 G. A. Mashour, E. E. Walker, and R. L. Martuza, "Psychosurgery: Past, present, and future," *Brain Research: Brain Research Reviews* 48 (2005): 409–419.

10 Walter Freeman, "Trans orbital leucotomy: The deep frontal cut," *Proceedings of the Royal Society of Meicine* 41, 1 Suppl (1949): 8–12.

11 B. M. Collins and H. J. Stam, "Freeman's transorbital lobotomy as an anomaly: A material culture examination of surgical instruments and operative spaces," *History of Psychology* 18 (2015): 119–131.

12 T. Hilchy. "Dr. James Watts, U.S. Pioneer in Use of Lobotomy, Dies at 90," *New York Times*, November 10, 1994; W. Freeman, "Lobotomy and epilepsy: A study of 1000 patients," *Neurology* 3 (1953): 479–494.

13 G. J. Young et al., "Evita's lobotomy," *Journal of Clinical Neuroscience* 22 (2015): 1883-1888.

14 Suzanne Corkin, *Permanent Present Tense: The Unforgettable Life of the Amnesic Patient, H. M.* (New York: Basic Books, 2013).

15 H. Shen, "Neuroscience: Tuning the brain," *Nature* 507 (2014): 290–292; Michael S. Okun and Pamela R. Zeilman, *Parkinson's Disease: Guide to Deep Brain Stimulation Therapy*, National Parkinson Foundation, 2014.

16 A. S. Widge et al., "Treating refractory mental illness with closed-loop brain stimulation: Progress towards a patient-specific transdiagnostic approach," *Experimental Neurology* 287 (2017): 461–472.

17 M. A. Lebedev and M. A. Nicolelis, "Brain-machine interfaces: From basic science to neuroprostheses and neurorehabilitation," *Physiological Reviews* 97 (2017): 767–837.

18 Benedict Carey, "Paralyzed, Moving a Robot with Their Minds," *New York Times*, May 16, 2012.

19 M. K. Manning and A. Irvine, *The DC Comics Encyclopedia* (New York: DK Publishing, 2016).

20 R. P. Rao et al., "A direct brain-to-brain interface in humans," *PLoS One* 9 (2014): e111332.

21 "The Menagerie," directed by Marc Daniels, Robert Butler, Star Trek, season 1, episodes 11 and 12, CBS Television, November 17-24, 1966.

22 K. N. Kay, T. Naselaris, R. J. Prenger, and J. L. Gallant, "Identifying natural images from human brain activity," *Nature* 452 (2008): 352-355.

23 Tanya Lewis, "How Human Brains Could Be Hacked," LiveScience Blog, livescience.com/37938-how-human-brain-could-be-hacked.html, July 3, 2013.

24 Raymond Kurzweil, "Get Ready for Hybrid Thinking," TED Conferences, June 14, 2017.

25 Raymond Kurzweil, *The Singularity Is Near: When Humans Transcend Biology* (New York: Viking, 2005).

26 Michio Kaku, *The Future of the Mind: The Scientific Quest to Understand, Enhance, and Empower the Mind* (New York: Anchor Books, 2014).

27 Biological Technologies Office, "DARPA-BAA-16-33," Defense Advanced Research Projects Agency, 2016.

28 Abby Phillip, "A Paralyzed Woman Flew an F-35 Fighter Jet in a Simulator—Using Only Her Mind," *Washington Post*, March 3, 2015.

29 Vanessa Barbara, "Woodpecker to Fix My Brain," *New York Times*, September 27, 2015.

30 John Oliver, "Third Parties," *Last Week Tonight*, HBO, October 16, 2016.

31 Zoltan Istvan, "Should a Transhumanist Run for US President?" *Huffington Post*, October 8, 2014.

32 "Zoltan Istvan and Steve Fuller," Brain Bar Budapest Conference, brainbar.com, June 2, 2016.

33 A. Roussi, "Now This Is an 'Outsider Candidate': Zoltan Istvan, a Transhumanist Running for President, Wants to Make You Immortal," *Salon*, February 19, 2016.

34 Zoltan Istvan, *The Transhumanist Wager* (Reno, NV: Futurity Imagine Media, 2013).

35 Robert Anton Wilson, *Prometheus Rising* (Las Vegas: New Falcon Publications, 1983).

36 D. Martin, "Futurist Known as FM-2030 Is Dead at 69," *New York Times*, July 11, 2000.

37 *The Matrix* directed by Lana Wachowski, Lilly Wachowski, Warner Bros., 1999; "Q Who," directed by Rob Bowman, *Star Trek: The Next Generation*, season 2, episode 16, CBS Television, May 8, 1989.

38 Kevin Shapiro, "This Is Your Brain on Nanobots," *Commentary Magazine*, December 1, 2005.

39 A. Moscatelli, "The struggle for control," *Nature Nanotechnology* 8 (2013): 888-890; C. Toumey, "Nanobots today," *Nature Nanotechnology* 8 (2013): 475-476.

40 Nicholas Negroponte, "Nanobots in Your Brain Could Be the Future of Learning," Big Think, bigthink.org/videos/nicholas-negroponte-on-the-future-of-biotech, December 13, 2014.

41 *H+: The Digital Series*, directed by Stewart Hendler, youtube.com/user/HplusDigitalSeries, August 8, 2012.

42 Natasha Vita-More, quoted in Kevin Holmes, "Talking to the Future Humans: Natasha Vita-More," Vice, October 11, 2011, vice.com/en_us/article/mvpeyq/talking-to-the-future-humans-natasha-vita-more-interview-sex.

43 Sebastian Seung, *Connectome: How the Brain's Wiring Makes Us Who We Are* (Boston: Houghton Mifflin Harcourt, 2012).

44 Price as of June 15, 2017, listed on www.alcor.org.

45 C. Michallon, "British 'Futurist' Who Runs Cryogenics Facility Says He Plans to Freeze Just His Brain—and Insists His body Is 'Replaceable,'" *Daily Mail*, December 26, 2016.

46 F. Chamberlain, "A tribute to FM-2030," *Cryonics* 21 (2000): 10-14.

47 애리조나주 스코츠데일에 있는 알코어 시설은 킴 수오지의 유해가 보관되어 있는 곳이기도 하다.

48 Laura Y. Cabrera, *Rethinking Human Enhancement: Social Enhancement and Emergent Technologies* (New York: Palgrave Macmillan, 2015).

49 T. Friend, "Silicon Valley's Quest to Live Forever," *New Yorker*, April 3, 2017.

50 Thomas S. Kuhn, *The Structure of Scientific Revolutions* (Chicago: University of Chicago Press, 1962).

51 R. Lynn and M. V. Court, "New evidence of dysgenic fertility for intelligence in the United States," *Intelligence* 32 (2004): 193-201.

52 O. Béthoux, "The earliest beetle identified," *Journal of Paleontology* 83 (2009): 931-937; N. E. Stork, J. McBroom, C. Gely, and A. J. Hamilton, "New approaches narrow global species estimates for beetles, insects, and terrestrial arthropods," *Proceedings of the National Academy of Sciences* 112 (2015): 7519-7523.

53 "Beetlemania," *Economist*, March 18, 2015.

54 S. W. Bridge, "The neuropreservation option: Head first into the future," *Cryonics* 16 (1995): 4-7.

55 Nick Bostrom, "Superintelligence," BookTV Lecture, C-SPAN, September 12, 2014. 보스트롬의 시각 데이터 뇌 전달 추정치는 내가 6장에서 제시한 숫자보다 상당히 크다. 하지만 아마 이것은 망막 출력과 뇌가 아니라 입력과 망막의 수량화에 기초하고 있을 것이다. 망막은 주위 환경에서 빛을 감지하는 약 1억 개의 광수용체를 가지고 있지만 이 정보는 눈을 떠나기 전에 극적으로 압축된다. 뇌가 실제로 '보는' 것은, 망막 출력만으로 구성되고, 내가 인용한 눈 하나에 초당 10메가바이트라는 추정치의 토대는 망막당 대략 100만 개의 신경절 세포에 의한 스파이크다.

56 Yoshihide Igarashi, Tom Altman, Mariko Funada, and Barbara Kamiyama, *Computing: A Historical and Technical Perspective* (Boca Raton, FL: CRC, 2014).

57 Christopher Woods, ed., *Visible Language: Inventions of Writing in the Ancient Middle East and Beyond* (Chicago: University of Chicago Press, 2010).

58 Andy Clark, *Supersizing the Mind: Embodiment, Action, and Cognitive Extension* (New York: Oxford University Press, 2011).

59 A. Clark and D. J. Chalmers, "The extended mind," *Analysis* 58 (1998): 10-23.

60 2014년 미국 대법원 판례(라일리Riley vs. 캘리포니아)에서 법원은 영장 없이 현대의 휴대전화 내용을 찾아보는 것은 위헌이라고 판결했다. 만장일치 다수 의견을 쓰면서 대법원장 존 로버츠John Roberts는 스마트폰을 "일상생활에 매우 광범위하고 꾸준히 사용되고 있어서 저 유명한 화성에서 온 방문자(인간의 보편적 상식과 관행을 알지 못하는 개체에 대한 비유—옮긴이)가 인간 해부학의 중요한 요소로 결론 내릴 정도"일 것이라고 묘사했다.

61 보스턴 사람들의 난폭한 운전은 잘 알려져 있다.

62 Tim Adams, "Self-Driving Cars: From 2020 You Will Become a Permanent Backseat Driver," *Guardian*, September 13, 2015.

63 G. S. Brindley and W. S. Lewin, "The sensations produced by electrical stimulation of the visual cortex," *Journal of Physiology* 196 (1968): 479-493.

64 M. Abrahams, "A Stiff Test for the History Books," *Guardian*, March 16, 2009.

65 D. Ghezzi, "Retinal prostheses: Progress toward the next generation implants," *Frontiers in Neuroscience* 9 (2015): 290.

66 M. S. Gart, J. M. Souza, and G. A. Dumanian, "Targeted muscle reinnervation in the upper extremity amputee: A technical roadmap," *Journal of Hand Surgery* (American Volume) 40 (2015): 1877-1888.

67 E. Cott, "Prosthetic Limbs, Controlled by Thought," *New York Times*, May 20, 2015.

68 A. M. Dollar and H. Herr, "Lower extremity exoskeletons and active otheroses: Challenges and state-of-the-art," *IEEE Transactions on Robotics* 24 (2008): 144-158.

69 E. Paul Zehr, "Assembling an Avenger—Inside the Brain of Iron Man," Scientific American Guest Blog, blogs.scientificamerican.com/guest-blog/assembling-an-avenger-inside-the-brain-of-iron-man, September 26, 2012.

70 E. Guizzo and H. Goldstein, "The rise of the body bots," *IEEE Spectrum*,

October 1, 2005.

71 Francis Fukuyama, "Transhumanism," *Foreign Policy* (September/October 2004).

72 G. Grosso et al., "Omega-3 fatty acids and depression: Scientific evidence and biological mechanisms," *Oxidative Medicine and Cellular Longevity* 2014 (2014): 313570; A. G. Malykh and M. R. Sadaie, "Piracetam and piracetam-like drugs: From basic science to novel clinical applications to CNS disorders," *Drugs* 70 (2010): 287-312.

73 A. Dance, "Smart drugs: A dose of intelligence," *Nature* 531 (2016): S2-3.

74 Margaret Talbot, "Brain Gain," *New Yorker*, April 27, 2009.

75 S. E. McCabe, J. R. Knight, C. J. Teter, and H. Wechsler, "Non-medical use of prescription stimulants among US college students: Prevalence and correlates from a national survey," *Addiction* 100 (2005): 96-106.

76 J. Currie, M. Stabile, and L. E. Jones, "Do stimulant medications improve educational and behavioral outcomes for children with ADHD?" *Journal of Health Economics* 37 (2014): 58-69; I. Ilieva, J. Boland, and M. J. Farah, "Objective and subjective cognitive enhancing effects of mixed amphetamine salts in healthy people," *Neuropharmacology* 64 (2013): 496-505; "AMA Confronts the Rise of Nootropics," American Medical Association, www.ama-assn.org/ama-confronts-rise-nootropics, June 14, 2016.

77 T. Amirtha, "Scientists and Silicon Valley Want to Prove Psychoactive Drugs Are Healthy," *Guardian*, February 8, 2016.

78 "Products," Nootrobox, hvmn.com/products (accessed June 15, 2017).

79 Nootrobox, Inc., "The Effects of SPRINT, a Combination of Natural Ingredients, on Cognition in Healthy Young Volunteers," Clinical Trials Database, National Institutes of Health, 2016.

80 "Alpha Brain," Onnit Labs, June 15, 2017.

81 Laurie Segall and Erica Fink, "Are Smart Drugs Driving Silicon Valley?" CNN, January 26, 2015.

82 Talbot, "Brain Gain."

83 Nicholas Kristof, "Overreacting to Terrorism," *New York Times*, March 24, 2016.

84 H. Greely et al., "Towards responsible use of cognitive-enhancing drugs by the healthy," Nature 456 (2008): 702-705.

85 Expert Group on Cognitive Enhancements, *Boosting Your Brainpower: Ethical Aspects of Cognitive Enhancements*, British Medical Association, 2007.

86 *Behavioral Health Trends in the United States: Results from the 2014 National Survey on Drug Use and Health*, Substance Abuse and Mental Health Services Administration, 2015.

87 Ken Goffman (aka R. U. Sirius) and Dan Joy, *Counterculture Through the Ages: From Abraham to Acid House* (New York: Villard Books, 2004).

88 Glenn Greenwald, Ewen MacAskill, and Laura Poitras, "Edward Snowden: The Whistleblower Behind the NSA Surveillance Revelations," *Guardian*, June 11, 2013; Dominic Basulto, "Aaron Swartz and the Rise of the Hacktivist Hero," *Washington Post*, January 14, 2013.

10장 | 통에 있는 기분은 어떨까?

1 이 장에 쓰인 일부 시적 허용에 대해 독자의 양해를 구한다.

2 Winston Churchill, "Never Give In, Never (Speech at Harrow)," National Churchill Museum, www.nationalchurchillmuseum.org/never-give-in-never-never-never.html, October 29, 1941.

3 James F. Romano, *Death, Burial, and Afterlife in Ancient Egypt*, Carnegie Series on Egypt (Philadelphia: University of Pennsylvania Press, 1990). 고대 이집트인의 신념 체계에 대한 또 다른 기술에서는 영혼에 사람의 이름, 심장, 그림자의 재현과 같은 요소를 추가한다.

4 *The Rig Veda: An Anthology*, translated by Wendy Doniger O'Flaherty (New York: Penguin, 2005).

5 Matt Stefon, ed., *Judaism: History, Belief, and Practice* (New York: Britannica Educational, 2012); Joshua Dickey, ed., *The Complete Koine-English*

Reference Bible: New Testament, Septuagint and Strong's Concordance (Seattle: Amazon Digital Services, 2014) (e-book).

옮긴이의 말

1월의 보스턴은 여전히 눈도 많이 오고 춥기 그지없다. 9년 만에 다시 찾은 하버드대학교는 2002년 처음 왔을 때나 2011년 겨울 마지막으로 떠날 때나 한결같다. 2019년을 연구년으로 보스턴에서 보내게 되었다. 혀보다 눈과 코에 더 익은 바틀리 햄버거 가게를 지나며 다음을 기약한다. 유학 시절, 새로 나온 책 한 권을 선뜻 사기 어려워 지하 중고 매장을 탐닉한 하버드서점에 들어간다. 누구에게 물을 필요도 없이 기억을 되밟아 언어학 분야 책장을 찾아가니 온통 인지과학과 뇌과학이 점령해 있다. 불변 속 느닷없이 발견한 변화에 적잖이 실망하다가 발견한 익숙한 이름, 재서노프. 나는 며칠 뒤에 내 박사 논문을 심사한 제이 재서노프와 연구 주제를 논의하기로 했다. 그에게서 나는 이미 머릿속에서 잊힌 지 오래된 리투아니아어와 인도유럽언어학을 배웠다. 바로 그 재서노프는 아닐 터. 그럼 누구일까? 잠깐의 망상 끝에 하버드대학 및 MIT 교수로 가득한 그의 가족을 떠올렸다. 아버지 재서노프와 논의해야 할 연구 주제에 골몰하기에는, 내 손에 든 파란색 책표지 속 아들 재서노프와의 만남이 더 시급해졌다. 지난 몇 년 사이 새로 생긴 카페에 들어가 서둘러 책을 읽는다. 거기서부터 이 책의 번역이 시작되었다.

나는 언어학자다. 그것도 노엄 촘스키의 생성문법으로 러시아어 문장 구조의 역사적 변화를 좇는 러시아어 통시 통사론 전공자다. 통섭과 융합이 학문 지형을 변화시키고 언제부터인지 되짚기 어려울 정도로 오래된 인문학의 위기가 더욱 현실로 다가오는 지금, 왜 하필 뇌과학이란 말인가? 이 책의 번역에 대해 아주 사적인 몇 가지 변을 하기로 하자.

첫째, '러시아인의 언어와 세계'라는 수업을 몇 해째 하고 있다. 러시아어를 매개로 사람, 말, 세계라는 세 가지 인자의 상호 작용을 다룬다. 앨런 재서노프가 '태양의 심벌즈 소리'와 그 누구도 '완전한 섬'일 수 없다는 문학적 진리로 그리려 한, 뇌는 결국 '생물학적 마음'이라는 명제는 마음(과 인지)을 애써 사람으로 뭉뚱그리려는 나에게 생물학적 정향을 갖도록 한다. 러시아 아니 소련 정치사적 용어로 말하자면, 이 책이 저자 앨런에게는 인문학적 지향을 부추기던 부모님과의 데탕트(화해)라면 나에게는 인지과학에 대한 글라스노스트(개방)다.

둘째, 보스턴에서 보낸 1년은 온 세상이 전에 없던 전염병으로 발이 묶이기 전에 가질 수 있었던, 지나고 나서야 더욱 소중히 아끼게 되는 젊음과 같은 시간이다. 그 1년은 나에게는 지금까지의 연구에 대한 보상이자 앞으로의 연구에 매진하기 위한 '연구년'이지만, 곱지 않은 시선을 가진 사람에게는 교수들이 합법적으로 놀고먹는 '안식년'일 뿐이다. 이 같은 양가적 모순이 또 있을까? 내가 공부하는 통사론에서 문장 요소는 반드시 특별한 이유가 있을 때만 제자리에 머무르지 않고 다른 자리로 이동displacement한다. 도착하자마자 내린 폭설로 '괜한 고생을 자초했나'라는 생각이 들긴 했으나 보스턴으로의 이동에 대한 의미를 찾는 과정에서 우연히 발견한 것이 앨런의 책이다. 쉼을 위해 어쭙잖게 보스턴행을 결정했는데 결국 연구와 일로 넘쳐나고 말았다.

셋째, 언젠가 언어학과 동떨어진 무언가를 할 때 써먹으려 생각해둔 '변명'을 하자. 내 인생에 있어 언어학적 전회를 야기한 구조주의 언어학자 로만 야콥슨Roman Jakobson은 여러모로 전범을 보여준다. 그 유명한 커뮤니케이션 이론뿐 아니라 "시적 기능은 등가 원리를 선택 축에서 결합 축으로 투사한다"는 메타포에 대한 지극히 명료한 정의를 설파한 바로 그 자리에서 그는 시 작품의 분석, 즉 시학적 시도를 정당화한다. "나는 언어학자다. 언어적인 어떤 것도 나에게 낯선 것은 없다Linguista sum: linguistici nihil a me alienum puto."

마지막으로 이 책이 나오기까지 도움을 준 분들께 감사드린다. 또다시 나의 멘토가 되어준 하버드대학교의 지도교수 마이클 플라이어, 연구년 기간을 위해 법률 자문을 해준 황선영 변호사, 느닷없는 문의에 답변해준 원치욱 교수를 비롯한 주변의 생물학, 의학 및 철학 전문가들, 감수 역할 이상을 기꺼이 감수해주신 허지원 교수님과 이 책이 더 빛나도록 해제를 써주신 권준수 교수님, 한국어판 출간을 위해 애써준 김영사 편집부와 추천 역할을 너무나 성실히 해준 로자 이현우 선배, 의외의 언어학적 식견을 가진 공학도로서 화해의 계제도 제공하지 않은 나의 부모님, 끝없는 다툼과 화해

속에 나를 평생 지원하는 아내, 줄리언 바지니Julian Baggini의《먹히고 싶어 하는 돼지The Pig That Wants to Be Eaten》중 "통 속에서 살기Living in a vat"를 함께 읽으며 이 책의 마지막 장을 이야기한 첫째 지욱이, 동물에 대한 지식으로 첫 장을 즐겁게 나눈 둘째 상욱이. 이 모두에게 감사드린다.

아들 앨런과의 작업은 이렇게 끝내려 한다. 이제 다시 아버지 제이와의 논의를 시작해야 할 시간이다. 슬라브 조어의 형용사 비교급과 과거 능동분사의 형태적 유사성을 의미적 연관성으로 설명하는 게 과연 가능할까? 아버지와의 화해는 더 어렵다.

2021년 6월

권경준

찾아보기

ㄴ

ㄷ

ㄹ

ㅁ

ㅂ

ㅅ

ㅇ

ㅈ

ㅎ